TRANSITION METAL CHALCOGENIDES
STRUCTURE, SYNTHESIS AND APPLICATIONS

过渡金属硫属化物

结构、合成与应用

席聘贤　唐瑜　安丽
等编著

化学工业出版社
·北京·

内容简介

本书分为两部分，第一部分为基础篇，阐述了过渡金属硫属化物的基本结构、性质与制备方法；第二部分为应用篇，介绍了过渡金属硫属化物在电催化、光催化、电池、柔性电子器件、生物医药等领域中的应用及研究进展。

本书可作为化学、化工、功能材料、新能源等专业高年级本科生和研究生的教材，也可供广大科技人员参考。

图书在版编目（CIP）数据

过渡金属硫属化物 ： 结构、合成与应用 / 席聘贤等编著. -- 北京 ： 化学工业出版社，2025. 5. -- ISBN 978-7-122-46530-6

Ⅰ. O614

中国国家版本馆 CIP 数据核字第 202469TC87 号

责任编辑：李晓红　　装帧设计：刘丽华
责任校对：李　爽

出版发行：化学工业出版社
（北京市东城区青年湖南街 13 号　邮政编码 100011）
印　　装：北京盛通数码印刷有限公司
710mm×1000mm　1/16　印张 19　字数 370 千字
2025 年 5 月北京第 1 版第 1 次印刷

购书咨询：010-64518888　　售后服务：010-64518899
网　　址：http://www.cip.com.cn
凡购买本书，如有缺损质量问题，本社销售中心负责调换。

定　　价：128.00 元

前言

金属硫化物在自然界和人类的日常生活中都占据着重要的地位。作为五大矿物之一，金属硫化物约占地壳重量的0.25%，是世界上大部分有色金属的生产原材料，具有很大的经济价值和战略意义。除了陆地资源，深海热液中的金属硫化物也是海底生物不可或缺的能量来源，其复杂的催化反应为揭示生命的起源提供了无限的可能。在日常生活中，60%的化学产品的制造需要用到硫或硫化物，诸如纸张、橡胶、药物、塑料、颜料、肥料，不胜枚举。因此，研究硫及其化合物的结构和性质，明晰相关化学反应的原理和机制，将会加深人类对于自然的认识，发现更多未知的物质并开发相关的功能应用，丰富人类的物质生活。

由于天然矿物往往存在共生和伴生的现象，早期对于单一物质的分离和提纯难度较大。化学家长期致力于天然产物类似物的人工可控合成，早在1826年，贝采尼乌斯通过真空热分解的方法合成出了二硫化钼，克服了从辉钼矿中分离二硫化钼的传统合成方法的限制。随着原料纯度的提高和合成工艺的优化，有望实现金属硫化物的大规模生产。钼、钨和铼基二硫化物逐渐在加氢、加氢裂化和脱硫等现代工业中被广泛用作催化剂加速化学反应的进程。20世纪末期，随着纳米技术的飞速发展，人们发现了金属硫化物纳米材料诸多新奇的物理和化学性质，为其在电子、催化、能源等领域提供了新机遇。

如今，借助高分辨电子显微镜、同步辐射光源、原位监测等实验手段，以及理论模拟、高通量计算、人工智能机器辅助等手段，科学家对于金属硫属（包括硫、硒和碲）化物的原子结构、化学反应路径、实际工况中结构的动态演变等都会有全新的理解和认识。此外在合成方法的不断创新下，科学家将会发现更多不同物相、形貌和化学组成的金属硫属化物，设计出满足不同应用场景的高效、稳定的新型功能材料。

基于此，为了阐述过渡金属硫属化物的基本结构，介绍普适的合成方法并梳理结构和性质之间的关系，兰州大学从事相关教学和科研的教授及科研一线的博士后合编了这本书，力求清晰地论述最前沿的过渡金属硫属化物的合成与应用。全书分为两大部分，包含8个章节，第一部分基础篇（第1～4章）阐述了过渡金属硫属化物的基本结构、性质与制备原理和方法；第二部分应用篇（第5～8章）介绍了过渡金属硫属化物在电催化、光催化、电池、柔性电子器件、生物医药等领域中的应用及研究进展。内容具有系统性、新颖性和前瞻性，体现了本领域的前沿和发展方向。本书经过编者多次讨论和反复修改，可作为化学、化工、功能材料、新能源等专业高年级本科生和研究生的教材，也可供广大科技人员参考。相信此书出版后，将会推动矿物学、地球化学、生物化学、无机化学、材料学等相关学科的发展和教学改革，为相关专业的学生和研究人员提供参考。

本书各章节的参编人员为：安丽，第1～4章；胡阳，第1、5章；殷杰，第2、3章；唐瑜，第5章；席聘贤，第6～8章。此外，不少研究生们尤其是达鹏飞、朱佳敏、张楠、何子东、侯亦超、靳晶、沈巍、吴泽隆、夏求进等参加了文献调研、图表绘制、稿件校阅等相关工作，在此表示衷心的感谢。

感谢化学工业出版社、国家自然科学基金委化学部、兰州大学研究生院和教务处的资助和支持。

因编者水平有限，书中部分内容出现些许的重叠和交叉，望广大读者不吝赐教。

编者

2025年3月

目 录

第一部分 基础篇

第二部分 应用篇

第一部分　基础篇

第 1 章

过渡金属硫属化物的结构和性质

1.1 硫属化物化学

1.1.1 孤对半导体

硫属元素包括硫（S）、硒（Se）、碲（Te），其最高（价）层的电子排布方式为 ns^2p^4 或者 $ns^2p_x^1p_y^1p_z^2$，简单来说就是有两个电子位于 s 轨道上，三个 p 轨道中有两个轨道具备未成对电子，第三个轨道被一对电子所占据。后者被称为孤对电子，通常情况下不参与共价键的形成。在大多数情况下，s 电子在化学上也是不活跃的。而这种电子构型就是硫属化物（chalcogenides）极端丰富结构的内在原因。

当硫原子参与化学键时，原子的电子构型会根据化合物中存在的其他化学物质而改变。在理想情况下，每个硫原子与其相邻原子形成两个共价键，硒和碲的情况与硫一样，硫通常形成环，硒形成环或链，碲形成链。在所有这些情况下，只有两个未成对的 p 电子参与了共价键的形成，剩余的一对 s 电子和 p 轨道孤对电子保持惰性。由于 p 轨道是正交的，所以硫原子的成键角非常接近。孤对电子占据垂直于 p_x 和 p_y 轨道形成平面的轨道。因此，硒的结构可以看作是近似立方的零级近似，如图 1-1 所示。

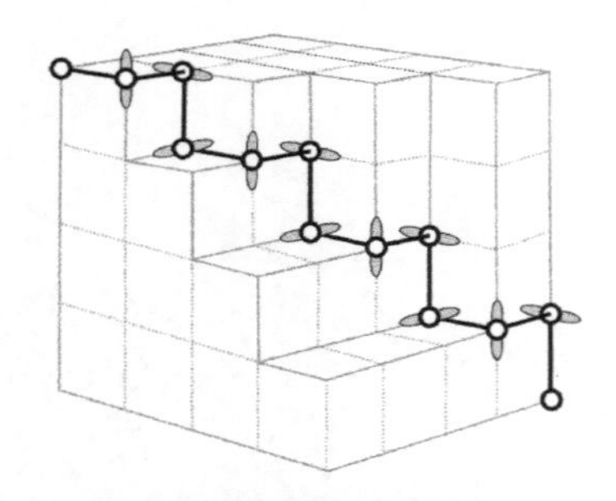

图 1-1 简单立方晶格中硒“之”字形链的原理图[1]

根据二面角符号序列（旋转的意义），硒原子可以形成扩展的 Se_N 链或者八元环 Se_8。前者称为三角（或六方）硒，后者称为单斜硒。链/环内的成键是共价的。链/环之间的键合是非常弱的，通常被认为是范德华（vdW）性质，尽管在一些出版物中它也被称为共振的[2-3]。值得注意的是，尽管分子间的相互作用明显较弱，但正是这种相互作用导致了晶体硒的长程有序。另外，虽然硫、硒和碲原子在最外层具有相同的电子构型，但较轻的硫原子倾向于形成环，而较重的碲原子则倾向于形成链。更有趣的是，从 S 到 Te，同一链内的硫属化物原子间和链间的最近距离的比率降低，这表明在后一种情况下存在更强的共价成分。Kastner 首先指出了孤对电子在硫属化物化学中的重要作用[4]。他特别指出，当四面体成键时，在 Si 或 Ge 等半导体中，杂化 sp^3 轨道分裂为成键（σ）和反键（σ*）轨道，随后扩展到价带和导带。在硫属（S，Se，Te）固体中，s 态能级远远低于 p 态，因此不需要考虑。由于三个 p 轨道中只有两个可以用来成键，所以硫属元素通常是双配位结构，留下一个非成键电子对。在固体中，这些未共享或者孤对电子，在原始 p 态能量附近形成孤对带。成键轨道（σ）和反键轨道（σ*）相对于这个参考能量对称分裂。σ 轨道和孤对带均被占据。在此情况下，成键带不再出现在价带的顶部。为了解释这种特殊情况，Kastner 建议在提到硫属化合物时使用术语“孤对电子半导体”（lone pair semiconductor）[4-5]。

图 1-2 展示了一个单独的 Se 链，其中除了以球显示的原子和棍表示的共价键，还显示了电荷密度差（charge density difference，CDD）等值面。顾名思义，CDD 是所讨论的结构与孤立的准原子[6]之间的电荷密度差。因此，在两个原子之间出现 CDD 云是共价键的一个特征。在上面一个硒链的例子中，在 CDD 云的旁边位于具有共价键特征的原子之间的中间位置也可以参见对应于非成键 p 轨道的 CDD 云。有时这两个 s 电子也被称为孤对电子。在接下来的内容中，我们将对非成键的 p 电子和 s 电子使用这个术语。如有歧义，我们应明确指出孤对电子所处的轨道。

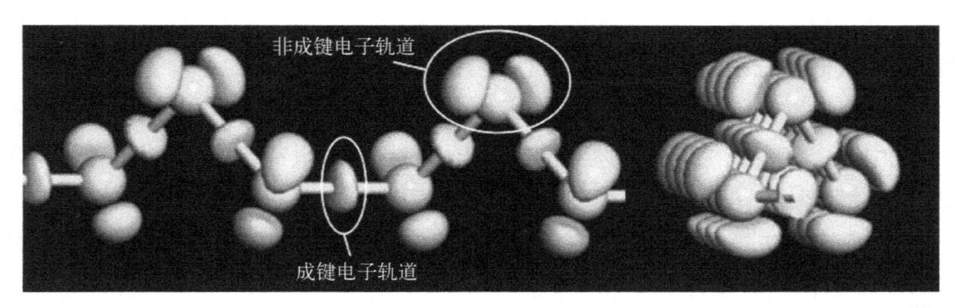

图 1-2　两个投影中的 Se 链，CDD 云显示了共价键的形成以及孤对电子中的 p 轨道[1]

除了单质硫外，硫原子具有这种电子构型的典型例子是硫属玻璃和 $A_2^{V}B_3^{VI}$和 $A^{IV}B_2^{VI}$晶体，如 As_2S_3 或 GeS_2。在这些材料中，所有元素都满足其价态要求，组成元素的共价配位数符合 8−*N* 规则。在这里，价电子的定义是指单个（σ 型）共价键的数量，原子通过组成键的共享电子，其外层的 s 和 p 电子完成。由于完整的电子层包含 8 个电子，所以原子通常遵循 8−*N* 规则 $N>4$，其中 *N* 为价电子数，配位数为 8−*N*。例如，在 As_2Se_3 的例子中，这意味着所有砷原子是三重配位的，而硒原子是双重配位的。为了解释硫属玻璃不易掺杂的现象，提出了硫属玻璃 8−*N* 规则。8−*N* 规则通常又被称为莫特规则[7]。

1.1.2 变价电对

在连续的随机玻璃网络中，偏离 8−N 规则会引起拓扑缺陷。最直接的拓扑缺陷是原子的未满足键、断裂键或悬空键。因此，任何打开的 S_8 环都会产生两个悬垂的键合缺陷。硒原子构成的延伸链的两端也有两个摇摆的键。每个悬垂的键都包含一个电子，并且是电中性的。这样的缺陷应该大量存在于非晶网络中，这与硫属玻璃中的费米能级固定在间隙中间的事实相一致[8]。同时，在非晶态硫属化物中，通常没有观测到暗电子自旋共振（ESR）信号，而大量的缺陷态已经被各种实验技术证明。这种不一致性表明了虽然悬垂键容易想象，但并不是构成无定形硫属化物的主要拓扑缺陷。为了解释上述争议，P. W. Anderson 假设[9]，尽管将两个电子放在一个位置需要吸热，但是由于强电子-声子耦合，电子配对在能量上变得有利。这种缺陷被称为负相关能或负 U 中心。Street 和 Mott[10]将该模型引用到实际研究中，他们认为，硫原子构成中的大多数缺陷是一对带正电荷和负电荷的悬浮键：

$$2D^0 \longrightarrow D^+ + D^- \tag{1-1}$$

式中，D 代表悬空键，上标描述电荷。由此产生的系统是反磁的（即所有电子都是成对的），这就解释了 ESR 信号的缺失。

Kastner 等人随后提出的模型[11]，通常被称为价交换对（valence-alternation pair，VAP）模型或 Kastner-Adler-Fritzsche 模型。该模型中认为孤对电子参与形成过配位缺陷，其实质是正电荷悬垂键的空轨道与邻近链的孤对电子相互作用，形成三重协调缺陷，从而降低系统的能量：

$$C_1^+ + C_2^0 \longrightarrow C_2^+ \tag{1-2}$$

式中，C 代表硫，下标描述配位数，上标对应所带电荷。由于形成额外的键而获得的能量被认为是，补偿在带负电荷的悬浮键上产生双占据位点的能量成本的驱动力。最稳定的缺陷是由三配位的正位和单配位的负位组成的缺陷对，即 $C_3^+C_1^-$ 对。一个 VAP 缺陷的能量几乎等于一个链中两个原子的能量（$2C_2^0$）。如果两个原子位于彼此非常接近的位置，缺陷对称为亲密价交换对。至于中性缺陷，一种三重配位原子（C_3^0）是最稳定的，这表明在某些情况下，硫原子可以采用配位数为 3，尽管随后的实验证明中性悬浮键更稳定[12-13]。

1.1.3 配位键

在ⅣA-ⅥA 族晶体（和相应的非晶相）中，键合是不同的。以 Ge 和 Te 为例，对 Ge（$4p_x^1p_y^1p_z^0$）和 Te（$5p_x^1p_y^1p_z^2$）的电子结构的研究表明，这两种元素在相互作用时可以形成两种电子源不同的共价键。实际上，除了 Ge 和 Te 原子各提供一个电子形成常规共价键外，还有一种可能是利用 Ge 和 Te 原子各提供一个 p 轨道，共享两个 Te 的孤对电子，形成双电子双轨键。这种键合称为配位键合（或给体/受体键合），其在 Ge 基合金中的重要性已有文献作了描述[14-15]。除了传统的共价键外，还产生了配位键（Ge 和 Te 都可以形成两种常规共价键），因此每个 Ge 和 Te 原子形成两个常规共价键和一个配位键。一旦形成，所有的 Ge-Te 键都是不可区分的。因此，Ge 和 Te 都是三重协调的，违反了 8−*N* 规则。

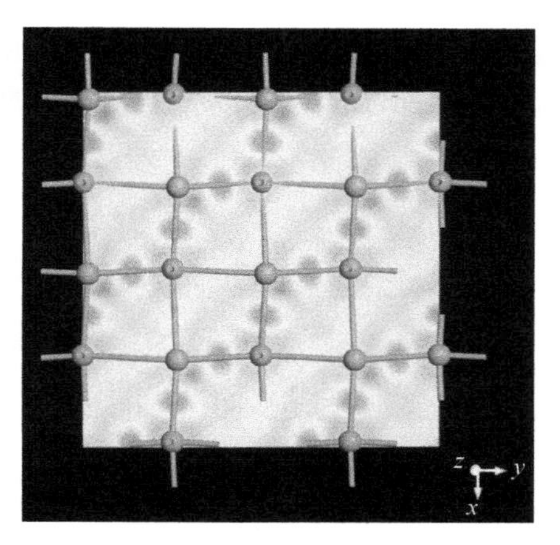

图1-3　菱形 Ge−Te 相的电荷密度差在较短的 Ge—Te 距离和较长的 Ge—Te 距离之间显示出很强的键能层次，沿较短的 Ge—Te 键有较大的电荷密度差堆积[16]

在低温下，GeTe 晶体是一种斜方六面体结构（菱方结构）。虽然通常被称为共振键扭曲立方，但应该注意到的是，在不同长度的原子间距离上存在非常强的键能等级，如图 1-3 所示，任何可能存在的共振都只是部分的，且键强随着原子距离的变化而发生改变[16]。

在ⅣA-ⅥA 较重金属元素的晶体中，如 SnTe 和 PbTe，所有金属-碲的距离是相等的，虽然到目前为止有一些关于高温下八面体扭曲现象的报道，人们仍认为几乎所有的原子都是正八面体配位的。考虑到每个参与原子的任意两个相对边的相等距离，将 Sn—Te（或 Pb—Te）键作为共振键是合理的。

第 5 周期及以内的硫属原子和拓扑绝缘体中的第ⅤA 族元素也可形成共振键，如 Sb_2Te_3 或 Bi_2Te_3，这些元素是以八面体形式进行配位。同时，硫属原子大于第 5 电子层（$n>5$）通常以三重配位形式存在，而其第 5 电子层电子轨道之间的键合则以范德华力形式存在。

1.1.4　硫属元素的 sp^3 杂化

硫属原子的 s 轨道更容易和 p 轨道发生杂化。在这种情况下，硫属原子通过 sp^3 杂化形成四面体键合的闪锌矿结构（例如在ⅡB-ⅥA 晶体）。在某些情况下，例如 Ga_2Te_3，其平均结构也表现为闪锌矿类型，但由于 1/3 的固有阳离子空穴，结构获得了强烈的局部扭曲，因此实际上在 sp^3 杂化轨道上，Te 原子是三重配位的，并且拥有一个孤对电子。

1.1.5　多中心键

硫属元素的孤对电子可以形成多中心键，如 Sb 掺杂的 GeTe 中的三中心四电子键。在理想的菱形 GeTe 相中，所有原子都是三重共价配位的，如图 1-4 上方和左下方所示（考虑到菱形相在较短和较长的 GeTe 距离上强的不对称性，可将其描述为层状结构[6]），第ⅤA 族元素（如锑）的掺杂会导致空位的形成，空位周围的 Te 原子是双重配位的，并具带有孤对电子的 p 轨道（图 1-4 中右下图所示）。

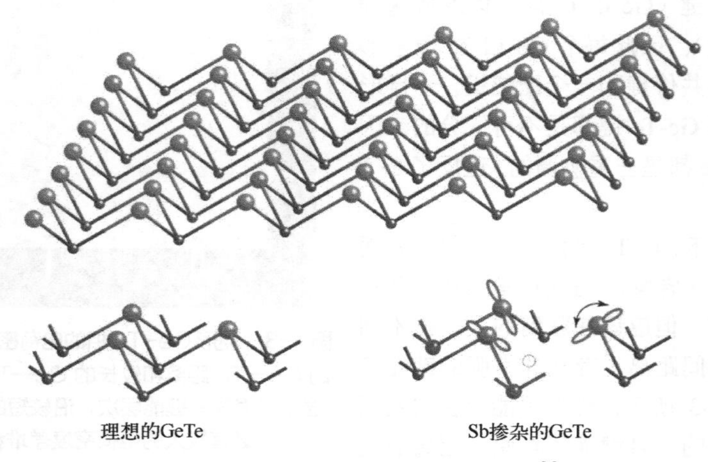

图 1-4　理想单层 GeTe 的顶部结构[6]

Te 的孤对电子可以与相邻层中的 Ge 原子相互作用，形成三中心四电子（3c-4e）Te—Ge—Te 键（图 1-5 所示），在该结构中 Ge 原子两侧的 Ge—Te 距离相等。在理想菱形结构中，3c-4e 键比双中心键弱，但比 GeTe 层之间的相互作用强。在拓扑绝缘体中连接 5 个对齐原子的共振键，例如 Sb_2Te_3。因此，Te—Sb—Te—Sb—Te 碎片

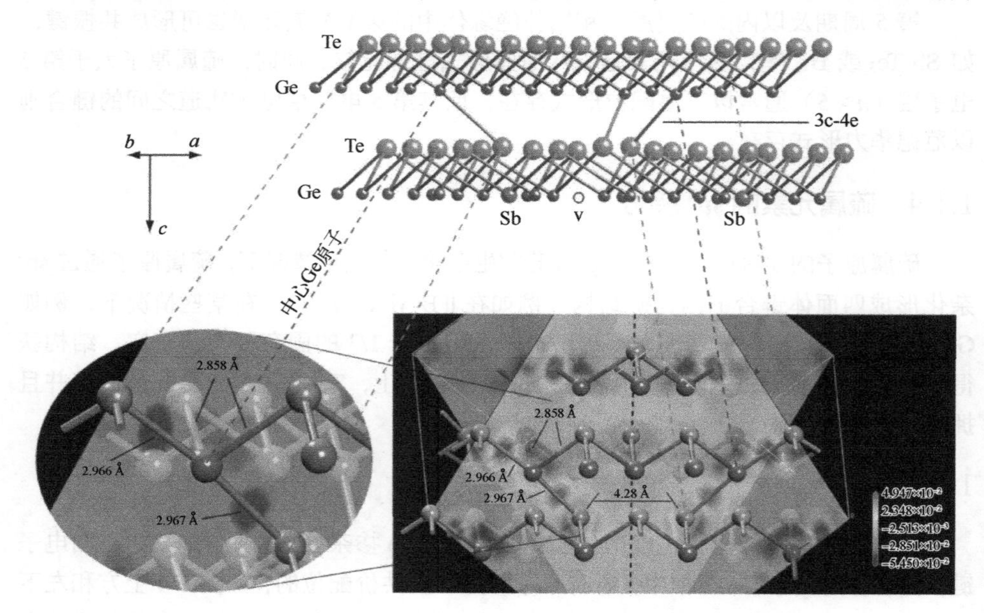

图 1-5　三中心四电子 Te—Ge—Te 键的形成示意图[6]

可以被认为是多中心键，其中 4 个电子形成 5 个键。多中心缺电子键通常比传统的双中心双电子共价键弱。

1.1.6 过渡金属二硫属化物

最后，讨论一类通用化学式为 MX_2 的过渡金属硫属化物，又称过渡金属二硫属化物（transition metal dichalcogenides，TMDCs）。其中 M 代表一种六重配位的过渡金属元素，X 代表硫属元素，后者一般是三重配位的（对于ⅣB–ⅥA 晶体也是如此）。在过渡金属配合物中，通常考虑的是金属空轨道和配体孤对电子。在 TMDC 中，金属原子提供 4 个电子来填充成键轨道，因此过渡金属与硫属元素价态可分别归属为+4 价和–2 价。硫原子的孤对电子位于 sp^3 杂化轨道上，且该电子终止于表面，因此硫属化合物周围的配位是不平衡的。这导致了垂直于六方/三角对称轴的明显的分裂特性。没有悬浮键使表面非常稳定，不易发生反应。虽然有时认为硫原子利用纯 p 轨道形成 3 个键，但从 DFT 模拟得到的 CDD 等表明，硫原子实际上是 sp^3 杂化的，孤对电子指向 vdW 间隙。

1.1.7 无处不在的硫属化物

从上面简明的描述中可以看出，硫属原子可以形成非常广泛的键构型，这使得硫属化物的光谱很宽，具有与众不同的性质。在过去的 60 年里，硫属化物的研究经历了数次繁荣。第一次繁荣开始于 20 世纪 50 年代中期，N. A. Goryunova 和 B. T. Kolomiets 发现硫属化物玻璃可作为无序材料，且属于半导体。这项发现是非凡的，因为半导体空隙的出现通常与长程有序联系在一起，而长程有序在玻璃中明显是不存在的，这一发现开辟了固态物理学的新领域即非晶半导体[17-19]。

20 世纪 60 年代，S. R. Ovshinsky 指出某些碲基合金的晶态与非晶态之间有很大的性能差别，这些材料在储存方面的应用具备巨大潜力，这也再次激发了人们对硫属化物的兴趣。用于储存方面的硫属化物通常被称为相变合金，例如 20 世纪 90 年代开始生产的可重写的 DVD 产品。近年来，电子非挥发性相变随机存取存储器（PC-RAM）已经被三星和美光公司商业化[17-19]。

在 21 世纪的前十年中，固体物理学家对被称为拓扑绝缘体的新型固体很感兴趣。这种材料在态密度上拥有很大的空隙，但表面有量子力学保护的金属态。三维拓扑绝缘体 Sb_2Te_3、Bi_2Te_3 及其他金属硫属化物都表现出优异的性能。

石墨烯在相关领域取得了巨大成功后，研究者对其他二维材料也进行了深入的探索，其中过渡金属硫属化物也是最有希望的候选材料。由于 MX_2 层之间的弱范德华力键合可以实现单层结构的高效制备，为制造原子级的小器件提供了前所未有的可能性。

1.2 过渡金属化学

现在我们继续讨论过渡金属的键合化学。首先简单讨论一下过渡金属（元素）的电子结构。根据IUPAC的定义，过渡金属是一种金属元素，它的原子带有部分填充的d轨道，可以生成带有不完全占据d轨道的阳离子[20]。实际上，过渡金属通常用来指元素周期表中处于d区的任何元素（从ⅢB族到Ⅷ族，有时也将d区元素和ds区元素统称为过渡金属元素），过渡金属通用的电子构型为：$(n-1)d^{1\sim10}ns^{0\sim2}$。根据构造原理和洪特规则，在元素周期表中，从左往右，随着原子序数的增加，增加的电子通常填充在$(n-1)$d能级上，该原理规定电子填充在更高能级之前，先填充在最低可用能级上。同时，因为$(n-1)$d能级和ns能级能量相近，并且半充满和全充满能级更稳定，电子偶尔会从ns能级跃迁到$(n-1)$d能级，例如铜的电子结构是$3d^{10}4s^1$而不是$3d^9 4s^2$。d区元素过渡金属占据s、p、d轨道，d轨道上含有n个电子的过渡金属称为d^n构型的离子。例如，Ti^{3+}是d^1构型，Co^{3+}是d^6构型。

金属元素最重要的一个性质是它们可以作为路易斯酸与一系列路易斯碱形成配合物。金属配合物由一个中心金属原子或离子与一个或多个相邻配体结合的组成，配体是包含一对或多对可以与金属共享的电子的离子或分子。金属配合物可以是中性分子如$Co(NH_3)_3Cl_3$，带正电荷的离子如$[Nd(H_2O)_9]^{3+}$，或者带负电荷的离子如$[Cu(NH_3)_4SO_4]^{2-}$。

过渡金属的配位数由中心金属离子的大小、d能级电子个数还有配体产生的空间位阻效应决定。配位数在2～9区间的配合物是已知的。配位数为位于4和6时，在电荷和几何结构上最为稳定，具有这些配位数的配合物是数量最多的。因为二维层状过渡金属硫属化物（transition metal chalcogenides，TMCs）中只有六配位的过渡金属，所以在这里只讨论这种情况。当六个配体与中心金属配位时，八面体配位（O_h）是最稳定的几何构型，大多数此类配合物都具有这种结构。由于电子或空间位阻的影响，八面体构型通常表现出四方、正交或三方畸变。

六配位原子也可以呈现三棱柱构型，但因为八面体配位在空间上的应变比较小，这种三棱柱构型的金属配合物很少见，同时，人们早就发现，在固态TMDCs中，金属原子周围的硫属原子的键合模式通常呈现三棱柱构型，例如MoS_2和WS_2（图1-6所示）。TMDCs中三棱柱构型的稳定性由它们的电子能带结构决定，稍后将详细讨论。

配合物的性质不仅由配体的化学性质决定，还取决于它们在过渡金属周围的空间排列。以$Co(NH_3)_3Cl_3$为例，钴金属由两种配体配位，其中*cis*-异构体是蓝色，而*trans*-异构体为红色。现在，我们继续讨论过渡金属配合物中的键合，这与一般的共价键固体略有不同。密度泛函理论的最新进展，使其在分析固体的原子和电子结构中成为一种理想工具。然而，我们相信，定性化学方法在理解成键基本的物理和化学性质以及由此导致的其他性质上仍然是有用的，下面将作简单讨论。

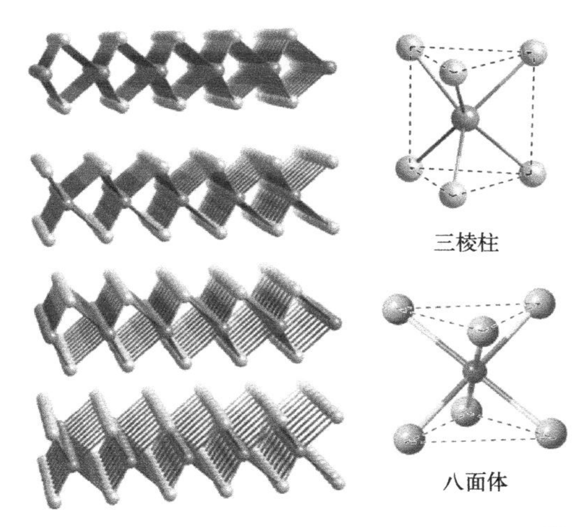

图 1-6　一个典型的层状 MX_2 结构的三维表示[1]

金属原子为深色圆球，硫属原子为浅色圆球。金属原子的局部配位可以是右图中显示的两种类型：三棱柱（上）和八面体（下）

1.2.1　价键理论

这是解释共价键形成的最简单的理论。价键理论假设共价键是在原子轨道重叠时形成的，共价键的强度与重叠程度成正比。它进一步假设原子轨道杂化是为了与相邻原子最大化重叠。关于这种杂化的一个例子是锡和锗在对应晶体中的 sp^3 杂化，其中每个原子都是四共价配位的。在过渡金属中，一组 6 个 spd 轨道都可以像 sp^3 杂化一样，形成 6 个指向一个八面体顶点的等效杂化轨道。s 轨道是球形的，p 轨道是哑铃形的，而 d 轨道的成像更加复杂。d 轨道有 5 个，分别是 d_{z^2} 、 $d_{x^2-y^2}$ 、 d_{xy}、d_{yz} 和 d_{xz}。考虑到八面体键合几何构型，d_{xy} 位于 *xy* 轴上或 *x* 轴和 *y* 轴之间，d_{xz} 位于 *xz* 轴上，d_{yz} 位于 *yz* 轴，$d_{x^2-y^2}$ 处于 *xy* 轴附近，d_{z^2}（有时也表示为 $d_{3z^2-r^2}$）由两个沿 *z* 轴之间的裂片和一个位于处在另外两个裂片周围的 *xy* 平面上的环状线圈表示。这些轨道如图 1-7 中所示。

为了形成六重配位的几何构型，还需要 d^2sp^3 或 sp^3d^2 杂化。两者的区别在于 d 电子是与 s 电子和 p 电子相同的量子数 *n*（$nsnp^3nd^2$），还是 $n-1$（$(n-1)d^2nsnp^3$）（图 1-8）。sp^3d^2 杂化的配合物有时也称为外轨型配合物，而 d^2sp^3 杂化的配合物叫内轨型配合物。

共价键通常在两个原子之间形成，每个原子贡献一个电子用于成键，而金属配合物中的 σ 成键和反键轨道通常是由金属的 dsp 杂化空轨道和配体的孤对电子（图 1-8）形成，且围绕在金属配体键轴周围。由此形成的共价键是配位键，也称为配位共价键。因此，过渡金属配合物也经常被称为共价配合物。

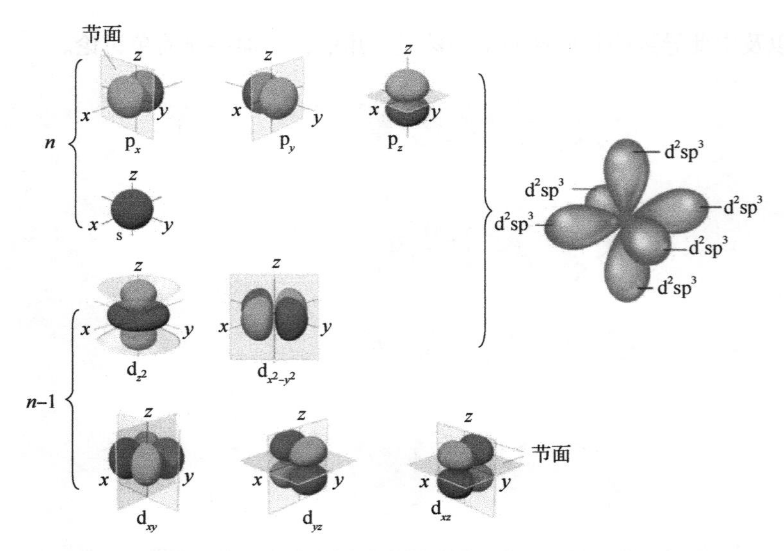

图 1-7　过渡金属原子的 s，p 和 d 轨道（左）及相应的一组 d^2sp^3 杂化轨道（右）[1]

价键理论允许人们对复杂性质做出预测，下面以钴为例解释它的磁性。如果形成一个外轨型配合物，3d 电子就不会受干扰，即 4 个电子未成对，则 CoF_6^{3-} 应该是顺磁性的（如图 1-8）。而如果形成一个内轨型配合物，d 电子就会受到影响，提供两个空轨道与配体形成配位键。因此，所有钴电子都成对出现，$[Co(CN)_6]^{3-}$像实验证明的那样，是抗磁性的。价键理论为解释未成键电子对的数量提供了两个可选择的正确理论，这里就不做过多介绍。

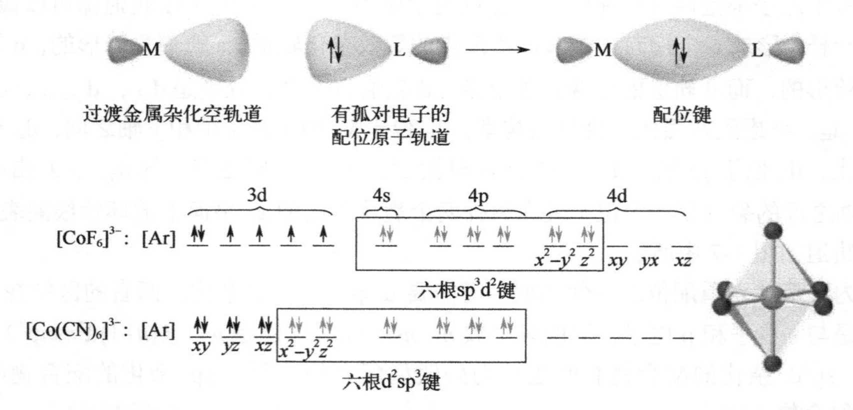

图 1-8　过渡金属的空杂化轨道与配体的孤对电子形成配位键（上）；分别采用 sp^3d^2 和 d^2sp^3 杂化形成八面体配位配合物$[CoF_6]^{3-}$和$[Co(CN)_6]^{3-}$的电子结构示意图（下）[1]

箭头代表电子，其中相反的箭头代表相反的自旋。方框内灰色箭头为配体提供的电子

1.2.2 晶体场理论

晶体场理论常用来理解过渡金属配合物。初始 5 个 d 轨道是简并的，6 个负电荷均匀地分布在一个球体表面，那么 d 轨道仍然是简并的，但由于带负电的球壳与 d 轨道电子之间的静电排斥作用，通常会表现出更高的能量。

当配体孤对电子的 6 个负电荷沿着 3 个主轴在八面体阵列中的金属原子（离子）附近时，d 轨道的平均能量仍然不会改变，但简并度会下降。特别是，d_{z^2} 和 $d_{x^2-y^2}$ 轨道直接指向电荷，这两个轨道通常会受到最大的影响，因此，这两个轨道上的电荷比 d_{xy}、d_{yz} 和 d_{xz} 上电子的能量要高。最终结果表现为最初的五个简并的 d 轨道裂分成 2 个能级，相加为一个晶体场分裂能 Δ_o，如图 1-9 所示。根据群论，较低能级称为 t_{2g} 能级，较高能级称为 e_g 能级，这与轨道对称性有关。分裂能的大小取决于金属离子的电荷量，金属在元素周期表中的位置，还有配体的性质。d 轨道在一个晶体场中的分裂，不改变 5 个 d 轨道的总能量：两个 e_g 轨道能量增加 $0.6\Delta_o$，而三个 t_{2g} 能量减少 $0.4\Delta_o$。

之前的论述仅考虑了 d 轨道电子与 6 个带负电荷的配体之间静电互斥作用的影响，进而导致系统总能量的增加和 d 轨道的裂分。带正电的金属离子和配体之间的相互作用会降低系统能量，进而在不影响分裂的前提下降低了 5 个 d 轨道的能量（图 1-9，右）。

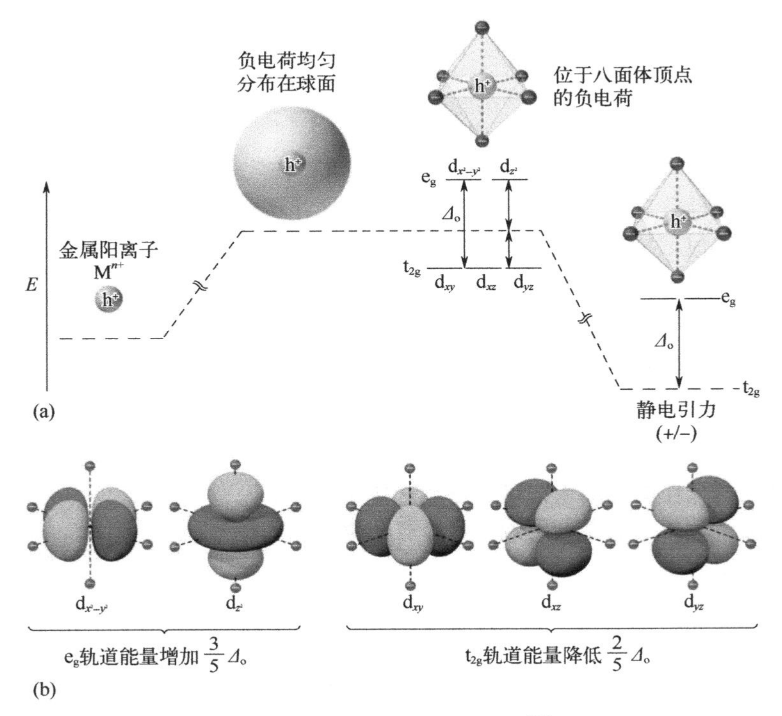

图 1-9　d 轨道的晶体场分裂[21]

晶体场能是决定配合物性质的关键性因素。如果分裂能Δ_o大于将两个自旋相反的电子放在同一轨道的能量（u_p），则对于d^n（$n \geqslant 4$）构型的金属离子，更倾向于电子填充在3个较低轨道的构型；相反的，如果$\Delta_o < u_p$，配对的电子越少越好。因此Δ_o和u_p的相对大小决定整个系统的自旋状态。前一种情况是被称为高自旋配合物，后一种情况是低自旋配合物（图 1-10）。配体形成的静电场越强，分裂越大。对于元素周期表中同一族金属且带电量及配体都相同的一系列配合物，Δ_o的大小一般随着主量子数的递增而递增：Δ_o（3d）$<\Delta_o$（4d）$<\Delta_o$（5d）；而对于一系列化学性质相似的配体，Δ_o随着给电子原子半径的增大而减小。

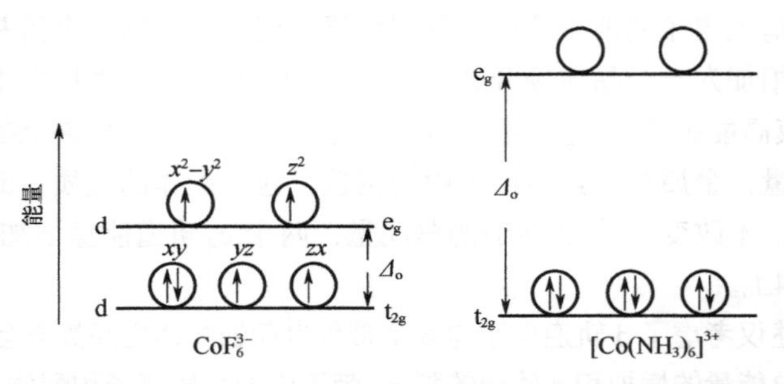

图 1-10 强配体（左）和弱配体（右）分别产生高自旋和低自旋配合物[1]

对于在 e_g 轨道上有奇数个电子的金属离子，单电子（或者说第三个电子）可以占据两个简并的e_g电子轨道中的任何一个，即有一个简并基态。按照姜-泰勒（Jahn-Teller）理论[21]这样的系统是不稳定的。因此，它们会通过变形来降低对称性分裂简并态。因为高能量的轨道是空的，所以，这种裂分的净结果是系统能量的降低，如图 1-11 所示。这种变形导致的能量降低被称为姜-泰勒效应。需要注意的是，对于电子数为偶数的系统，姜-泰勒变形通常不利于能量降低。

最重要的是，晶体场理论认为配合物的成键是纯静电相互作用的结果，这考虑了配体电荷对金属离子 d 轨道能量的影响，但没有考虑共价键的作用。

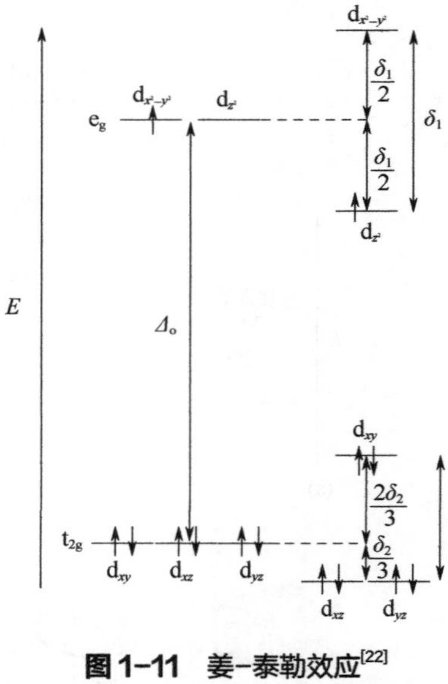

图 1-11 姜-泰勒效应[22]

因为由于分裂而使能量上升的状态是空的，最终的结果是系统总能量的减少

1.2.3 配位场理论

此外被公认的还有配位场理论，是该理论将价键理论与晶体场理论进行了结合，其中 9 个金属轨道与 6 个配体轨道结合分别产生 6 个成键轨道和 6 个反键轨道。d_{xy}、

d_{yz}和 d_{xz}轨道对称性不同且不结合类 σ 配体轨道，而能量不变的轨道被称为非键轨道，位于这些轨道上的电子或电子对不用于金属和配体之间成键。

以 $[Co(NH_3)_6]^{3+}$为示例，6 个成键轨道由电子对填充（由配体提供的孤电子对），处于基态的上面 4 个轨道总是空的。材料的性质由非键轨道（t_{2g}）和反键轨道（e_g）的电子分布状态决定。有趣的是在晶体场理论中，这些裂分轨道是静电排斥导致的，而在配位场理论中，这种裂分是分子轨道形成的结果。

1.2.4 能带结构的计算

Coehoorn 等人[23]首次用增强球面波（ASW）方法计算了主体过渡金属硫属化物的电子能带结构，其结果与角分辨光电子能谱结果吻合。结果表明，MoS_2、$MoSe_2$、WSe_2为间接带隙半导体，价带顶端在 Γ 处，导带底端在 Γ 和 K 点之间。这些结论与最新模拟结果相吻合。能带间的关系可通过配位场能级与能带结构计算得到。值得强调的是，配位场能级对应于晶体中相应的 d 子带的重心，而不是 $k = 0$ 时的能带。1T-TaS_2中钽的 5d 能带的增广平面波（APW）的结果对应的 d 子带的配体场能级与态密度曲线的关系，忽视了能带间的杂化。类似的还有在 APW-LCAO 结构，加入不同配体场能级的直方图，代表单个钼 4d 子带的态密度曲线，同样忽略了能带间的杂化和层间相互作用。

为了重现实验结果及其预测能力，计算机模拟应该基于第一性原理量子力学，即不依赖任何经验参数，称之为 ab-initio（从头计算，狭义的第一性原理计算）或者第一性原理模拟。

对于一个由原子核和电子组成的多电子系统来说，薛定谔方程的精确初始解实际上是不可能的。为了研究这种具有实际计算价值的系统，研究者引入了一系列近似方法。基于单电子近似的密度泛函理论（DFT）是近年来发展最为成功的方法之一。基于这个理论，依靠空间的电子密度，可以通过泛函数来确定一个多电子体系的性质。也正因为如此，DFT 是凝聚态计算物理和化学中最普遍和通用的方法之一。

DFT 最大的问题在于，除了自由电子气体外，还未得到交换和关联的精确泛函。也通常采用一些近似可以精确计算的物理量，其中物理学中广为应用的近似是局域密度近似（LDA），而广义梯度近似（GGA）可以得到很好的分子几何和基态能量（能带结构），具体如下公式所示：

$$E_{\mathrm{XC}}^{\mathrm{LDA}}[n] = \int \varepsilon_{\mathrm{XC}}(n) \cdot n(\boldsymbol{r}) \mathrm{d}^3 r$$

$$E_{\mathrm{XC}}^{\mathrm{GGA}}[n] = \int \varepsilon_{\mathrm{XC}}(n, \nabla n) \cdot n(\boldsymbol{r}) \mathrm{d}^3 r$$

DFT 模拟能够确定每个电子对特定能带的贡献。利用 DFT 模拟研究 2H-MoS_2不同能级的轨道特点，证明了价带和导带是由过渡金属轨道和硫原子 p 轨道杂化而形成的，其中 K 点的导带最小值和 Γ 点能带最大值主要由 Mo 的 d_{z^2} 轨道和 S 的 p_z 轨道组成，而 K-Γ 之间导带最小值和 K 点能带最大值是由 Mo 的 $d_{x^2-y^2}$ 、d_{xy}和 S 的

p_x/p_y 组成的，Mo 的 d_{xz}/d_{yz} 轨道位于离费米能量很远的地方。

而对于过渡金属硫属化物（TMCs），标准密度泛函理论计算没有描述 vdW 的影响，这是因为 DFT 通常采用局部逼近，而 vdW 相互作用是一种非局部相关效应。

1.3 块体过渡金属硫属化物的结构

块体过渡金属硫属化物（3D TMCs）在过去的一段时间被广泛研究并应用，但通常都是应用在与机械性能相关的领域，如固体润滑剂，而这些性能是由层间范德华力决定的。直到石墨烯的成功，TMCs 才成为固态研究的前沿，而单晶和少层结构也引起人们广泛的关注。同时，人们也对 3D TMCs 兴趣大增。在本章节中，我们描述了 3D TMCs 的结构和特性，重点放在那些对理解 2D TMCs 的重要问题和最新研究成果上。

1.3.1 原子结构

层状 TMCs 的通式为 MX_2，M 是金属，X 是硫属元素。层内原子的相互作用力本质上是共价键，而层与层之间由范德华力相连接。层间范德华力在碲化物中的比例大于硫化物中的比例，该情况下类似于三角形 Te 与三角形 Se，会出现链间相对链内距离缩短的现象。

1.3.2 块体结构多晶型物

TMCs 通常存在于 1T、2H 和 3R 的三种多晶型中。这里的数字代表单胞中的层数，字母表示对称性（T：三方；H：六方；R：菱方），如图 1-12 所示。单胞由垂直于层的 *c* 轴，沿着最小硫-硫距离的 *a* 轴和 *b* 轴构成。由于六方硫属堆积和紧密的层间堆积，vdW 间隙中仅存在八面体和四面体间隙。

除了这些最常见的晶型，还存在其他晶型。2H 多晶型有 3 类晶型结构——$2H_a$，$2H_b$ 和 $2H_c$，其中 $2H_a$ 和 $2H_c$ 是最常见的，这两种形式有不同的堆积对称性。$2H_a$ 晶型的特征是"AbACbC"堆积，一层过渡金属原子位于相邻层过渡金属原子之上。据报道，这种多晶型存在于 $NbSe_2$、NbS_2、TaS_2 和 $TaSe_2$ 晶体中。$2H_c$ 晶型的特征是"AcA"堆积，任一过渡金属都位于亚层硫属原子之上。这种晶型存在于 MoS_2、WS_2、$MoSe_2$ 和 WSe_2 晶体中。$2H_b$ 晶型由非化学计量的化合物 $Nb_{1+x}Se_2$ 和 $Ta_{1+x}Se_2$ 构成，剩余金属嵌在 vdW 层间间隙中。值得注意的是，2H 晶型的符号并不是唯一的，有时候可能会混淆。

而相同的 TMCs 也可以存在于不同的多晶型中。例如，天然的 MoS_2 通常存在于 2H 中，而合成 MoS_2 通常包含 3R 相态[24]。后者通常在高温高压下形成（40 kbar❶和 1500 ℃以上[25]）。在这两种情况下，金属配位都是三棱柱型的根本原因是夹层内

❶ 1 kbar = 1000 bar = 10^5 kPa。

的金属配位不受堆积顺序的影响。

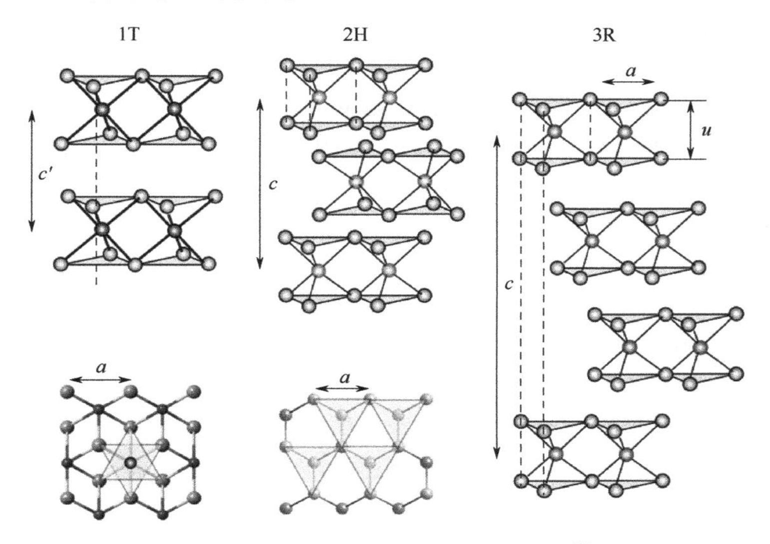

图 1-12　TMCs 的多晶型结构示意图[1]

从左到右分别是：1T（四边形对称，每一层重复，金属的八面体配位），2H（六边形对称，每两层重复，三棱柱配位）和 3R（菱形对称，每三层重复，三棱柱配位）。灰色填充的三角形突出了铜原子的空间位置。对于 1T 和 2H 多晶型，额外显示俯视图。其中，灰色三角形突出显示了一个层内的硫的空间位置

1.3.3　扭曲结构

类似于电荷密度波，一些 TMCs 通过金属原子链的形成会使晶格产生周期性扭曲。例如 WTe_2 具备扭曲八面体结构，其中钨原子形成“之”字链，而从某种意义上来说，这种结构可以看作是一维的。不同于其他半导体ⅥB 族 TMCs，WTe_2 是一种分层准金属，在 900 ℃以上的温度条件下，$MoTe_2$ 有一种极为类似的结构（其低温结构是三棱柱型）。

此外，$ReSe_2$、$ReTe_2$ 和 $NbTe_2$ 中存在不同类型的金属离子堆积形式。因此，$ReSe_2$ 和 $ReTe_2$ 晶体是三斜晶系，每个单胞有 4 个单元，空间体群是 $P\bar{1}$。利用 X 射线衍射确定其结构是通过排列在平面内的一维链状或带状的 Re 原子组成。这种排列可以看作是金属离子偏离理想八面体位置的变形，这种变形的驱动力通常可以用 Peierls 或者姜-泰勒变形进行解释[26-27]。有趣的是，在合成 Re_4 中，金属与金属之间的距离与块状 Re 金属中的距离相当，甚至更小。Re 原子的一维排列导致了层面上高度的各向异性，这是由垂直于层面上的光透射和反射以及电子的传输引起的[28-30]。而在 $NbTe_2$ 中形成了一种不同的金属链。

在ⅣB 族 TMCs 中，由于电荷密度波的形成，$ReSe_2$ 或 $ReTe_2$ 组成的多层异质结构通常会发生扭曲。这个关于ⅣB 族 TMCs 扭曲机制的问题，Kertesz 和 Hoffman 针对 $ReTe_2$ 做出讨论，并指出微扰产生的分裂接近但不会发生在费米能级。能级分裂

能会影响费米能级的位置，而费米能级的位置不会对实际扭曲造成影响。

这与 Peierls 畸变和与电荷密度耦合的周期性晶格畸变形成了对比。此外在某些种情况下，扭曲的周期性与费米表面的特定维度和形式也会产生相关性，这种情况往往和晶格的周期性不一致。具体来说，由单个波矢 $2k_F$ 分隔的费米能级"嵌套"区域会导致动量为$\pm k_F$ 的电子强散射，使它们的能量发生强分裂。因此，能量缺口打开，系统趋于稳定[31]。因此与 $ReTe_2$ 不同，在 $ReSe_2$ 中，无论是费米能级的形状还是能量，都不能导致这种半导体的特殊"集群"的扭曲[26]。

1.3.4 电荷密度波

低维固体中的电荷密度波（charge density wave，CDW）是一个相当古老但仍然非常具有挑战性的研究课题。在过渡金属硫属化物中发现 CDWs 已经有大约 40 年了，这类层状晶体也进一步导致 CDW 概念的普及[32]。

以 1T-TaS_2 中的 CDW 状态为例。当靠近 $T_{c0} = 550$ K 时，形成一个不对称的（IC）CDW 伴有晶格扭曲；冷却后，形成星形极化子团簇。由于特殊的有序结构，导致 $T < T_{c1} = 350$ K 时向近似相（NC）状态转变；在 $T_{c2} = 183$ K 附近向间隙相（C）的滞后一阶跃迁。加热后，系统在 223 K 左右形成三斜（T）条状有序状态，在 $T = 283$ K 时恢复到 NC 状态。在 C-CDW 中，13 个原子形成大卫星，构建三角形超晶格并导致能带重构，其半填充的能带通过发展 Mott 绝缘体态而趋于稳定。在 NC-CDW 状态下，这类组织成局部的 C-CDW 域。

尽管人们对过渡金属硫属化物的结构、电子性质、各种 CDW 相的性质以及这些材料中 CDW 相变已有所了解，并且通过用 Peierls 不稳定性、巨 Kohn 异常、费米能级能带嵌套、姜-泰勒效应或激子绝缘体态等方面讨论的模型，定性地捕捉到了这些材料中 CDW 相变的重要因素，但对于这些体系中 CDW 如何形成以及为什么形成的深刻认识仍然不足。一些研究者强调了强电子耦合的重要作用，也探索了一条预制激子液体路线[33-37]。在利用时间分辨 ARPES 获得动量空间中电子-电子和电子-声子相互作用对电子有序的相对贡献时，对电荷-密度波的时域分类有所认知。关于特定过渡金属硫属化物中 CDW 起源的综述，感兴趣的读者可以参考[38]。

此外值得注意的是，将 1T-TaS_2 暴露在微秒激光脉冲下可以以极低的电阻过渡到"隐藏"状态，这与另一种类型的集群有关[39]。通过退火，可以恢复原来的 C-CDW 相。1T-TaS_2 也可以通过电子方式来实现不同电导率状态之间的切换[40]。

1.3.5 电子结构

需要深入研究的是，为什么一些结构具有八面体键合几何构型，而另一些则遵循三棱柱构型。Kertesz 和 Hoffmann 以 $ReSe_2$ 为例，模拟了两种不同几何构型的通用能带结构。这两种能带结构有几个共同的特点，即 p 谱带位于−16.5～−10.5 eV 之间，与 Re 5d 能级发生共振，Re 及其 6 个邻近的 Se 近邻的重叠一样强烈[33]。因此，大量的 Re—Se 相互作用使 Re 的 d 电子发生能级分裂。对于八面体和三棱柱体结构，Re 的 d 电子能级分裂为 2/3 模式时，Re 处的晶体场很大。

因此，对于 d^0 电子计数，1～8 波段被填充，两种情况差异不大，通常在电子计数更高时才表现出来。此外，在 Γ 点和 K 点上有显著差异。在 Γ 点，三棱柱结构的波段 10 和 11 向上位移，在 K 点波段 9 下降，带 11 相对于八面体向上移动。结果表明，在三棱柱构型中，K 点处的能隙较大。

随着较高波段的逐渐填充，首先由于在 K 点波段 9 向下移动，三棱柱构型变得相对稳定。当发生相反的趋势时，这种效应在 d^2 左右达到最大值，在 Γ 点处 10 和 11 波段向上移动后会使八面体结构更加稳定[26]。

TMCs 的电子结构很大程度依赖于配位几何构型和 d 电子数。以 2H 和 1T 为例，在八面体配位结构中 3d 形成了两个简并轨道，即 e_g（包含 d_{z^2} 和 $d_{x^2-y^2}$ 轨道）和 t_{2g}（d_{xy}、d_{yz} 和 d_{xz} 可以同时容纳多达 6d 电子的轨道）；在三棱柱（D_{3h}）构型中，轨道可分为三组，即 A_1'（d_{z^2}）、E'（d_{xy}，$d_{x^2-y^2}$）和 E''（d_{xz}，d_{yz}）[41]。

TMCs 的不同电子特性是这些能带逐步填充导致的。如果最高轨道被部分填满，材料表现出金属特性；而当最高轨道被完全填满，材料则变为半导体。虽然硫属原子也对性质有影响（带宽随着带隙的减小而增大），但这种影响与过渡金属的影响相比微不足道。

此外，根据ⅣB 族和ⅥB 族 TMCs 反射率光谱的显著差异，可以认为键的离子性与金属八面体构型配位有关，而三棱柱键与共价键有关[42]。

1.4 单金属、掺杂和多金属过渡金属硫属化物的结构

1.4.1 单金属过渡金属硫属化物

单金属过渡金属硫属化物通常可表达为 MX_2，其中 M 代表六重配位的过渡金属元素，X 代表三重配位的硫属元素，其中 X 包含ⅥA 族的元素，例如硫元素、硒元素和碲元素[43]。过渡金属元素则是指元素周期表中的 d 区和 ds 区的金属元素。这类硫属化物最大的特点就是：层与层之间是靠范德华力进行连接，而每层的原子之间则是通过共价键进行连接。以硫族元素为例，其电子构型一般表现为 ns^2np^4 或 $ns^2np_{x^1}np_{y^1}np_{z^2}$，也就是 s 轨道上有两个电子，三个 p 轨道上，其中两个分别含有一个电子，而第三个 p 轨道上存在一对自旋相反的电子，也就是我们通常所说的孤对电子。s 轨道表现为化学惰性，p 轨道上的孤对电子也通常不参加共价键成键，因此硫属原子参与成键时，其电子构型会受到其他元素的影响，导致硫属化物表现出丰富的电子构型。除了 s 轨道和 p 轨道上呈惰性的孤对电子外，只有两个不成对的 p

电子可参与共价键成键，成键过程中金属原子失去电子，硫原子的 p 轨道得到电子形成共价键。过渡金属硫化物因其多样的化学组成和晶体结构往往会表现出独特的物理和化学性质，其中物理性质包含力学性能、热稳定性等，而化学性能体现在导电性能及氧化还原性能等，在此我们将着重介绍几种常见的过渡金属硫化物，包含硫化镍、硫化钴、硫化锰、硫化铁和硫化钼等。

硫化镍：根据硫和镍不同的元素比例，可以组成不同的化合物，例如 Ni_3S_2、Ni_6S_5、Ni_7S_6、Ni_9S_8、NiS、Ni_3S_4 和 NiS_2。其中最为稳定的结构为 Ni_3S_2，表现为菱形结构，其中金属元素 Ni 原子变形四面体的间隙位置，表现为三角形双锥体连接起来的排布方式，三个 Ni 原子形成三角形，而两个 S 原子则占据在定点位置。该特殊的晶体结构使得硫化镍表现出丰富多样的化学性质，可应用到多个领域，例如电催化、光催化、电池等能源储存设备中。而 NiS、Ni_3S_2、NiS_2 和 Ni_3S_4 则倾向于形成分层的纳米片结构[44]。

硫化钴：不同比例的 Co 与 S 形成的系列硫化钴化合物可被定义为 CoS_x，常见的结构形式有 Co_9S_8、CoS、Co_3S_4 和 CoS_2，同系列硫化镍一样，具备优异的物理和化学性能，且被广泛应用。系列硫化钴材料电子导电性高、稳定性良好，其中 Co_9S_8、CoS 和 CoS_2 研究最为广泛。Co_9S_8 常见的晶体结构是立方密堆积，空间群为 $Fm\overline{3}m$；在一个晶胞中，1/9 的 Co 原子与八面体硫配位，8/9 的 Co 原子和四面体硫配位；CoS 则是六方结构，空间群为 $P6_3/mmc$；而 CoS_2 则为立方堆积，空间群则为 $Pa\overline{3}$，其中硫原子与晶格中的二价 Co 配位，形成 S_2^{2-} [45]。

硫化锰：硫化锰是典型的宽带 p 型半导体材料，与硫化镍和硫化钴相比，其价态变化更多，从而表现出更加丰富的价态存在形式和独特的氧化还原能力。硫化锰常见的三个晶型为 α-MnS、β-MnS 和 γ-MnS，这三者的空间点群依次为 $Fm\overline{3}m$、$F\overline{4}3m$ 和 $P6_3mc$[46]。在这三种硫化物中，α-MnS 具备立方岩盐晶体结构，具备最优异的热稳定性。

硫化铁：系列硫化铁材料中，根据 Fe 和 S 的化学计量比可统一为 Fe_xS（$1<x<2$），例如 FeS、Fe_3S_4 和 FeS_2 等铁系过渡金属硫化物。在这些化合物中，黄铁矿 FeS_2 因为其高的能量密度、好的热稳定性、低成本、地壳含量高且无毒等优点而备受关注[47]。硫化铁在自然界中常见的两种结构为黄铁矿和白铁矿。黄铁矿因其外观和颜色，经常被误认为黄金，因此也被人们称为“愚人金”。黄铁矿 FeS_2 是立方晶体，是典型的 NaCl 晶体结构，在其晶体结构中 6 个硫原子围绕在一个铁原子周围，形成典型的八面体配位的结合形式。白铁矿 FeS_2 是正交晶系。二者作为半导体材料，白铁矿的带隙（0.34 eV）远小于黄铁矿的带隙 l（0.95 eV），因而相对于禁带宽度较窄的白铁矿，具有较大禁带宽度的 FeS_2 作为地壳含量丰富、环境无污染的高效材料被广泛应用于光电领域，具有广阔的应用前景。黄铁矿 FeS_2 的空间群为 $Pa\overline{3}$，作为典型的层状过渡金属硫化物，具有{001}晶面簇最为稳定，表面能最低，且具备

重复 S-Fe-S 层状结构，因此（001）晶面是研究的代表性晶面。目前有很多制备 FeS_2 的方法，例如 2013 年，Lucas 等人制备得到椭球状的黄铁矿 FeS_2，进而又在此基础上制备得到 80 nm 尺寸均一的 FeS_2 立方纳米晶体[48-49]；2014 年，Faber 等人对黄铁矿过渡金属硫化物进行了系统的研究[50-51]；2015 年，Yuan 等人又通过水热法在乙醇胺-水二元体系中制备得到一系列形貌不同的黄铁矿 FeS_2，进而通过改变溶液中乙醇胺和水的比例对黄铁矿 FeS_2 的形貌进行可控合成，分别得到了 FeS_2 纳米立方体、纳米片和纳米十四面体；此后，Miao 等人又通过两步法，通过 H_2S 气体的硫化煅烧，制备得到了具有高比表面积的介孔黄铁矿 FeS_2 纳米材料[52]。

硫化钼：硫化钼是过渡金属硫化物的代表性材料，二硫化钼（MoS_2）具备独特的层状结构和电子结构，而单层 MoS_2 是由 S—Mo—S 夹心的原子结构构筑而成，层与层之间通过范德华力堆叠在一起表现出层状结构。在 MoS_2 的晶格结构中，六配位的 Mo 原子以八面体配位的方式与周围的 6 个 S 原子结合，Mo 原子以共价键形式与 S 原子结合。由于 Mo 原子和 S 原子之间不同的配位方式，MoS_2 具有多种不同的相态形式，其中最常见的是 2H（六方晶系）结构，而除了 2H 结构之外，多层 MoS_2 结构还可以以 3R（菱方晶系）结构以及 1T（三方晶系）结构形式进行堆叠[48]。相对于半导体 2H-MoS_2 和 3R-MoS_2，1T-MoS_2 表现为金属性，其中 2H-MoS_2 是最常见也是最稳定的结构。从性质的角度进行分析，MoS_2 带隙很窄，只有 1.29 eV，因而表现出优异的光电效应；MoS_2 独特的分层结构使金属离子可以在中间层进行有效的嵌入和脱出，可以实现高效的储能；MoS_2 因其良好的电子结构表现出理想的电化学性能。综上，MoS_2 材料尤其是 2H 相态的 MoS_2 在能量转化和储存方向具备很高的研究价值。

硒化物：从原子结构上看，硒最外层也有 6 个电子，氧化数与硫相似。因此，硒化物的化学性质与硫化物在一定程度上是相似的。随着对硫化物材料研究的逐渐深入，对硒化物的关注和研究也与日俱增。另一方面，由于二者处于不同的周期，会有两个明显的不同：①硒具有比硫更强的金属性，这意味着其导电性更好；②硒的电离能小于硫。因此，研究者们推测过渡金属硒化物可能表现出独特的性质[53]。常温下，典型 $MoSe_2$ 的晶格常数为 $a=b=0.3288$、$c=1.2900$（数据来源：Crystallography Open Database，晶体学开放数据库），密度为 6.0 g/cm^3，属于六方晶系。在 $MoSe_2$ 中，每个 Mo 原子与两个 Se 原子共价键合，$MoSe_2$ 层通过弱的范德华力连接。与石墨（0.335 nm）和 MoS_2（0.615 nm）相比，其层间间距（0.646 nm）更宽。$MoSe_2$ 包括有 1T 相（O_h 点群）和 2H 相（D_{3h} 点群），前者具有亚稳态的金属性能，而后者是稳定的 n 型半导体。由于量子限域效应，块体 2H-$MoSe_2$ 表现出 1.1 eV 的间接带隙，而剥离到单层后表现出 1.55 eV 的直接带隙。显然，其性质（特别是光学、电学性质）将随其尺寸的变化而发生变化[54-55]。而对于第一过渡金属元素组成的硒化物，如 $FeSe_2$、$CoSe_2$、$NiSe_2$，具有黄铁矿或类白铁矿结构。以 $FeSe_2$ 为例，Fe 原子与相邻的 Se 原子八面体结合。同时，在低指数表面的金属阳离子往往具有更低的配位数[56]。

1.4.2 掺杂过渡金属硫属化物

掺杂是改善材料结构状态和催化性能的有效手段，在过渡金属硫化物晶格中掺杂其他金属离子可以对相邻原子的电荷状态产生影响，产生更多的活性位点进而增加中间产物的吸附程度和吸附能，提升材料的导电率，从而对过渡金属硫化物的催化性能产生大幅度影响。因此掺杂可通过增加活性位点、诱导相变、优化电子结构等手段提升催化剂活性。

以元素的种类进行划分，可分为金属掺杂、非金属掺杂以及金属和非金属共掺杂。元素掺杂一般会在催化剂晶体结构中引入各种缺陷，包括替位缺陷、错位缺陷、空位缺陷以及间隙缺陷等多种形式的缺陷状态，进而引起材料晶格结构局部发生畸变，在禁带中产生局域态缺陷能级，改变催化剂本身的结构状态影响能带结构。另外，元素掺杂还可以有效活化纳米材料的电子结构和表面结构，一方面通过激活边缘活性位点，活化惰性面，暴露更多活性位点从而大幅度增加催化剂的活性比表面积；另一方面，异质原子的掺杂还可以提高纳米材料的导电性，降低催化过电位。Tian 等人[57]利用第一性原理计算研究了过渡金属（TM）原子（V、Cr、Mn、Co、Ni、Cu 和 Zn）取代二硫化铁（M-FeS_2）中的 Fe 原子后材料的电学、磁学性质，发现过渡金属原子的引入，使得材料的电子性质发生了显著的变化，甚至诱导二硫化铁磁性增强。Wang 等人[58]发现往黄铁矿的 FeS_2 掺入 Co 以后，H 原子在二硫化铁表面吸附的动能势垒大幅降低，获得更高的催化活性（如图 1-13）。

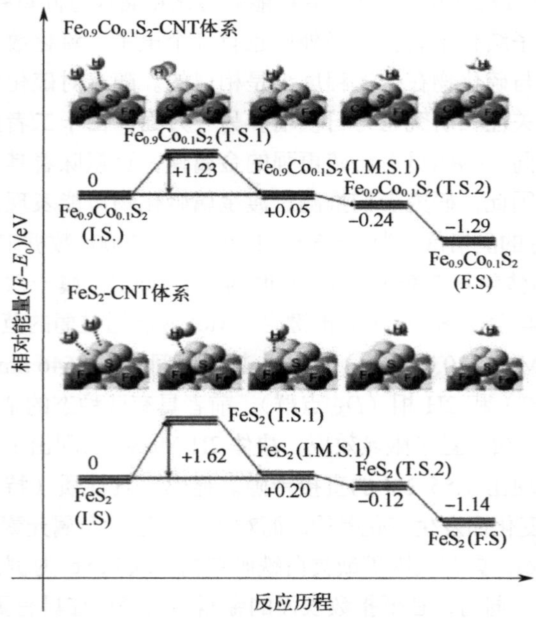

图 1-13 $Fe_{0.9}Co_{0.1}S_2$（上）和 FeS_2（下）催化剂析氢反应的动能势垒分布[58]

目前已经有很多课题组致力于掺杂策略来提升催化剂的活性。例如，Zhang 等人通过在 $MoSe_2$ 中成功掺入 S 元素，实现调控电子结构的目的，实现半导体性能向金属性能的转变。二维过渡金属硫属化物一般由三层原子组成，其中上下两层为硫属元素层，而最中间的一层则为过渡金属元素层。针对过渡金属硫化物的 H 型结构和 T 型结构，其上下双层硫属元素层分别呈现中心对称结构和轴对称结构。而硫属元素的掺杂就是指在维持中间过渡金属原子层不变的情况下，对上下双层中的硫属元素进行替换，而替换的元素为硫属同族的不同元素。例如对 MoS_2 结构进行 50%比例硫属元素掺杂，即将原胞中任意位置的两个硫原子用 O 原子、Se 原子或者 Te 原子进行替换，得到 OMoS、SeMoS 和 TeMoS 这一系列不同的结构材料，而这些结构中存在截然不同的电子结构特性。元素掺杂后，会导致原子间相互作用力的改变，进而导致过渡金属硫化物标志性六边形结构特征被破坏，引起结构内部的局域畸变，而原子间相互作用的改变则导致电子性能出现明显的差异性，最终导致其表现出不同的化学性质。对于表面空位，它的存在会改变局部电子密度，影响周围电子自旋状态，进而导致掺杂原子与周围原子的边界处原子弛豫现象的出现[59]。例如 Shao-Horn 等人[60]认为空位的存在可以有效诱导 e_g 电子，调整电子构型，进而改善其电子活性。此外，Xie 等人[61]以 $CoSe_2$ 纳米片为模板，研究了阳离子空位在 OER 性能中所起的作用，并且通过正电子湮没技术证明阳离子空位为 Co 空位，Co 空位是 $CoSe_2$ 纳米片中最主要的缺陷类型。而阳离子 Co 空位的存在，可提供很多优势：其一，八面体配位场可以将 Co 的电子轨道分为 t_{2g} 和 e_g 简并态，且阳离子 Co 空位的存在，可伴随产生单电子占据的 e_g 轨道；其二，大量 Co 阳离子空位的存在可以加速电子转移，促进催化反应能力的提升。

对于掺杂，一方面可以调控活性位点的电子结构，降低其与反应物结合能；另一方面异质金属原子的掺杂可以促使多种金属之间产生协同作用，促进不同位点间的电子转移速率，降低反应能垒。杂原子的引入都会对原本晶格结构周期性的排布产生影响，破坏局域电子结构的状态，调节局域电子的电荷密度及电子的自旋分布状态，进而改善反应中间体的吸附能，提高反应活性和电催化效率。电子分布是材料性能提升最重要的点，因而掺杂的原子无论是富电子还是缺电子状态都会对原来原子的电子分布产生影响。此外一般取代的原子和被取代原子的半径和电子构型都不一样，这些因素都会导致杂原子进入晶格结构后，原始晶格会发生区域扭曲进而引发局部电荷密度的重新分布，进而激活掺杂原子邻近的原子成为新的活性位点，活性位点数目的提升，也是催化活性提升的重要因素。举例而言，Xie 等人[61]以 V 掺杂的 MoS_2 为研究模型，从能带结构和电子密度的角度进行探索。研究表明，当 V 的掺杂浓度达到 8%的时候，MoS_2 的带隙中则产生了新的缺陷能级，借助新产生的缺陷能级，电子可以轻易转移到导带中，掺杂元素 V 的能级与相邻 Mo 原子能级之间会产生相互作用，进而提升导电率，加速电荷传输速率。此外，Edward H. Sargent

教授课题组研究发现，金属 W 是非 3d 高价金属，Fe-Co 羟基氧化物有较多的外层空轨道，因而在 Fe-Co-W 羟基氧化物中，金属 W 可以有效调控金属的氧基中间体的吸附能[62]。除此之外，李有勇课题组以单原子 W 掺杂的氢氧化镍纳米片为模型，证明了具有大量外层空轨道的低自旋态 W 元素可以有效调节 Ni 基氢氧化物纳米片，与此同时还暴露更多的 W 位点，研究证明掺杂后的 W 位点确实是活性位点，—OH 键的断裂和 O—O 键的生成都发生在新产生的活性 W 位点处，进而降低反应过电位[63]。由于金属中心之间的存在协同作用，外来金属原子的掺杂就可以显著增强活性金属的反应活性，为此大量研究人员从优化反应活性的角度进行研究，引入掺杂金属离子。例如晏成林课题组通过引入外来金属离子 Co 掺杂到 Cu_7S_4 纳米盘中，将其作为改善催化活性的有效手段，加速 Co 和 Cu 位点之间的电子转移，通过 Co 的掺杂改善 Cu 的电子结构状态（如图 1-14 所示）[64]。

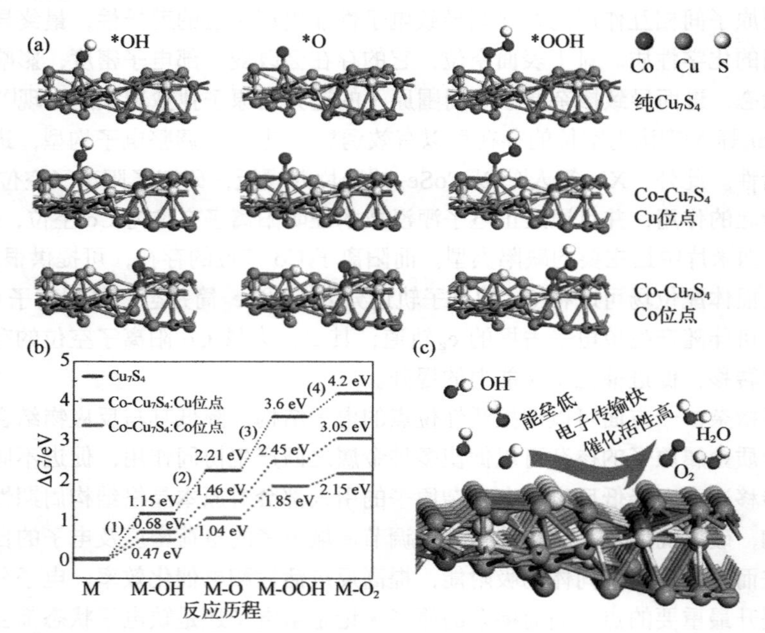

图 1-14 （a）中间体的吸附几何构型；（b）反应历程的吉布斯自由能变化；（c）$Co-Cu_7S_4$ 可能的 OER 机理[64]

1.4.3 多金属过渡金属硫化物

过渡金属硫化物因其多样的结构、丰富的价态、广泛的组分、独特的晶体结构、理想的电化学性能和载流子传输效率，表现出导电性高、结构多变、价态易变等特性，相对于过渡金属氧化物具备更加复杂多变的价态和晶格结构，其中氧元素被硫元素取代后，会导致材料整体晶格参数增加、带隙降低，表现出更低的光学带隙和更高的导电性。然而金属组分单一的过渡金属硫化物所具备的物理化学性能已然不能满足社会需求，为此发展三元乃至多元的过渡金属硫化物成为研究的重点。我们将原因归结为三点：其一，多元过渡金属硫化物间金属之间的相互协同作用可为硫化物提供更加突出的综合性能；其二，多种金属离子的引入为过渡金属硫化物提供了更多硫空位，为改善过渡金属硫化物的半导体性能提供了可能，多种金属间不匹配的晶格存在方式和原子尺寸大小导致晶格结构更大程度的无序排列，可构建为活性更大的过渡金属硫化物，提供更多的活性位点，加速催化剂的活化和电催化性能的提升；其三，相较于单组分而言，多组分金属硫化物在催化过程中具有更加多变丰富的氧化价态，因而表现出更大的氧化还原活性，进而扩展了多元金属硫化物的应用范围和研究领域。过渡金属硫化物丰富的价态可促使金属原子表现出不同的价态进而具备不同的占位，而位置固定不变的硫晶格可提供理想的范德华力，为多金属硫化物的合成提供了可能性和可操作性的空间[65-66]。

以过渡金属硫化钴为例，硫化钴会以不同的相态存在，例如 CoS_2、Co_3S_4、Co_9S_8 等，金属钴和硫原子的不同结合配位形式，产生不同的晶格结构模型，表现出多种形式的氧化态，有利于电荷的快速转移，进而作为有利因素提升催化剂的催化性能。而常规方法制备得到的单金属硫化物结构不稳定，很容易在催化的过程中损坏晶体结构，进而导致过渡金属多硫化物的生成。为此，多金属硫化物，即混合金属硫化物（例如 $NiCo_2S_4$、$MnCo_2S_4$），具备良好的氧化还原活性，可以有效克服这类问题，且该类三元金属硫化物已经被证明比单元金属硫化物（例如 NiS_x、MnS_x 和 CoS_x）表现出更优异的导电性，可以快速促进电子转移，展现良好的氧化还原反应性能。此外，相对于氧化物，硫化物和金属间具有更大的能量差异，且展现出更高的导电率；硫比氧具有明显低的电负性，可促使硫化物通过层间延伸的方式，展现出更加灵活的结构特性，有利于多元金属硫化物的形成。三元过渡金属硫化物（AB_2S_4）作为典型的双金属硫化物，其晶体结构会暴露出更多的边缘活性位点，相较于单独的过渡金属硫化物具备更广泛的应用。例如 $NiCo_2S_4$、$CuCo_2S_4$、$ZnCo_2S_4$ 等材料由于其带隙窄、耐腐蚀、毒性低且稳定性好等优势而一度成为研究热点。而在这些混合金属氧化物中，不同的金属会表现出不一样的性能，例如在此类钴基三元过渡金属硫化物中，钴原子可提供理想的氧化电位，锰则贡献出更多的电子，促进催化过程中电子的有效传输和转移。研究表明，与单金属硫化物相比，多元过渡金属硫化物优异的特性可归因于以下三点：①较低能力带隙赋予的高导电性，阴离子硫的存在，使得结构更易变；②硫原子低的电负性，同时可以有效阻碍层间伸长率对结构的影响，促进电子的结构中的有效传输；③多元过渡金属硫化物孔径大、比表面积大，促使催化剂与溶剂充分接触，有利于反应物表面产生电荷的快速转移。

目前已经有很多研究者致力于三元层状过渡金属硫化物的研究，且由于多元金属的存在，可以通过调节组分及原子排列方式来实现三元过渡金属硫化物结构、形貌、电子状态的调控。例如，对称性良好的四方晶体 Cu_2MoS_4 作为典型的三元过渡金属硫化物，根据原子的不同排列方式，可得到两种结构的 Cu_2MoS_4，分别为 P-Cu_2MoS_4 和 I-Cu_2MoS_4。从结构上进行对比，这两者的空间群分别为 $P\bar{4}2m$ 和 $I\bar{4}2m$，结构类型分别为 AAA 型堆垛和 ABA 型堆垛，因而不同的原子排列方式可以呈现出不同的催化性能[67]。目前制备 Cu_2MoS_4 不同形貌的方法很多，例如，Chen 等人通过模板牺牲法制备得到多种三元过渡金属硫化物纳米片，如 Cu_2MoS_4 纳米片、Cu_2WS_4 纳米片等；此外，他们在 Cu_2MoS_4 纳米片的基础上，通过刻蚀法制备得到锯齿状 Cu_2MoS_4 纳米片，构造出更多的活性位点[68]。

1.5 二维过渡金属硫化物的结构

根据晶体结构的特点，二维过渡金属硫化物（TMS）主要可分为两类：层状 MS_2 和非层状 M_xS_y（如图 1-15 所示）。

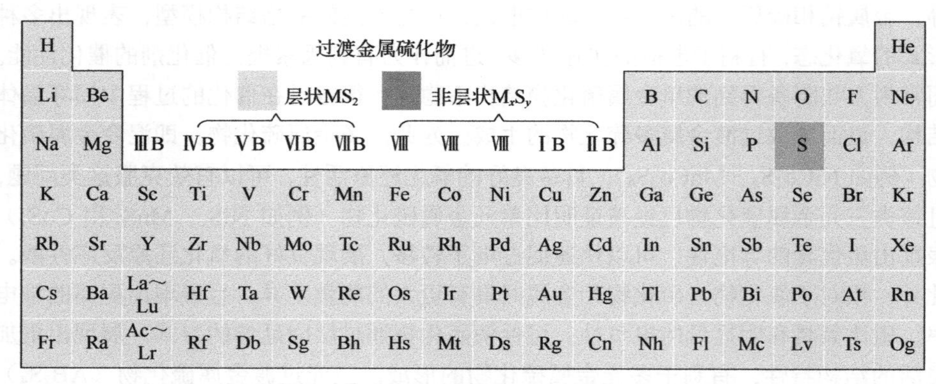

图 1-15 代表性的层状与非层状过渡金属硫化物[69]

ⅣB～ⅦB 族过渡金属硫化物（M = Mo、W、Ta、Nb 等）大多数以类似石墨的层状晶体结构存在，而Ⅷ、ⅠB、ⅡB 族过渡金属硫化物（M = Fe、Co、Ni 等）主要以非层状结构的形式出现。这些过渡金属硫化物的结构和组成之间的差异将不可避免地带来它们在电子和电化学性能上的差异。

1.5.1 层状结构中的几种物相

与石墨非常类似，MS_2 的结构呈现层状的堆积，层内原子间由较强的化学键相结合，层与层之间因范德华力而有序堆叠。类似石墨的六方相与三方相，二维过渡金属硫化物也有层间相对位移而导致的不同堆积方式[69]。下面以 MoS_2 为例介绍层状结构的三种物相。根据 S 原子与过渡金属配位方式和层间的堆积方式差异，二维过渡金属硫化物可以分为几种不同的相，最普遍的堆积方式有 1T、2H 和 3R 三种类型（图 1-16）。这样的命名方式中，数字表示单胞中的层数，大写字母表示晶体对称性的类型，T 属于三方晶系，空间群为 *P*3*m*1；H 属于六方晶系，空间群为 $P6_3/mmc$；R 属于菱方晶系，空间群为 *R*3*m*。过渡金属硫化物晶体结构的差异导致其电子行为也有所不同，其电子结构涵盖了从绝缘体到导体甚至超导体的导电类型[70]。

通常，层状 MS_2 的每一层的厚度为 0.6～0.7 nm，由夹在两层硫（S）原子之间的过渡金属原子层组成，1T、2H 和 3R 相中，以八面体构型或三棱柱构型为中心的过渡金属原子将提供 4 个电子与硫原子的键合，因此过渡金属原子的氧化数为 +4，而对于 S 原子来说氧化数为 −2[71]。

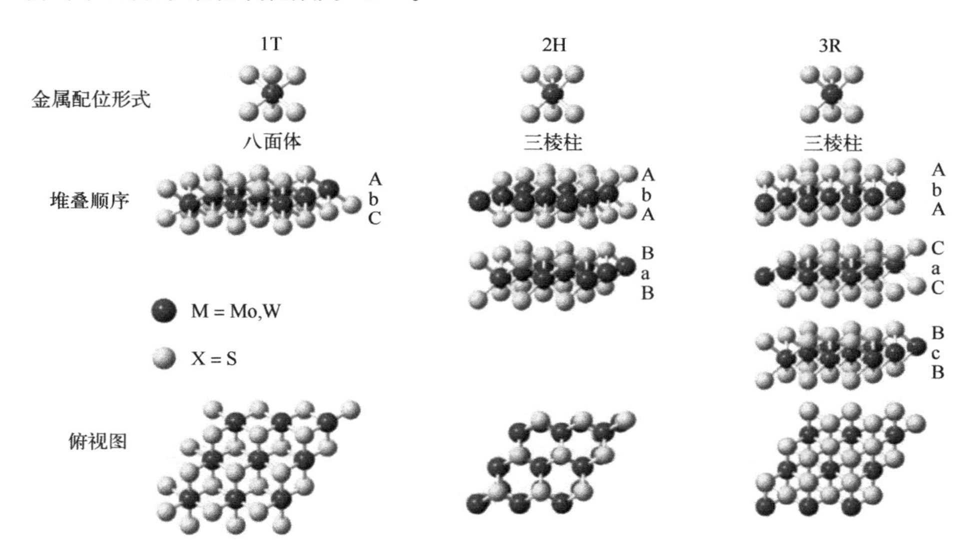

图 1-16　层状 MS_2 结构晶胞的不同金属配位形式和堆叠顺序[69]

该金属可以具有八面体配位或三棱柱配位。八面体配位允许堆叠形成正交结构（1T），如 AbC 结构等；六方棱柱层可以以两种不同的方式堆叠以形成六方结构（2H）或三方结构（3R）

这些层在原子之间具有很强的层内共价键，将通过相对较弱的平面外范德华力垂直堆叠在一起，因此，层状 MS_2 可以很容易地剥离成二维纳米片[72]。独特的堆叠结构造成了两种晶面的呈现：基面和边缘面，它们在许多方面表现出各向异性。首先，层状 MS_2 的面内电导率大约是层间电导率的 2200 倍[73]。因此，层状过渡金属硫化物的边缘平面和基平面中的电化学活性也被预测为各向异性的，通常，第ⅥB 族过渡金属硫化物基面上的位点始终是惰性的，而高活性的边缘位点主要有助于优异的电催化性能[74]。

不同的晶型也赋予了层状过渡金属硫化物不同的性能，以二硫化钼为例：1T 相的电导率是 2H 相的 10^7 倍，因此在电化学应用上更具竞争力。而研究较少的 3R 相是绝缘体，3R 相与 2H 相都具有三棱柱结构，但二者的堆叠顺序不同，导致了性质的巨大差异使得 3R 相在电子学相关应用范围较窄，但在非线性光学应用具有潜力。亦可作为中心对称半导体材料[75]。

1.5.2 层状结构中物相的稳定性

同一物质不同相的稳定性可以从能量的角度来推断。1T 相和 1H 相中的六配位金属分别位于八面体场和三棱柱场中，能级裂分方式如图 1-17 所示。理论预测表明，1T 相本质上是不稳定的，1T′ 和 2H 相是稳定的。具有金属性的 1T 相往往在实际结构中有多个变种，如下图所示为一些 1T 相的结构，不同过渡金属二硫化物的 1T 相稳定性也在图中列出。1T 相最早是利用碱金属离子（Li 和 K）插层二维过渡金属硫化物中而制备得到[76-77]。一些实验表明 1T″相最不稳定，并容易转变成 1T 相，而 1T 相在一定条件下会自发转变到最稳定 2H 相[78]。

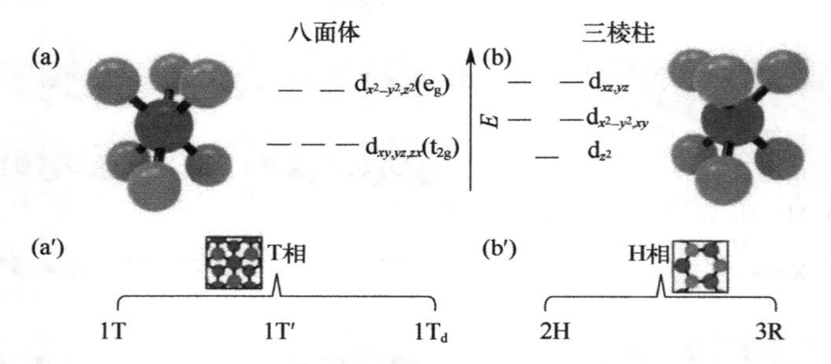

图 1-17 二维过渡金属硫化物的两种基本相原子结构及相应的 d 电子组态[78]

（a）T 相，具有八面体配位，常形成正交结构；（b）H 相，具有三棱柱配位，常形成六方结构；（a′）（b′）相应的 d 电子组态

过渡金属硫化物的电子特性极其依赖于过渡金属 d 轨道的填充。例如，2H-MoS_2 的半导体行为主要归因于 Mo 原子的完全填充的 d 轨道，因此 2H-MoS_2 有望用于电子器件。然而，具有部分填充的 Mo 原子 d 轨道的 1T-MoS_2 表现出金属性质，这将更适合于电催化[79]。MoS_2 和 WS_2 可以通过碱金属的嵌入实现从 2H 到 1T 的 MS_2 相的转变，同时引入额外的电子并重新排列金属的 d 轨道[80-81]。

根据不同的形变程度，1T 相过渡金属硫化物可转化为畸变结构（1T′和 1T″相）。1H 相层的不同堆积排列导致 2H 相和 3R 相的形成。此外，1T′相向 T_d 相的转变也源于 1T′层的堆叠对称性变化[82]。不同的过渡金属硫化物原子构型来源于过渡金属 d 轨道填充情况的不一样。除了过渡金属本身的差异，二维过渡金属硫化物的稳定性还归因于 d 轨道的填充以及金属与硫间的 d-p 轨道成键作用[83]。因此，不同相的二维过渡金属硫化物显示出不同的热力学稳定性。表 1-1 总结了二维过渡金属硫化物不同物相的电子结构特征。

图 1-18 列出了分层的过渡金属硫属化物（TMCs）及其结构和稳定性。其中ⅣB

表 1-1　二维过渡金属硫化物不同物相的电子结构特征

过渡金属硫化物	物相	电子结构特征	过渡金属硫化物	物相	电子结构特征
TiS_2	1T	金属性	TaS_2	2H	金属性
ZrS_2	1T	半导体性（1.40 eV）	MoS_2	1T	金属性
HfS_2	1T	半导体性（1.45 eV）		2H	半导体性（1.85 eV）
VS_2	1T	半导体性（0.30 eV，2～3 层）	WS_2	1T	金属性
	1T	金属性（大于 8 层）		2H	半导体性（2.02 eV）
NbS_2	1T	金属性	ReS_2	1T′	半导体性（1.43 eV）
	2H	金属性	PtS_2	1T	半导体性（1.75 eV）
TaS_2	1T	金属性			

族（d^0）和Ⅷ族（d^6）TMCs 只有八面体结构。ⅥB 族（d^2）TMCs 大部分表现为三角棱柱相，ⅤB 族（d^1）TMCs 表现为三棱柱相和八面体相，而ⅦB 族（d^3）TMCs 表现为扭曲多面体结构。以$(Mo,W)S_2$ 为例，$(Mo,W)S_2$ 的三角棱柱相比它们的八面体相稳定得多，而 WTe_2 的情况则完全相反，这与基态能差[84]一致。这意味着 WTe_2 在基态时倾向于变成 1T′相而不是 1H 相。

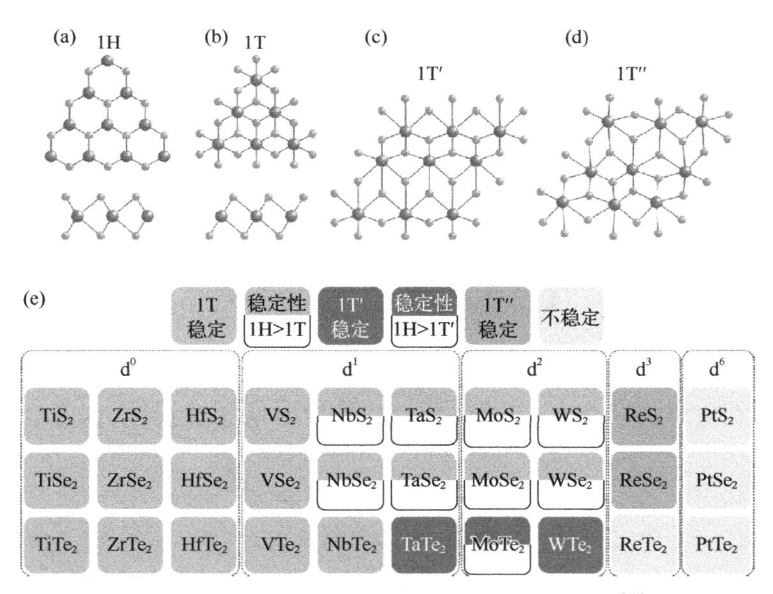

图 1-18　二维过渡金属硫属化物的结构与稳定性[84]

（a）～（d）2D TMCs 的不同相：（a）1H 相，（b）1T 相，（c）1T′相，（d）1T″相；（e）2D TMCs 的结构和稳定性，包含ⅣB 族、ⅤB 族、ⅥB 族、ⅦB 族和Ⅷ族

1.5.3 层状结构中物相的转变

基于 2D TMCs 的层状属性，层间由弱的范德华力连接，这就使得利用离子插层的方式研究其相转变成为可能。不同顺序的单层 H 相堆叠导致 2H 和 3R 相的形成。一些插入的客体金属（碱金属）会引入额外的电子并重新排列母体金属的 d 轨道。其他插层剂包括 Na、K 和铵离子也被用来实现 TMCs 的相变[84]。研究表明，适当的插层剂浓度会导致相变，过量的插层剂浓度会导致结构降解[85]。与碱金属插层剂不同的是，插层铵盐离子可以稳定 1T-MoS_2 和 1T-WS_2[86-87]，这可能会改变由碱金属插层引发的相变。综上所述，插层是 2D TMCs 相变的一种常用手段，其稳定性可能取决于插层程度或环境。此外，更有效和更具体的插层方法仍有待探索。

金属插入过程中，母体结构由 2H 向 1T 相的转变归因于从碱金属原子与纳米片之间的电荷转移。这种额外的电荷会导致费米能级的态密度改变，从而使材料电子结构呈金属性。更具体地说，晶体平均场理论表明，由于对称诱导的 Mo 4d 轨道分裂成三组，TMCs（例如 MoS_2）的 2H 相是半导体的：完全占据的 Mo $4d_{z^2}$ 轨道；Mo $4d_{xy}$ 和 Mo $4d_{x^2-y^2}$；Mo $4d_{xz}$ 和 Mo $4d_{yz}$ 空置的。S 的 3p 轨道不会影响材料的电子结构，因为它们距离费米能级大约 3 eV。在 1T 相的情况下，Mo 4d 轨道分为两组：一组是 3 个简并的 Mo $4d_{xy}$、$4d_{yz}$、$4d_{xz}$ 轨道被两个电子占据；另一组是未被占据的 Mo $4d_{z^2}$ 和 Mo $4d_{x^2-y^2}$ 轨道。Mo $4d_{xy}$、$4d_{yz}$、$4d_{xz}$ 轨道的不完全占据使 1T 相金属化，也使其不稳定。实现对 Mo $4d_{xy}$、$4d_{yz}$、$4d_{xz}$ 轨道的占据，从而使得来自掺杂剂的额外电子的轨道稳定了 1T 相，使 2H 相更活泼，来促相转换过程的进行（图 1-19）[88-90]。

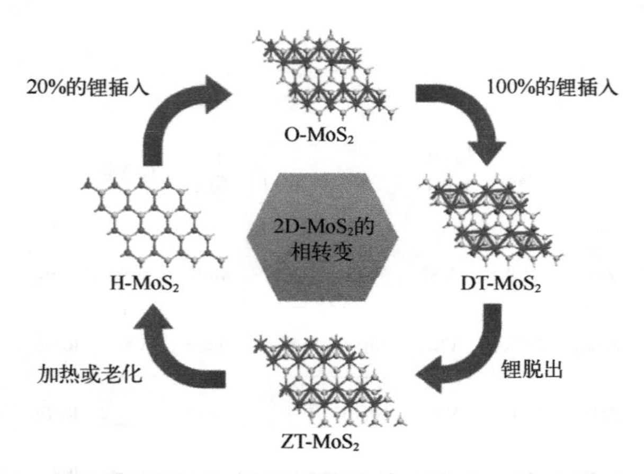

图 1-19 当锂嵌入或从 MoS_2 单分子层中脱出时，结构相变的可能路径[84]

界面电子转移（图 1-20）能够诱导一个瞬态可逆相变[91]。由于 Au 和 MoS_2 之间的肖特基势垒（0.8 eV）较低，热电子可以有效地转移到 MoS_2 单分子层上。根据晶体场理论，Mo 4d 轨道在 2H-MoS_2 中分裂为三个能级，在 1T-MoS_2 中分裂为两个能级。与 2H-MoS_2 中高能量能级的未占据轨道不同，1T-MoS_2 中低能能级存在一个未占据轨道，热电子倾向于填充以稳定 1T 相［图 1-20（c）］。同时，沉积的 Au 还会由于 MoS_2 和 Au 的相互作用导致顶部 S 平面的局部滑动，从而削弱顶部 Mo—S 的键合，进而导致结构的失稳，促进相变[92]。

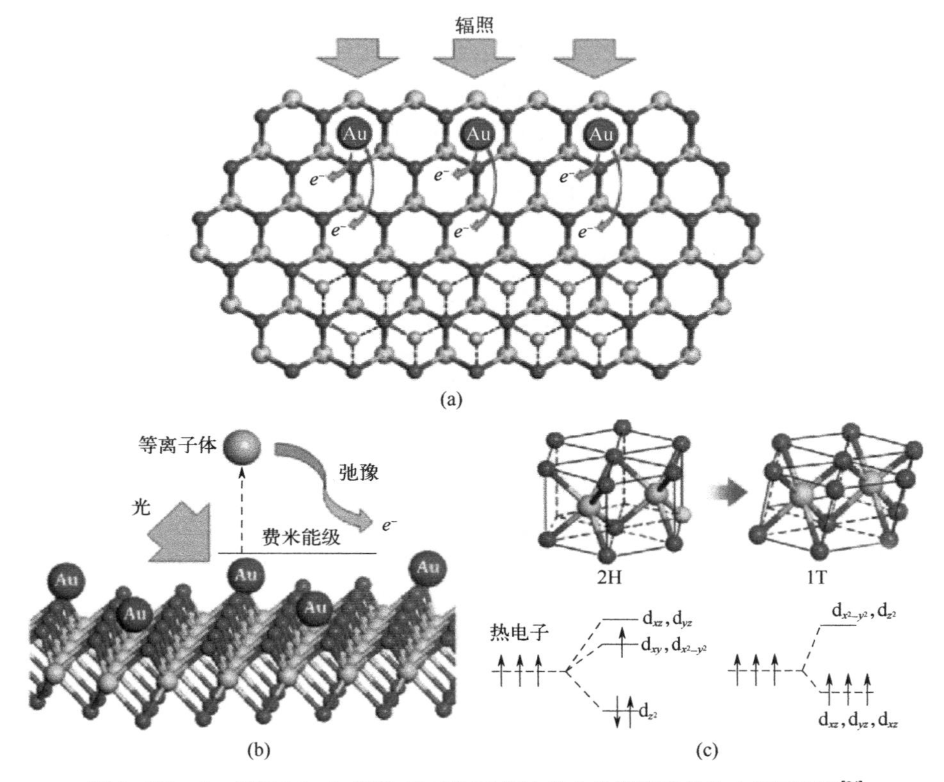

图 1-20　Au 诱导 MoS_2 相从 2H 到 1T 相变产生的等离子体热电子示意图[91]

电子束辐照是实现相变的一种有效方法，可以实现高能诱导晶格重构。Lin 等人[93]引入了单层 MoS_2 在电子束辐照下从 2H 到 1T 的转变过程（图 1-21）。2H 相通过形成两个夹角为 60°的带状结构转变为新的相。每条条纹由 3～4 条缩窄的 MoS_2 “之”字形链组成［图 1-21（b）中的 α］，两个 Mo 原子之间的距离减小，在交点处过度填充的原子引发了 1T 相的形成从而释放应力。

由于等离子体、电子束和激光的可控性[94-95]，这三种技术一般都易于实现可控相变。然而，高能粒子往往会给样品带来一些损害。此外，来外部辐照技术的发展可能使得相变可控精细化，在工业应用场景中未来可期。

根据相图，热处理对不同温度下的相变具有良好的可控性，因此被认为是最方便的策略之一。随着原子的频繁振动和在高温下形成新的化学键，很容易发生相变。

Lee 等人[96]报道了在双区化学气相沉积（CVD）体系中合成 2H-$MoTe_2$ 和 1T′-$MoTe_2$。首先，他们通过缓慢碲化方法获得了大规模的 2H-$MoTe_2$。在图 1-22（a）中，在缓慢碲化过程中，首先在顶部区域发生 1T′-$MoTe_2$，然后逐渐转化为 2H-$MoTe_2$。研究人员还提出，通过进一步碲化或快速退火，可以发生反向相变。Kim 等人[97]通过通量法得到了 2H-$MoTe_2$ 和 1T′-$MoTe_2$。如图 1-22（b）所示相图，可以实现单晶 2H-$MoTe_2$ 和 1T′-$MoTe_2$ 的工程。在相图中［图 1-22（b）左］，当温度高于 500 ℃时，2H 相开始转变为稳定的 1T′ 相［图 1-22（b）右］。此外，2H 相在缓慢冷却过程中可以恢复，在 500～820 ℃温度范围内出现了新的混合相，这说明结构相变是可逆的。从 900 ℃缓慢冷却至室温可得到 2H 相，淬火或快速冷却可得到 1T′相。

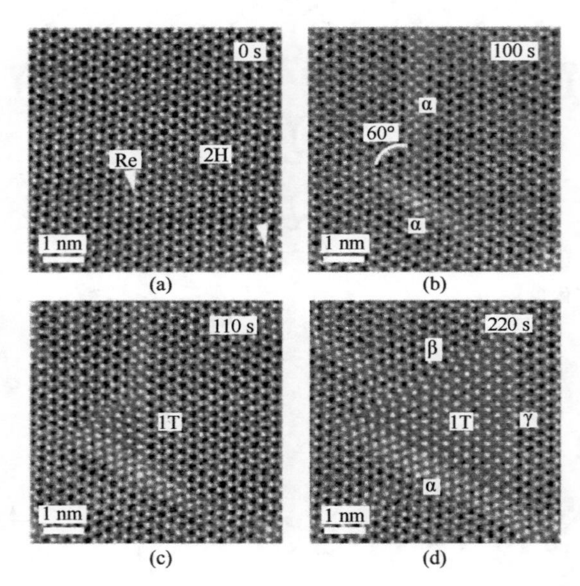

图 1-21　电子束辐照下单层 MoS_2 中 2H-1T 相变过程中的原子运动[93]

通过对母体材料施加应力以及掺杂客体离子的手段也可以改变 TMCs 的晶体结构和电子结构。这种后处理的方法可以有效拓展 TMCs 材料的应用范围。研究表明体相 MoS_2 在 20 GPa 左右会发生层间滑移，由 $2H_c$ 堆垛结构转变为 $2H_a$ 堆垛结构。理论预测 25～35 GPa 压力区间内，MoS_2 带隙闭合，MoS_2 由半导体态转变为金属态。当压力增加到 100 GPa 以上，$2H_a$-MoS_2 转变为超导态[98]。

掺杂的方式也是引入的应力的一种常用方法。尽管从 2H 相转变为 1T 相需要来自掺杂剂的额外电子，但此类杂质的存在是不利的。去除掺杂剂会使 1T 相不稳定。在使用丁基锂实现嵌入锂的 TMCs（例如，Li_xMoS_2）中，通过己烷和水洗涤，可以从 MoS_2 纳米片中去除丁基和锂离子[99-100]。出人意料的是，1T 相在去除有机相和碱金属杂质后仍然存在[101]。已有研究证明了多层和单层形式的化学纯 1T 相 TMCs 的“干”膜[102]。这些薄膜的稳定性归因于在纳米片表面上存在质子或其他不动的带正电的离子，这些离子抵消了掺杂剂提供的额外电荷。纳米片上吸附的带正电的反离子的存在得到了以下事实的支持：在受控环境中退火至约 300 ℃时，1T 相弛豫至 2H 相。

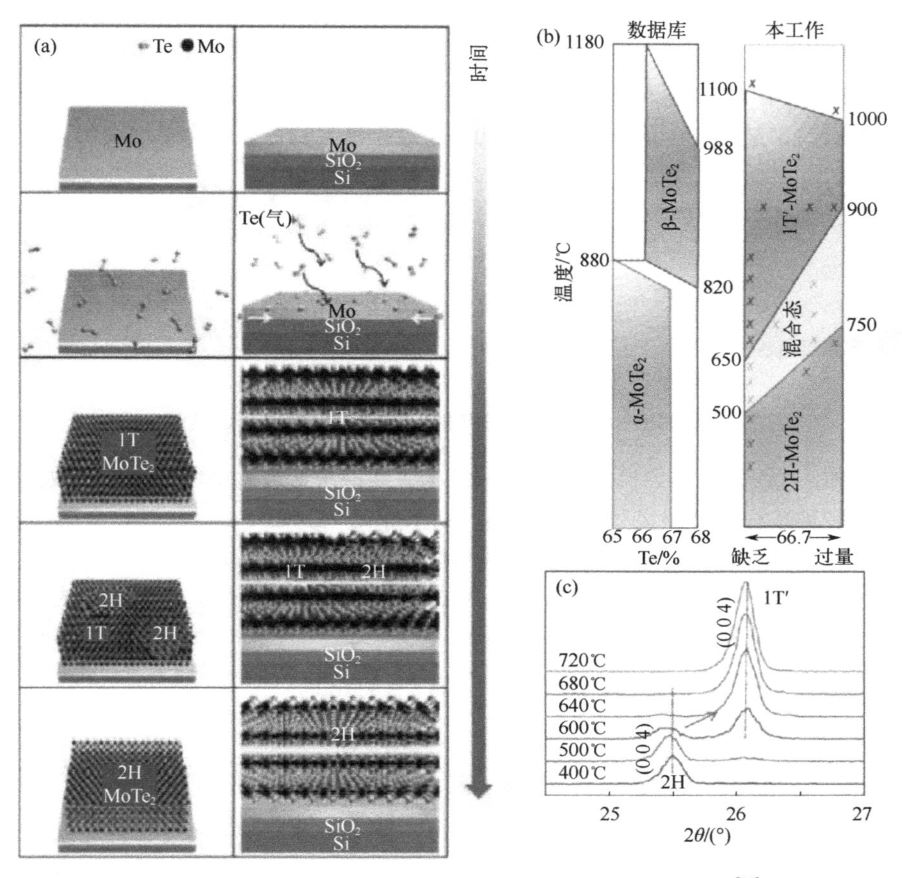

图 1-22　热处理相变示意图以及 $MoTe_2$ 的加热原位 XRD[96]

1.6　非二维过渡金属硫化物的结构

1.6.1　d 区元素的硫化物

硫属化物的矿石只占地壳总质量的 0.15%，其中绝大部分为铁的硫化物，其他元素的硫化物及其类似化合物只相当于地壳总质量的 0.001%。尽管其分布量有限，但却可以富集成具有工业意义的矿床，有色金属如 Cu、Pb、Zn、Hg、Mo、Ni、Co 等硫属化物矿物为主要来源。下面以 d 区的 Fe 的硫化物矿物为例来介绍。

非层状 M_xS_y（M = Fe、Co、Ni 等）在 $x = 1$ 和 $y = 2$ 时一般具有黄铁矿结构或

白铁矿结构（图 1-23），具有高度相似性的常规晶胞。黄铁矿结构属于空间群 *Pa*，其中过渡金属原子位于面心立方（*fcc*）位点，并与相邻的 S 原子八面体键合。黄铁矿结构中的每个 S 原子都与三个过渡金属原子和一个 S 原子四面体配位，这样也会形成 S 的二聚体[103]。白铁矿结构采用正交 *Pnnm* 空间群，其中体心过渡金属原子也与相邻的 S 原子八面体键合。可以清楚地发现，白铁矿结构中的八面体是共边的，而黄铁矿结构中的八面体是共角的。实际上，由于它们的结构相似性，在非层状 M_xS_y 的黄铁矿结构中上的白铁矿结构的共生或外延生长可以很容易地实现。

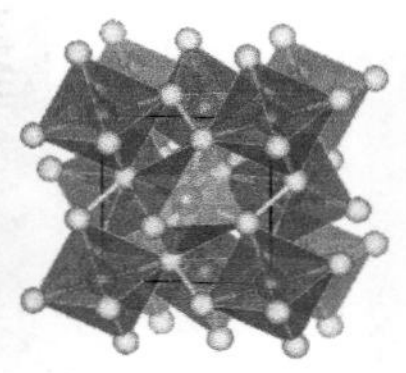

(a) 黄铁矿

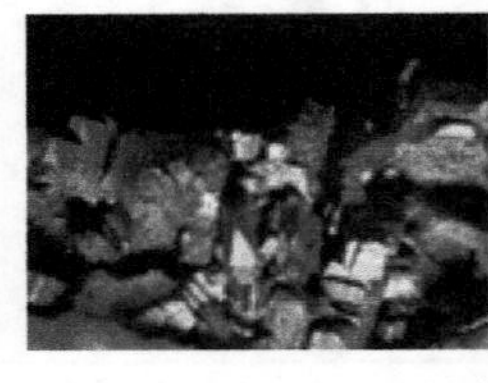
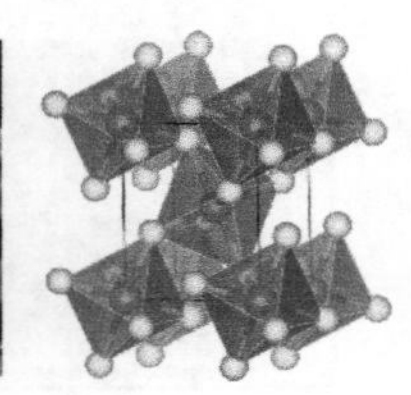

(b) 白铁矿

图 1-23 黄铁矿和白铁矿的实物图与晶体结构示意图

此外，黄铁矿型非层状 M_xS_y 的电子结构主要取决于过渡金属的 d 电子数，其电子结构多种多样，从绝缘体（如 NiS_2）到半导体（例如 FeS_2），再到金属（例如 CoS_2）[104]。每个 M_xS_y 结构的 x 和 y 值可以不同，并且可以形成一系列硫化物，例如 NiS、NiS_2、Ni_3S_2、Ni_3S_4、Ni_7S_6 和 Ni_9S_8[105]。通常，非分层 M_xS_y 的组成对电子特性也有很大的影响。在硫化镍中，NiS_2 是绝缘体，而石榴石型 Ni_3S_2 在其晶体结构中由于通过 Ni—Ni 键连接的连续导电网络而显示出本征的金属特性[106]。

1.6.2 ds 区元素的硫化物

以 ds 区中第一过渡系中的 Cu、Zn 的硫化物为例。

ZnS 是一种常见的直接带隙半导体材料，室温下具有较大的禁带宽度。对于不同的晶体结构，其带隙会有微弱的变化，分别为约 3.72 eV（β-ZnS）和约 3.77 eV（α-ZnS）。其中闪锌矿（β-ZnS）在低温下能够稳定存在，纤锌矿（α-ZnS）在温度大于 1024 ℃条件下能够稳定存在[107-108]。

图 1-24 为这两种结构的三维球棍模型。纤锌矿 ZnS 的晶体结构属六方晶系，S 原子按六方最紧密堆积排列，Zn 原子占有其中一半的四面体空隙，其晶格常数为 $a = b = 3.82$ Å，$c = 6.26$ Å。闪锌矿 ZnS 为面心立方结构，每个 Zn 原子被 4 个 S 原子包围，每个 S 原子又被 4 个 Zn 原子包围，其坐标位置与金刚石晶胞中碳原子的位置类似，硫离子按立方密堆方式排列，较小的锌正离子占据四面体空隙的一半。其晶格常数为 $a = b = c = 5.41$ Å。这两种结构在硫属化物中比较常见，如硫化汞、硫化镉等。

$Cu_{2-x}S$ 具有宽范围的化学计量比，其导电性和铜的组分呈负相关性。$Cu_{2-x}S$ 存在多种晶体结构：Cu_2S（辉铜矿）、$Cu_{1.97}S$（久辉铜矿）、$Cu_{1.80}S$（蓝辉铜矿）、$Cu_{1.75}S$

（斜方蓝辉铜矿）、$Cu_{1.60}S$（方硫铜矿）、$Cu_{1.40}S$（高硫铜矿）、$Cu_{1.12}S$（雅硫铜矿）、CuS（靛铜矿），x 的数值范围为 0～1。靛铜矿 CuS 的结构为 1/3 个铜原子与 3 个硫原子配位，剩余 2/3 的铜原子则被 4 个硫原子包围形成四面体结构，其具有特殊的金属传导性，在 1.63 K 时表现出特殊的超导性质[109-110]。

CuS 结构包含多种变体，常见的靛铜矿 CuS 中变体之一铜蓝的结构（如图 1-25 所示）内容较为复杂，其空间群为 $P6_3/mmc$，晶格常数 $a = b = 3.796$ nm，$c = 16.360$ nm，$\alpha = \beta = 90°$，$\gamma = 120°$，硫的存在形式既包含单硫负离子也有二硫负离子，对应的铜离子也以不同的价态形式存在[111]。

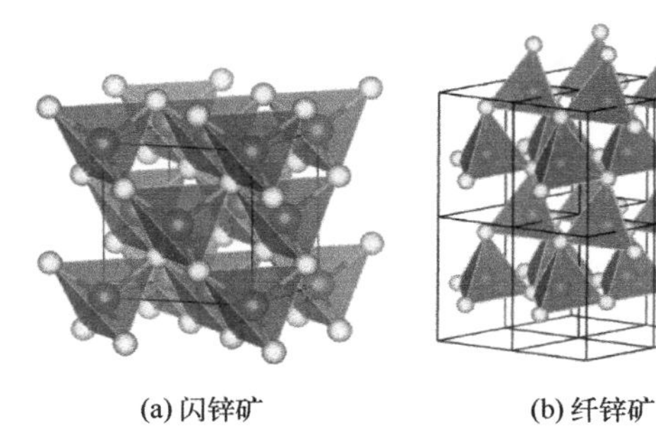

(a) 闪锌矿　　(b) 纤锌矿

图 1-24　闪锌矿和纤锌矿的晶体结构示意图

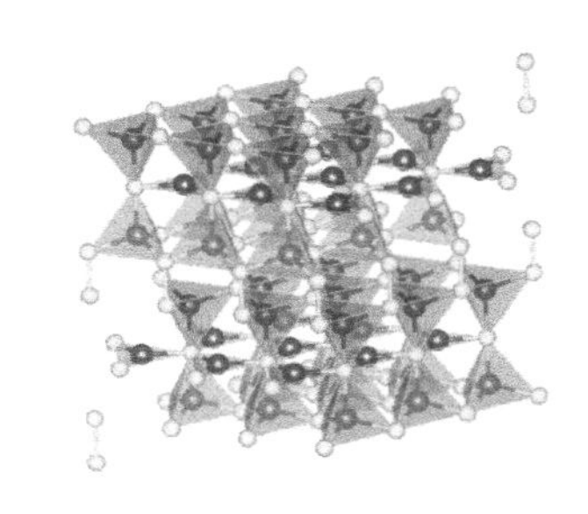

图 1-25　CuS 结构变体——铜蓝的晶体结构示意图

1.7　过渡金属硫属化物的物理性质

1.7.1　电子特性

在前文结构部分已经提到过部分过渡金属硫化物的电子结构与相关性质。此处再详细结合一些实验和理论计算工作进行详细讨论，常常将硫化物扩充到硫属化物的范围以便充分理解硫属化物的变化趋势。第一性原理计算的过渡金属硫化物材料中有绝缘体、半导体、半金属和金属。典型的例子是二硫化钼，它是一种半导体材料。体相中，它是一种间接型带隙的材料，而它的单层材料却是一种直接型带隙的材料[112]。

过渡金属硫属化物（TMCs）层状材料的能带结构依赖于层数，当体材料厚度减少为多层或者单层时，层状材料的电子性能发生显著的变化。由于过渡金属硫化物材料具有量子效应，因而带隙会随着层数的变化而改变[113]。一些研究[114]已经证实当二硫化钼材料厚度减少为单层时，间接带隙转变为直接带隙。Kuc 等人[115]研究了量子效应对单层和多层 MS_2（M = W、Nb 和 Re）电子结构的影响。研究发现 WS_2 和 MoS_2 相似，当层数减少时，显示出间接带隙（体材料）到直接带隙的转变。图 1-26 是 MoS_2 和 WS_2 的能带结构，图中箭头由价带顶指向导带底。而 NbS_2 是金属性的，其电子性能与层数无关。单层 $MoSe_2$ 和 $MoTe_2$ 也显示出间接带隙到直接带隙的转变，带隙（Δ）大小分别是 1.44 eV 和 1.07 eV[116]。第一性原理研究发现，当材料层数减少时，会引起带隙能量的变化，当从体材料变成单层材料时，MoS_2、WS_2、$MoSe_2$、WSe_2、$MoTe_2$ 和 WTe_2 的带隙能量分别变化了 1.14 eV、1.16 eV、0.78 eV、0.64 eV、0.57 eV 和 0.37 eV。图 1-26 MoS_2 和 WS_2 的能带结构说明过渡金属硫化物层状材料能带带隙是可调节的，这个发现使过渡金属硫化物层状材料可以更好地应用于光电子学器件中[117]。

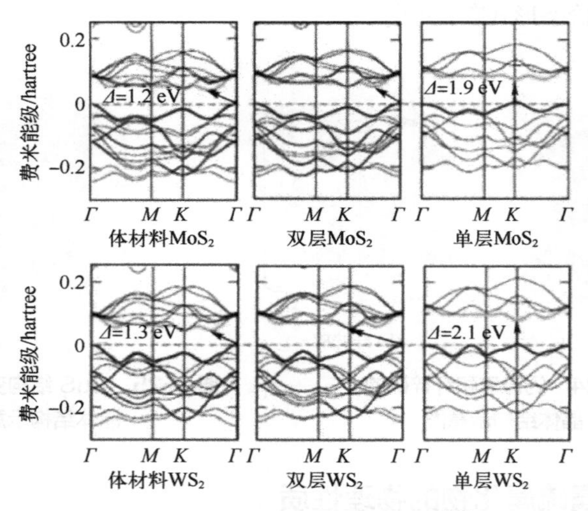

图 1-26 布里渊区的高对称点[115]

Γ，*M*，*K* 表示布里渊区的高对称性点；1 hartree = 2625.5 kJ·mol^{-1}

在 TMCs 材料的电子应用领域，需要通过调整带隙的大小来增加半导体器件的载流子迁移率或者发光二极管器件中的发射效率。这些都可以通过外加电场、化学功能化、纳米成形或者外加应变等手段实现，而外加应变是一种改变带隙的有效手段。第一性原理计算证实 2D TMCs 层状材料的带隙可以通过拉伸、压缩和纯剪切应变来调整。理论计算表明，外加应力增大，MoX_2 和 WX_2（X = S、Se 和 Te）单层和双层的材料能够由直接带隙转化为间接带隙。Yun 等人[118]运用线性增广平面波法发现拉伸应变能够减少隙能，而压缩应变能够增大隙能。Shi 等人[119]运用第一性原理计算方法发现二硫化钼的部分能态密度图可以通过双轴拉伸来改变。如图 1-26 所示，钼原子 d 轨道的能态密度图可以通过外加应变显著地改变。此研究通过外加应变调节单层二硫化钼的电子性能，为制备高性能的电子器件提供了思路。另一种手段是通过外电场来改变带隙，根据第一性原理计算[120]，在外加电场的作用下，带隙能够连续不断地降低到零（由半导体到金属的转变）。由于 TMCs 层状材料是由表面构成的，吸附原子和表面缺陷也能够改变 TMCs 材料的性能。通过对 TMCs 层状材料的功能化，可以使 TMCs 材料表面吸附原子或者产生表面缺陷，因而可以改善材料的性能且扩大其应用领域。Ataca 等人[121]研究了单层二硫化钼表面吸附原子的过程，发现吸附不同的原子对单层二硫化钼电子性能会产生不同的影响。进一步地，He 等人[122]发现吸附 H、B、C、N 和 F 原子能够使单层的二硫化钼产生磁矩。Yue 等人[123]则发现二硫化钼中的硫原子被非金属原子（H、B、N 和 F）和过渡金属原子（V、Cr、Mn、Fe 和 Co）取代后能够产生磁矩。通过外加应力、电场及材料功能化等手段，可以使 TMCs 材料的性能发生显著的变化，从而应用到特定的领域。

基于电荷的输运和电子的自旋制备出自旋电子和谷电子器件。“谷”状结构指的是导带底和价带顶处的简并。TMCs 如二硫化钼，由于具有自旋-轨道耦合以及对称结构破缺，导致了 K 谷和 K'谷对左旋和右旋圆偏振光的吸收具有选择性，因此在自旋电子学和谷电子学等领域具有广泛的应用。单层二硫化钼谷极化持续时间较长，使其具有成为新型电子器件——自旋开关的可能。由于其 2H 结构从上至下看，表现为与石墨烯相同的蜂窝状，故此结构的硫属金属化合物又被称为类石墨烯晶体。

要制备出谷电子器件，关键是实现所谓的谷极化。迄今为止，通过产生特定的能谷来产生能谷极化是比较困难的。谷极化是通过圆偏振光激发，由于光学选择性，给定的圆偏振光只能激发出自旋向上或者自旋向下的光子，Zeng 等人[124]对双层的二硫化钼进行实验，由于存在反转对称，在布里渊区 K 和 K'处发生简并，所以没有谷极化出现，但在单层的二硫化钼中发现了谷的旋光选择性。Feng 等人[125]从实验和理论上证实了单层二硫化钼的谷选择圆偏振光吸收性质，这项研究表明单层二硫化钼的能带在六边形布里渊区的顶点附近拥有“谷”状结构，而相邻点的谷并不等价，它们分别吸收左旋光和右旋光，其选择性近乎完美。这项研究首次发现了材料中谷的旋光选择性，单层二硫化钼实现了谷极化，说明过渡金属硫化物材料在自旋电子学和谷电子学领域具有较好的发展前景。二硫化钼没有空间反演中心，第一性原理计算表明，自旋-轨道耦合会使价带发生劈裂[126]。根据对称性，由于自旋-谷耦合引起能带劈裂，劈裂后的能带分为自旋向上和自旋向下，时间反演性决定了不同谷中的劈裂必然相反，价带顶的自旋劈裂决定了谷的旋光选择性依赖于自旋自由度。自旋自由度和谷自由度的耦合图如图 1-27 所示[127]，图中实线代表沿着面外自旋向下的能带，虚线代表沿着面外自旋向上的能带。

1.7.2 热电性质

热电材料能够直接实现热能与电能的相互转化（如汽车废热、人体皮肤散发的热量等），能够极大地提高能源利用率，从而缓解日益严重的能源短缺问题[128]。热电材料的热-电转化效率一般用无量纲的 ZT 值来评估。高性能的热电材料必须同时具有高的功率因子和低的热导率。

TMCs 材料作为热电材料，其电导率和 Seebeck 系数随着层数的改变和片层的滑移等表现出多样且可调的特性。在热电材料研究方面，TMCs 材料主要以 1T 相和 2H 相为研究对象，且通常伴随着 p-n 型的转变[129]。1T 相的 TMCs 通常具有较高的电导率，2H 相则有较高的 Seebeck 系数。以 MoS_2 为例，1T 相 MoS_2 表现出金属性的特点，导电性较高；而 2H 相 MoS_2 位间接带隙的半导体，导电性较差，但 Seebeck 系数却很高。Huang 等人[130]测得 MoS_2 的热电性能（表 1-2），1T 相 MoS_2 纳米片组装的薄膜电导率达 9978.3 $S\cdot m^{-1}$，而 2H 相单晶的 Seebeck 系数为−706.4 $\mu V\cdot K^{-1}$。不同于石墨烯的单原子的 C—C 键骨架，二维 TMCs 材料由 X—M 键构成，多原子基面能够降低平面内声子的平均自由程，导致相对较低的平面内热导率[131]。此外，片层间的异质界面同样会导致声子散射加强、热导率降低。

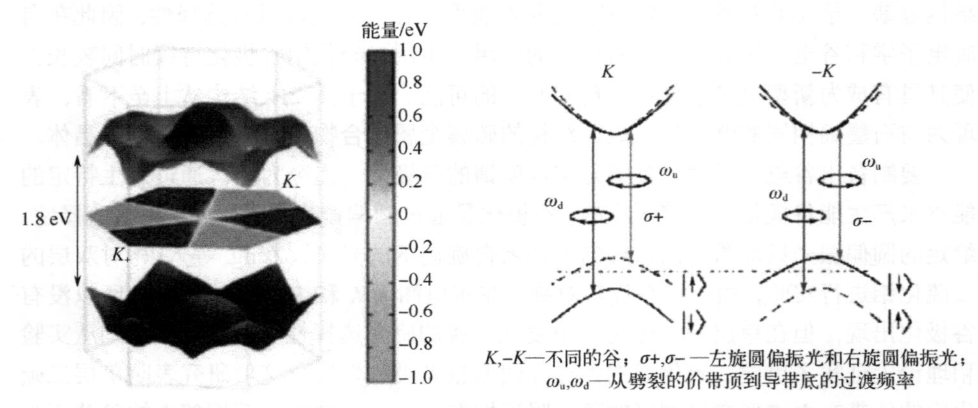

$K,-K$—不同的谷；$\sigma+,\sigma-$—左旋圆偏振光和右旋圆偏振光；ω_u,ω_d—从劈裂的价带顶到导带底的过渡频率

图 1-27　价带顶和导带底（左），自旋自由度和谷自由度的耦合图（右）[127]

表 1-2　1T-MoS_2 纳米片与 2H-MoS_2 单晶对比

材料	半导体类型	$S/(\mu V\cdot K^{-1})$	$S/(S\cdot m^{-1})$	$B/(\mu W\cdot m^{-1}\cdot K^{-1})$
1T-MoS_2 纳米片	p	85.6	9978.3	73.1
2H-MoS_2 单晶	n	706.4	1.1	0.5

在过去的十几年里，关于 TMCs 材料的热电研究被大量报道，许多基于第一原理计算的输运性能研究都集中于单层或少层，并取得了令人瞩目的研究成果[132]。基于块体的热电研究却很少。块体 TMCs 材料一般是指未剥离的由原子单层通过范德华力紧密结合的多层 TMCs 材料。相较于单层和少层的 TMCs 材料，块体更容易制备且在实际应用中表现出更高的稳定性，多层结构也会导致其热电性能在水平和垂直方向上表现出较强的各向异性。此外，由于多晶界的特性，声子散射会被大大增强，这使得块体 TMCs 材料在垂直方向上通常具有较低的热导率。已知的热导率最低的 TMCs 材料是块体 WSe_2 薄膜（0.05 $W\cdot m^{-1}\cdot K^{-1}$）[133]，远低于一般的单层和少层 TMCs 材料（一般是 5～50 $W\cdot m^{-1}\cdot K^{-1}$）[134]。然而，较宽的带隙使得块体的电导率远低于单层，这导致其热电性能很不理想。块体 TMCs 材料的热电性能一般可以

采用掺杂和电子能带设计等策略改善电荷传输性能来提升[135]。Liu 等人[136]在石英管中进行固态反应合成了多晶块体 WSe_2 并系统研究了不同温度下的热电性能，研究发现该块体产物不仅展现出相当高的 Seebeck 系数（大于 500 $\mu V \cdot K^{-1}$）且热导率也相当低（923 K，1.4 $W \cdot m^{-1} \cdot K^{-1}$），923 K 下获得最高 ZT 值 0.03。Ruan 等人[137]采用 Mg 和 Nb 掺杂 $MoSe_2$ 合成了多种多晶块体 $MoSe_2$，研究发现适当的掺杂可以在保持其 Seebeck 系数基本不变的情况下明显提高载流子浓度和迁移率。此外，掺杂导致的点缺陷还可以明显降低晶格热导率，最终在 738 K 下得到最高 ZT 值（0.2），比未掺杂的样品提高了近 15 倍。Ohta 等人[138]采用 CS_2 硫化 TiO_2 的方式制备了单相的 $Ti_{1.005}S_2$ 块体粉末，研究发现，过量的钛插层进入 TiS_2 层间和界面导致声子散射增强、晶格热导率减小，在 663 K 最高 ZT 值能达到 0.34。

如上所述，TMCs 材料由块体转化为单层时，其电子性质也会发生显著变化，这主要是由于层数的改变导致带隙发生了显著变化，进而使得其能带结构和导电行为发生改变，这种能带结构的改变必然会导致其费米能级处的态密度发生改变，而能带结构和费米能级上电子和空穴的不对称性又会直接影响材料的 Seebeck 系数[139]，因此，单层或少层 TMCs 材料的热电性能相较于块体具有很大差异。Wu 等人[140]研究了化学气相沉积法制备的单层 MoS_2 的热电性能。结果发现由于特殊的电子传输机制和结构可调节性，超薄 MoS_2 最高 Seebeck 系数可达到 30 $mV \cdot K^{-1}$。Kumar 等人[141]运用第一性原理计算研究了单层和块体 $MoSe_2$ 和 WSe_2 的热电性能。其通过玻尔兹曼输运方程对电子和声子的输运规律的分析以及面内方向不同温度下块体和单层的 p 型和 n 型功率因子和 ZT 值的对比，发现单层的热电性能明显更优于块体。与之相类似的，Wickramaratne 等[142]从理论角度分别研究了几种 TMCs 材料（MoS_2、$MoSe_2$、WS_2 和 WSe_2）单层至少层（1～4 层）和块体在两种形态下（n 型和 p 型）的电子性能和热电性能（图 1-28）。研究发现，当薄膜层数大于 1 层（L）时，带隙均会由直接带隙转变为间接带隙，热电性能的最高峰均属于单层或少层且远高于相应块体的峰，这也是为什么 TMCs 热电材料在剥离和制备时追求单层或少层的原因。单层和少层 TMCs 材料的热导率相较于块体普遍偏高，在保持较高电导率的同时有效降低热导率是提升该类材料 ZT 值的关键。根据 Wiedemann-Franz 定律，电子和

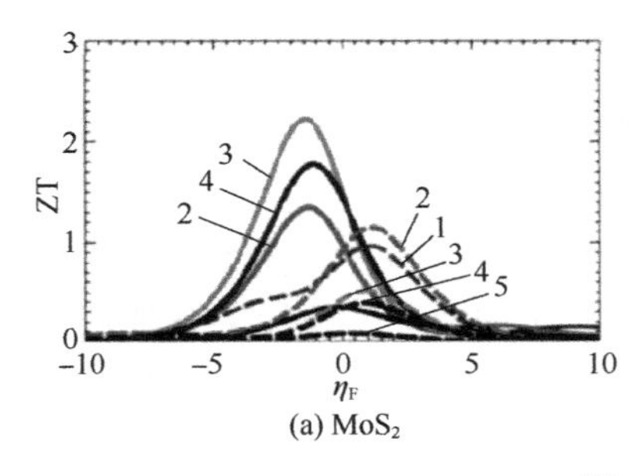

(a) MoS_2

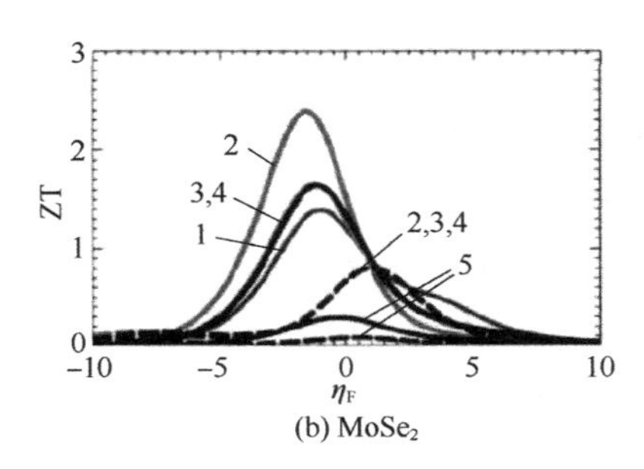

(b) $MoSe_2$

图 1-28

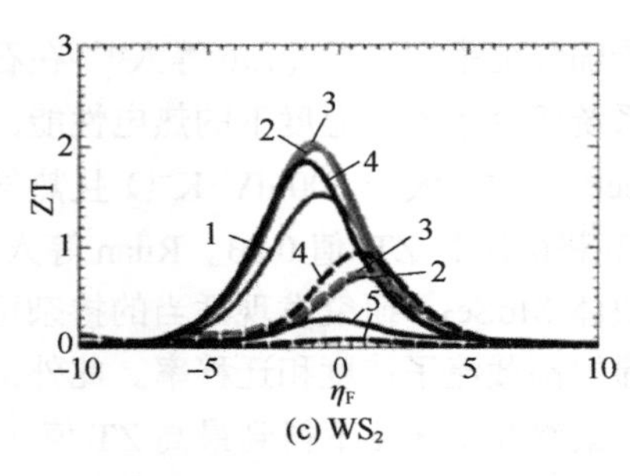

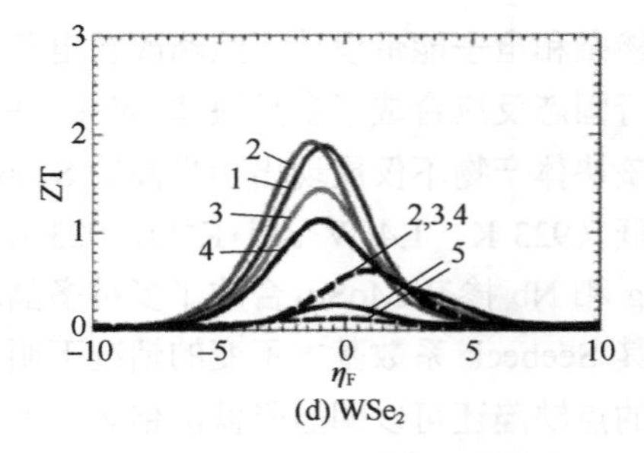

图1-28 300 K下不同层数（1～4层）与块体TMCs材料的ZT值[143]

n型材料的ZT用实线表示；p型材料的ZT用虚线表示；1—1层；2—2层；3—3层；4—4层；5—块体

声子在传输过程中具有不同的平均自由程，在此基础上，合理地设计材料的电子结构能在阻碍声子传播的同时基本不影响电荷载流子的转移，进而实现电导率和热导率的解耦并提升ZT值[143]。

1.7.3 光学性质

层状的二维特性不仅使得过渡金属硫化物的电子学性质有着强烈的物相依赖性，其光独特的能带结构也使得其致发光特性得到了广泛的关注。过渡金属硫化物单层具有直接带隙，可产生较强的光致发光，这一特殊的性质使其在光电器件、光电探测等领域具有广泛的应用前景。如上文所述，TMCs材料的带隙取决于其层数，通常TMCs多层为间接带隙半导体，当层数减少至单层时，它们将转变为直接带隙半导体。TMCs单层不仅具有直接光学带隙，还有激子束缚能大和强自旋轨道耦合等特性[144]。同时，由于TMCs单层具有天然的空间反演对称性破缺，动量空间K和K'谷附近电子存在自旋-能谷锁定效应，对光子的响应需要满足特定能谷选择定则，这种自旋谷极化效应可在室温下被电调控[145]和光学读取[146]。上述优良的光电特性使得TMCs在纳米光子学、光电子学、量子光学、磁光学等方面有着很多潜在的应用。

然而，TMCs这种准二维特征也是一把双刃剑，过薄的厚度限制了材料的光吸收率和有效光量子产率，因此，为了提高光吸收和发射的效率，很多关于增强光与二维材料相互作用的方法被报道，例如，将TMCs置于光学微腔，通过形成腔激元来增强光与激子[147]或带电激子的偶极耦合。另一种类似的方法则是通过制备TMCs和金属微纳周期结构（例如金纳米天线或银纳米盘阵列）[148]耦合的杂化体系，利用局域电磁场增强效应更有效地激发TMCs中的激子。

在二维TMCs材料中，由于介电屏蔽的减小，激子效应变得很强。当受到光激发时，产生了由库仑作用结合电子和空穴而形成的激子。从自旋-谷耦合的角度，TMCs中的激子也叫谷激子，由于它们产生于布里渊区中两个简并的谷，分别为K和K'谷。价带在K（K'）点的劈裂导致两个激子态。当引入额外的电荷（电子或空穴）到中性激子中时，形成含有几种粒子（带电激子和双激子等）的多体系统。当多体系统中的紧束缚粒子分解成自由载流子时，需要一定的能量，所需的能量被称为束缚能，它反映了紧束缚粒子的结合程度。束缚能来源于库仑相互作用，在体材料中几乎可以忽略。但是，由于量子限域效应，当材料厚度逐渐减薄时，束缚能大幅上升。不同于块体材料，单层 TMCs 中电子和空穴形成的激子被限制在单层平面内。激子束缚能可以通过测量激子里德伯态得到，如光致荧光激发谱可以用来确定不同级数的激子的里德伯态的能量位置，从而推算出激子束缚能[149]。

1.7.4 力学性质

与石墨烯相似，二维过渡金属硫化物材料也是一种较薄的具有内在柔韧性的力学材料，从而在力学领域具有良好的前景。Bertolazzi 等人[150]通过原子力显微镜对二硫化钼薄膜进行纳米压痕实验来测量单层和多层二硫化钼的强度和断裂强度。图 1-29 为悬浮二硫化钼板的纳米压痕。如图 1-29（a）所示，二氧化硅/硅基板上面通过转移较薄的二硫化钼片到一排微制备出来的圆形孔上面来制备出二硫化钼薄膜。如图 1-29（b）所示，在压痕实验中，原子力显微镜的尖端压在二硫化钼薄膜的中央，检测悬臂挠度，得到了力 F 和薄膜挠度 δ 的曲线［图 1-29（c）］。薄膜进一步被弯曲达到断裂点，检测到断裂发生时的力。在断裂发生时，在薄膜的中间会产生孔洞，也就是在原子力显微镜尖端刺破二硫化钼薄膜的位置。图 1-29（d）是在拉伸和断裂实验前后二硫化钼间歇接触的原子力显微照片。实验发现单层二硫化钼的弹性模量约为 70 GPa，高于钢铁的弹性模量（约为 205 GPa），该研究结果说明单

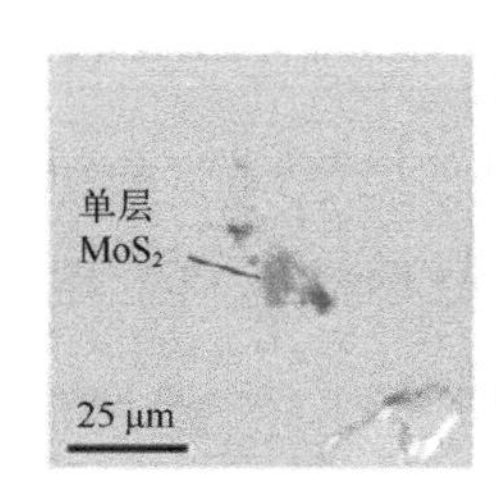

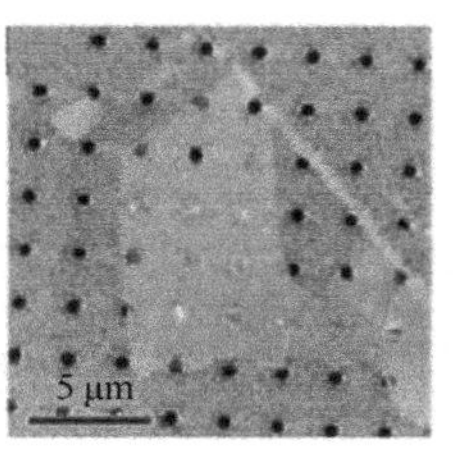

(a)沉积在二氧化硅/硅空洞基板上的单层二硫化钼的光学图像

原子力显微探针

MoS_2

SiO_2

(b) 原子力显微镜纳米压痕实验

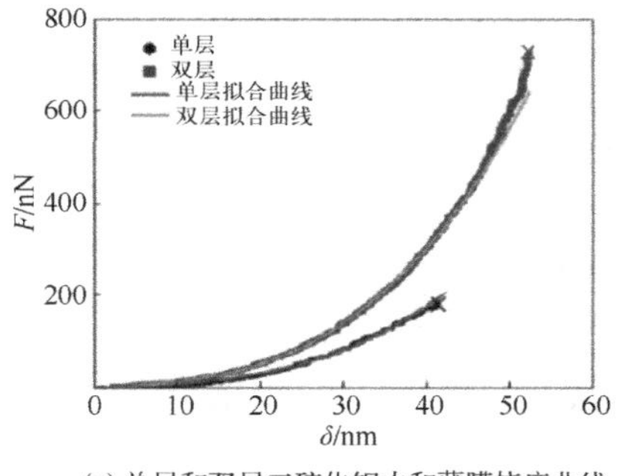

(c) 单层和双层二硫化钼力和薄膜挠度曲线

200 nm

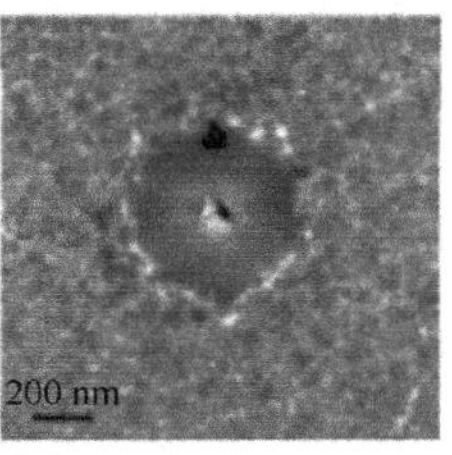

(d) 悬浮单层二硫化钼在纳米压痕之前(左)和之后(右)的原子力显微照片

图 1-29 悬浮二硫化钼板的纳米压痕[150]

层二硫化钼可以应用于复合材料的增强体和柔性电子器件等领域。Li[151]通过第一性原理研究发现超薄的二硫化钼片弹性模量约为 250 GPa，进一步说明过渡金属硫化物材料具有优异的力学性能。

由于过渡金属硫化物层状材料层内由较强的化学键相连接，层间由较弱的范德华力相连接，因而具有较低的剪切阻力和摩擦系数，例如二硫化钼和二硫化钨通常可以用作润滑剂。据报道二硫化钼的摩擦系数在超高真空条件下量级可达到 10^{-3}，在一般环境条件下，测量出的摩擦系数范围为 0.01～0.1[152]。因此，过渡金属硫化物材料可作为润滑材料广泛应用于超真空和车的动力系统。

参考文献

[1] Kolobov A V, Tominaga J. Two-dimensional transition-metal dichalcogenides. Berlin: Springer, 2016.

[2] Lucovsky G, White R. Effects of resonance bonding on the properties of crystalline and amorphous semiconductors. Phys Rev B, 1973, 8(2): 660.

[3] Shportko K, Kremers S, Woda M, et al. Resonant bonding in crystalline phase-change materials. Nat Mater, 2008, 7(8): 653-658.

[4] Kastner M. Bonding bands, lone-pair bands, and impurity states in chalcogenide semiconductors. Phys Rev Lett, 1972, 28(6): 355.

[5] Kastner M, Fritzsche H. Defect chemistry of lone-pair semiconductors. Philos Mag B, 1978, 37(2): 199-215.

[6] Kolobov A V, Fons P, Tominaga J, et al. Vacancy-mediated three-center four-electron bonds in GeTe-Sb_2Te_3 phase-change memory alloys. Phys Rev B, 2013, 87(16): 165206.

[7] Mott N F. Electrons in disordered structures. Adv Phys, 1967, 16(61): 49-144.

[8] Mott N F, Davis E A. Electronic Processes in Non-crystalline Materials. Oxford: Clarendon Press, 1979.

[9] Anderson P W. Model for the electronic structure of amorphous semiconductors. Phys Rev Lett, 1975, 34(15): 953.

[10] Street R A, Mott N F. States in the gap in glassy semiconductors. Phys Rev Lett, 1975, 35(19): 1293.

[11] Kastner M, Adler D, Fritzsche H. Valence-alternation model for localized gap states in lone-pair semiconductors. Phys Rev Lett, 1976, 37(22): 1504.

[12] Kolobov A V, Kondo M, Oyanagi H, et al. Experimental evidence for negative correlation energy and valence alternation in amorphous selenium. Phys Rev B, 1997, 56(2): R485.

[13] Kolobov A V, Kondo M, Oyanagi H, et al. Negative correlation energy and valence alternation in amorphous selenium: An in situ optically induced ESR study. Phys Rev B, 1998, 58(18): 12004.

[14] Krbal M, Kolobov A V, Fons P, et al. Intrinsic complexity of the melt-quenched amorphous $Ge_2Sb_2Te_5$ memory alloy. Phys Rev B, 2011, 83(5): 054203.

[15] Xu M, Cheng Y Q, Sheng H W, et al. Nature of atomic bonding and atomic structure in the phase-change $Ge_2Sb_2Te_5$ glass. Phys Rev Lett, 2009, 103(19): 195502.

[16] Kolobov A V, Krbal M, Fons P, et al. Distortion-triggered loss of long-range order in solids with bonding energy hierarchy. Nat Chem, 2011, 3(4): 311-316.

[17] Tanaka K, Shimakawa K. Amorphous chalcogenide semiconductors and related materials. New York: Springer, 2011.

[18] Raoux S, Wuttig M. Phase change materials: science and applications. germany: Springer, 2010.

[19] Kolobov A V, Tominaga J. Chalcogenides: metastability and phase change phenomena. Berlin: Springer, 2012.

[20] McNaught A D, Wilkinson A. Compendium of chemical terminology. Oxford: Blackwell Science, 1997.
[21] Englman R, Englman R. The jahn-teller effect in molecules and crystals. London, New York: John Wiley & Sons, 1972.
[22] Averill B, Eldredge P. General chemistry: principles, patterns, and applications. Washington, DC: Saylor Foundation, 2011.
[23] Coehoorn R, Haas C, De Groot R A. Electronic structure of $MoSe_2$, MoS_2, and WSe_2. Ⅱ. The nature of the optical band gaps. Phys Rev B, 1987, 35(12): 6203.
[24] Martin R M. Electronic Structure: Basic theory and practical methods. England: Cambridge University Press, 2004.
[25] Towle L C, Oberbeck V, Brown B E, et al. Molybdenum diselenide: rhombohedral high pressure-high temperature polymorph. Science, 1966, 154(3751): 895-896.
[26] Kertesz M, Hoffmann R. Octahedral vs. trigonal-prismatic coordination and clustering in transition-metal dichalcogenides. J Am Chem Soc, 1984, 106(12): 3453-3460.
[27] Fang C M, Wiegers G A, Haas C, et al. Electronic structures of, and in the real and the hypothetical undistorted structures. J. Phys Condens Matter, 1997, 9(21): 4411.
[28] Ho C H, Liao P C, Huang Y S, et al. Optical absorption of ReS_2 and $ReSe_2$ single crystals. J Appl Phys, 1997, 81(9): 6380-6383.
[29] Ho C H, Huang Y S, Tiong K K, et al. Absorption-edge anisotropy in ReS_2 and $ReSe_2$ layered semiconductors. Phys Rev B, 1998, 58(24): 16130.
[30] Wilson J A, Di Salvo F J, Mahajan S. Charge-density waves and superlattices in the metallic layered transition metal dichalcogenides. Adv Phys, 1975, 24(2): 117-201.
[31] Chhowalla M, Shin H S, Eda G, et al. The chemistry of two-dimensional layered transition metal dichalcogenide nanosheets. Nat Chem, 2013, 5(4): 263-2715.
[32] McMillan W L. Landau theory of charge-density waves in transition-metal dichalcogenides. Phys Rev B, 1975, 12(4): 1187.
[33] Gor'kov L P. Strong electron-lattice coupling as the mechanism behind charge density wave transformations in transition-metal dichalcogenides. Phys Rev B, 2012, 85(16): 165142.
[34] Shen D W, Xie B P, Zhao J F, et al. Novel mechanism of a charge density wave in a transition metal dichalcogenide. Phys Rev Lett, 2007, 99(21): 216404.
[35] Dai J, Calleja E, Alldredge J, et al. Microscopic evidence for strong periodic lattice distortion in two-dimensional charge-density wave systems. Phys Rev B, 2014, 89(16): 165140.
[36] Neto A H C. Charge density wave, superconductivity, and anomalous metallic behavior in 2D transition metal dichalcogenides. Phys Rev Lett, 2001, 86(19): 4382.
[37] Koley S, Laad M S, Vidhyadhiraja N S, et al. Preformed excitons, orbital selectivity, and charge density wave order in 1T-$TiSe_2$. Phys Rev B, 2014, 90(11): 115146.
[38] Rossnagel K. On the origin of charge-density waves in select layered transition-metal dichalcogenides. J Phys Condens Matter, 2011, 23(21): 213001.
[39] Stojchevska L, Vaskivskyi I, Mertelj T, et al. Ultrafast switching to a stable hidden quantum state in an electronic crystal. Science, 2014, 344(6180): 177-180.
[40] Hollander M J, Liu Y, Lu W J, et al. Electrically driven reversible insulator-metal phase transition in 1T-TaS_2. Nano Lett, 2015, 15(3): 1861-1866.
[41] Chu R L, Liu G B, Yao W, et al. Spin-orbit-coupled quantum wires and Majorana fermions on zigzag edges of monolayer transition-metal dichalcogenides. Phys Rev B, 2014, 89(15): 155317.
[42] Böker T, Severin R, Müller A, et al. Band structure of MoS_2, $MoSe_2$, and α-$MoTe_2$: Angle-resolved photoelectron spectroscopy and ab initio calculations. Phys Rev B, 2001, 64(23): 235305.
[43] Liyanage A U, Lerner M M. Use of amine electride chemistry to prepare molybdenum disulfide intercalation compounds. RSC Adv, 2014, 4(87): 47121-47128.
[44] Sun H, Qin D, Huang S, et al. Dye-sensitized solar cells with NiS counter electrodes electrodeposited by a potential reversal technique. Energy Environ Sci, 2011, 4(8): 2630-2637.

[45] Ge J, Li Y. Controllable CVD route to CoS and MnS single-crystal nanowires. Chem Commun, 2003 (19): 2498-2499.
[46] Michel F M, Schoonen M A A, Zhang X V, et al. Hydrothermal synthesis of pure α-phase manganese (Ⅱ) sulfide without the use of organic reagents. Chem Mater, 2006, 18(7): 1726-1736.
[47] Huang W, Li S, Cao X, et al. Metal-organic framework derived iron sulfide-carbon core-shell nanorods as a conversion-type battery material. ACS Sustain. Chem Eng, 2017, 5(6): 5039-5048.
[48] Voiry D, Goswami A, Kappera R, et al. Covalent functionalization of monolayered transition metal dichalcogenides by phase engineering. Nat Chem, 2015, 7(1): 45-49.
[49] Lucas J M, Tuan C C, Lounis S D, et al. Ligand-controlled colloidal synthesis and electronic structure characterization of cubic iron pyrite (FeS_2) nanocrystals. Chem Mater, 2013, 25(9): 1615-1620.
[50] Yuan B, Luan W, Tu S, et al. One-step synthesis of pure pyrite FeS_2 with different morphologies in water. New J Chem, 2015, 39(5): 3571-3577.
[51] Faber M S, Lukowski M A, Ding Q, et al. Earth-abundant metal pyrites (FeS_2, CoS_2, NiS_2, and their alloys) for highly efficient hydrogen evolution and polysulfide reduction electrocatalysis. J Phys Chem C, 2014, 118(37): 21347-21356.
[52] Miao R, Dutta B, Sahoo S, et al. Mesoporous iron sulfide for highly efficient electrocatalytic hydrogen evolution. J Am Chem Soc, 2017, 139(39): 13604-13607.
[53] Zou X, Zhang Y. Noble metal-free hydrogen evolution catalysts for water splitting. Chem Soc Rev, 2015, 44(15): 5148-5180.
[54] Wu X, Wang Y, Li P, et al. Research status of $MoSe_2$ and its composites: A review. Superlattices Microstruct, 2020, 139: 106388.
[55] Sha R, Maity P C, Rajaji U, et al. $MoSe_2$ nanostructures and related electrodes for advanced supercapacitor developments. J Electrochem Soc, 2022.
[56] Kong D, Cha J J, Wang H, et al. First-row transition metal dichalcogenide catalysts for hydrogen evolution reaction. Energy Environ Sci, 2013, 6(12): 3553-3558.
[57] Tian X H, Zhang J M. Modulating the electronic and magnetic properties of the marcasite FeS_2 via transition metal atoms doping. J Mater Sci Mater Electron, 2019, 30(6): 5891-5901.
[58] Wang D Y, Gong M, Chou H L, et al. Highly active and stable hybrid catalyst of cobalt-doped FeS_2 nanosheets-carbon nanotubes for hydrogen evolution reaction. J Am Chem Soc, 2015, 137(4): 1587-1592.
[59] Suntivich J, May K J, Gasteiger H A, et al. A perovskite oxide optimized for oxygen evolution catalysis from molecular orbital principles. Science, 2011, 334(6061): 1383-1385.
[60] Liu Y, Cheng H, Lyu M, et al. Low overpotential in vacancy-rich ultrathin $CoSe_2$ nanosheets for water oxidation. J Am Chem Soc, 2014, 136(44): 15670-15675.
[61] Kou T, Smart T, Yao B, et al. Theoretical and experimental insight into the effect of nitrogen doping on hydrogen evolution activity of Ni_3S_2 in alkaline medium. Adv Energy Mater, 2018, 8(19): 1703538.
[62] Zhang B, Zheng X, Voznyy O, et al. Homogeneously dispersed multimetal oxygen-evolving catalysts. Science, 2016, 352(6283): 333-337.
[63] Yan J, Kong L, Ji Y, et al. Single atom tungsten doped ultrathin α-$Ni(OH)_2$ for enhanced electrocatalytic water oxidation. Nat Commun, 2019, 10(1): 1-10.
[64] Li Q, Wang X, Tang K, et al. Electronic modulation of electrocatalytically active center of Cu_7S_4 nanodisks by cobalt-doping for highly efficient oxygen evolution reaction. ACS Nano, 2017, 11(12): 12230-12239.
[65] Yu X Y, Yu L, Lou X W. Metal sulfide hollow nanostructures for electrochemical energy storage. Adv Energy Mater, 2016, 6(3): 1501333.
[66] Zhao T, Yang W, Zhao X, et al. Facile preparation of reduced graphene oxide/copper sulfide composite as electrode materials for supercapacitors with high energy density. Compos B Eng, 2018, 150: 60-67.

[67] Chen W, Chen H, Zhu H, et al. Solvothermal synthesis of ternary Cu_2MoS_4 nanosheets: Structural characterization at the atomic level. Small, 2014, 10(22): 4637-4644.
[68] Chen B B, Ma D K, Ke Q P, et al. Indented Cu_2MoS_4 nanosheets with enhanced electrocatalytic and photocatalytic activities realized through edge engineering. Phys Chem Chem Phys, 2016, 18(9): 6713-6721.
[69] 景欢旺. 结构化学. 北京: 科学出版社, 2014.
[70] Zhao B, Shen D, Zhang Z, et al. 2D Metallic Transition-Metal Dichalcogenides: Structures, Synthesis, Properties, and Applications. Adv Funct Mater, 2021, 31 (48): 2105132.
[71] Chhowalla M, Shin H S, Eda G, et al. The chemistry of two-dimensional layered transition metal dichalcogenide nanosheets. Nat Chem, 2013, 5 (4): 263-275.
[72] Ambrosi A, Pumera M. Electrochemistry of nanostructured layered transition-metal dichalcogenides. Chem Soc Rev, 2018, 47 (19): 7213-7224.
[73] Chia X, Eng A Y S, Ambrosi A, et al. Electrochemistry of nanostructured layered transition-metal dichalcogenides. Chem Rev, 2015, 115 (21): 11941-11966.
[74] Zhu C. Gao D, Ding J, et al. TMD-based highly efficient electrocatalysts developed by combined computational and experimental approaches. Chem Soc Rev, 2018, 47 (12): 4332-4356.
[75] Wang, M, Zhang, L, He, Y, Zhu, H. Recent advances in transition-metal-sulfide-based bifunctional electrocatalysts for overall water splitting. J Mater Chem A, 2021, 9 (9): 5320-5363.
[76] Py M A, Haering R, R. Structural destabilization induced by lithium intercalation in MoS_2 and related compounds. Canadian Journal of Physics, 1983, 61(1): 76-84.
[77] Joensen, P, Frindt, R. F, Morrison, S. R. Single-layer MoS_2. Mater Res Bull, 1986, 21 (4): 457-461.
[78] Schönfeld B, Huang J J, Moss S C. Anisotropic mean-square displacements (MSD) in single-crystals of 2H- and 3R-MoS_2. Acta Crystallogr B, 1983, 39 (4): 404-407.
[79] Han G H, Duong D L, Keum D H, et al. van der Waals metallic transition metal dichalcogenides. Chem Rev, 2018, 118 (13): 6297-6336.
[80] Lukowski M A, Daniel A S, Meng F, Forticaux A, Li L, Jin S. Enhanced hydrogen evolution catalysis from chemically exfoliated metallic MoS_2 nanosheets. J Am Chem Soc, 2013, 135 (28): 10274-10277.
[81] Ambrosi A, Sofer Z, Pumera M. 2H→1T phase transition and hydrogen evolution activity of MoS_2, $MoSe_2$, WS_2 and WSe_2 strongly depends on the MX_2 composition. Chem Commun, 2015, 51 (40): 8450-8453.
[82] Yang H, Kim S W, Chhowalla M, Lee Y H. Structural and quantum-state phase transitions in van der waals layered materials. Naure Phys, 2017, 13 (10): 931-937.
[83] Voiry D, Mohite A, Chhowalla M. Phase engineering of transition metal dichalcogenides. Chem Soc Rev, 2015, 44 (9): 2702-2712.
[84] Duerloo K A N, Li Y, Reed E J. Structural phase transitions in two-dimensional Mo- and W-dichalcogenide monolayers. Nat Commun, 2014, 5 (1): 4214.
[85] Wang X, Shen X, Wang Z, et al. Atomic-scale clarification of structural transition of MoS_2 upon sodium intercalation. ACS Nano, 2014, 8 (11): 11394-11400.
[86] Liu Q, Li X, He Q, et al. Gram-scale aqueous synthesis of atable few-layered 1T-MoS_2: applications for visible-light-driven photocatalytic hydrogen evolution. Small, 2015, 11 (41): 5556-5564.
[87] Liu Q, Li X, Xiao Z, et al. Stable metallic 1T-WS_2 nanoribbons intercalated with ammonia ions: the correlation between structure and electrical/optical properties. Adv Mater, 2015, 27 (33): 4837-4844.
[88] Kan M, Wang J Y, Li X W, et al. Structures and Phase Transition of a MoS_2 Monolayer. J Phys Chem C, 2014, 118 (3): 1515-1522.
[89] Enyashin A N, Seifert G. Density-functional study of Li_xMoS_2 intercalates ($0 \leqslant x \leqslant 1$). Comput Theor Chem, 2012, 999: 13-20.
[90] Cheng Y, Nie A, Zhang Q, et al. Origin of the phase transition in lithiated molybdenum disulfide.

ACS Nano, 2014, 8 (11): 11447-11453.
[91] Kang Y, Najmaei S, Liu Z, et al. Plasmonic hot electron induced structural phase transition in a MoS_2 monolayer. Adv Mater, 2014, 26 (37): 6467-6471.
[92] Enyashin A N, Yadgarov L, Houben L, Popov, I, Weidenbach, M, Tenne, R, Bar-Sadan, M, Seifert, G. New route for stabilization of 1T-WS_2 and MoS_2 phases. J Phys Chem C, 2011, 115 (50): 24586-24591.
[93] Lin Y C, Dumcenco D O, Huang Y S, Suenaga K. Atomic mechanism of the semiconducting-to-metallic phase transition in single-layered MoS_2. Nature Nanotechnol, 2014, 9 (5): 391-396.
[94] Zhu J, Wang Z, Yu H, et al. Argon plasma induced phase transition in monolayer MoS_2. J Am Chem Soc, 2017, 139 (30): 10216-10219.
[95] Cho S, Kim S, Kim J H, et al. Phase patterning for ohmic homojunction contact in $MoTe_2$. Science, 2015, 349: 625.
[96] Park J C, Yun S J, Kim H, et al. Phase-engineered synthesis of centimeter-Scale 1T′- and 2H-molybdenum ditelluride thin films. ACS Nano 2015, 9 (6): 6548-6554.
[97] Keum D H, Cho S, Kim J H, et al. Bandgap opening in few-layered monoclinic $MoTe_2$. Nature Phys, 2015, 11 (6): 482-486.
[98] Liu L, Wu J, Wu L, et al. Phase-selective synthesis of 1T′ MoS_2 monolayers and heterophase bilayers. Nat Mater, 2018, 17 (12): 1108-1114.
[99] Voiry D, Yamaguchi H, Li J, et al. Enhanced catalytic activity in strained chemically exfoliated WS_2 nanosheets for hydrogen evolution. Nat Mater, 2013, 12 (9): 850-855.
[100] Kappera R, Voiry D, Yalcin S E, et al. Phase-engineered low-resistance contacts for ultrathin MoS_2 transistors. Nat Mater, 2014, 13 (12): 1128-1134.
[101] Eda G, Fujita T, Yamaguchi H, et al. Coherent atomic and electronic heterostructures of single-layer MoS_2. ACS Nano, 2012, 6 (8): 7311-7317.
[102] Eda G, Yamaguchi H, Voiry D, et al. Photoluminescence from chemically exfoliated MoS_2. Nano Lett, 2011, 11 (12): 5111-5116.
[103] Sun R, Chan M K Y, Ceder G. J First-principles electronic structure and relative stability of pyrite and marcasite: Implications for photovoltaic performance. Phys Rev B, 2011, 83 (23): 235311.
[104] Gao M-R, Zheng Y-R, Jiang J, Yu S-H. Pyrite-type nanomaterials for advanced electrocatalysis. Chem Res, 2017, 50 (9): 2194-2204.
[105] Buckley A N, Woods, R. Electrochemical and XPS studies of the surface oxidation of synthetic heazlewoodite (Ni_3S_2). J Appl Electrochem, 1991, 21 (7): 575-582.
[106] Dong J, Zhang F-Q, Yang Y, et al. (003)-Facet-exposed Ni_3S_2 nanoporous thin films on nickel foil for efficient water splitting. Appl Catal, B: Environ, 2019, 243: 693-702.
[107] Reber J F, Meier K. Photochemical production of hydrogen with zinc sulfide suspensions. J Phys Chem, 1984, 88 (24): 5903-5913.
[108] Zhang J, Yu J, Jaroniec M, Gong J R. Noble metal-free reduced graphene oxide-$Zn_xCd_{1-x}S$ nanocomposite with enhanced solar photocatalytic H_2-production performance. Nano Lett, 2012, 12 (9): 4584-4589.
[109] Xu Y F, Gao M R, Zheng Y R, et al. Nickel/Nickel(Ⅱ) oxide nanoparticles anchored onto cobalt(Ⅳ) diselenide nanobelts for the electrochemical production of hydrogen. Angew Chem Int Ed, 2013, 52 (33): 8546-8550.
[110] Xing Z, Liu Q, Asiri A M, Sun X. Closely interconnected network of molybdenum phosphide nanoparticles: a highly efficient electrocatalyst for generating hydrogen from water. Adv Mater, 2014, 26 (32): 5702-5707.
[111] Li Z, Lui A L K, Lam K H, et al. Phase-selective synthesis of Cu_2ZnSnS_4 nanocrystals using different sulfur precursors. Inorg Chem 2014, 53 (20): 10874.
[112] Liu L, Kumar B, Ouyang Y, et al. Performance limits of monolayer transition metal dichalcogenide transistors. IEEE Transactions on Electron Devices, 2011, 58(9): 3042-3047.
[113] Bollin V, Jacobson K W, Nφrskovski K. Atomic and electronic structure of MoS_2 nanoparticles.

Phys Rev B, 2003, 67(8): 283-287.
[114] Kom T, Heydrich S, Hirmer M, et al. Low-temperature photocarrier dynamics in monolayer MoS_2. Appl Phys Lett, 2011, 99 (10): 102109.
[115] Kuc A, Zibouche N, Heine T. Influence of quantum confinement on the electronic structure of the transition metal sulfideTS_2. Phys Rev B, 2011, 83(24): 2237-2249.
[116] Ma Y, Dai Y, Guo M, et al. Electronic and magnetic properties of perfect, vacancy-doped, and nonmetal adsorbed $MoSe_2$, $MoTe_2$ and WS_2 monolayers. Phys Chem Chem Phys, 2011, 13 (34): 15546-15553.
[117] Kumar A, Ahluwalia K Electronic structure of transition metal dichalcogenides monolayers 1H-MX_2 (M = Mo, W; X = S, Se, Te) from ab-initio theory: New direct band gap semiconductors. Europ Phys J, B, 2012, 85(6): 1-7.
[118] Yun S, Han W, Hong S, et al. Thickness and strain effects on electronic structures of transition metal dichalcogenides: 2H-MX_2 semiconductors (M = Mo, W; X = S, Se, Te). Phys Rev B, 2012, 85(3): 033305.
[119] Shi H, Pan H, Zhang Y W, et al. Quasiparticle band structures and optical properties of strained monolayer MoS_2 and WS_2. Phys Rev B, 2013, 87(15): 155304.
[120] Ramasub R, Amaniama A, Naveh D, Towe E. Tunable band gaps in bilayer transition-metal dichalcogenides. Phys Rev B, 2011, 84(20): 205325.
[121] Ataca C, Ciraci S. Functionalization of single-layer MoS_2 honeycomb structures. J Phys Chem C, 2011, 115(27): 13303-13311.
[122] He J, Wu K, Sa R, et al. Magnetic properties of nonmetal atoms absorbed MoS_2 monolayers. Appl Phys Lett, 2010, 96(8): 082504.
[123] Yue Q, Kang J, Shao Z, et al. Mechanical and electronic properties of monolayer MoS_2 under elastic strain. Phys Lett A, 2012, 376(12): 1166-1170.
[124] Zeng H, Dai J, Yao W, et al. Valley polarization in MoS_2 monolayers by optical pumping. Nat Nanotech, 2012, 7(8): 490-493.
[125] Cao T, Wang G, Han W, et al. Valley-selective circular dichroism of monolayer molybdenum disulphide. Nat Commun, 2012, 3 (2): 177-180.
[126] Sallen G, Bouet L, Marie X, et al. Robust optical emission polarization in MoS_2 monolayers through selective valley excitation. Phys Rev B, 2012, 86(8): 081301.
[127] Xiao D, Liu G B, Feng W, et al. Coupled spin and valley physics in monolayers of MoS_2 and other group-Ⅵ dichalcogenides. Phys Rev Lett, 2012, 108(19): 196802.
[128] Beretta D, Neophytou N, Hodges J M, et al. Thermoelectrics: from history, a window to the future. Mater Sci Eng Rep, 2019, 138: 100501.
[129] Lukowski M A, Daniel A S, Meng F, et al. Enhanced hydrogen evolution catalysis from chemically exfoliatedmetallic MoS_2 nanosheets. J Am Chem Soc, 2013, 135 (28): 10274-10277.
[130] Huang H, Cui Y, Li Q, et al. Metallic 1T phase MoS_2 nanosheets for high-performance thermoelectric energy harvesting. Nano Energy, 2016, 26: 172-179.
[131] Eda G, Yamaguchi H, Voiry D, et al. Photoluminescence from chemically exfoliated MoS_2. Nano Lett, 2011, 11(12): 5111-5116.
[132] Yu, Y G, Ross, N L. First-principles study on thermodynamic properties and phase transitions in TiS_2. J Phys-Cond Mat, 2011, 23(5): 055401.
[133] Chiritescu C, Cahill D G, Nguyen N, et al. Ultralow thermal conductivity in disordered, layered WSe_2 crystals. Science, 2007, 315(5810): 351-353.
[134] Sahoo S, Gaur A P S, Ahmadi M, et al. Temperature-dependent raman studies and thermal conductivity of fewlayer MoS_2. J Phys Chem C, 2013, 117(17): 9042-9047.
[135] Huang Z, Wu T, Kong S, et al. Enhancement of anisotropic thermoelectric performance of tungsten disulfide by titanium doping. J Mater Chem A, 2016, 4(26): 10159-10165.
[136] Liu Y, Liu J, Tan X, et al. High-temperature electrical and thermal transport behaviors in layered structure WSe_2. J Am Ceram Soc, 2017, 100(12): 5528-5535.

[137] Ruan L, Zhao H, Li D, et al. Enhancement of thermoelectric properties of molybdenum diselenide through combined Mg intercalation and Nb doping. J Electron Mater, 2016, 45(6): 2926-2934.
[138] Ohta M, Satoh S, Kuzuya T, et al. Thermoelectric properties of prepared by CS_2 sulfurization. Acta Mater, 2012, 60(20): 7232-7240.
[139] Lee C H, Yi G C, Zuev Y M, et al. Thermoelectric power measurements of wide band gap semiconducting nanowires. Appl Phys Lett, 2009, 94(2): 022106.
[140] Wu J, Schmidt H, Amara K K, et al. Large thermoelectricity via variable range hopping in chemical vapor deposition grown single-layer MoS_2. Nano Lett, 2014, 14(5): 2730-2734.
[141] Kumar S, Schwingenschlogl U. Thermoelectric response of bulk and mono layer $MoSe_2$ and WSe_2. Chem Mater, 2015, 27(4): 1278-1284.
[142] Wickramaratne D, Zahid F, Lake R K. Electronic and thermoelectric properties of few-layer transition metal dichalcogenides. J Chem Phys, 2014, 140(12): 124710.
[143] Park S, Wang G, Cho B, et al. Flexible molecular-scale electronic devices. Nat Nanotech, 2012, 7(7): 438-442.
[144] Kormányos A, Zólyomi V, Drummond N D, et al. Monolayer MoS_2 Trigonal warping, the valley, and spin-orbit coupling effects. Phys Rev B, 2013, 88: 045416.
[145] Morpurgo A F. Gate control of spin-valley coupling. Nat Phys, 2013, 9: 532.
[146] Jones A M, Yu H Y, Ghimire N J, et al. Optical generation of excitonic valley coherence in monolayer WSe_2. Nat Nanotech, 2013, 8: 634.
[147] Liu X, Galfsky T, Sun Z, et al. Strong light-matter coupling in two-dimensional atomic crystals. Nat Photon, 2015, 9: 30-34.
[148] Serkan B, Sefaattin T, Koray A. Enhanced light emission from large-area monolayer MoS_2 using plasmonic nanodisc arrays. Nano Lett, 2015, 15(4): 2700-2704.
[149] Pei J, Yang J, Yildirim T, et al. Many-body complexes in 2D semiconductors. Adv Mater, 2018,31(2): 1706945.
[150] Bertolazzi S, Brivio J, Kis A. Stretching and breaking ofultrathin MoS_2. ACS Nano, 2011, 5(12): 9703-9709.
[151] Li T. Ideal strength and phonon instability in single-layer MoS_2. Phys Rev B, 2012, 85(23): 235407.
[152] Dallayalle M, Sondig N, Zerbto F. Stability, dynamics, and lubrication of MoS_2 platelets and nanotubes. Langmuir, 2012, 28(19): 7393-7400.

第2章

过渡金属硫化物的基本合成方法

2.1 固相合成法

广义上固相合成指的是涉及固体的化学反应，狭义上指的是固体和固体之间形成新固体产物的化学反应过程。对于固体反应而言，由于固体颗粒之间的相互作用非常强，扩散受到限制，导致反应组分被限制在固体中，因此反应只能在界面上进行。固相反应按反应温度可分为以下三种类型：600 ℃以上的高温固相反应，100～600 ℃之间的中温固相反应和低于 100 ℃的低温固相反应。目前高温固相反应在材料合成领域确立了主导地位。传统的固相反应通常指高温固相反应，但高温固相反应仅限于制备热力学稳定的化合物，而低温稳定的介孔化合物和动力学稳定的化合物不适合高温合成；中温固相反应可以获得动力学控制的介孔化合物；低温固相反应最大的特点在于反应温度可以降到室温或接近室温，使固相化合物之间进行的反应易于操作和控制。

一般认为，固相化学合成过程包括扩散、反应、成核和生长四个阶段。速率决定步骤随情况的不同而不同。与气相或液相反应相比，固相化学合成的机理更为复杂和特殊。不同于液相和气相反应，固相物质的浓度变化并不是用来促进固相化学合成的动力学。在固相反应中，能量主要来自晶格振动、缺陷运动以及离子和电子的迁移。固相化学合成的产物具有独特的晶体结构和形态、能态及内部缺陷。因此，由于固相化学合成的复杂性和特殊性，需要对其进行细致的研究。一般来说，固相化学合成中应用最广泛的研究方法应该是热分解。固相化学合成有两种形式，可分为成核过程和动力学过程。在晶体结构中，由于配位环境的不同，活性中心可以在不对称和内部缺陷的位置形成。这些活性中心首先发生成核反应，形成初始反应核；然后发生动力学反应，这取决于核的形成速率、生长速率和膨胀速率。一般来说，核的活化能大于生长活化能，所以核一旦形成，就可以迅速生长和扩张。粉体反应的应用也非常广泛，但受许多因素的影响，如粉体的粒径、粒度分布、形貌、物料混合物均匀性、接触面积、反应相数与时间的函数关系、粉体的蒸气压和蒸发速率等。此外，如果反应发生在较低的温度下，还需要考虑粒径大小、粒度分布、加载程度和接触面积。

金属硫化物纳米材料的合成是当前纳米材料科学领域的热点之一。固相反应因具有不使用溶剂，高选择性和产率等优点，在金属硫化物的合成中得到了广泛应用。

2.1.1 高温固相反应合成硫化物

Breton 等人[1]报道了一种基于硼-铜混合物合成纯相锕系硫化物的新方法——硼-铜混合物法（图 2-1）。硼作为“氧海绵”，从氧化物前体中除去氧，而元素铜将氧化物前体转化为不含氧的硫试剂。硼氧化物可以从反应混合物中分离出来，而反应混合物则留在反应中以形成所需的硫化物。他们提出了几种合成过程以证明该技术的广泛功能应用，并讨论了具有显示潜在驱动力的热力学计算。具体来说，他们制备得到了三类硫化物，包括新的（稀土硫化铀和碱性硫代磷酸钍）和以前报道的化合物。突破了两个合成难点，一是二元铀和钍的硫化物在固态反应中氧化物到硫化物的转化；二是在通量晶体生长反应中锕系硫化物的原位生成。通过将传统的晶体生长和固相合成方法相结合，实现了纯相合成，有力地促进了锕系硫化物领域的发展。

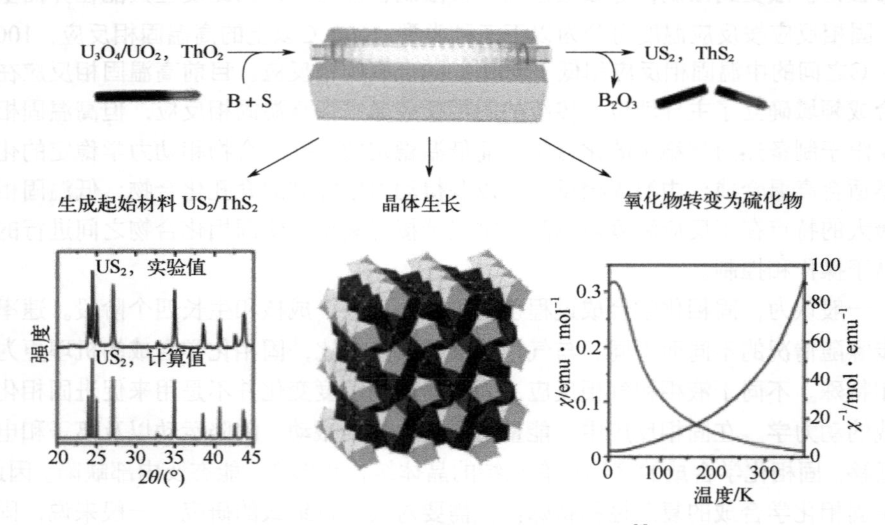

图 2-1 锕系硫化物的合成方法示意图[1]

Najafi 等人[2]报道了直接以组成元素的固体粉末为原料，通过封管的固相反应法直接合成 2H-TaS_2 和 2H-$TaSe_2$ 晶体材料，将 Ta 粉和 S（或 Se）粉按照化学计量比 1∶2 置于石英管中，在达到超高真空 1×10^{-3} Pa 后，将石英管在 450 ℃下加热 12 h，之后再在 600 ℃下加热 48 h。TaS_2 在 900 ℃下处理 48 h，在室温下冷却 24 h 以上。以该法得到的 TaS_2 通过以异丙醇作溶剂进行液相剥离，可得到单层/多层的 2H 相态的 TaS_2 晶体，具有金属特性；将 2H-TaS_2 用于析氢反应表现出良好的催化活性。

此外，以金属前体粉末（如 Ti、Nb、V 和 Ta 等）与 S 粉前体，在 Ar 气手套箱中进行封管研磨混合后，抽真空封管。在 850 ℃下，维持相应的反应时间，可合成得到 2H-TaS_2、3R-TaS_2、2H-TaS_2、1T-TiS_2、1T-TaS_2 和 1T-VS_2 系列硫化物。

Kang[3]将铪（Hf）粉和 S 粉按照摩尔比为 2∶1 进行研磨混合，将混合后的粉末压片，在真空密封石英管中 500 ℃下烧结 5 天，之后石英管用水淬到室温，得到烧结后的压片是 HfS_2、HfS、HfS_3、Hf_2S 等几种 Hf-S 中间化合物的混合物。这些中间化合物在超过 2000 ℃的充氩电弧熔化室上熔化可制备得到硬币状和棒状形貌的 $[Hf_2S]^{2+\cdot 2e^-}$。为了获得单相，保证样品的均匀性，需至少重复 3 次熔融过程。硬币形状的多晶体被用来制造粉末（用于结构表征）和工作电极（用于电化学实验）。以此高温固相法合成得到的电子化合物 $[Hf_2S]^{2+\cdot 2e^-}$ 表现出双无定形层自钝化现象，在水和酸溶液中表现出很强的抗氧化性，能够进行持久的电催化析氢反应。

由此可见，高温固相反应虽是一种耗能较高的反应方式，但其独特的反应过程通常可以得到在低温下难以合成的具有特殊性质的化合物。

2.1.2 中温固相反应合成硫化物

MCl_2 盐（M = Fe、Ni、Co、Cu、Zn 和 Mn）与 Na_2S_2 之间的化学计量反应可以在低温下（250～350 ℃）形成黄铁矿型的 FeS_2、CoS_2 和 NiS_2[4]。Na_2S_2 具有与黄铁矿结构相同的聚阴离子二聚体，这表明具有发生离子交换反应的可能性。该反应首先发生聚阴离子歧化，形成低密度富碱的中间体，然后阴离子按照一定比例和原子重排进入黄铁矿相。这些结果对于低温转化法在材料设计中的应用具有深远的意义。Martinolich 等人[4]报道了金属二卤化物与二硫化二钠的盐交换复分解反应：

$$Na_2S_2 + MCl \longrightarrow MS + 2NaCl$$

其中，M 为+2 价 3d 过渡金属离子（M = Mn^{2+}、Fe^{2+}、Co^{2+}、Ni^{2+}、Cu^{2+} 和 Zn^{2+}），反应形式相当于一个简单的盐交换，二聚体过硫化物 $[S_2]^{2-}$ 聚阴离子交换两个 Na^+ 阳离子为 M^{2+}，因为黄铁矿晶格由 $[S_2]^{2-}$ 二聚体的 M^{2+} 的八面体配位组成，如图 2-2 所示。该反应在低温（T = 350 ℃）下进行，可生成在常压下热力学稳定的高纯化合物（FeS_2、CoS_2 和 NiS_2）。

2.1.3 低温固相反应合成硫化物

张俊松等人[5]采用低温固相合成法，合成了具有良好水分散的 CdS 纳米晶体。该法将 0.05 mol 巯基乙酸和 0.048 mol 氯化镉固体混合于研钵中研磨 30 min 后，水洗除去多余的巯基乙酸，过滤得到巯基乙酸镉固体，进行真空干燥。将所制备得到的巯基乙酸镉固体进行充分研磨后，加入一定量的 Na_2S，再研磨 30 min，得到黄色固体。再将该黄色固体转移入水中，搅拌，得到黄色溶液后抽滤。在滤液中加入丙酮，得到黄色沉淀，此即为 CdS 纳米晶体。经过表征，该法得到的 CdS 纳米晶体粒径为3～5 nm，分布均匀，优于表面修饰有巯基乙酸钠，能很好地在水溶液体系中分散。该法条件温和，工艺简单，且有较高的产量。

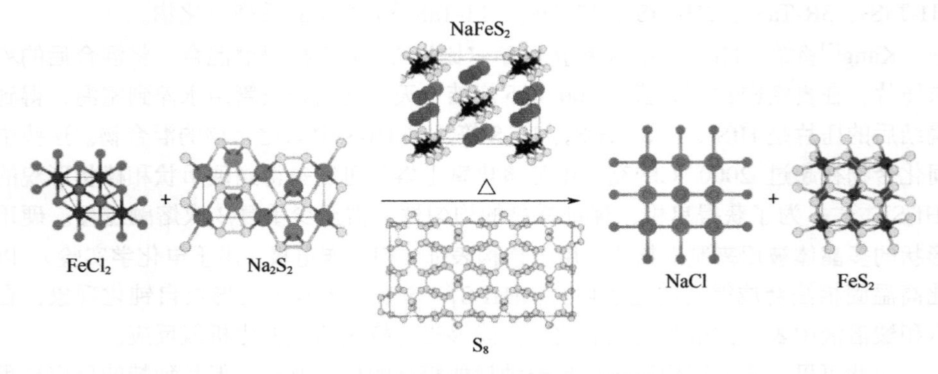

图 2-2 复分解反应的示意图描述[4]

加热后，氯化铁和二硫化钠发生反应，生成固态的氯化钠和二硫化铁。

反应通过复分解，生成硫化钠、硫化铁和硫，可作为反应中间体

2.2 湿化学合成法

2.2.1 水热/溶剂热法

众多湿法化学合成方法中，密闭体系下的水热/溶剂热、微波合成等方法因其操作简单方便、反应条件较为温和（通常反应温度区间在100～250 ℃）、易扩大生产、方便宏量制备等优势，在目标材料制备中得到了广泛的应用。对于液相合成来说，开放体系的最高反应温度即为溶剂的沸点，而这也使开放体系下湿化学合成的材料种类和数目较为局限。为了解决上述问题，人们开始利用密闭加压体系进行更多的化学反应。因为密闭体系中不同温度下的高压环境有利于水或者有机溶剂的温度达到沸点以上，使得整个合成体系的温度不受溶剂沸点的限制。例如，常温常压下，乙醇的沸点在78 ℃左右，而如果将乙醇置于密闭容器中进行加热，体系的温度可以迅速升温至164 ℃，大幅度提高体系的反应速率[5]。

水热/溶剂热法通常采用含有聚四氟乙烯内衬的不锈钢反应釜作为容器，如图2-3（a）所示，其中聚四氟乙烯内衬可以很好地保护溶剂和反应物对不锈钢外壳的腐蚀[6]。水热合成采用水溶液作为反应介质，一般加热使体系温度高于100 ℃，在此条件下，系统会产生一定压力，且压力会随着温度的升高而急剧增加，如图2-3（b）所示，升压速率与反应釜内衬装填的前驱体盐和溶剂体积有关[6-7]。值得注意的是，ⅢB-ⅤB族半导体材料，因其易水解的特性而在传统的水热方法中难以制备，因此，人们利用不同的非水相溶剂替换水热合成体系中的水，发展了溶剂热合成方

法。相比水热合成，溶剂热可以选择更多具有特殊物理化学性能的溶剂代替水，各种极性或非极性溶剂，如醇、苯、胺、水合肼、液氨等的引入，丰富和拓展了非氧化物的合成方法，为一步制备氮化物、硫化物、磷化物等纳米材料提供了更多的可能。水热/溶剂热合成体系的关键是在高温高压的条件下对合成体系的水或其他溶剂进行活化，与高温固相反应中的熔融态相似，这种体系内非理想、非平衡态的提供更有利于一些难溶反应物的溶解，以便后续反应的进行。此外，还可以通过改变水热/溶剂热的内部反应条件（反应浓度、反应时间、压力、pH 等）和外部环境供能方式（搅拌、微波、磁场等）去调控整个反应体系的能量。基于上述方法，可以制备出拥有不同相、形貌或缺陷的金属硫属化物，以满足不同应用的具体性质要求。

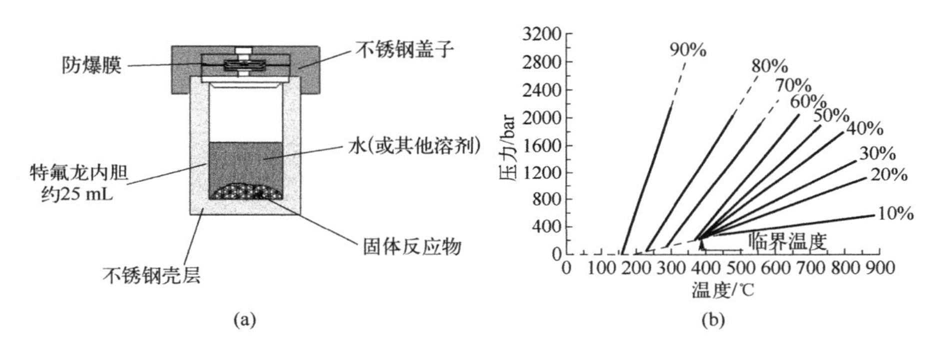

图 2-3 （a）含有聚四氟乙烯内衬的不锈钢高压釜示意图[6]；（b）水热反应体系中不同装填度下的温度-压力图[6]

水热/溶剂热法合成不同金属硫化物的原料主要有硫源、金属盐和一些表面活性剂。通过控制摩尔比、反应时间、反应物浓度、温度、pH 值、溶剂等因素，可以制备出不同组分、形貌、尺寸的过渡金属硫化物。常见的硫源分为有机物（如硫代乙酰胺、硫脲和十二硫醇）和无机物（如硫化钠、硫代硫酸钠和硫粉），常见的表面活性剂有阳离子表面活性剂［如十六烷基三甲基溴化铵（CTAB）等］、阴离子表面活性剂［如十二烷基苯磺酸钠（SDBS）等］和中性聚合物表面活性剂［如聚乙烯吡咯烷酮（PVP）等］。Alshareef 等人[8]以 CTAB 为表面活性剂制备出生长在碳布上的 Co_9S_8 二维纳米片，使得该材料具有较高的电容行为（5 $mV \cdot s^{-1}$ 时的电容为 1056 $F \cdot g^{-1}$）。值得注意的是，在低介电常数的有机溶剂（如苯、甲苯等）中合成的材料比在高介电常数的溶剂（如水、乙醇等）中合成的材料尺寸小，这主要是因为金属硫化物颗粒在低介电常数溶剂中成核更加稳定，阻碍了后续的奥斯特瓦尔德熟化过程。一系列溶剂（水、甲醇、乙醇、异丙醇、乙二醇、甘油等）在水热/溶剂热工艺中得到应用，特别是两种混合或三种混合的溶剂（如水/乙醇、二甲基甲酰胺/丙酮、异丙醇/水等）均是调节水热/溶剂热反应的首选方法。Cao 等人[9]以水/乙二醇为溶剂，水热法制备得到了 $NiCo_2S_4$ 纳米金属材料。此外，有些化合物如碳化物、氟化物、磷酸盐等对水敏感（在水中不稳定，与水反应或水解、分解），在制备和构造上述材料的过程中是不能以水作为反应溶剂的。需要注意的是，水热/溶剂热法制备得到的纳米粉体材料通常要经过高温退火处理来提升其结晶质量和纯度。

Li 等人[10]利用 1-丁基-3-甲基咪唑硫氰酸盐和不同的金属醋酸盐水热制备出一系列树突状的 PbS、CdS、ZnS、CoS、Cu_2S，其中 1-丁基-3-甲基咪唑硫氰酸盐既作为硫源，又作为捕获剂出现在整个合成过程中。如图 2-4（a）～（d）所示，Dong 等人[11]将 $Co(NO_3)_2 \cdot 6H_2O$ 和硫脲溶于去离子水或乙醇后，将上述溶液转入内衬为聚四氟乙烯的不锈钢高压釜中进行加热，水热法制备得到了分级的 CoS 纳米材料。在整个合成过程中，硫脲有两种作用，其一是分解生成 S^{2-}，最终形成 CoS；其二是作为结构导向剂，控制 CoS 晶体的生长。作者通过对反应物和溶剂的摩尔比、反应时间、反应温度及配体类型的调控，最终实现了对所得结构的形貌修饰。水热反应过程中 CoS 纳米结构的形成机理与 Co^{2+}、H_2O 和 $S{=}C(NH_2)_2$ 之间的相互作用密切相关，其反应式如下：

$$S = C(NH_2)_2 + 2H_2O \longrightarrow H_2S + 2NH_3 + CO_2 \tag{2-1}$$

$$Co^{2+} + 4NH_3 \longrightarrow [Co(NH_3)_4]^{2+} \tag{2-2}$$

$$NH_3 + H_2O \longrightarrow OH^- + NH_4^+ \tag{2-3}$$

$$H_2S + 2OH^- \longrightarrow S^{2-} + 2H_2O \tag{2-4}$$

$$[Co(NH_3)_4]^{2+} + S^{2-} \longrightarrow CoS + 4NH_3 \tag{2-5}$$

综上，类似于花状的 CoS 纳米材料的生成机理主要涉及以下三个步骤：①纳米片的形成；②尺寸较小的纳米片通过奥斯特瓦尔德熟化机制连接形成基本骨架；③通过溶解-重结晶的过程形成分层花状纳米结构。与此同时，Xing 等人[12]利用 $CoCl_2 \cdot 6H_2O$ 和一水柠檬酸（CAM）、乙醇胺（ETA）成功制备出三种不同形貌的 CoS_2，其中 CS_2 提供硫源。此外，通过 L-半胱氨酸辅助的水热合成可以制备出 MoS_2 纳米片修饰的尺寸均一的 $MnCO_3$ 微立方。通过水热过程，将 $MnCO_3$ 模板转化为 MnS，从而形成 MnS@MoS_2 微立方。如图 2-4（e）～（k）所示，当 MnS 模板被 HCl 选择性刻蚀掉后，成功得到微米级分级的 MoS_2 盒装结构材料。随后，在惰性气氛下进行高温退火，进一步提高该材料的结晶度[13]。Kamila 等人[14]制备出 MoS_2 和还原氧化石墨烯（rGO）杂化的复合材料。分别以七钼酸铵、聚乙二醇和硫脲作为钼源和硫源，制备呈二维纳米片状的 MoS_2/rGO 杂化材料。由于 MoS_2/rGO 纳米片的自身结构优势，使其表现出良好的电化学 HER 性能。

近年来，人们采用两步水热法制备不同质量分数的 $ZnFe_2O_4$/$ZnIn_2S_4$ 复合材料[15]。首先将 $Zn(NO_3)_2 \cdot 6H_2O$ 和 $Fe(NO_3)_3 \cdot 9H_2O$ 溶于乙醇中，180 ℃水热反应 12 h，得到 $ZnFe_2O_4$，随后将新鲜制备的 $ZnFe_2O_4$ 分散于乙二醇中，向上述溶液中加入 $Zn(NO_3)_2 \cdot 6H_2O$、$In(NO_3)_2 \cdot 4.5H_2O$ 和 L-半胱氨酸并于 150 ℃水热反应 12 h。当 $ZnIn_2S_4$ 在 $ZnFe_2O_4$ 中的掺杂比例由 1%提升到 5%时，复合材料整体的比表面积有了显著的提升，究其原因，可能是 $ZnIn_2S_4$ 类球状结构的引入和具有较低的结晶性所致。为了充分利用金属硫化物的结构特征，研究人员已将氟掺杂氧化锡（FTO）、铟氧化锡（ITO）涂层玻璃、碳布（CC）、石墨烯等几种导电基底用于水热法制备金属硫化物的过程中。如图 2-5（a）所示，安丽等人[16]利用两步水热的方法成功制备出生长在碳布上的系列 $NiFe_2O_4/FeNi_2S_4$ 异质结纳米片，通过控制第二步水热硫化的时间，可以构筑不同程度的氧/硫界面，使材料在中性锌空电池中的功率密度为 $44.4\ mW\cdot cm^{-2}$，并在循环 900 圈后性质无明显下降。如图 2-5（b）所示，Mahadik 等人[17]通过三步水热的方法成功制备出一种生长在 FTO 基底上的具有三维结构的 $CdS/ZnIn_2S_4/TiO_2$ 异质结材料。他们首先利用钛酸四丁酯、盐酸、去离子水在 FTO 玻璃板上构筑 TiO_2 表面层；随后，用相同的方法利用 $ZnSO_4\cdot7H_2O$、$InCl_3\cdot4H_2O$ 和 C_2H_5NS 在 TiO_2/FTO 表面构筑 $ZnIn_2S_4$；最后，利用 $Cd(NO_3)_2\cdot4H_2O$ 和硫脲成功制备出三元 $CdS/ZnIn_2S_4/$

图 2-4　不同反应时间下 CoS 的扫描电子显微图像[11]：（a）12 h，（b）24 h，（c）36 h，（d）48 h；（e）模板法辅助合成微米级 MoS_2 盒装结构的示意图；（f）～（h）$MnCO_3$、$MnS@MoS_2$、MoS_2 的扫描电子显微图像；（i）～（k）$MnCO_3$、$MnS@MoS_2$、MoS_2 的透射电子显微图像[13]

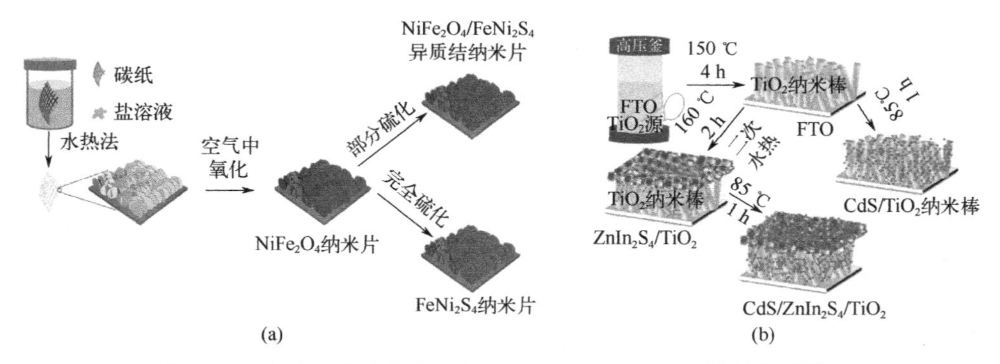

图 2-5　（a）两步水热法合成 $NiFe_2O_4/FeNi_2S_4$ 异质结纳米片[16]和（b）三步水热法合成 $CdS/ZnIn_2S_4/TiO_2$ 光电极的示意图[17]

TiO_2 异质结，相关实验显示利用上述方法制备得到的异质结膜可用作 PEC 水分解中高效、可见光敏化的光电阳极材料。

过渡金属硫化物核-壳结构可以利用如下方式进行制备，首先将金纳米多面体分散于十六烷基三甲基溴化铵（CTAB）中，随后在 140 ℃、3 h 的水热反应条件下，金属硫代苯甲酸盐开始分解，为 Ag^+或 Cu^{2+}离子提供硫源以便金属硫化物的形成。由于 Cu、Ag 和 Au 在化学性质上的相似性，合成的 Ag_2S 或 CuS 与 Au 纳米晶会紧密地结合在一起，这种结合可以进一步充当上述硫代苯甲酸盐热解生成的金属硫化物沉积的润湿层，而 Ag_2S 或 CuS 之所以可以在这里充当润湿层是因为不同的金属硫化物之间存在着部分阳离子交换的能力，如图 2-6 所示[18]。近年来，具备多孔和异质结构的材料在能量转换和储存方面受到越来越多的关注，其原因是多孔结构可以提供非常大的反应比表面积，而具备杂化结构的金属硫化物在反应过程中可以提供很好的电子转移机制。如利用尿素作为 pH 调节剂，在 $In(NO_3)_3$ 和谷胱甘肽（GSH）存在的条件下，于 160 ℃反应 12 h，可以得到多孔的 In_2S_3[19]。

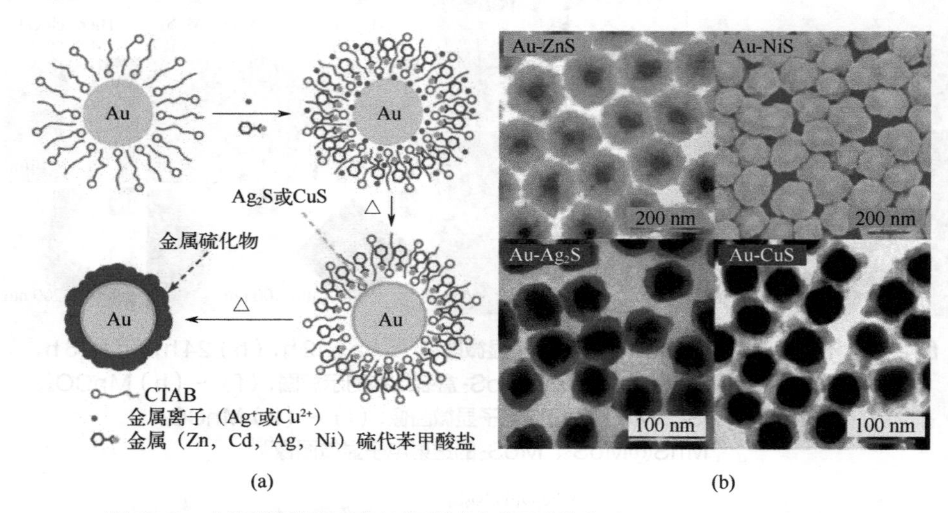

图 2-6　水热法制备核-壳结构的过渡金属硫化物（Au-ZnS、Au-NiS、Au-Ag_2S、Au-CuS）的示意图（a）及电镜形貌图（b）[18]

另一方面，具有较大比表面积和适当孔径分布的介孔材料，因其可以缩短电子和离子的传输路径，提升电解质的渗透速率，有望为电化学反应提供更多的活性位点。Zhu 等人[20]利用一锅溶剂热法在乙二醇溶剂中成功制备出三维介孔 $NiCo_2S_4$ 纳米颗粒，其孔径分布范围为 3～5 nm，该材料的比表面积为 42.79 $m^2 \cdot g^{-1}$，当其作为电极材料应用于混合超级电容器中时，其在电流密度为 2 $A \cdot g^{-1}$ 时的比容量为 972 $F \cdot g^{-1}$。此外，作者利用 $NiCo_2S_4$ 和活性炭分别作为正、负极材料构成的不对称混合电容器能量密度高达 28.3 $W \cdot h \cdot kg^{-1}$，并在循环 5000 圈后依旧表现出较好的稳定性（电流密度为 3 $A \cdot g^{-1}$ 的容量保持率为 91.7%）。将碳材料和纳米材料复合是一

种缓解 $NiCo_2S_4$ 基阴极材料在锂（或钠）离子电池中发生体积变化的有效手段。碳材料的引入不仅可以增加纳米复合材料的导电性，还可以抑制 $NiCo_2S_4$ 在使用过程中的自聚集现象，从而提高材料的利用率。Zhang 等人[21]合成了一种由超薄 $NiCo_2S_4$ 纳米片和 N 掺杂石墨烯/碳纳米管（NGC）组合而成的三维分级纳米复合材料，其中 $NiCo_2S_4$ 纳米片由溶剂热法制备并均匀地生长在 NGC 阵列上。如图 2-7（a）～（c）所示，$NiCo_2S_4$ 纳米片均匀分布且限域于多孔的 NGC 阵列中，该复合材料的比表面积为 168.6 $m^2 \cdot g^{-1}$。相关测试结果显示该材料在电流密度为 200 $mA \cdot g^{-1}$ 下循环 100 圈后的比容量仍高达 1090.6 $mA \cdot h \cdot g^{-1}$，相比较而言纯的 $NiCo_2S_4$ 在经历 60 圈的循环之后比容量大幅度下降。另外，该复合材料在大电流密度下经过 100 圈的循环依然可以保持较高的比容量，说明其具有很好的倍率性能。除此之外，钴铁基硫化物也常用作钠离子电池的阳极材料。如通过溶剂热法可以制备出一系列具有不同 Co/Fe 比例的钴铁基硫化物纳米球，电镜图像显示，随着 Co/Fe 比例的调整，纳米球的尺寸也会随之发生变化。其中 Fe0.5、Fe0.9 和 Fe0.7 样品的平均粒径约为 100 nm，而 FeS_2 样品的平均粒径在 500 nm。将 Fe0.5 的样品作为钠离子电池的阳极材料进行测试时发现，其在 0.8～2.9 V 的电压区间内保持 1 $A \cdot g^{-1}$ 的电流密度循环 400 圈后仍具有最大的电容量[22]。除此之外，层状的 Cu_2MoS_4 近年来也受到了人们广泛的关注，其在结构上存在两种相态，分别为 P 相（*Pm*42 空间群）和 I 相（*Im*42 空间群）。2012 年 Tran 等人[23]通过回流的方法制备得到 P 相的 Cu_2MoS_4 并第一次将其作为电催化剂研究它在酸性条件下的析氢反应（HER）性能。随后，Chen 等人[24]利用 Cu_2O 纳米晶，$Na_2MoO_4 \cdot 2H_2O$ 和硫代乙酰胺（TAA）作为前驱体，在乙烯乙二醇溶液中通过溶剂热法成功制备得到了 I 相的 Cu_2MoS_4 纳米片，如图 2-7（d）（e）所示。在整个合成过程中，MoO_4^{2-} 首先和 TAA 反应生成 MoS_4^{2-}，随后 Cu^+ 从 Cu_2O 中迁移出来并与 MoS_4^{2-} 反应生成 Cu_2MoS_4。该纳米片在 0.5 $mol \cdot L^{-1}$ 的 H_2SO_4 溶液中电流密度为 10 $mA \cdot cm^{-2}$ 时的过电位为 300 mV。在他们的另一个工作中，作者同样利用溶剂热方法，通过调控 Cu_2O 纳米晶前驱体的形貌和反应时间可以得到不同中空结构的 P 相 Cu_2MoS_4，包括中空的纳米花、中空的八面体和中空的立方体[25]。当用纳米球状的 Cu_2O 作为前驱体时，可以得到粒径在 100～150 nm 左右的中空纳米花，电化学测试表明相比于 I 相的 Cu_2MoS_4 纳米片和 P 相的 Cu_2MoS_4 纳米颗粒，中空纳米花状的 P 相 Cu_2MoS_4 在 0.5 $mol \cdot L^{-1}$ 的 H_2SO_4 溶液中 HER 性能更优，这可能与其独特的分级中空结构有关，因为 3D 中空结构可以有效阻止颗粒的团聚并增大材料的比表面积，同时在电化学过程中提供更多的催化活性位点。

2.2.2　热注射法

热注射法是制备单分散胶体纳米晶体的一种常用方法，其大小、形状和组成都是可控的。通常，该方法首先将反应物快速注入含有关键表面活性剂（油基胺、油酸等）的热反应溶液中。伍德和他的同事开发了用于制备金属（锡）和半导体的压力辅助热注射法（PbS、CsPbBr 和 $Cu_3In_5Se_9$）纳米晶体[26]，并介绍了该方法在大批量合成中的技术细节。热注射法是一种经典的金属硫化物纳米晶液相制备方法，在反应过程中，通过将前驱体溶液迅速注射到高温溶剂中，瞬间引发爆炸形核，导致反应体系中前驱体浓度降低至临界形核浓度以下，伴随反应溶液的温度降低，晶核在较低的温度下生长，确保纳米晶体的形核和生长两个过程的分离，避免了二次形核，这样就使得所合成的纳米晶具有较窄的尺寸分布，有助于合成单分散的硫化物纳米晶体。颗粒的成核和长大是受控合成过程中的两个关键环节，成核过程可分为均质形核和非均质形核两种类型。当反应体系没有固液界面帮助成核时，会发生均相成核[27]。1950 年，LaMer 及其同事讨论了成核和生长的分离，并给出了理论模型[28]。

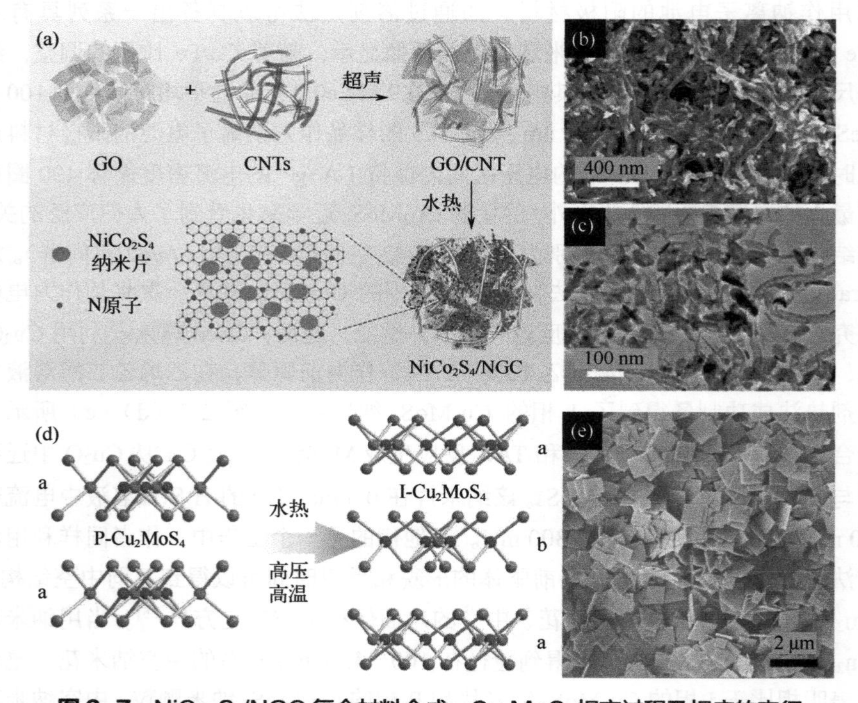

图 2-7　$NiCo_2S_4$/NGC 复合材料合成、Cu_2MoS_4 相变过程及相应的表征

（a）$NiCo_2S_4$ 纳米片和 N 掺杂石墨烯/碳纳米管复合材料的合成示意图及（b）扫描电子显微图像和（c）透射电子显微图像[21]；（d）Cu_2MoS_4 的同素异形体在相变过程中的结构变化示意图[24]；（e）Cu_2MoS_4 的扫描电子显微图像[24]

核是由于过饱和溶液不稳定而产生的一种新相，在成核的基础上逐渐生长组装形成单分散半导体，单分散半导体纳米晶体是在介观或宏观中制造高度有序的高级结构的一种优异的构建模块。它们是维持其物理和化学性质的最小单位，通常被认为是“人工原子”。Murray 和 Bawendi 在热注射法制备金属硫属化合物方面做了开创性的工作。1993 年，Murray 等人[29]采用高温有机金属法，制备了尺寸分布窄、接近于单分散的 CdX（X = S、Se 和 Te）纳米晶体。该合成方法是将有机金属试剂注入热配位溶剂中裂解而成，这提供了时间上的离散形核，并允许宏观数量的纳米晶体可控生长。从部分生长溶液中结晶的尺寸选择沉淀分离出尺寸分布较窄的样品。在后续发展过程中，热注射法被广泛应用于硫化物纳米晶体的合成中。为了在短时间内产生大量的单体，在反应体系中引发突发成核，建立了在一定温度下快速混合高反应性前驱体的热注射技术。1993 年，Bawendi 及其同事[30]首次报道了高质量 CdSe 纳米晶体的合成，通过将 $Cd(CH_3)_2$ 和 TOPSe 混合于 TOPO（三正辛基氧化膦，一种高沸点、弱极性的配位溶剂）中在 230～260 ℃反应，见式（2-6）。此后，该方法已被成功地采用并广泛应用于其他半导体纳米晶体的合成，如 CdS[30]、ZnS[31]、PbS[32]、Cu_2S[33]、CuS[34]等。

$$Cd(CH_3)_2 + TOPSe \longrightarrow CdSe \tag{2-6}$$

在热注射合成过程中，通常有两种方法可用来控制纳米晶体的生长。第一种是选择不同的配体来调节纳米晶体某一侧面的表面能（通过在纳米晶体表面特异性吸收），可指导纳米晶沿着某一有利的方向生长。第二种是调节反应体系中单体的化学势，通常通过控制反应物浓度来实现。

具体地，Wu 等人[33]采用乙酰丙酮铜和二乙基二硫代氨基甲酸铵热注射到十二烷基硫醇和油酸的混合溶剂中反应，成功制备出胶体 Cu_2S 纳米晶体。由该方法制备的材料是六方辉铜矿 Cu_2S，低分辨透射电子显微镜研究显示纳米晶体的平均粒径为 5.4 nm，高分辨透射电子显微镜研究证实了观察到的纳米晶体是 Cu_2S，并显示了几个重要的特征。透射电子显微镜数据表明，Cu_2S 纳米晶体为单晶结构，且这些 Cu_2S 纳米晶体具有明确的六边形面结。将该方法制备的 Cu_2S 纳米晶体掺入光伏器件可产生 1.6%以上的功率转换效率，说明热注射法在制备实用性硫化物纳米晶的巨大潜力。

席聘贤等人[34]采用热注射法可控合成暴露（001）晶面的 CuS 纳米晶和暴露（110）晶面的 Cu_2S 纳米晶，如图 2-8 所示。在 CuS 的合成中，作者采用 CuCl 作为 Cu 源，溶于 10 mL 十八烯溶剂中，在 N_2 气氛中，在 110 ℃条件下维持 1 h 除去反应体系中的水和一些低沸点杂质。之后在 90 ℃下，将 S 前驱体溶液快速注入，反应 5 min，再将反应体系降温到 70 ℃，再注入适量的油酸，以取代结合较弱的十六烷基胺。以此得到的 CuS 纳米晶体尺寸分布较窄，暴露特定的（001）晶面。对于 Cu_2S 纳米晶体的合成，作者采用之前合成的 CuS 作为模板，在所合成的 CuS 纳米粒子中加入 2 mL 十八烯和 5 mL 油胺，将体系在 N_2 气氛中加热到 110 ℃除去水和氧气。之后将体系升温到 220 ℃，在此温度下维持 1 h，即可达到暴露（110）晶面的 Cu_2S 纳米粒子。所得到的 Cu_2S 纳米粒子保持了 CuS 纳米晶体的形貌特征，但物相和所暴露晶面发生了转变，Cu_2S 纳米粒子表现出优于 CuS 纳米粒子的析氧反应活性。

通过对反应体系的控制，规则六边形的 CuS 纳米粒子也被报道。将 1.5 mmol 的 $CuCl_2 \cdot 2H_2O$ 溶于 10mL 油胺和 10mL 甲苯的混合物中，然后加热到 70 ℃[35]。将 1.5 mL 等摩尔量的硫化铵溶液（21.2%）注入 Cu-油胺溶液中，可得到粒径为 55 nm 的 CuS 纳米粒子。120 min 后，加入 10 mL 乙醇使纳米粒子分散体失稳。以该法得到的 CuS 纳米粒子可作为模板进一步引入另外一种金属元素，从而制备得到多元硫化物。如将 0.167 mmol $SnCl_2$ 加入 10 mL 油胺中，随后加热到 160 ℃，将 0.5 mL 六边形 CuS 纳米粒子分散液注入上述 Sn-油胺溶液中，即可得到 SnCu 三元硫化物，通过调节 $SnCl_2$ 的含量，可以得到不同 Sn/Cu 比例的三元金属硫化物。

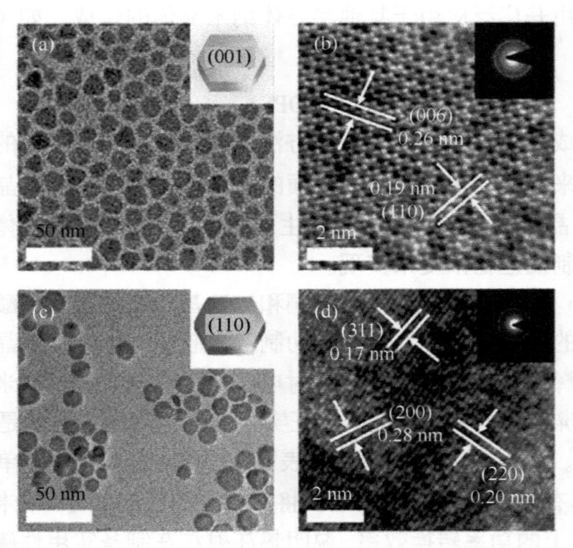

图 2-8　11.0 nm CuS 纳米片的 TEM（a）及其高分辨 TEM 图像（b）；15.9 nm Cu_2S 纳米片的 TEM（c）及其高分辨 TEM（d）图像[34]

席聘贤等人[36]报道了以热注射法合成 CuS/NiS_2 纳米晶异质结，结果如图 2-9 所示。采用氯化亚铜和氯化镍分别作为 Cu 源和 Ni 源，溶于十六胺和十八烯混合溶液中。此溶液在 110 ℃下加热 1 h 来除水除氧。之后将溶有 S 的十八烯溶液在 180 ℃下快速注入上述溶液中，反应 5 min 后即可得到 CuS/NiS_2 异质结构纳米晶。采用此法得到的 CuS/NiS_2 异质界面为原子级耦合界面，由于 Cu 的姜-泰勒效应，可造成 14.7%的晶格扭曲，以及伴随产生极大的空位缺陷提升了该硫化物异质结构纳米晶在氧催化反应中的应用。

此外，热注射法还可用于多元硫化物的合成。将硫粉溶解在二苯基膦中制备 1.0 mol/L 的硫前驱体溶液，将硒粉溶解在体积比为 1∶1 的二苯基膦和油胺混合物中，制备 1.0 mol/L 的硒前驱体溶液。将 $In(OAc)_3$（0.2 mmol）、CuI（0.14 mmol）

和 $Zn(OAc)_2$（0.08 mmol）溶于 10 mL 油胺中，在 N_2 气氛下加热到 170 ℃，再将 1 mL 硫前驱体溶液快速注入上述溶液中，之后将反应体系温度升高到 220 ℃，并在此温度下维持反应 8 min，快速注射 0.5 mL 硒前驱体，保持反应 3 min，即可得到 Zn/Cu/In/S 四元量子点材料。通过将注入的溶液改为 S/Se 混合溶液，即可得到 Zn/Cu/In/S/Se 五元量子点材料（图 2-10），其中 S/Se 含量比可以很容易地通过调节 S、Se 前驱体溶液体积来控制。以此方法得到的量子点材料表现出较窄的粒径分布。通过调节五元合金量子点的化学成分，可以很方便地调节量子点的临界光电性质，包括能带隙、倒带能级和缺陷陷阱态的密度。将该方法制备得到的 Zn/Cu/In/S/Se 五元量子点材料应用于太阳能电池，可达到 14.4%的认证效率[37]。

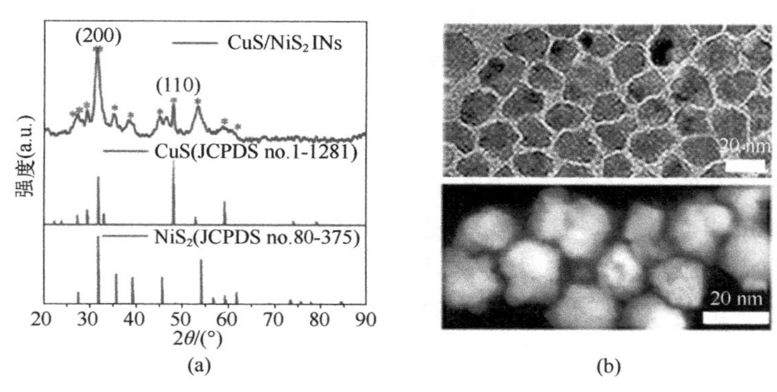

图 2-9 （a）CuS/NiS_2的 XRD 谱图及（b）形貌[36]

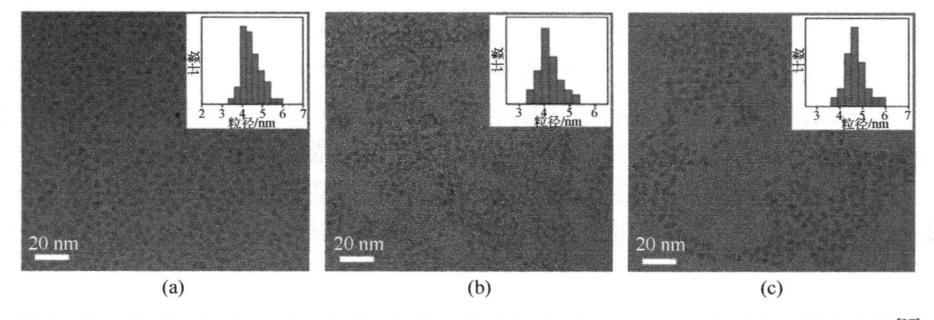

图 2-10 Zn/Cu/In/S（a）、Zn/Cu/In/Se（b）和 Zn/Cu/In/S/Se（c）的量子点形貌[37]

一方面，热注射法可以获得高质量的纳米颗粒。另一方面，这种方法也有一定的局限性。首先，长链表面活性剂通常用于反应，事后难以去除，在催化、电池等储能反应中效果不好。其次，金属前驱体转化为金属硫化物通常需要高温，这限制了溶剂的选择只能是高沸点。再者，纳米晶体的质量可以通过实验室规模的合成得到更好的控制，而放大过程则需要考虑更多因素。

在热注射反应中，很容易引入各种配体来钝化纳米晶，同时调节其成核和生长。反应物的化学势易于调节，反应温度通常在 300 ℃以下，且由上述例子可以看到，采用热注射法对于合成单相硫化物纳米粒子、硫化物异质结和多元硫化物纳米粒子等都是可行的。

2.2.3 自组装法

纳米晶体的自组装是指预先合成的纳米晶体根据范德华力相互作用、静电相互作用和纳米晶体之间的氢键自发地排列成有序的结构，是一种创造具有组合或集成催化功能的纳米结构的有效方法[38-41]。自组装的过程需要首先合成单分散的纳米粒子，所获得的超结构可以保留纳米晶体的特性，并可能进一步带来新的集体和合作性质。此外，通过控制构筑单元纳米晶体的结构和排列能，为构建纳米晶体超晶格和调控其性能提供了可能性[42]。赵东元及其同事[43]证明了一种封闭的界面单颗粒组装方法，可以精确地将有序的单分子层 TiO_2 介孔覆盖在不同的表面上。通过调节合成条件，可以很好地控制所包覆的 TiO_2 介孔层的厚度、介孔尺寸和可切换的包覆表面。所制备的单层介孔 TiO_2 具有优异的储钠性能。这种独特的介孔 TiO_2 涂层策略为构建具有介孔的多组分纳米结构的先进技术提供了巨大的潜力。这种“自下而上”的组装为集成和提高纳米材料的性能提供了另一种方法，并可能在未来的纳米器件发展中具有潜在应用。为了实现半导体纳米晶体和后续纳米晶体超晶格的特定性能，需要开发控制单分散性、组成和结构的合成方法，在合成过程中，所制备的半导体纳米晶体的结构（包括大小、形状等参数）是成功应用的基础。新的合成方法能够制备具有新颖结构的纳米材料，从而带来新的性能和应用前景。通过优化合成条件和方法，可以控制纳米晶体的形貌和尺寸，进一步提升其在电子、光学和催化等领域的应用潜力。近年来，国内外材料学家对半导体纳米结构的可控合成方法进行了较为深入的研究，尽管纳米晶体的精确控制（如所需的尺寸、形状、暴露面）仍然是一个挑战，但已有多种具有良好通用性和可控性的方法被报道[44-49]。相关研究也有助于在微观水平上理解纳米晶体的生长机理和结构依赖的化学物理性质。

纳米晶体自组装技术在纳米晶体制备和应用方面得到了广泛的研究。Maspoch 及同事[50]利用 ZIF-8 基十二面体粒子自组装了三维菱形晶格，这些超结构具有优化的光子带隙和灵敏的吸附响应，在传感领域具有广阔的应用前景。Zheng 及其同事[51]通过面对面组装无表面活性剂的钯纳米片，报道了一维钯超晶格纳米线。在实验中，他们利用电荷密度较高的阳离子来减小带负电荷的钯纳米片之间的静电斥力，这对于组装基于钯纳米片的超晶格纳米线具有重要意义。越来越多的研究表明，偶极矩、小正电荷和定向疏水吸引在自组装反应中起着重要作用。此外，自组装策略作为一种新兴的方法已广泛应用于金属硫属化合物的合成。Li 和同事[52]通过自组装的方式制备了高度均匀的 Cu_2S 多层超晶格（图 2-11）。这项工作提供了一种简单的自下而上的方法来制造各种自组装金属硫属超晶格结构，通过控制预合成的块状纳米晶体的大小和形状来集成纳米晶体，以及它们在催化剂和能量转换装置中的潜在应用。

同样的，Donega 及其同事[53]提出了一种具有六边形双棱锥和六边形双棱锥形态的自组装 ZnS 二维超晶格。分析表明，界面自由能和堆积密度是自组装的驱动因素，而形态结构对自组装结构有重要影响，因此对自组装领域进行精确的形态控制具有重要意义。Chen 等人[54]经高温溶液相方法合成了单分散的六边形 α-Cu_2S 纳米板，该六边形纳米板具有约 9 nm 的边长和约 4.5 nm 的厚度，可自组装成三维超晶格。结果表明，这种简单的方法可以用于其他六方对称结构的硫属半导体的单分散六边形纳米板的合成。考虑到 Cu_2S 的特殊性质，纳米板在太阳能电池、光电器件和胶体光子晶体等领域具有重要的应用价值。

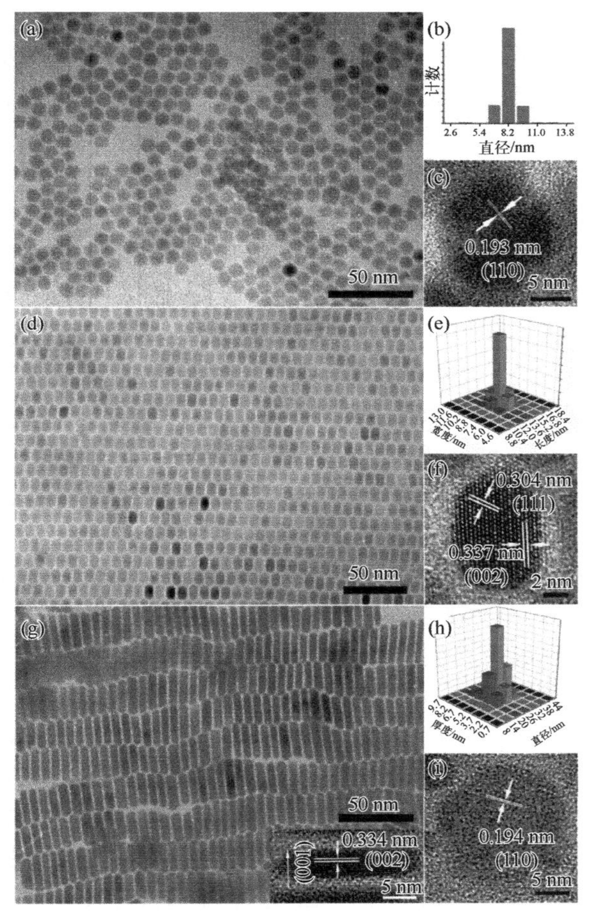

图 2-11 （a）～（c）圆形 Cu_2S 纳米晶体的 TEM 图像、粒径分布和 HRTEM 图像；（d）～（f）长条状 Cu_2S 纳米晶体的 TEM 图像、粒径分布和 HRTEM 图像；（g）～（i）Cu_2S 六边形纳米板的 TEM 图像、粒径分布和 HRTEM 图像[52]

Fernandez 等人[55]研究了著名的类星形 PbS 超结构的形成，发现了一些以前未知或被忽视的方面，可以在这 3 个方向上推进纳米粒自组装的知识。主要的一种解释是，具有多重八面体对称性的大型单晶 PbS 超结构的形成只能用小的八面体纳米粒的自组装来解释。研究者发现在 PbS 超支化星的形成过程中有 5 个不同的阶段：①早期 PbS 纳米粒的成核，平均直径为 31 nm；②可组装成 100～500 nm 的八面体介观晶体；③1000～2500 nm 的星形超支化分子；④组装和离子再结晶为六臂杆，伴随精细纳米结构的消失；⑤解构为棒状和立方体的纳米粒子。装配模式在不同时期之间的转换是由于模式决定力的优势变量而发生的诱导范德华力、静电相互作用，深共晶溶剂（DES）作为介质，其化学变化触发了上层结构的解构。PbS 超结构可以作为基础研究纳米级结构和（光电）电子和能量收集器件的自组装制造优秀模型，这些都需要 PbS 组分在多个尺度上的组装。

Cao 等人[56]报道了硒化镉-硫化镉（CdSe@CdS）核壳半导体纳米棒的自组装，在形状和结构各向异性的介导下，产生了具有多个明确定义的超晶域的介观胶体超粒子。此外，这些 CdSe@CdS 纳米棒之间基于功能的各向异性相互作用可以在自组装过程中动力学引入，进而产生具有平行排列的组成纳米棒的单畴针状超粒子。这些介观的针状超粒子的单向图案使 CdSe@CdS 纳米棒横向排列成宏观的、均匀的、悬空的聚合物薄膜，这些聚合物薄膜表现出具有显著各向异性的强光致发光，使它们可以用作下转换荧光粉来创建偏振光发射二极管。胶体 CdSe@CdS 超粒子的制备采用了前面所述的经过微小修改的方法[14]，包括两个主要步骤：①水溶性纳米棒胶束的合成；②在乙二醇水溶液中由纳米棒胶束生长超粒子（图 2-12）。作者将具有高度荧光性的 CdSe@CdS 纳米棒作为制备纳米棒胶束的前体，主要包封辛胺和十八烷基膦酸（ODPA），这是通过文献方法制备的。在一个典型的超颗粒合成中，在 1 mL 溶有不同量的溴化十二烷基三甲铵（DTAB）的纳米棒胶束水-氯仿混合溶液中加入 CdSe@CdS 纳米棒，纳米棒的长度约 28.0 nm、直径约 6.7 nm、浓度 10 $mg \cdot mL^{-1}$，然后通入氩气蒸发氯仿。在剧烈搅拌下，将纳米棒胶束溶液注入含乙二醇（5.0 mL）的三颈烧瓶中，导致纳米棒胶束分解，DTAB 分子丢失到生长溶液中。这导致了纳米棒的聚集，并最终形成了超粒子［图 2-12（a）］。低倍率透射电子显微镜（TEM）图像显示，超晶格呈近球形。从倾斜的放大图像可以看出，这些超晶格展示了多个超晶格域配置。每个超晶格由尺寸依赖的纳米棒组成，其总数（N）也表现出依赖性［图 2-12（b）］。当 N 小于 80000 时，超粒子表现为典型的双圆顶圆柱体形态，其中圆柱体域的体积大于相应的圆顶域［图 2-12（b）～（k）］。柱状域采用片状结构，由纳米棒横向组合而成的多层圆盘堆叠而成，每个圆盘的厚度与单个纳米棒的长度一致。随着 N 的增加，圆柱域的半径增大，单层膜的数量也增加，但有一定的波动。图 2-12（g）中所示的超粒子比图 2-12（f）中所示的超粒子拥有更多的组成棒，但是图 2-12（f）中所示的圆柱形超粒子有更多堆叠的单层圆盘。当 $N>80000$ 时，CdSe-CdS 超粒子表现为不规则的多畴粒子。

利用自组装法合成硫化物超晶格，为调节硫化物纳米粒子提供了更多的维度，使得硫化物可表现出更多奇异的特性，从而扩展其应用。

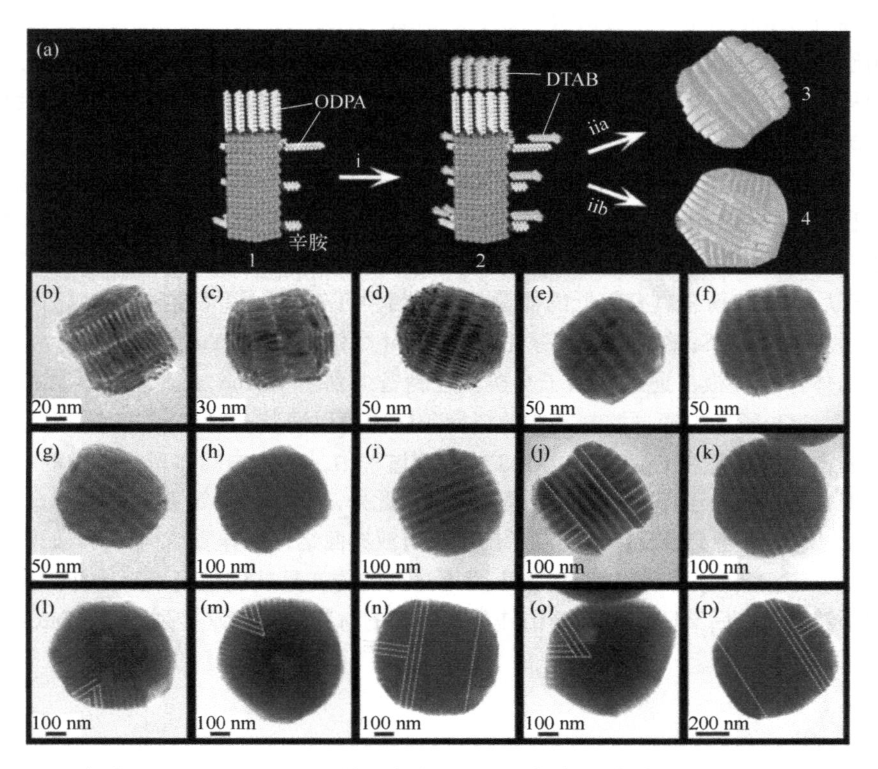

图 2-12 （a）从 CdSe-CdS 纳米棒的合成示意图及（b）～（p）由纳米晶组成的超晶格[56]

2.2.4 离子交换法

在众多胶体纳米晶体的合成方法中，离子交换法是以制备好的纳米材料为模板，通过其他元素对主体模板中的元素进行部分或全部取代，从而发展起来的极具潜力的高效合成混合结构纳米材料的方法。同时，根据交换程度的不同，该方法可以用来制备掺杂、合金、核壳、中空或异质结等材料。通常将离子交换反应分为阳离子交换反应（cation exchange reaction）和阴离子交换反应（anion exchange reaction）两大类。相比于阴离子交换的方法，通过阳离子交换制备得到的材料往往可以保证材料的拓扑转变，这是因为大多数材料都是由阴离子框架形成的，而阳离子通常填充在阴离子框架的四面体或八面体空隙中，在进行阳离子交换反应时，阴离子亚晶格可以保持不变，所以目前阳离子交换反应的使用相对较为普遍。最重要的，阳离子交换反应能否发生主要取决于离子的软硬酸碱强度和反应前后材料的溶度积常数差异；其次，反应体系中材料的晶体结构、缺陷、配体的类型等都会影响最终产物的组成与形貌。

在一系列合成方法中，离子交换法被认为是制备中空结构的一种非常有效的手段，并且 Kirkendall（克肯达尔）效应对阴离子的转移路径和中空结构的形成给出了明确的解释[56-57]。1947 年美国化学家 Ernest Kirkendall 首次发现 Kirkendall 效应，即两种金属原子由于扩散速率的差异而发生明显界面移动的现象，最终通常会使材料形成中空结构。

在结构和尺寸已知的纳米模板上进行离子交换反应可以得到晶面可控的金属硫化物和磷化物等纳米粒子。纳米粒子自身高表面体积比的优势和阳离子相对较低的扩散能使得阳离子交换反应常常可以在温和的实验条件下进行。由于经过阳离子交换反应后形成的新相具有较低的能量，此类材料在电催化和能源转化领域有着广泛的应用。因为 Cu_7S_4 纳米晶体中存在丰富的 Cu 空位，因此，Yuan 等人[58]利用 Cu_7S_4 纳米晶体作为模板，通过阳离子交换反应制备得到了 γ-MnS 纳米晶体，如图 2-13（a）～（f）所示。通过控制反应的温度和时间可以调节 γ-MnS 纳米晶体在整个组分中的占比。虽然在 Cu_7S_4 向 γ-MnS 转变的过程中，各个中间体呈现不同的化学组分，但它们都保持了原始的 Cu_7S_4 模板形貌。此外，Robinson 等人[59]基于 Cu_xS 纳米晶体，利用阳离子交换反应成功制备出了具有双界面结构的异质结构材料，如图 2-13（g）～（l）所示。在该体系中，固-固相之间的转变是从硫化铜相开始并向能量较低的相转变，最后又回到硫化铜相并与新形成的材料进行外延排列。Alivisatos 等人

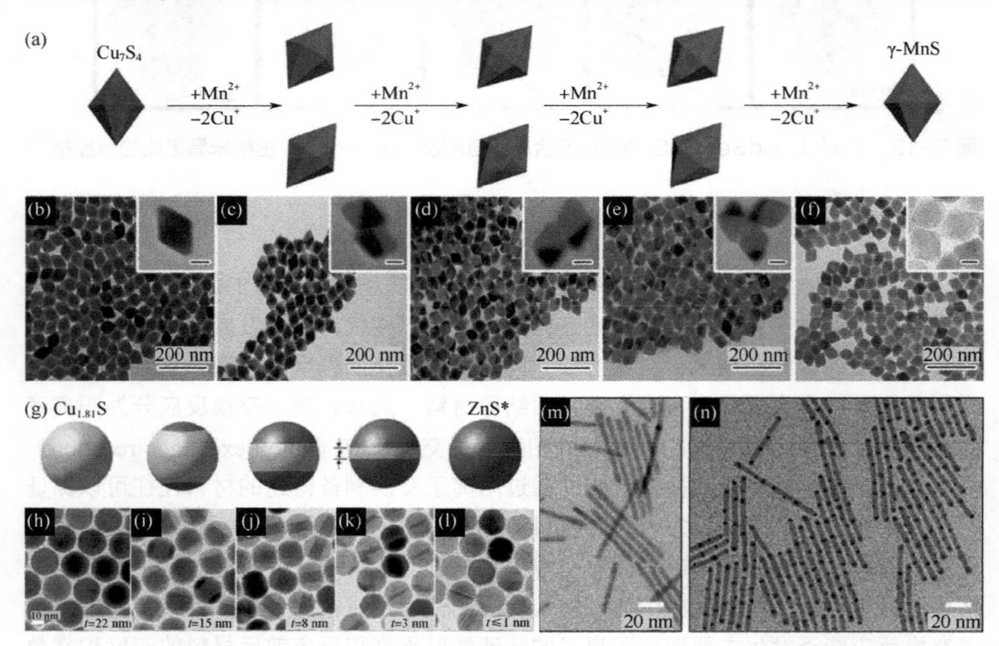

图 2-13 （a）～（f）Cu_7S_4 纳米晶通过阳离子交换向 γ-MnS 转变的示意图和过程中相应的 TEM 图像[58]；（g）～（l）硫化铜纳米晶体通过阳离子交换转变为含有硫化锌的双界面异质结构纳米离子的示意图和相应的 TEM 图像[59]；（m）（n）CdS 纳米棒和 CdS/Ag_2S 纳米晶体的 TEM 图像[60]

基于阳离子交换的方法合成了一系列 CdS 纳米晶体。如图 2-13（m）和（n）所示，2007 年，他们通过 Ag^+取代部分 Cd^{2+}，得到了包含 CdS 纳米棒和 Ag_2S 量子点的异质超晶格材料[60]。值得注意的是，CdS/Ag_2S 纳米晶的成功构筑说明胶体纳米晶体的生长过程中也可能发生晶格错配导致的应变，此外，拥有较好稳定性的 CdS-Ag_2S 纳米晶体在光电设备方向表现出很好的应用前景。

近年来，Schaak 小组利用阳离子交换法合成了一系列金属硫化物，通过类比合成复杂分子的逆合成路线，作者将目标结构拆解为更小的、易于处理的片段分子，并定义了一个普适的合成策略来获得具有任意复杂组分的纳米颗粒。Schaak 等人首先确定一种简单易得且结构可调的合成子作为第一代纳米材料（G-1），然后以一种可预测和推广的方式生成新的内部结构复杂且界面连接的纳米粒子即第二代纳米结构（G-2），其次，系统地将不同的元素库结合到所需的位置上，以生产更高一代的纳米结构。2018 年，由于 Cu^+具备较高的迁移能力并可以促进与其他离子的部分或全部交换反应，Schaak 等人[61]选择形貌和尺寸均可调节的 $Cu_{1.8}S$ 作为 G-1 合成子，利用零维、一维和二维的硫化铜纳米颗粒作为模板主体，通过阳离子交换反应得到了 47 种不同的金属硫化物及其衍生物，如图 2-14（a）～（c）所示。可以看到，球状的 $Cu_{1.8}S$ 与 Cd^{2+}反应生成半球状的 $CdS/Cu_{1.8}S$，当球状的 $Cu_{1.8}S$ 与 Zn^{2+}反应时，会形成类三明治结构的 $ZnS/Cu_{1.8}S/ZnS$。可以看出，离子半径、晶格匹配度、反应时间等均会改变不同组分在主体材料中的分布；此外，在保证模板材料形貌不变的前提下，阳离子交换的程度、每一种组分在颗粒内部的相应尺寸及占位，以及不同组分之间的界面区域调控等均可以通过上述阳离子交换的方法实现。除此之外，他

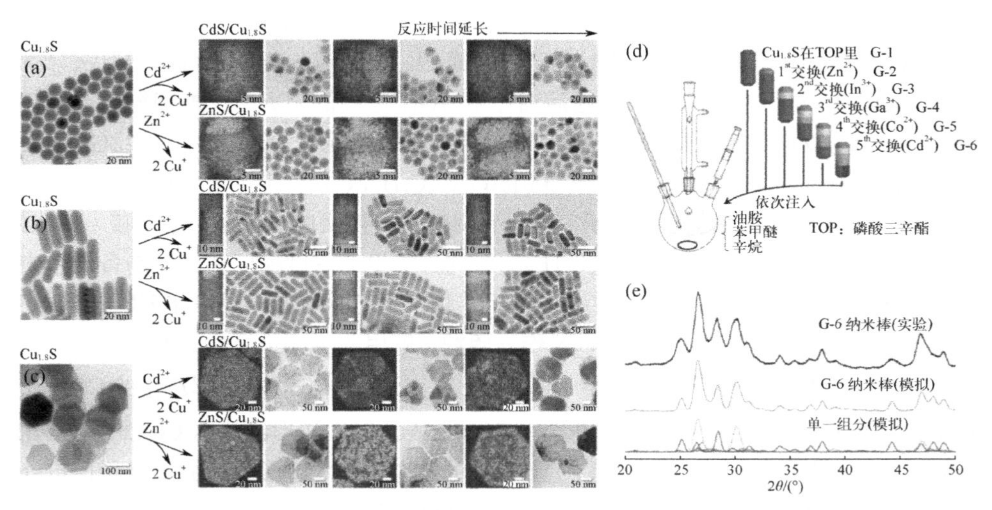

图 2-14 （a）～（c）通过阳离子交换法制备不同形貌的 $Cu_{1.8}S$ 基纳米材料[61]；（d）$Cu_{1.8}S$（G-1）逐步转化为 $ZnS/CuInS_2/CuGaS_2/CoS/(CdS/Cu_{1.8}S)$（G-6）的反应装置及制备步骤顺序示意图[62]；（e）G-6 异质结构纳米棒的 XRD 谱图[62]

们还在2020年通过对硫化铜纳米棒前体进行多达7个连续的阳离子交换反应，确定合成出65520种不同的多组分金属硫化物纳米棒的可行途径，此类纳米棒有6种材料、8个不同组分和11种内部界面。如图2-14（d）（e）所示，在该工作中，他们实验观察到了113个独立的具有异质结构的纳米棒，并演示了其中3种样品的生产过程[62]。

阴离子交换的方法同样可以用于钙钛矿、过渡金属硫属化合物和磷化物等新型化合物的制备。Lou等人利用阴离子交换的方法制备了一系列不同中空结构的纳米晶体，如呈中空棱镜状的CoS_2[63]、类洋葱状的$NiCo_2S_4$颗粒[64]、超薄Ni-Fe LDH纳米片构筑的多级中空纳米柱[65]等。在整个合成过程中，首先制备得到A前驱体，随后通过后续的硫化得到目标产物，Kirkendall效应明确指出，由于A负离子向外扩散的速率快于S^{2-}向内扩散的速率，从而导致了中空结构的生成。这些中空结构由于具有较高的表面积和优异的吸附性能，在析氢反应（HER）和析氧反应（OER）中表现出较高的催化活性。同样，阴离子交换的方法也可以用来制备异质结。Teranishi等人[66]针对CdS和CdTe之间晶体结构的差异，利用S^{2-}和Te^{2-}之间的离子交换反应，得到了各向异性的CdS/CdTe二聚体。同时，Zhang等人[67]将Co基氢氧化物浸泡在含有一定量S^{2-}的溶液中，通过部分阴离子交换的方法得到了$Co_3FeS_{1.5}(OH)_6$羟基硫化物，该材料的OER性质在电流密度为10 $mA \cdot cm^{-2}$时的电位仅为1.588 V，其在OER下的半波电位为0.721 V，说明该材料具有很好的可逆氧催化能力。随后，他们将该类材料组装应用于电催化水分解和电池等体系时，均表现出较好的催化能力。

根据金属硫化物在水中的溶解度常数不同，同样可以用离子交换的方法实现不同金属硫化物之间的转变。例如，利用$CdCl_2 \cdot 2.5H_2O$和$Na_2S \cdot 9H_2O$可以得到具有纳米片形貌的CdS和中空结构的CdS纳米棒[68]。作者首先通过共沉淀的方法分别得到$Cd(OH)_2$纳米片和纳米棒，随后通过S^{2-}/OH^-之间的阴离子交换使得$Cd(OH)_2$转变为CdS。Zhuo等人[69]通过阴离子交换的方法，利用升温过程中L-半胱氨酸提供硫源，并于无机-有机杂化的纳米线Mo_3O_{10}（$C_2H_{10}N_2$）反应生成由纳米片构成的2H-MoS_2纳米管分级结构材料。研究发现，阴离子交换反应过程中，乙二胺（EDA）在溶剂中的溶解度以及Mo_3O_{10}（$C_2H_{10}N_2$）向外扩散的浓度梯度在样品制备过程中扮演了极其重要的角色，同时该材料在电化学和可见光驱动的光电催化HER方面均有不俗的表现。Wu等人[70]利用Na_2S作为硫源，应用两步离子交换的方法制备得到纳米管状的MCo_2S_4（M = Ni、Fe和Zn）。反应过程中，尿素水解产生的CO_3^{2-}和OH^-首先和Co^{2+}、Ni^{2+}、NH_4^+反应形成具有平滑表面的六边形薄片$NiCo(OH)_x(CO_3)_y(HCO_3)_z$，如图2-15所示。第一步，经过2 h的反应后，六边形薄片的边缘和顶点处会有一些小的针状结构生成。第二步，当反应进行8 h之后，这些微米尺度的薄片会转变成六边形的3D多孔网状结构，随之组分也变为$NiCo_2(OH)_3(CO_3)_{1.5}$。值得注意的是，在CO_3^{2-}和OH^-离子取代HCO_3^-的过程中，六边形的网状结构中心会逐渐出现一个圆孔，随后通过第二步阴离子交换成功制备出 MCo_2S_4。

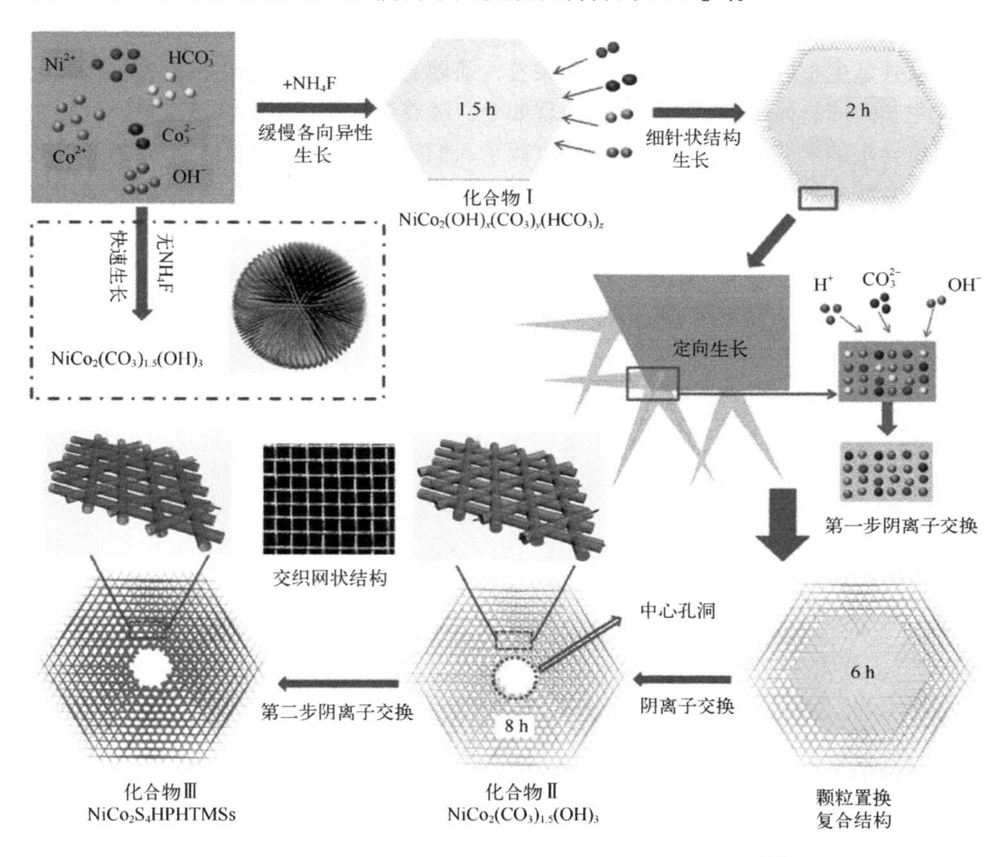

图 2-15　MCo_2S_4（M = Ni, Fe, Zn）的合成示意图[70]

2.3　外延生长法

1928 年，Royer 在描述两种晶体材料的取向生长时提出了“外延”的概念[71]，外延生长（epitaxial growth）是指在单晶衬底（基片）上生长一层有一定要求的、与衬底晶向相同的单晶层，这就好比原来的晶体向外延伸了一截。此外，Royer 等人基于他们的研究基础，建立了外延生长的两条基本定理：①只有在结晶的衬底（具有单晶或多晶结构且具有相似的晶格大小）上沉积结晶材料，定向生长才会发生；②两种晶体的晶格失配度要小于 15%，尤其对于一些核壳结构的杂化纳米晶，两者之间的晶格失配度更要小于 5%才有利于第二种金属壳层在第一种金属形成的核上进行外延生长[71-72]。如图 2-16 所示，在生长过程受热力学控制的情况下，人们提出了三种经典的机理阐述外延生长的过程，即 Frank-van der Merwe（FM），Volmer-Weber（VW）和 Stranski-Krastanov（SK）模型[73]。其次，根据外延生长材料和衬底材料的晶格排列可以将外延生长分为共度生长、赝晶生长和不共度生长[74]。再者，根据衬底材料和外延生长材料的种类又可以分为同质外延生长和异质外延生长。从外延生长近二十年的研究历程来看，前期的研究主要集中在单晶体相衬底上外延生长大的晶体或外延沉积薄膜，现如今，随着纳米合成化的快速发展，外延生长同质异相纳米结构和复合纳米结构引起了人们极大的关注。当前，不同的合成方法中都会涉及外延生长的机理，如化学气相沉积、胶体化学合成、溶液相化学还原法合成等，后面将会详细举例介绍。

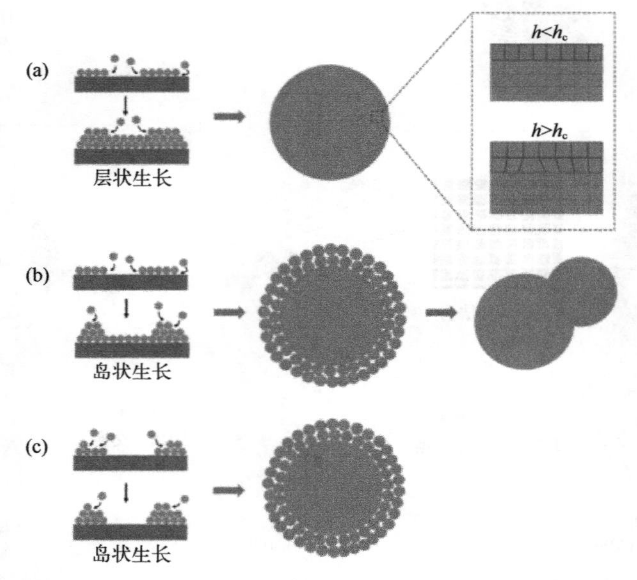

图 2-16　外延生长的三种经典机理示意图以及最终形成的结构模型[73]

化学气相沉积（CVD）法被认为是一种可靠且稳定的制备不同超薄二维金属硫属化合物的方法。一般来说，首先将衬底或者基片置于反应炉膛内，而后通入循环气或者材料前驱体的蒸气流，随后将会在基底上进行相应的反应，最终获得二维材料。Zhang 等人[75-76]探索了许多关于 CVD 法制备金属硫属化合物的工作，并研究了该类材料在电催化、钠存储、锂离子电池等领域的应用。采用 CVD 法制备的超薄二维金属硫化合物具有结晶度高、缺陷少、纯度高等特点，当然，其特定的尺寸和厚度的变化均可由调节实验过程中不同参数实现。随着 CVD 技术的发展，越来越多的人开始利用外延生长的思路来制备超薄的二维材料，尤其是二维金属硫化物。近年来，人们通过外延生长技术开发出各种具有优异形貌和结构的二维纳米晶体，如超薄纳米片、超晶格材料、具备异质结和多异质结的材料等。然而，上述提及的纳米材料往往需要生长在如 SiO_2/Si、氟掺杂的氧化锡、锡掺杂的氧化铟等各种各样的基底上，这使得该类材料在工业上的大规模应用仍然是一个挑战。如图 2-17（a）

所示，Duan 等人[77]报道了一种新的外延生长方法，该方法通过优化调整逐步进行的 CVD 过程来实现材料的可控合成。在新 CVD 体系中，石英管两端独特的角度设计可以改变氩气的流动方向，此外，石英管的两侧均设有进气口和出气口。这个反应包含两个步骤：①前驱体蒸气形成的升温和稳定阶段；②在材料所需的生长温度下，用氩气将前驱体蒸气输送到衬底上进行外延生长得到新的二维纳米晶。如图 2-17(b)所示将单层的种子与前驱体蒸气结合，可以得到一系列优质的纳米材料。通常来说，传统的外延生长机制中，对二维纳米晶与衬底的晶格对称性和晶格常数有较高的要求，需要两者之间存在较好的匹配度。然而，在范德华外延生长过程中，即使具有不同的晶态和较大的晶格无序度，不同的二维纳米晶体也可以在没有晶格对称性的情况下形成异质结构。Zhang 研究组[78]采用类似的方法，制备了具有 $10^6\ S \cdot m^{-1}$ 高导电性的金属 VSe_2 纳米片。VSe_2 纳米片的厚度在几纳米到几十纳米之间变化，这也赋予了材料不同的电荷密度波相变。

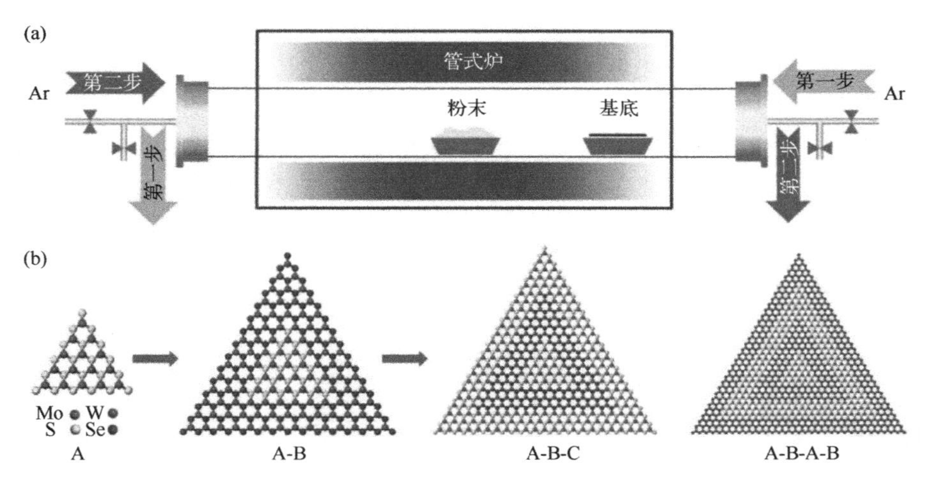

图 2-17 （a）横向异质结构外延生长的优化后 CVD 系统示意图，固体粉末直接作为原料[77]；（b）得到的各种二维纳米晶体单层种子、A-B 异质结构、A-B-C 多异质结构和 A-B-A-B 超晶格[77]

在二硫化钼纳米片上进行外延生长同样是制备二维多异质结构的有效途径，例如 Cu_2S/MoS_2、CdS/MoS_2 和 FeS/MoS_2 等。以带负电荷的 MoS_2 为基本框架，引入的金属铜离子（Cu^+）可通过静电相互作用在其上沉积，在超声辅助剥离过程中会有大量的硫原子溶解出来，并与这些 Cu^+ 自发反应形成 Cu_xS 中间体。当反应温度升高至 250 ℃，由于 Cu_2S 和 MoS_2 拥有相同的六方对称性，此时 Cu_2S 会沿着 MoS_2 的[001]方向进行外延生长，如图 2-18（a）所示，MoS_2 和 Cu_2S（100）晶面之间较小的晶格失配度（1.2%）赋予二者可以进行外延生长的条件[79]。通过热注射的方法将 PbO 和硒粉混合，并在超声剥落的 MoS_2 或 WS_2 纳米片上外延生长 PbSe 量子点。

然而，由于经过超声剥离的纳米片表面存在大量缺陷，使得生长在 MoS_2 上的 PbSe 量子点取向较为随机[80]。最近，有大量的工作报道了在已有的模板（如纳米线）上外延生长二维过渡金属硫化物，取得了较好成果。正如前面所讨论的，二维过渡金属硫化物纳米片已被当做衬底或牺牲剂广泛应用于各种纳米异质结构的外延生长过程中。如图 2-18（b）～（h）所示，为了能够更好地在一维 $Cu_{2-x}S$ 纳米线基底上进行外延生长，MoX_2（X = S 或 Se）纳米片以垂直的方向进行生长[81]。由于 $MoSe_2$（002）的晶面间距（0.66 nm）是 $Cu_{2-x}S$（002）晶面间距（0.33 nm）的两倍，确保了两种纳米晶体之间外延生长的可行性。同时，通过不断增加硫元素的浓度，MoX_2 的密度和横向尺寸也会发生相应改变。最近，有报道称单层的 MS_2（M = W 或 Mo）可以选择性地生长在纤锌矿 CdS 上，形成 MS_2/CdS 纳米复合物[82]。其中，阴离子前驱体即硫钼酸盐会优先沉积在 Cd 富集的（0001）表面，从而促进材料在不同的区域选择性成核和生长。

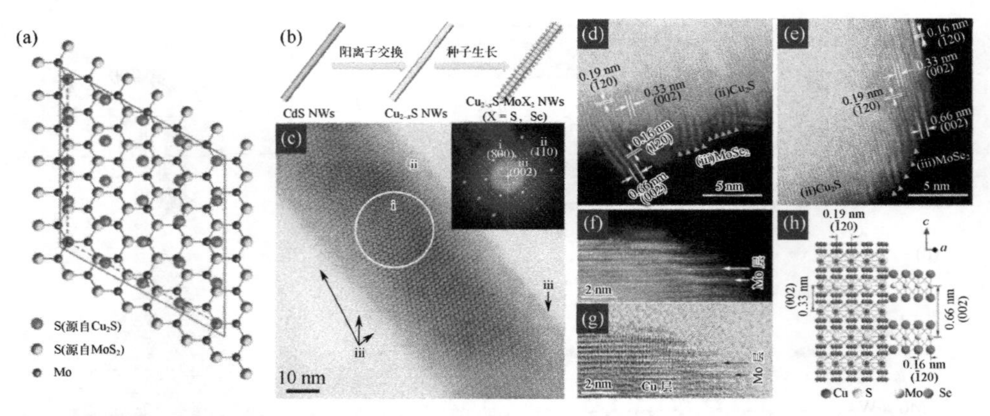

图 2-18 （a）Cu_2S/MoS_2 的晶畴匹配下外延生长的示意图[79]；（b）MoX_2（X = S 或 Se）纳米片在 $Cu_{2-x}S$ 纳米线上的外延生长示意图[81]；（c）$Cu_{2-x}S/MoSe_2$ 异质结的 TEM 图像[81]；（d）～（g）$Cu_{2-x}S/MoSe_2$ 异质结在体相和尖端部分的高角度环形暗场和明场下的 TEM 图像[81]；（h）$Cu_{2-x}S$-$MoSe_2$ 外延异质纳米晶体结构示意图[81]

参考文献

[1] Breton L S, Klepov V V, and Loye, H-C. Facile oxide to chalcogenide conversion for actinides using the boron-chalcogen mixture method. J Am Chem Soc, 2020, 142 (33): 14365-14373.

[2] Najafi L, Bellani S, Oropesa-Nuñez R, Martín-García, B, Prato M, Pasquale, L, Panda J-K, Marvan P, Sofer Z, Bonaccorso F. TaS_2, $TaSe_2$, and their Heterogeneous Films as Catalysts for the Hydrogen Evolution Reaction. ACS Catal, 2020, 10 (5): 3313-3325.

[3] Kang S H, Bang J, Chung K, Nandadasa C N, Han G, Lee S, Lee K H, Lee K, Ma Y, Oh S H, Kim S-G, Kim Y-M, Kim S W. Water- and acid-stable self-passivated dihafnium sulfide electride and its persistent electrocatalytic reaction. Sci Adv, 2020, 6 (23): eaba7416.

[4] Martinolich A J, Neilson J R. Pyrite formation via kinetic intermediates through low-temperature solid-state metathesis. J Am Chem Soc, 2014, 136 (44): 15654-15659.

[5] Gabriel C, Gabriel S, Grant E H, Halstead B S J, Mingos D M P. Dielectric parameters relevant to microwave dielectric heating. Chem Soc Rev, 1998, 27(3): 213-224.

[6] Walton R I. Subcritical solvothermal synthesis of condensed inorganic materials. Chem Soc Rev, 2002, 31(4): 230-238.

[7] Rabenau A. The role of hydrothermal synthesis in preparative chemistry. Angew Chem Int Ed, 1985, 24(12): 1026-1040.

[8] Rakhi R B, Alhebshi N A, Anjum D H, Alshareef H N. Nanostructured cobalt sulfide-on-fiber with tunable morphology as electrodes for asymmetric hybrid supercapacitors. J Mater Chem A, 2014, 2(38): 16190-16198.

[9] Wen Y X, Peng S L, Wang Z L, Hao J X, Qin T F, Lu S Q, Zhang J C, He D Y, Fan X Y, Cao G Z. Facile synthesis of ultrathin $NiCo_2S_4$ nano-petals inspired by blooming buds for high-performance supercapacitors. J Mater Chem A, 2017, 5(15): 7144-7152.

[10] Li K F, Wang Q J, Cheng X Y, Lv T X, Ying T K. Hydrothermal synthesis of transition-metal sulfide dendrites or microspheres with functional imidazolium salt. J Alloys Compd, 2010, 504(2): L31-L35.

[11] Dong W J, Wang X B, Li B J, Wang L N, Chen B Y, Li C R, Li X, Zhang T R, Shi Z. Hydrothermal synthesis and structure evolution of hierarchical cobalt sulfidenano-structures. Dalton Trans, 2011, 40(1): 243-248.

[12] Xing J-C, Zhu Y-L, Li M-Y, Jiao Q-J. Hierarchical mesoporous CoS_2 microspheres: Morphology-controlled synthesis and their superior pseudocapacitive properties. Electrochim Acta, 2014, 149(10): 285-292.

[13] Zhang L, Wu H B, Yan Y, et al. Hierarchical MoS_2 microboxes constructed by nanosheets with enhanced electrochemical properties for lithium storage and water splitting. Energy Environ Sci, 2014, 7(10): 3302-3306.

[14] Kamila S, Mohanty B, Samantara A K, et al. Highly active 2D layered MoS_2-rGO hybrids for energy conversion and storage applications. Sci Rep, 2017, 7: 8378.

[15] Yang W, Chen D, Quan H Y, et al. Enhanced photocatalytic properties of $ZnFe_2O_4$-doped $ZnIn_2S_4$ heterostructure under visible light irradiation. RSC Adv, 2016, 6(86): 83012-83019.

[16] An L, Zhang Z Y, Feng J R, et al. Heterostructure-promoted oxygen electrocatalysis enables rechargeable zinc-air battery with neutral aqueous electrolyte. J Am Chem Soc, 2018, 140(50): 17624-17631.

[17] Mahadik M A, Shinde P S, Cho M, Jang J S. Fabrication of a ternary $CdS/ZnIn_2S_4/TiO_2$ heterojunction for enhancing photoelectrochemical performance: effect of cascading electron-hole transfer. J Mater Chem A, 2015, 3(46): 23597-23606.

[18] Sun Z H, Yang Z, Zhou J H, et al. A general approach to the synthesis of gold-metal sulfide core-shell and heterostructures. Angew Chem Int Ed, 2009, 48(16): 2881-2885.

[19] Qiu W M, Xu M S, Yang X, et al. Biomolecule-assisted hydrothermal synthesis of In_2S_3 porous films and enhanced photocatalytic properties. J Mater Chem, 2011, 21(35): 13327-13333.

[20] Zhu Y R, Wu Z B, Jing M J, et al. Mesoporous $NiCo_2S_4$ nanoparticles as high-performance electrode materials for supercapacitors. J Power Sources, 2015, 273(1): 584-590.

[21] Zhang L S, Zuo L Z, Fan W, Liu T X. $NiCo_2S_4$ nanosheets grown on 3D networks of nitrogen-doped graphene/carbon nanotubes: advanced anode materials for lithium-ion batteries. Chem Electro Chem, 2016, 3(9): 1384-1391.

[22] Zhang K, Park M H, Zhou L M, et al. Cobalt-doped FeS_2 nanospheres with complete solid solubility as a high-performance anode material for sodium-ion batteries. Angew Chem Int Ed, 2016, 55(41): 12822.

[23] Tran P D, Nguyen M, Pramana S S, et al. Copper molybdenum sulfide: a new efficient electrocatalyst for hydrogen production from water. Energy Environ. Science, 2012, 5(10): 8912-8916.

[24] Chen W X, Chen H P, Zhu H T, et al. Solvothermal synthesis of ternary Cu_2MoS_4 nanosheets:

structural characterization at the atomic level. Small, 2014, 10(22): 4637-4644.
[25] Zhang K, Zheng Y L, Lin Y X, et al. Designing hierarchical hollow nanostructures of Cu_2MoS_4 for improved hydrogen evolution reaction. Phys Chem Chem Phys, 2017, 19(1): 557-561.
[26] Yarema M, Yarema O, Lin W M M, et al. Upscaling colloidal nanocrystal hot-injection syntheses via reactor underpressure. Chem Mater, 2017, 29 (2): 796-803.
[27] Zhuang Z, Peng Q, Li Y. Controlled synthesis of semiconductor nanostructures in the liquid phase. Chem Soc Rev, 2011, 40: 5492-5513.
[28] LaMer V K, Dinegar R H. Theory, production, and mechanism of formation of monodispersed hydrosols. J Am Chem Soc, 1950, 72 (11): 4847-4854.
[29] Murray C B, Norris D J, Bawendi M G. Synthesis and characterization of nearly monodisperse CdE (E = sulfur, selenium, tellurium) semiconductor nanocrystallites. J Am Chem Soc, 1993, 115 (19): 8706-8715.
[30] Li L S, Pradhan N, Wang Y, Peng X. High quality ZnSe and ZnS nanocrystals formed by activating zinc carboxylate precursors. Nano Lett, 2004, 4 (11): 2261-2264.
[31] Niu Y, Gong, S, Liu X, et al. Engineering iron-group bimetallic nanotubes as efficient bifunctional oxygen electrocatalysts for flexible Zn-air batteries. eScience, 2022: 546-556.
[32] Wu Y, Wadia C, Ma W, et al. Synthesis and photovoltaic application of copper(Ⅰ) sulfide nanocrystals. Nano Lett, 2008, 8 (8): 2551-2555.
[33] An L, Zhou P, Yin J, et al. Phase transformation fabrication of a Cu_2S nanoplate as an efficient catalyst for water oxidation with glycine. Inorg Chem, 2015, 54 (7): 3281-3289.
[34] Liu Y, Liu M, Yin D, et al. Kuramite Cu_3SnS_4 and mohite Cu_2SnS_3 nanoplatelet synthesis using covellite CuS templates with Sn (Ⅱ) and Sn (Ⅳ) sources. Chem Mater, 2017, 29 (8): 3555-3562.
[35] An L, Li Y, Luo M, et al. Atomic-level coupled interfaces and lattice distortion on CuS/NiS_2 nanocrystals boost oxygen catalysis for flexible Zn-Air batteries. Adv Funct Mater, 2017, 27: 1703779.
[36] Song H, Lin Y, Zhou M, et al. Zn-Cu-In-S-Se quinary “Green” alloyed quantum-dot-sensitized solar cells with a certified efficiency of 14.4%. Angew Chem Int Ed, 2021, 60 (11): 6137-6144.
[37] Avci C, Imaz I, Carné-Sánchez A, et al. Self-assembly of polyhedral metal-organic framework particles into three-dimensional ordered superstructures. Nat Chem, 2018, 10: 78.
[38] Hu C, Lin K, Wang X, et al. Electrostatic self-assembling formation of Pd superlattice nanowires from surfactant-free ultrathin Pd nanosheets. J Am Chem Soc, 2014, 136 (37): 12856.
[39] Zhuang Z, Peng Q, Zhang B, Li Y. Controllable synthesis of Cu_2S nanocrystals and their sssembly into a superlattice. J Am Chem Soc, 2008, 130 (32): 10482.
[40] Stam W, Gantapara A P, Akkerman Q A, et al. Self-assembly of colloidal hexagonal bipyramid- and bifrustum-shaped ZnS nanocrystals into two-dimensional superstructures. Nano Lett, 2014, 14 (2): 1032.
[41] Talapin D V. Is it possible to form much larger ordered nanocrystal assemblies and to transfer them to different substrates? ACS Nano, 2008, 2 (6): 1097-1100.
[42] Lan K, Xia Y, Wang R, et al. Confined interfacial monomicelle assembly for precisely controlled coating of single-layered titania mesopores. Matter, 2019, 1 (2): 527-538.
[43] Burda C, Chen X, Narayanan R, El-Sayed M A. Chemistry and properties of nanocrystals of different shapes. Chem Rev, 2005, 105 (4): 1025-1102.
[44] Jun Y, Choi J, Cheon J. Shape control of semiconductor and metal oxide nanocrystals through nonhydrolytic colloidal routes. Angew Chem Int Ed, 2006, 45, 3414-3439.
[45] Yin Y, Alivisatos A P. Colloidal nanocrystal synthesis and the organic-inorganic interface. Nature, 2005, 437: 664-670.
[46] Peng X, Thessing J. Controlled synthesis of high-quality semiconductor nanocrystals[J]. Semiconductor nanocrystals and silicate nanoparticles, 2005: 79-119.
[47] Wang X, Peng Q, Li Y. Interface-mediated growth of monodispersed nanostructures. Acc Chem Res, 2007, 40 (8): 635-643.

[48] Xia Y, Yang P, Sun Y, et al. One-dimensional nanostructures: synthesis, characterization, and applications. Adv Mater, 2003, 15: 353-389.

[49] Avci C, Imaz I, Carné-Sánchez A, et al. Self-assembly of polyhedral metal-organic framework particles into three-dimensional ordered superstructures. Nat Chem, 2018, 10: 78-84.

[50] Hu C, Lin K, Wang X, et al. Electrostatic self-assembling formation of Pd superlattice nanowires from surfactant-free ultrathin Pd nanosheets. J Am Chem Soc, 2014, 136 (37):12856.

[51] Zhuang Z, Peng Q, Zhang B, Li Y. Controllable synthesis of Cu_2S nanocrystals and their assembly into a superlattice. J Am Chem Soc, 2008, 130 (32): 10482-10483.

[52] Stam W, Gantapara A P, Akkerman Q A, et al. Self-assembly of colloidal hexagonal bipyramid- and bifrustum-shaped ZnS nanocrystals into two-dimensional superstructures. Nano Lett, 2014, 14 (2): 1032-1037.

[53] Wang S, Yang S. Spectroscopic characterization of the copper sulphide core/shell nanowires. Sci Eng C, 2001, 16: 37.

[54] Querejeta-Fernández A, Hernández-Garrido J C, Yang H, et al. González-Calbe, Green P F, Kotov N A. Unknown aspects of self-assembly of PbS microscale superstructures. ACS Nano, 2012, 6 (5): 3800-3812.

[55] Wang T, Zhuang J, Lynch J, et al. Self-assembled colloidal superparticles from nanorods. Science, 2012, 338 (6105): 358-363.

[56] Wu L-M, Seo D-K. New solid-gas metathetical synthesis of binary metal polysulfides and sulfides at intermediate temperatures: utilization of boron sulfides. J Am Chem Soc, 2004, 126(14): 4676-4681.

[57] Yu X-Y, Feng Y, Jeon Y, et al. Formation of Ni-Co-MoS_2 nanoboxes with enhanced electrocatalytic activity for hydrogen evolution. Adv Mater, 2016, 28(40): 9006-9011.

[58] Yuan Q C, Liu D, Zhang N, et al. Noble-metal-free janus-like structures by cation exchange for Z-scheme photocatalytic water splitting under broadband light irradiation. Angew Chem, 2017, 129(15): 4270-4274.

[59] Ha D-H, Caldwell A H, Ward M J, et al. Solid-solid phase transformations induced through cation exchange and strain in 2D heterostructured copper sulfide nanocrystals. Nano Lett, 2014, 14(12): 7090-7099.

[60] Robinson R D, Sadtler B, Demchenko D O, et al. Spontaneous superlattice formation in nanorods through partial cation exchange. Science, 2007, 317(5836): 355-358.

[61] Fenton J L, Steimle B C, Schaak R E. Tunable intraparticle frameworks for creating complex heterostructured nanoparticle libraries. Science, 2018, 360(6388): 513-517.

[62] Steimle B C, Fenton J L, Schaak R E. Rational construction of a scalable heterostructured nanorod megalibrary. Science, 2020, 367(6476): 418-424.

[63] Yu L, Yang J F, Lou X W (D). Formation of CoS_2 nanobubble hollow prisms for highly reversible lithium storage. Angew Chem Int Ed, 2016, 55(43): 13422-13426.

[64] Guan B Y, Yu L, Wang X, et al. Formation of onion-like $NiCo_2S_4$ particles via sequential ion-exchange for Hybrid Supercapacitors. Adv Mater, 2017, 29(6): 1605051.

[65] Yu L, Yang J F, Guan B Y, et al. Hierarchical hollow nanoprisms based on ultrathin Ni-Fe layered double hydroxide nanosheets with enhanced electrocatalytic activity towards oxygen evolution. Angew Chem Int Ed, 2018, 57(1), 172-176.

[66] Saruyama M, So Y-G, Kimoto K, et al. Spontaneous formation of wurzite-CdS/Zinc blende-CdTe heterodimers through a partial anion exchange reaction. J Am Chem Soc, 2011, 133(44): 17598-1760.

[67] Wang H-F, Tang C, Wang B, et al. Bifunctional transition metal hydroxysulfides: room-temperature sulfurization and their applications in zn-air batteries. Adv Mater, 2017, 29(35): 1702327.

[68] Bao N Z, Shen L M, Takata T, Domen K. Self-templated synthesis of nanoporous CdS nanostructures for highly efficient photocatalytic hydrogen production under visible light. Chem Mater, 2007, 20(1): 110-117.

[69] Zhuo S F, Xu Y, Zhao W W, et al. Hierarchical nanosheet-based MoS_2 nanotubes fabricated by an anion-exchange reaction of MoO_3-amine hybrid nanowires. Angew Chem, 2013, 125(33): 8764-8768.
[70] Wu J, Shi X L, Song W J, et al. Hierarchically porous hexagonal microsheets constructed by well-interwoven MCo_2S_4 (M = Ni, Fe, Zn) nanotube networks via two-step anion-exchange for high-performance asymmetric supercapacitors. Nano Energy, 2018, 45: 439-447.
[71] Tan C L, Chen J Z, Wu X-J, Zhang H. Epitaxial growth of hybrid nanostructures. Nat Rev Mater, 2018, 3: 17089.
[72] Fan F-R, Liu D-Y, Wu Y-F, et al. Epitaxial growth of heterogeneous metal nanocrystals: from gold nano-octahedra to palladium and silver nanocubes. J Am Chem Soc, 2008, 130(22): 6949-6951.
[73] Liu J, Zhang J T. Nanointerface Chemistry: Lattice-mismatch-directed synthesis and application of hybrid nanocrystals. Chem Rev, 2020, 120(4): 2123-2170.
[74] 坎贝尔 S. 微电子制造科学原理与工程技术. 曾莹译. 北京：电子工业出版社, 2003.
[75] Tan C L, Cao X H, Wu X-J, et al. Recent advances in ultrathin two-dimensional nanomaterials. Chem Rev, 2017, 117(9): 6225-6331.
[76] Ping J F, Fan Z X, Sindoro M, et al. Recent advances in sensing applications of two-dimensional transition metal dichalcogenide nanosheets and their composites. Adv Funct Mater, 2017, 27(19): 1605817.
[77] Zhang Z W, Chen P, Duan X D, et al. Robust epitaxial growth of two-dimensional heterostructures, multiheterostructures, and superlattices. Science, 2017, 357(6353): 788-792.
[78] Zhang Z P, Niu J J, Yang P F, et al. Van der waals epitaxial growth of 2D metallic vanadium diselenide single crystals and their extra-high electrical conductivity. Adv Mater, 2017, 29(37): 1702359.
[79] Sun X, Deng H T, Zhu W G, et al. Interface engineering in two-dimensional heterostructures: towards an advanced catalyst for ullmann couplings. Angew Chem Int Ed, 2016, 55(5): 1704-1709.
[80] Schornbaum J, Winter B, Schießl S P, et al. Epitaxial growth of PbSe quantum dots on MoS_2 nanosheets and their near-infrared photoresponse. Adv Funct Mater, 2014, 24(37): 5798-5806.
[81] Chen J Z, Wu X-J, Gong Y, et al. Edge epitaxy of two-dimensional $MoSe_2$ and MoS_2 nanosheets on one-dimensional nanowires. J Am Chem Soc, 2017, 139(25): 8653-8660.
[82] Chen J Z, Wu X-J, Yin L S, et al. One-pot synthesis of CdS nanocrystals hybridized with single-layer transition-metal dichalcogenide nanosheets for efficient photocatalytic hydrogen evolution. Angew Chem Int Ed, 2015, 54(4): 1210-1214.

第3章

二维过渡金属硫属化物

3.1 二维过渡金属硫属化物的结构

3.1.1 二维过渡金属硫属化物的晶体结构

近年来，二维过渡金属硫属化物（2D TMCs）由于其独特的电学和光学性能引起了科学家的广泛关注。当二维过渡金属硫属化物由多层转变成单层时，会伴随能带结构的变化，导致其由间接带隙转变成直接带隙，并发生谷间自旋耦合。这些奇特的电学和光学特性推动了光电器件在信息传递、计算机和健康监测等领域的应用。2D TMCs 可以和各种二维材料结合构筑得到异质结，并且很少出现晶格失配的问题。因此，层状的 2D TMCs 和其他二维材料形成的异质结光电器件有望在更广泛的光谱范围内表现出良好的性能。

二维过渡金属硫属化物的化学式是 MX_2，其中 M 是过渡金属元素（例如：钼、钨、铌、铼、钛），X 是硫属元素（例如：硫、硒、碲）。由于过渡金属原子配位方式的不同，2D TMCs 存在多种结构相，最常见的是三棱柱（2H）和八面体（1T）配位两种。单层 2D TMCs 的不同结构也可以看成是 3 个原子平面层（硫属元素 - 金属 - 硫属元素）堆叠次序的不同，2H 相对应 ABA 的堆积方式，不同原子层的硫属原子始终占据相同的位置 A，在垂直于层的方向上，每个硫属原子正好在下层硫属原子的正上方，层间的范德华力很弱，而平面内有很坚固的共价键；1T 相对应 ABC 的堆积方式。在过渡金属（ⅣB、ⅤB、ⅥB、ⅦB、Ⅷ族）与硫属元素（S、Se 和 Te）配位方式中，热力学稳定相是 2H 或 1T 相，当 2H 为稳定相时，1T 为亚稳定相；反之亦然。其中 WTe_2 是个例外，其室温下的稳定相是正交 $1T_d$ 相。对于多层和块体 TMCs 样品，由于可能存在畸变降低其周期性，其结构一般用单层 TMCs 的堆叠结构来描述。这些畸变如果十分显著，则会引起金属-金属键的形成，从而导致第ⅥB 族 TMCs 的 1T 结构相转变为 1T′相；如果是较弱的晶格畸变，则会导致电荷密度波相的形成。块材 TMCs 可以像石墨烯一样，被剥离成单层或者多层的纳米片。另外，TMCs（例如：ReS_2，$ReSe_2$）在特定的条件下可以弯曲，并且在平面内表现出很明显的各向异性。

3.1.2 二维过渡金属硫属化物的电子结构

许多二维过渡金属硫属化物的能带间隙在 1～2 eV，伴随层数的减少而增加。二维过渡金属硫属化物，例如钼和钨构成的硫属化物，当材料为多层结构时，能带是间接带隙；当材料被剥离成单层时，能带结构转则变成了直接带隙。

单层的 2D TMCs 的直接带隙能带结构可以提高光发射效率，为开发高性能光电器件带来了契机。块状二硫化钼的能带间隙是 1.2 eV，通过光致发光作用，三层、双层、单层的二硫化钼能带间隙分别增加到 1.35 eV、1.65 eV 和 1.8 eV。由于载流子在 2D 平面的量子限制效应，其他类型的二维过渡金属硫属化物（例如：WSe_2，$MoSe_2$，WS_2，$ReSe_2$）的能带宽度也会随着层数的减少而增加。过渡金属硫属化物作为二维材料，可以被广泛地应用于从远红外到可见光区域甚至紫外光范围的电磁光谱范围。2D TMCs 具有多种电子能带结构，涵盖了导体、半金属、半导体、绝缘体和超导体等材料，具有广泛的光谱特性。

TMCs 的拓扑电子相也引起了研究者的极大关注。根据理论预测，2D TMCs 在能带结构上有许多特性，可以形成量子自旋霍尔相或者 2D Z2 拓扑绝缘相。基于 TMCs 的量子自旋霍尔绝缘体有可能实现这种拓扑电子相的应用，而且比 HgTe/CdTe 和 InAs/GaSb 量子阱、双层铋（Bi）等其他量子自旋霍尔绝缘体更具优势。

由于 TMCs 的化学组成和结构相的多样性，使其无论是在能带结构特点（金属性和绝缘性）还是相关相和拓扑相的出现都表现出了丰富的电学特性，下面主要以第ⅥB 族过渡金属 Mo、W 与 S、Se 组成的 TMCs 为例进行阐释。MoS_2、$MoSe_2$、WS_2 和 WSe_2 的热力学稳定相是 2H 相，均具有半导体特性，因此可用作电子器件。根据第一性原理（密度泛函理论）计算，2H-MoS_2 的能带结构演变依赖于层数变化。随着厚度的减小，价带和导带的边缘位置会发生变化，使得块体状半导体材料的间接带隙转变为单层半导体材料的直接带隙。块状和单层的 2H-MoS_2 的带隙计算值分别为 0.88 eV 和 1.71 eV，而实验测得单层的带隙为 2.16 eV。更为重要的是其价带最大值和导带最小值分别处于高对称的不等价 K 点，对应六边形布里渊区角。该性质是单层第Ⅵ B 族单层 2H-TMDCs 和石墨烯的通性，使得它们表现出“谷”相关的物理现象，在谷电子学方面具有潜在应用。

2H-TMCs 的另一个特性是其缺乏反演对称性，因此自旋-轨道耦合会造成电子能带的劈裂，在价带中尤为明显。自旋劈裂值可从单层 2H-MoS_2 的 0.15 eV 变化到 0.46 eV，这是因为自旋-轨道耦合是一个相对效应，对更重的元素更明显。自旋劈裂在导带中呈数量级减弱。这是因为时间反演对称性使得 K 点处的能带自旋劈裂是相反的，而能带结构是与实际载流子浓度相关的。上述性质与自旋-谷耦合相关，意味着载流子的谷极化会自主转变为自旋极化。这些特殊性质使 TMDs 在自选电子器件应用中展现出极大的潜在应用价值。

一维金属在低温下是不稳定的，由于晶格畸变导致费米面与布里渊区套叠而打开一个能隙，从而发生金属到半导体的转变，同时，伴随着晶格畸变还会发生电子电荷密度的空间周期性调制，形成电荷密度波（CDW）。对 CDW 的研究一直是低维凝聚态物理最重要的课题之一。后来研究人员在第VB 族的层状硫属化物中也发现了 CDW 相，例如 1T 和 2H 相的 TaS_2、$TaSe_2$ 以及 2H-$NbSe_2$，而且其 CDW 现象非常丰富多样，与材料的化学组成和晶体结构高度相关。根据块状 TMCs 中的 CDW 研究结果，单层 TMCs 的 CDW 排序向量和转变温度得到了极大关注。研究者们通过第一性原理计算和实际实验研究了单层 2H-$NbSe_2$、2H-$TaSe_2$ 和 1T-$TiSe_2$ 的 CDW 特性。在 TMDs 的 CDW 研究中虽然通过费米面套叠建立起了一套理论基础，但是其适用性却存在较大的争论，需要进一步深入讨论。

3.2 二维过渡金属硫属化物材料的特殊性能

3.2.1 电子特性

第一性原理计算的过渡金属硫化物材料有绝缘体、半导体、半金属和金属。典型的例子是 MoS_2，它是一种半导体材料。MoS_2 在体相中是一种间接带隙的材料，而它的单层材料却是一种直接带隙的材料。

过渡金属硫属化物层状材料的能带结构依赖于层数，当块体材料厚度减少为多层或者单层时，层状材料的电子性能会发生显著的变化。由于过渡金属硫属化物材料具有量子效应，因而带隙会随着层数的变化而发生变化。一些研究已经证实当 MoS_2 材料厚度减少为单层时，间接带隙转变为直接带隙。Kuc 等人[1]研究了量子效应对单层和多层 MS_2（M = W，Nb，Re）电子结构的影响。研究发现 WS_2 和 MoS_2 相似，当层数减少时，显示出间接带隙到直接带隙的转变；而 NbS_2 和 ReS_2 是金属性的，其电子性能与层数无关。单层 $MoSe_2$ 和 $MoTe_2$ 也显示出间接带隙到直接带隙的转变，带隙（Δ）大小分别是 1.44 eV 和 1.07 eV。

第一性原理研究发现，带隙能量的变化与材料层数的改变相关。当从体材料转变为单层材料时，MoS_2、WS_2、$MoSe_2$、WSe_2、$MoTe_2$ 和 WTe_2 的带隙能量分别变化了 1.14 eV、1.16 eV、0.78 eV、0.64 eV、0.57 eV 和 0.37 eV，说明 TMCs 层状材料的能带带隙具有可调节的特点，使得过渡金属硫化物层状材料可以更好地应用于光电子学器件中。

在 TMCs 材料的电子应用领域，需要通过调整带隙的大小来增加半导体器件的载流子迁移率，或者发光二极管器件中的发射效率。这些都可以通过外加电场、化学功能化、纳米图案成形或者外加应变等手段实现，其中外加应变是一种有效改变带隙的手段。第一性原理计算证实 2D TMCs 层状材料的带隙可以通过拉伸、压缩和纯剪切应变来调整。理论计算表明，随着外加应力增大，MoX_2 和 WX_2（X = S、Se 和 Te）的单层和双层材料能够由直接带隙转化为间接带隙。Yun 等人[2]运用线性增广平面波法发现拉伸应变能够减少带隙能量，而压缩应变能够增大带隙能量。Shi 等人[3]运用第一性原理计算方法发现，MoS_2 的部分能态密度（DOS）图可以通过双轴拉伸来改变。此研究通过外加应变调节了单层 MoS_2 的电子性能，为制备高性能的电子器件提供了思路。另一种手段是通过外加电场来改变带隙，根据第一性原理计算，在外加电场的作用下，带隙能够连续不断地降低到零，实现由半导体到金属的转变。

由于 TMCs 层状材料是由表面构成的，通过对 TMCs 层状材料的功能化，可以使 TMCs 材料表面吸附原子或者产生表面缺陷，因而可以改善材料的性能并扩大其应用领域。Ataca 和 Ciraci[4]研究了单层 MoS_2 表面吸附原子的过程，发现吸附不同的原子对单层 MoS_2 电子性能影响不同。He 等人[5]进一步发现吸附 H、B、C、N 和 F 原子能够使单层 MoS_2 产生磁矩。Yue 等人[6]则发现 MoS_2 中的硫原子被非金属原子（H、B、N 和 F）或过渡金属原子（V、Cr、Mn、Fe 和 Co）取代后能够产生磁矩。通过外加应力、电场及材料功能化等手段，可以使过渡金属硫化物材料的性能发生显著的变化，从而应用到特定的领域。

TMCs 纳米条带的电子态依赖于它的边缘结构。从实验的角度，在金基板上，三角形的 MoS_2 纳米团簇边缘在扫描电子显微镜下呈现金属电子态。Bollinger 等人[7]通过扫描隧道显微镜（STM）发现单层的 MoS_2 三角形纳米微粒（约为 10 nm）在边界呈现局域态，对于比较连续的边缘态可以观察到纳米尺寸的金属性封闭线路。通过对单层 MoS_2 进行第一性原理的计算，根据计算的能量，在 H_2S 过量的情况下，Mo 边缘吸附 S 原子二聚体最可能存在的均衡边缘结构。由于 Mo 边缘存在过多的 S 原子，所以单层 MoS_2 呈现金属性。另外，Li 和 Galli[8]计算得到堆叠起来多层的 MoS_2 纳米线的边缘态具有金属性。而 Ataca 等人[9]得到裸露的 MoS_2 扶手椅形纳米条带具有半导体性质，且在氢气饱和的情况下带隙变大。Humberto 等人[10]计算了 WS_2 的部分能态密度图，结果发现边缘态是金属性的，而内部区域是半导体性的。需要特别强调的是，边缘态的性质受边缘态结构的影响，根据第一性原理计算，钼边缘吸收硫单体呈现的是半导体性，吸收硫二聚体则呈现为金属性。已有研究已经发现 TMCs 电子结构受边缘的构型和覆盖率的影响，这为材料电子结构的调节又提供了一条思路。

“谷”状结构是指导带底部和价带顶部的简并，基于电荷的输运和电子的自旋可以制备出自旋电子和谷电子器件。过渡金属硫化物如 MoS_2 由于具有自旋-轨道耦合以及对称结构破缺，导致了 K 谷和 K' 谷对左旋和右旋圆偏振光的吸收具有选择性，因此在自旋电子学和谷电子学等领域具有广泛的应用。在 MoS_2 的第一布里渊区内，不同自旋（+和－）会和非等值点 K^+、K^-发生耦合。制备谷电子器件的关键是实现所谓的谷极化，目前通过产生特定的能谷来产生能谷极化是比较困难的。谷极化是通过圆偏振光激发，由于光学选择性，给定的圆偏振光只能激发出自旋向上或者自旋向下的光子。Zeng 等人[11]对双层 MoS_2 进行实验，由于存在反转对称，在布里渊区 K 和 K'处发生简并，所以没有谷极化出现，但在单层 MoS_2 中发现了谷的旋光选择性。Cao 等人[12]从实验和理论上证实了单层 MoS_2 的谷选择圆偏振光吸收性质，这项研究表明单层 MoS_2 的能带在六边形布里渊区的顶点附近拥有“谷”状结构，而相邻点的谷并不等价，它们分别吸收左旋光和右旋光，其选择性近乎完美。这项研究首次发现了材料中谷的旋光选择性，单层 MoS_2 实现了谷极化，证明 TMCs 材料在自旋电子学和谷电子学领域具有较好的发展前景。MoS_2 没有空间反演中心，第一性原理计算表明，自旋-轨道耦合会使价带发生劈裂。由于自旋-谷耦合，根据对称性，劈裂后的能带分为自旋向上和自旋向下，时间反演性决定了不同谷中的劈裂必然相反，价带顶的自旋劈裂决定了谷的旋光选择性依赖于自旋自由度。

3.2.2 光学性能

TMCs 材料具有优异的光学性能，在光探测和光致发光等领域应用广泛。研究发现体材料的 MoS_2 光致发光性不明显，而单层 MoS_2 具有较强的光致发光性，因而单层 MoS_2 可以应用于太阳光电板、光电探测器和光电发射器中。

TMCs 材料的光致发光性与层厚度有密切的联系。研究发现过渡金属硫化物层状材料光致发光性随层数的降低而增强，其中单层材料的光致发光性最强。Zhao 等人[13]研究了不同层数（$n = 1$～5）机械剥离的 WS_2 和 WSe_2 的光吸收和光致发光性。WS_2 在 625 nm 和 550 nm 出现电子吸收峰（A 和 B），WSe_2 在 760 nm 和 600 nm 处出现电子吸收峰（A 和 B），当层厚度降低时，所有的吸收峰逐渐蓝移。WS_2 和 WSe_2 从双层变为单层时，光致发光性增强。利用拉曼光谱研究了单层 WS_2 的光致发光性，单层 WS_2 在 1.9 eV 和 2.0 eV 之间出现光致发光峰，这与直接带隙转变产生的激发有关。对于 WS_2，有研究发现在单层的三角形边缘处光致发光性增强，比内部原子区域强度增强了 25～40 倍，这个发现促进了对单层 TMCs 材料光电性能调节的研究。另外，TMCs 也被广泛地应用于光探测器。研究者对 WSe_2 进行光探测的研究，发现其响应强度比 MoS_2 提高了 3 个数量级，显示出巨大的应用优势。综上所述，TMCs 优异的光学性质为其在光电子学领域的应用奠定了基础。

2D TMCs 作为一种禁带宽度可调的材料，引起了科研工作者的极大关注，并在光电领域得到了广泛应用。以代表性材料 MoS_2 为例：单层 MoS_2 是直接带隙半导体材料，禁带宽度约为 1.9 eV，材料内部存在极强的库仑相互作用，使得光生电子-空穴对能在室温下保持稳定的激发状态，使材料在常温下展现出稳定的光致发光（PL）特性。为了对二维 TMCs 的 PL 强度进行调控，将其与等离激元激发泵浦材料耦合成为近年来的新兴研究方向。Najmaei 等人[14]在单层 MoS_2 薄膜上采用 EBL 法制备 Au 纳米天线，并在波长为 532 nm 的激光照射下获得不同位置处的 PL 谱，结果表明相比于 $MoS_2/SiO_2/Si$ 结构，$MoS_2/Au/SiO_2/Si$ 复合结构的 PL 强度增强了约 65%。由于单层 MoS_2 与等离激元的近场相互作用，导致了光吸收增强和电子-空穴对数目的增加。Li 等人[15]先在 SiO_2/Si 基底上制备出 Au/MoS_2 复合薄膜，然后在上述复合薄膜上用 EBL 法制备出厚度为 40 nm 的 Au 螺旋，对比有无 Au 螺旋位置处的 PL 强度，发现具有 Au 螺旋位置的 PL 强度增强了 10 倍。以上实验结论表明，利用 NMNPs 对 2D TMCs 进行调控，可有效增加光生电子-空穴对的数目，从而增强材料的 PL 强度，使其在纳米光电子以及光电催化领域应用潜力进一步增加。

3.2.3 力学性能

与石墨烯相似，2D TMCs 材料也是一种具有内在柔韧性的薄层力学材料，在力学领域具有良好的应用前景。

Bertolazzi 等人[16]通过原子力显微镜（AFM）对 MoS_2 薄膜进行纳米压痕实验来测量单层和多层 MoS_2 的强度和断裂强度。在 SiO_2/Si 基板上面通过转移较薄的 MoS_2 片到一排微制备出来的圆形孔上面来制备出二硫化钼薄膜。在压痕实验中，AFM 的尖端压在 MoS_2 薄膜的中央，检测悬臂挠度，得到了力 F 和薄膜挠度 δ 的曲线。薄膜进一步被弯曲达到断裂点，在薄膜的中间产生孔洞，即 AFM 尖端刺破 MoS_2 薄膜的位置，此时检测到断裂发生时的力。实验测得单层 MoS_2 的弹性模量约为 70 GPa，高于钢铁的弹性模量（约为 205 GPa），表明单层 MoS_2 是一种可与不锈钢媲美的，具有柔性、强杨氏模量的材料。单层 MoS_2 的强度测量值接近 Mo—S 化学键的理论固有强度，表明单层基本没有缺陷和能够降低力学强度的脱位。由于 MoS_2 易于分散在多种溶剂中，因此可以作为复合材料中的一种有趣的强化元素。MoS_2 中硫的存在可以进一步使 MoS_2 和复合基体之间易于功能化和负载转移，表明单层 MoS_2 可以应用于复合材料的增强体和柔性电子器件等领域。Li[17]通过第一性原理研究发现超薄的 MoS_2 片的弹性模量约为 250 GPa，进一步说明 TMCs 材料具有优异的力学性能。由于 TMCs 层状材料层内由较强的化学键相连接，层间由较弱的范德华力相连接，因而具有较低的剪切阻力和摩擦系数，像 MoS_2 和 WS_2 纳米结构可以作为润滑剂。据报道，MoS_2 在超高真空条件下的摩擦系数在 10^{-3} 量级，而在一般环境条件下的摩擦系数测量值范围为 0.01～0.1。因此，TMCs 材料作为润滑材料可以广泛应用于超真空和车的动力系统中[18-19]。

3.2.4 电磁学性能

TMCs 的电磁学性能主要集中在电催化方面，TMCs 无机纳米片广泛应用于催化析氢反应（HER）。作为二维纳米材料，TMCs 具有相对较大的反应面积，可以有效暴露潜在的反应位点，将电子输送到质子，最终产生氢。这些纳米片可以有效催化 HER 反应，因为它们是基于金属的阵列，将金属的催化活性融入了结构，目前已被广泛应用各种 HER 装置中。TMCs 的纳米结构，如纳米片，具有不同于其普通对应物的催化特点，从而可以提供不同的 HER 催化性能[20]。电化学剥离过程可以获得不同的结构相，进而提供具有不同电导率值的过渡金属二硫属化物（TMDCs）纳米片[21]。现有研究已经证明，多晶型是控制材料整体电导率和 HER 性能的决定性因素[22]，可能是由于不同的多晶型[23-26]可以调整的带隙不同。

最近，研究在比较材料的催化活性时，将固有活性和总电极活性作为评判指标。Benck 等人[27]测量了结晶、无定形以及分子簇形式的 MoS_2 的上述指标。结果表明，不同结构的固有活性位点是相似的，而总电极活性则由每个几何电极面积的活性位点总数控制。因此，随着活性位点数量的增加，预计会具有更高的催化活性。具有高比表面积与体积（比表面积）的纳米结构可以有效应用于催化反应。除比表面积外还存在其他影响催化活性的几何参数，例如，Shi 等人[28]表征了 1T-TaS_2 从 20 nm 到 350 nm 范围的不同电极厚度，发现 150 nm 的厚度最具析氢竞争力。在另一篇文章中作者成功合成了 2H-WS_2 纳米片并将其用于催化 HER 反应中[29]。TEM 图像显示所合成的纳米片呈松散的堆叠形式，相比紧密连接的 WS_2 具有更大的比表面积，沿纳米片方向暴露出更多的活性位点，因此展现出更好的 HER 催化活性，这表明质子的扩散对整体 HER 催化性能起关键作用。因此，除了厚度外，孔隙率和质子渗透率（串联结构之间）也是控制 HER 效率的重要因素。

TMCs 材料在过去几年中展现出了良好的催化性能，同时还具有还低毒性、低成本、环境储量丰富以及结构性能方面的良好特质，例如合适的电子能带结构[30]。此外，这些材料由于有效质量较小而显示出明显的量子尺寸效应。与其他电催化剂材料系统[31-37]相比，它们的杂化物和复合材料的多样性提供了优异的导电性和长期稳定性。此外，这类材料相比于商用铂基材料在 HER 方面表现出更优异的性能，其特点是过电位和 Tafel 斜率低。

关于金属硫化物材料的析氢适用性已有许多综述类文章[38-41]，但它们往往专注于一个给定的方面，例如截然不同于电催化过程的光催化 HER，或者仅限于主要考虑晶相或特定的金属硫化物体系。另一方面，存在大量的功能变量和参数，可以大大提高基于 TMCs 的 HER 电催化剂的性能。因此，定义和创新这些提高系统功能的决定性因素对未来的氢能系统至关重要。

3.2.5 其他性能

除了前面提到的电子学、光学、机械性能和电磁学性能外，TMCs 还有很多与众不同的性质如抗电氧化性、较好的极性等。下面主要围绕这两点来介绍。

可充电锂离子电池通过为小型便携式电子设备提供轻便的动力，彻底改变了电子产品消费。当今锂离子电池的主要限制因素是理论比容量低，但进一步的发展受到金属锂阳极配对的阻碍，该阳极容易形成枝晶。在这方面，完全锂化硫化锂（Li_2S），其理论比容量高达 1166 mA·h·g^{-1}，是一种极具吸引力的正极材料。但其同样面临着两个挑战：①Li_2S 的绝缘性质；②中间多硫化锂（Li_2S_n，n = 4～8）物质不受控制的溶解和损失，导致容量衰减快，库仑效率低。为了应对这些挑战，典型的策略是用导电涂层材料封装 Li_2S 阴极，以提高其导电性，并在循环过程中物理性地将中间 Li_2S_n 物质捕获在壳内。理想的封装材料除了作为物理屏障外，还应与极性 Li_2S 和 Li_2S_n 物种具有很强的化学相互作用，以便在循环过程中进一步结合和限制这些物种在壳内。

大部分研究组使用碳基材料 2 作为封装材料，虽然碳基材料具有导电性，但其的非极性导致与极性 Li_2S 和 Li_2S_n 物种的相互作用较弱[42]，这大大降低了它们在循环过程中将这些物种束缚和限制在壳内的能力。而 Sun 等人[43]首次演示了使用二硫化钛（TiS_2），一种二维层状过渡金属二硫化物，作为 Li_2S 阴极的有效封装材料来克服缺陷。TiS_2 具有高导电性和极性 Ti-S 基团的组合，可以与 Li_2S/Li_2S_n 物种强烈相互作用。在这项工作中，Wan 等人[44]合成了 $Li_2S@TiS_2$ 核壳纳米结构，与纯 Li_2S 相比，其电子电导率高出 10 个数量级。从头算分子动力学模拟的结果还显示 Li_2S 和 TiS_2 之间的结合很强，计算出的结合能比 Li_2S 和碳基石墨烯（文献中常见的封装材料）高 10 倍。将其作为正极材料，实现了高含量的条件（4C）下前所未有的比容量，以及高质量负载条件下迄今最高的面容量。最后，以二硫化锆（ZrS_2）和二硫化钒（VS_2）为进一步推广验证，他们得出结论：开辟使用二维层状过渡金属二硫化物作为 Li_2S 阴极有效封装材料的新概念。

Schulman 等人[45]在研究中发现几层 MoS_2 片和 WS_2 在导电 TiN 衬底上的剥离很容易被腐蚀到超过一定的正极电位，而单层残留物则能被毫发无损地留下。团队通过大量表征技术证实了单层 TMCs 的抗电氧化性，并进一步确定了这种高腐蚀性氧化环境中的单层化学稳定性源于强基底单层相互作用。实验过程主要是使用底物辅助电消融技术和常规电化学伏安法研究了单层薄片，以更好地了解腐蚀性氧化环境中的单层稳定性。在表征方面，他们使用原子力显微镜、拉曼光谱、光致发光映射、原子分辨率扫描/透射电子显微镜成像和选定区域电子衍射等多种表征技术来阐明和补充他们的实验发现。

早期对块状 TMCs 晶体氧化的研究已经确定，这些层状物质的基础平面是化学惰性的，而边缘位点、表面台阶和位错是具有高反应活性的[46-47]。然而，只有少数作品研究了 TMCs 在原子极限下的稳定性[48-49]。Castellanos-Gomez 等人[50]开发了一种自限激光减薄工艺，类似于电烧蚀（EA）工艺[51]。两种技术之间的根本区别在于激光变薄是热驱动的，而电消融是电化学驱动的。激光变薄的自限性归因于与单层/基板散热相比，层间散热较差，而电烧蚀工艺的自限性归因于与单层/基板共价相互作用相比，层间范德华相互作用较弱[31]。密度泛函理论（DFT）计算发现，MoS_2之间的弱层间结合能为−0.16 eV，底层和 TiN 衬底之间则具有−1.25 eV 的更强结合能[51]。这两种工艺都表明，这些基质稳定的单层在加热和辐照时，甚至于在腐蚀性氧化条件下都具有高度稳定性。关于这种自限性逐层氧化、热升华和软等离子体蚀刻的其他报道可在近期的文献中找到[52-53]。

TMCs 材料所展示的坚固性与其他层状材料（如磷烯）形成鲜明对比。具有波纹状正交结构的磷烯极易受到环境氧气和水的氧化，尽管其具有理想的性能，但其作为半导体的可行性因此而大大降低[54]。ⅣB 族半导体单硫属化物，如 Ge 和 Sn 的硫化物与硒化物，不仅具有类似于磷烯的正交结构，而且其抗氧化性显著提高[55-56]。TMCs 具有六角形结构，并对氧（O）和 H_2O 表现出极低的物理吸附。例如，MoS_2的氧结合能只有 79 meV，水的结合能为 110 meV。当存在硫空位时，其对氧和水的结合能分别增加到 110 meV 和 150 meV。由于这种物理吸附而导致的电荷转移加上高表面积导致片材密度的显著变化，完全可逆地证明了这些材料的惰性[57]。ⅣB 族单硫属化物和 TMCs 都对环境氧具有抗性，即使化学吸附到硫属原子空位上，对其半导体性质影响也是最小的[55,58]。Schulman 等人[45]的工作阐明了电烧蚀技术中涉及的电氧化过程的化学性质，并证明了单层 TMCs 具有比本体材料更出色的化学稳定性。

3.3 二维过渡金属硫属化物的合成方法

3.3.1 机械剥离法

2004 年，Novoselov 及其合作者[59]首次用微机械剥离法，成功地从石墨上剥离得到超薄 2D 纳米材料单层石墨烯，掀起了二维材料的研究热潮。自从胶带机械剥离法被采用并成功得到石墨烯以来，此方法就被广泛用于制备各类维度的纳米材料。目前，机械剥离法是制备干净、高质量的二维层状纳米材料的最有效的方法。机械剥离法利用了层状化合物的层间范德华作用力较弱的特点，通过对层状晶体施加机械力（摩擦力、拉力等）以克服二维材料层间弱的作用力来剥离体块材料，使纳米片层从层状晶体中分离出来，得到从几十层到甚至单层的纳米材料。机械剥离法施加机械力的方式包括撕胶带、超声、电场力和转印等。

美国莱斯大学 Najmaei 等人[60]利用原位 TEM 观察了钨针从 MoS_2 体材料上剥离多层 MoS_2 薄膜的过程，结果显示 MoS_2 薄膜的力学性能受 MoS_2 薄膜的厚度影响：当所剥离的 MoS_2 薄膜层数较少时，材料显示了极高的柔韧性，即使施加较大的弯曲，对样品的损害也很小；然而当所剥离的 MoS_2 薄膜层数增加到 5～20 层时，同方向弯曲会引起 MoS_2 薄膜层间的滑动；当所剥离的 MoS_2 薄膜层数大于 20 层时，同方向弯曲则会引起 MoS_2 薄膜层间的扭结和缠绕。实验证实了单层及少层数的

MoS_2薄膜具有很强的柔性，显示出其在柔性电子器件方面的应用前景，但同时也反映了通过机械剥离获得MoS_2所面临的挑战。

目前来看，机械剥离法仅通过手工撕胶带法就能获得类石墨烯的TMCs，与其他方法相比，不需要复杂装置，也无须考虑产物密集，简单快捷，剥离率高，并且得到的2D TMCs材料通常保持着完整的晶体结构。但由于方法本身存在如重复性差、屈服强度低、劳动过程密集等缺点，使其一度被认为生产效率低、成本高，无法达到工业化大规模生产的要求[61]。目前随着研究的不断深入，机械剥离方法本身存在的诸多缺点在不断被完善，例如DiCamillo等人[62]开发出一种全新的全自动方法，将流变仪应用于机械剥离MoS_2材料，大大提高了机械剥离技术的重现性。虽然机械剥离法距离大量用于工业生产仍存在一定难度，但是并不妨碍其凭借较好的剥离率和较简单的操作性成为实验室中常用的制备TMCs的方法。

3.3.2 化学剥离法

化学剥离法的主要过程是通过氧化等方法在TMCs材料层间插入含氧基团，形成插层化合物，增大层间距、部分改变过渡金属二硫化物的杂化状态，从而减少两层之间相互作用的范德华力的大小；随后再通过快速加热（热化学解离）或者超声处理的方法达到剥离的效果。

热剥离的方法一般可以直接得到还原后的TMCs，而液相超声处理得到的TMCs往往含有含氧基团，需要进一步还原以去除其表面的含氧官能团才能得到最终的TMCs。目前主要的热化学剥离方法是对插层后的氧化过渡金属二硫化物进行具有快速升温过程的高温处理，在快速升温的过程中，材料中的含氧官能团受热并以气体的形态从层中释放，在层间的狭小空间中迅速形成高压，气体释放的瞬间即可造成强大的内应能，使得片层内外产生足够的压力差，最终剥离形成层状TMCs。热剥离发生所需的温度不高，但是要实现充分剥离的温度则远远高于这个发生温度。以和TMCs性质相似的石墨烯为例，McAllister等人[63]通过对剥离过程的理论分析以及实验研究，认为在常规条件下，热剥离的最低温度是55 ℃；而实际操作中，氧化石墨烯需要瞬间升温到100 ℃以上才能实现片层的充分剥离，从而导致存在耗能大、成本高、工艺难以控制、制得的石墨烯缺陷较多等不利因素。

对于MoS_2的化学剥离，Lin等人[64]报道了一种制备高度均匀、可溶液加工、相纯半导体纳米片的一般方法，该方法涉及将季铵分子（如四辛基溴化铵）电化学嵌入到二维晶体中，然后进行温和的超声和剥离过程。通过精确控制插层化学，获得了相纯的、半导体的、厚度分布窄的2H-MoS_2纳米片。

3.3.3 化学气相沉积法

气相沉积法分为气相硫化和硒化的方法、气相反应和气相转移的方法。其中，气相反应的方法和气相转移的方法分别被命名为化学气相沉积法和物理气相沉积法。

化学气相沉积法（CVD）是一种化学气相生长法，是目前应用最为广泛且最成熟的多种 TMCs 材料沉积技术[65]。这种方法是将含有构成材料元素的一种或几种化合物的单质气体供给基片，利用加热、等离子体、紫外光或者激光等能源，借助气相作用或在基片表面的化学反应（热分解或化学合成）生成需要的薄片。此过程具体分为三个阶段：首先气态物质向基体表面扩散，随后气态物质吸附在基体表面，最终在基体表面上发生反应生成固态物质及衍生的副产物脱离表面。单层的 TMCs 是直接带隙材料，对光源的调控以及器件的性能有着很大的影响。CVD 方法为实现制备具有可控厚度和域尺寸的单层、高质量 TMCs 提供了可靠的方法。

生长底物选择范围广泛，可以是硅[66]、二氧化硅[67]、蓝宝石[68]和金箔[69]。张广宇课题组[70]以 MoO_3 和 S 作为前驱体，通入 Ar 以及 O_2 为保护气体，通过 CVD 法成功在单晶衬底蓝宝石上长出单层的 MoS_2。他们获得的单层 MoS_2 能够干净且无损地转移到其他介质上，同时蓝宝石衬底能够重复利用，这为料的回收利用与减少能耗提供了帮助。实验过程中，底物还需要进行预处理过程，例如用还原的氧化石墨烯（rGO）或芘-3,4,9,10-四羧酸四钾（K_4PTC）[71]，以创造一个更像石墨烯的表面，促进成核效率和层生长。反应中的典型前体通常是过渡金属三氧化物（例如 MoO_3 或 WO_3）和纯硫黄粉或硒粉。在大气压下的 CVD 生长中，需要对腔室进行真空吸尘以消除空气，然后重新填充惰性载气，可选择氩气（Ar）或氮气（N_2）。特别可以添加一定的低浓度氢气（H_2），以在反应过程中产生更还原的气氛。在加热过程中前体被蒸发，并由载气输送。挥发性亚氧化物 MO_{3-x} 可与 X 蒸气（X 一般为 S 等元素，M 为过渡金属元素）反应，然后形成产物沉积在基板上。单层 MX_2 的典型形态域是三角形，并且通过沉积获得的 MX_2 的三角形的边长可以达到 100 μm 以上。除了 MO_3 和 X 粉末之间的反应外，还可以触发预沉积的 M 薄膜与 X 蒸气之间的反应，M 薄膜的尺寸、厚度和沉积面积可以决定所获得的 MX_2 薄膜的质量。

CVD 制备层状 TMCs 材料主要是通过硫或硒蒸气与氧化物反应并在衬底上成核生长。相比于气相硫化或硒化的方法，其生长的层状 TMCs 材料结晶性更好，膜的厚度更加均匀。Zhang 等人[72]利用一步化学气相沉积法在云母衬底上制备了少层的 1T-VSe_2 纳米片，其厚度可从几纳米到几十纳米进行精确地调节。更重要的是，该 VSe_2 纳米片表现出优良的金属特性，电导率高达 10^6 $S \cdot m^{-1}$。Lee 等人[73]通过高温下 MoO_3 和硫发生化学反应，最终在 SiO_2/Si 衬底上生长出高质量的 MoS_2。这种自成核的生长方法对衬底很敏感，他们通过提前在衬底上种上带石墨环的分子结构（例如被还原的氧化石墨烯等）促使 MoS_2 成核生长。在 MoS_2 成核生长过程中，这些种子能够使衬底表面更易浸润来降低成核的自由能。除了衬底影响外，作为源物质，MoO_3 的状态也对成核有影响。Liu 等人[74]用预先制备的 Mo 纳米带来生长 MoS_2，可以获得大面积的高质量单层膜。为此他们提出了边缘主导催化机理来解释这一现象，即 MoO_3 纳米带边缘成核生长 MoS_2 的所需能量要远远低于在平面的衬底（如 SiO_2/Si）上所需要的能量。值得一提的是，相比于石墨烯、铜表面自限制催化生长和镍的表面析出生长制备大面积均匀膜，目前层状 TMCs 材料的成膜还是比较困难，主要原因是其生长机制为自成核过程，最后获得的材料尺寸受外界条件影响较大。

CVD 是一种用于制备高纯度材料或薄膜的传统技术，如在基板上的 W、Ti、Ta、Zr 和 Si[75-76]。CVD 可以制备得到质量和纯度高且尺寸和厚度可控的超薄二维纳米材料，有望成为制造高性能电子和光电器材的有效手段。与机械剥离法的低产量和低产率不同，CVD 能够生产工业规模的材料，如多晶硅等。但是由 CVD 技术培养的超薄二维纳米材料总是沉积在基板上，需要转移到其他底物上进行进一步的研究和应用。并且 CVD 技术通常需要高温和情性气氛，因此相对于溶液法生产成本较高[77]。

随着研究的不断深入，人们已经不满足于用 CVD 法生长两种材料的异质结。近期，Gutierrez 课题组[78]提出了一种原位控制合成多结二维侧边异质结构的一步 CVD 法。这种方法只需要切换不同组成的载气，就能够实现单层多结侧边异质结的原子结构精确控制。载气中加入水汽，有利于选择性控制金属前驱体上水诱导的氧化和蒸发以及基底上成核，从而实现连续的外延生长。

单一的二维材料在应用时往往存在一定的局限，例如绝缘层与石墨烯或 TMDCs 之间的电荷陷阱会严重影响优异电学性质的展现，h-BN 带隙过宽（约 5.97 eV）难以单独应用于器件中，裸露的 BP 在空气中易被氧化导致其性能衰减。为了深入研究材料本征性质并扩展其应用领域，研究者将目光放在了二维材料异质结上，通过 p-n 异质结结构把两种材料的优势集中在一起，可实现带隙的精确调控。湖南大学潘安练课题组[79]使用常压 CVD（APCVD）生长了垂直异质结，采用 WSe_2 粉末和 SnO_2 作为 W 源和 Sn 源。首先将 WSe_2 粉末在 SiO_2/Si 衬底上长成单层的 WSe_2，接着再以此为基底，在上层沉积 SnS_2，便形成了异质结结构。此方法可实现大面积生长，为高性能集成光电器件领域的拓展提供了帮助。Li 课题组[80]通过 CVD 外延生长方法成功制备了 WSe_2-MoS_2 面内异质结，并对该方法生长出的异质结进行应力研究，发现随着 MoS_2 的外延生长，其应力作用是不断增强的，远离内层 WSe_2 的区域逐渐摆脱应力的束缚，此类基于应力作用的材料有望在光电领域获得广泛的研究。

3.3.4 物理气相沉积法

物理气相沉积法（PVD）是一种气相转移方法，主要是将源物质气化后载到另一个衬底重结晶的过程，也是一种自成核生长的过程。化学气相沉积虽然是生长大面积 2D TMCs 薄膜的主要手段，却具有严重的缺点，例如缺乏可重复的生长速率和动力学表现，以及对加工温度要求高（通常为＞650 ℃），并且制备的层状 TMCs

材料在光学领域因常有斜向和镜面边界表现出明显的局限性。通过 PVD 制备样品可以有效克服上述缺点。例如 Wu 等人[81]在 950 ℃低真空下将 MoS_2 粉末气化，然后以氩气为载气载至 650 ℃的温区内凝结成核生长，生长出具有很高光学质量的 MoS_2，在室温下测得其发光极化 35%来源于能量在 1.92 eV 的激子。但是这种方法也存在局限性，如成核比较随机、易生成较厚的材料。

物理气相沉积法参与构成了系列具有稳定出品的合成工艺，可实现大规模的 2D 范德瓦尔斯异质结（vdW）材料加工。PVD 对制备材料尺寸没有硬性限制，通常以具有动能的高能粒子的存在为特征，通过对过程温度和压力进行调整以控制生长动力学。理想情况下，该工艺可以在合适的温度下直接在柔性聚合物基板上合成具有良好功能和机械性能的二维范德华固体。

溅射是一种在真空室中进行的 PVD 技术[82]，其过程会将高负电位（通常为 −100～−1000 V）施加到具有所需薄膜成分的本体材料上。在 TMCs 溅射的情况下，起始材料通常是化学计量纯度＞99.5%的 TMCs 多晶，也被称为靶材。用于溅射过程集成目标的特殊组件被称为磁控管[83]。排空基板和目标材料周围后，在 70～7000 Pa 的压力范围内向系统引入惰性（或反应性）气体，惰性气体通常是天然丰富且相对安全的氩气。一旦目标上被施以足够幅度的电压，周围环境气体原子会受诱导发生电离，产生正气体离子，同时一个或多个电子（取决于离子的电荷）也从气体中释放出来，因此等离子体通常在其大部分体积上表现电准中性（具有相同数量的正电荷和负电荷）。这些正离子被加速到负偏置的阴极或目标材料中，和目标原子之间发生动量交换，导致部分原子从目标中释放出来，从而在低温下产生固体目标材料的蒸气。

每个元素都有一个“溅射当量”，即用单个离子轰击时离开的目标原子的数量。溅射屈服强度取决于入射离子的动能，最高可达约 1000 V[84]。高于该电压时，入射离子被埋入材料表面，以促进从表面喷射出额外的原子。在“正常”溅射条件下（约 500 V 目标偏置和 1.3 kPa），对于氩气中的大多数 TMCs，每个入射的惰性气体离子的离去率通常为 1 个目标原子。目标原子的蒸气将在工艺体积内的表面上逐个凝结（溅射通量由一小部分多原子簇组成，但主要是原子的），过程中可以加热控制凝聚蒸汽的成核和生长速率。等离子体体积内产生的离子也会与底物相互作用，是溅射过程的主要优点，因为可以将电势施加到基板上以调节具有与电位相反的电荷的入射离子的动能[85]。通常，基板在直流电或射频（在电绝缘体上实现自偏置）电位呈负偏置，以吸引具有与所施加电位相称能量的正离子。离子通量传递的能量使表面与基板的其余部分失去热平衡，从而在低热预算基板上诱导高温过程，过程之一就包括扩散[86-87]。因此，TMCs 或任何薄膜的成核和生长动力学可以通过调节底物温度和/或施加的电位来控制[88]。

溅射工艺的另一个优点是本体材料可用于直接合成其二维等效物，因为从目标产生的材料通量具有与目标成分等效的原子比。特别是对于TMCs化合物具有实际价值，因为硫属化物的蒸气压明显高于金属，结合能力较弱[89]。事实上，硫属原子在溅射时以更高的速率从新的TMCs靶标表面离开[90]，这是由于它们的质量与入射氩离子很好地匹配，以实现最大的动量传递，同时也受到硫属化物和金属之间的蒸气压差异影响。短时间（1～2 s）溅射后，靶标在硫属原子中以亚化学计量耗尽。当达到平衡状态，其中较低溅射的丰度在目标表面（在TMCs靶标的情况下）产生可用于与入射离子相互作用的金属原子，从而获得具有与新化合物靶标相同的化学计量的薄膜。

虽然来自目标的通量可能是化学计量的，但溅射TMCs薄膜通常缺乏硫属化合物，即较低的硫属原子蒸气压导致优先从表面解吸，且从生长膜的表面而非目标。此外，随着金属和硫属化物之间的质量差异增加，生长膜中优先重新溅射硫属化物。因此，溅射薄膜的化学计量差异对于WS_2通常更为明显。这种硫属原子缺乏症可以通过增加沉积压力和/或增加目标底物距离来改善。

3.3.5 电化学法

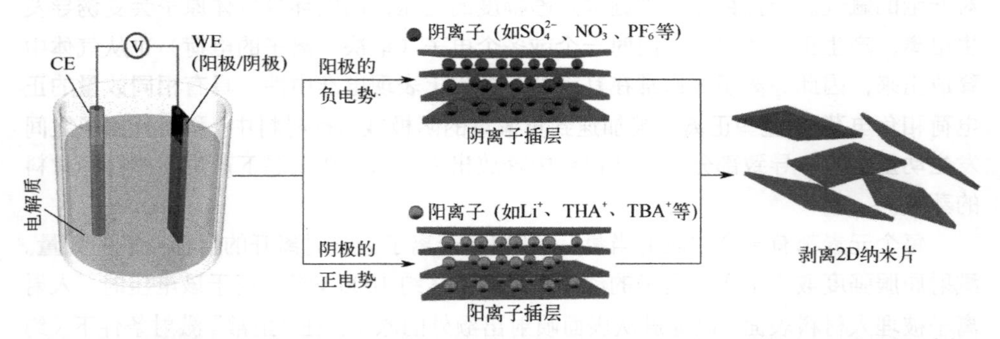

图3-1 典型电化学池示意图（阳极阴极分别插入代表性离子，实现二维纳米片的剥离）[91]

电化学法是将TMCs块体材料作为电解池阴极材料进行电解，通过减小块体材料层间的范德华作用力，从而得到分离的二维纳米材料。如图3-1所示，以电化学方法制备二维MoS_2纳米材料为例，过程如下：

（1）阳极材料、阴极材料及电解液的配制。使用锂金属箔片作为阳极材料；阴极材料是将比例为80：80：10的MoS_2-乙炔-PVDF（聚偏一氟乙烯）形成的泥浆悬浮液涂覆在铜金属箔片上，随后在真空下干燥12 h后获得的；电解液是由1 mol·L^{-1} $LiPF_6$和按EC（碳酸乙烯酯）：DMC（碳酸二甲酯）= 1：1的比例形成的混合物配制而成；

（2）开始通电时，阳极材料开始电离出Li^+，当Li^+插入MoS_2块状材料之间即可得到 Li:MoS_2 的混合物，放电过程结束后，用丙醇清洗混合物以除去残余的电介质；

（3）在密闭的瓶内，将得到的 Li:MoS_2 溶在水或乙醇中，然后进行超声分散，在分散过程中有气体和透明的悬浮液生成，取出悬浮液进行离心分离即可得到二维 MoS_2 纳米材料。

这种方法不仅仅适用于二维 MoS_2 纳米材料的制备，也同样适用于其他 2D TMCs 纳米材料的制备，如 WS_2、TaS_2、TiS_2 和 ZrS_2 等。且方法可控性较好、所需条件不苛刻、耗时较少且在室温下就能进行。缺点是通电过程中可能导致 MoS_2 的分解而形成 Mo 纳米颗粒和 Li_2S，造成剥离得到的二维 MoS_2 纳米材料的纯度不高且无法实现宏量制备。

参考文献

[1] Kuc A, Zibouche N, Heine T. Influence of quantum confinement on the electronic structure of the transition metal sulfide TS_2. Phys Rev B, 2011, 83 (24): 2237-2249.

[2] Yun W S, Han S W, Hong S C, et al. Thickness and strain effects on electronic structures of transition metal dichalcogenides:2H-MX_2 semiconductors (M=Mo, W; X=S, Se, Te). Phys Rev B, 2012, 85 (3): 033305.

[3] Shi H, Pan H, Zhang Y W, et al. Quasiparticle band structures and optical properties of strained monolayer MoS_2 and WS_2. Phys Rev B, 2013, 87 (15): 155304.

[4] Ataca C, Ciraci S. Functionalization of single-layer MoS_2 honeycomb structures. J Phys Chem C, 2011, 115 (27): 13303-13311.

[5] He J, Wu K, Sa R, et al. Magnetic properties of nonmetal atoms absorbed MoS_2 monolayers. Appl Phys Lett, 2010, 96 (8): 082504.

[6] Yue Q, Kang J, Shao Z, et al. Mechanical and electronic properties of monolayer MoS_2 under elastic strain. Phys Lett A, 2012, 376 (12): 1166-1170.

[7] Andres C G, Emmanuele C, Rafael R, et al. Electric-Field Screening in Atomically Thin Layers of MoS_2: the Role of Interlayer Coupling. Adv Mater, 2013, 25: 899-903.

[8] Li T and Galli G, Electronic Properties of MoS_2 Nanoparticles.J Phys Chem C, 2007, 111: 16192-16196.

[9] Ataca C,Ciraci S, Functionalization of Single-Layer MoS_2 Honeycomb Structures,J. Phys. Chem. C 2011, 115, 13303-13311.

[10] Berkdemir A., Gutiérrez H., Botello-Méndez A. et al. Identification of individual and few layers of WS_2 using Raman Spectroscopy. Sci Rep 2013, 3: 1755.

[11] Zeng H, Dai J, Yao W, et al. Valley polarization in MoS_2 monolayers by optical pumping. Nature Nanotechnology, 2012, 7 (8): 490-493.

[12] Cao T, Wang G, Han W. Valley-selective circular dichroism of monolayer molybdenum disulphide. Nat Commun, 2012, 3 (2): 177-180.

[13] Zhao W, Ghorannevis Z, Chu L, et al. Evolution of electronic structure in atomically thin sheets of WS_2 and WSe_2. ACS Nano, 2013, 7 (1): 791-797.

[14] Najmaei, S., Liu, Z., Zhou, W. et al. Vapour phase growth and grain boundary structure of molybdenum disulphide atomic layers. Nature Mater, 2013, 12: 754-759.

[15] Li G, Wang X, Han B, et al. Direct Growth of Continuous and Uniform MoS_2 Film on SiO_2/Si Substrate Catalyzed by Sodium Sulfate. J Phys Chem Lett, 2020, 11: 1570−1577.

[16] Bertolazzi S, Brivio J, Kis A. Stretching and breaking of ultrathin MoS_2. ACS Nano, 2011, 5 (12): 9703-9709.

[17] Li W, Chen J F, He Q Y, et al. Electronic and elastic properties of MoS_2. Physica B: Condensed Matter, 2010, 405 (10): 2498.

[18] Shi Y, Huang J-K, Jin L, et al. Selective decoration of Au nanoparticles on monolayer MoS_2 single crystals. Scientific Rep, 2013, 3 (1):1839.

[19] Najmaei S, Mlayah A, Arbouet A, Girard C, Léotin J, Lou J. Plasmonic pumping of excitonic photoluminescence in gybrid MoS_2–Au nanostructures. ACS Nano, 2014, 8 (12): 12682.

[20] Yin W, Ye Z, Bai X, et al. Low-temperature one-pot synthesis of WS_2 nanoflakes as electrocatalyst for hydrogen evolution reaction. Nanotechnology, 2018, 30 (4): Article 045603.

[21] Chen H, Si J, Lyu S, et al. Highly effective electrochemical exfoliation of ultrathin tantalum disulfide nanosheets for energy-efficient hydrogen evolution electrocatalysis. ACS Appl Mater Interfaces, 2020, 12 (22): 24675-24682.

[22] Lukowski M A, Daniel A S, English C R, et al. Highly active hydrogen evolution catalysis from metallic WS_2 nanosheets. Energy Environ Sci, 2014, 7 (8): 2608-2613.

[23] Liu Z, Li N, Su C, et al. Colloidal synthesis of 1T'phase dominated WS_2 towards endurable electrocatalysis. Nano Energy, 2018, 50: 176-181.

[24] Li J, Hong M, Sun L, et al. Enhanced electrocatalytic hydrogen evolution from large-scale, facile-prepared, highly crystalline WTe_2 nanoribbons with Weyl Semimetallic phase. ACS Appl Mater Interfaces, 2018, 10 (1): 458-467.

[25] Eftekhari A. Electrocatalysts for hydrogen evolution reaction. Int J Hydrogen Energy, 2017, 42 (16): 11053-11077.

[26] Bagheri S, Mansouri N, Aghaie E. Phosphorene: a new competitor for graphene. Int J Hydrogen Energy, 2016, 41 (7): 4085-4095.

[27] Benck J D, Hellstern T R, Kibsgaard J, et al. Catalyzing the hydrogen evolution reaction (HER) with molybdenum sulfide nanomaterials. ACS Catal, 2014, 4 (11): 3957-3971.

[28] Shi J, Wang X, Zhang S, et al. Two-dimensional metallic tantalum disulfide as a hydrogen evolution catalyst. Nat Commun, 2017, 8 (1): 958.

[29] Yin W, Ye Z, Bai X, et al. Low-temperature one-pot synthesis of WS_2 nanoflakes as electrocatalyst for hydrogen evolution reaction. Nanotechnology, 2018, 30 (4): Article 045603.

[30] Chandrasekaran S, Yao L, Deng L, et al. Recent advances in metal sulfides: from controlled fabrication to electrocatalytic, photocatalytic and photoelectrochemical water splitting and beyond. Chem Soc Rev, 2019 ,48 (15): 4178-4280.

[31] Hoffman A, Mills G, Yee H, et al. Q-sized cadmium sulfide: synthesis, characterization, and efficiency of photoinitiation of polymerization of several vinylic monomers. J Phys Chem, 1992, 96 (13): 5546-5552.

[32] Voiry D, Fullon R, Yang J, et al. The role of electronic coupling between substrate and 2D MoS_2 nanosheets in electrocatalytic production of hydrogen. Nat Mater, 2016, 15 (9): 1003-1009.

[33] Maeda K, Teramura K, Lu D, et al. Inoue Y. Photocatalyst releasing hydrogen from water. Nature, 2006, 440 (7082): 295-296.

[34] Wang Q, Hisatomi T, Jia Q, et al. Scalable water splitting on particulate photocatalyst sheets with a solar-to-hydrogen energy conversion efficiency exceeding 1%. Nat Mater, 2016, 15 (6): 611-615.

[35] Li Z, Luo W, Zhang M, et al. Photoelectrochemical cells for solar hydrogen production: current state of promising photoelectrodes, methods to improve their properties, and outlook. Energy Environ Sci, 2013, 6 (2): 347-370.

[36] Wang X, Chen Y, Fang Y, et al. Synthesis of cobalt sulfide multi-shelled nanoboxes with precisely controlled two to five shells for sodium-ion batteries. Angew Chem Int Ed, 2019, 58 (9): 2675-2679.

[37] Iwashina K, Iwase A, Ng Y H, et al. Z-schematic water splitting into H_2 and O_2 using metal sulfide as a hydrogen-evolving photocatalyst and reduced graphene oxide as a solid-state electron mediator. J Am Chem Soc, 2015, 137 (2): 604-607.

[38] Zahra R, Pervaiz E, Yang M, et al. A review on nickel cobalt sulphide and their hybrids: earth abundant, pH stable electro-catalyst for hydrogen evolution reaction. Int J Hydrogen Energy, 2020, 45 (46): 24518-24543.

[39] Rosman N N, Yunus R M, Minggu L J, et al. Photocatalytic properties of two-dimensional graphene and layered transition-metal dichalcogenides based photocatalyst for photoelectrochemical hydrogen generation: an overview. Int J Hydrogen Energy, 2018, 43 (41): 18925-18945.
[40] Yuan J, Liu Y, Bo T, Zhou W. Activated HER performance of defected single layered TiO_2 nanosheet via transition metal doping. Int J Hydrogen Energy, 2020, 45 (4): 2681-2688.
[41] Daryakenari A A, Mosallanejad B, Zare E, et al. Highly efficient electrocatalysts fabricated via electrophoretic deposition for alcohol oxidation, oxygen reduction, hydrogen evolution, and oxygen evolution reactions. Int J Hydrogen Energy, 2021, 46 (10): 7263-7283.
[42] Zheng G. Amphiphilic surface modification of hollow carbon nanofibers for improved cycle life of lithium sulfur batteries. Nano Lett, 2013, 13 (3): 1265-1270.
[43] Zhao G, Rui K, Dou S X, Sun W. Heterostructures for electrochemical hydrogen evolution reaction: a review. Adv Funct Mater, 2018, 28 (43): 1803291.
[44] Yin Y X, Xin S, Guo Y G, Wan L J. Lithium-sulfur batteries: electrochemistry, materials, and prospects. Angew Chem Int Ed, 2013, 52 (50): 13186-13200.
[45] Schulman D S, Arnold A J, Das S. Contact engineering for 2D materials and devices. Chem Soc Rev, 2018, 47 (9): 3037.
[46] Jaegermann W, Schmeisser D. Reactivity of Layer Type Transition-Metal Chalcogenides Towards Oxidation. Surf Sci, 1986, 165 (1): 143-160.
[47] Suzuki K, Soma M, Onishi T, Tamaru K. Reactivity of Molybdenum-Disulfide Surfaces Studied by XPS. J Electron Spectrosc Relat Phenom, 1981, 24 (2): 283-287.
[48] Ambrosi A, Sofer Z, Pumera M. Lithium intercalation compound dramatically influences the electrochemical properties of exfoliated MoS_2. Small, 2015, 11 (5): 605-612.
[49] Eng A Y, Ambrosi A, Sofer Z, et al. Electrochemistry of transition metal dichalcogenides: strong dependence on the metal-to-chalcogen composition and exfoliation method. ACS Nano, 2014, 8 (12): 12185-12198.
[50] Castellanos-Gomez A, Barkelid M, Goossens A M, et al. Laser-thinning of MoS_2: on demand generation of a single-layer semiconductor. Nano Lett, 2012, 12 (6): 3187-3192.
[51] Das S, Bera M K, Tong S, et al. A self-limiting electro-ablation technique for the top-down synthesis of large-area monolayer flakes of 2D. Mater Sci Rep, 2016, 6 (1): 28195.
[52] Lu X, Utama M I, Zhang J, et al. Layer-by-layer thinning of MoS_2 by thermal annealing. Nanoscale, 2013, 5 (19): 8904-8908.
[53] Xia S, Xia P, Zhang X, et al. Atomic-layer soft plasma etching of MoS_2. Sci Rep, 2016, 6 (1): 19945.
[54] Doganov R A, O'Farrell E C, et al. Transport properties of pristine few-layer black phosphorus by van der Waals passivation in an inert atmosphere. Nat Commun, 2015, 6 (1): 6647.
[55] Guo Y, Zhou S, Bai Y, Zhao J. Oxidation resistance of monolayer group-IV monochalcogenides. ACS Appl Mater Interfaces, 2017, 9 (13): 12013-12020.
[56] Tongay S, Zhou J, Ataca C, et al. Broad-range modulation of light emission in two-dimensional semiconductors by molecular physisorption gating. Nano Lett, 2013, 13 (6): 2831-2836.
[57] Liu H S, Han N N, Zhao J J. Atomistic insight into the oxidation of monolayer transition metal dichalcogenides: from structures to electronic properties. RSC Adv, 2015, 5 (23): 17572-1781.
[58] Rahaman M, Rodriguez R D, Plechinger G , et al. Highly localized strain in a MoS_2/Au heterostructure revealed by tip-enhanced raman spectroscopy. Nano Lett, 2017, 17 (10): 6027-6033.
[59] Novoselov K S, Geim A K, Morozov S V, et al. Electric field effect in atomically thin carbon films. Science, 2004, 306 (5696): 666.
[60] Tang D-M, Kvashnin D G, Najmaei S, et al. Nanomechanical cleavage of molybdenum disulphide atomic layers. Nat Commu, 2014, 5 (1): 3631.
[61] DiCamillo K, Krylyuk S, Shi W, et al. Automated mechanical exfoliation of MoS_2 and $MoTe_2$ layers for two-dimensional materials applications, in IEEE Transactions on Nanotechnology, 2019,

18: 144-148.
[62] DiCamillo K, Krylyuk S, Shi W, et al. Automated Mechanical Exfoliation of MoS_2 and $MoTe_2$ Layers for Two-Dimensional Materials Applications. IEEE Trans on Nanotechnology, 2019, 18, 144.
[63] McAllister M J, Li J L, Adamson D H. Single sheet functionalized graphene by oxidation and thermal expansion of graphite. Chem Mater, 2007, 19 (18): 4396-4404.
[64] Lin Z, Liu Y, Halim U, et al. Solution-processable 2D semiconductors for high-performance large-area electronics. Nature, 2018, 562 (7726), 254.
[65] Qiu L, He S, Jiang Y, Qi Y. Metal halide perovskite solar cells by modified chemical vapor deposition. J. Mater Chem A, 2021, 9: 22759-22780.
[66] Xia Y, Chen X, Wei J, et al. 12-inch growth of uniform MoS_2 monolayer for integrated circuit manufacture. Nat Mater, 2023, 22 (11): 1324.
[67] Prasad R K, Singh D K, Continuous large area monolayered molybdenum disulfide growth using atmospheric pressure chemical vapor deposition. ACS Omega, 2023, 8 (12): 10930.
[68] Li J, Chen M, Samad A, et al. Wafer-scale single-crystal monolayer graphene grown on sapphire substrate. Nat Mater, 2022, 21 (7), 740.
[69] Yu H, Liao M, Zhao W, et al. Wafer-scale growth and transfer of highly oriented monolayer MoS_2 continuous films. ACS nano, 2017, 11 (12): 12001-12007.
[70] Zhang Z P, Niu J J, Yang P F. Van der Waals epitaxial growth on 2D metallic vanadium diselenide single crystals and their extra-high electrical conductivity. Adv Mater, 2017, 29 (37): 1702359.
[71] Li H, Zhang X. H., Tang, Z. K. Catalytic growth of large area monolayer molybdenum disulfide film by chemical vapor deposition. Thin Solid Films, 2019, 669, 371.
[72] Lee Y H, Zhang X Q, Zhang W J. Synthesis of large-area MoS_2 atomic layers with chemical vapor deposition. Adv Mater, 2012, 24: 2320-2325.
[73] Lee Y.-H, Zhang X-Q, Zhang W, et al. Synthesis of large-area MoS_2 atomic layers with chemical vapor deposition. Adv Materm 2012, 24 (17): 2320.
[74] Liu Z, Amani M, Najmaei S, Xu Q, Zou X, Zhou W, Yu T, Qiu C, Birdwell A G, Crowne F J. Strain and structure heterogeneity in MoS_2 atomic layers grown by chemical vapour deposition. Nat Commun, 2014, 5 (1):5246.
[75] Yu J, Li J, Zhang W, Chang H. Synthesis of high quality two-d imensional Materials via Chemical Vapor Deposition. Chem Sci, 2015, 6 (12): 6705-6716.
[76] Ji Q, Zhang Y, Zhang Y, Liu Z. Chemical vapour deposition of group-ⅥB metal dichalcogenide monolayers: engineered substrates from amorphous to single crystalline. Chem Soc Rev, 2015, 44 (9): 2587-2602.
[77] Tan C, Cao X, Wu X, et al. Recent advances in ultrathin two-dimensional nanomaterials. Chem Rev, 2017, 117(9): 6225-6331.
[78] Sahoo P K, Memaran S, Xin Y, et al. One-pot growth of two-dimensional lateral heterostructures via sequential edge-epitaxy. Nature, 2018, 553 (7686): 63-67.
[79] Yang T, Zheng B, Wang Z, et al. Van der Waals epitaxial growth and optoelectronics of large-scale WSe_2/SnS_2 vertical bilayer p-n junctions. Nat Commun, 2017, 8(1): 1-9.
[80] Huang J-K, Pu J, Hsu C-L, et al.Large-area synthesis of highly crystalline WSe_2 monolayers and device applications. ACS Nano 2014, 8 (1): 923.
[81] Wu S, Huang C, Aivazian G. Vapor-solid growth of high optical quality MoS_2 monolayers with near-unity valley polarization. J Am Chem Soc, 2013, 7 (3): 2768-2772.
[82] Choi D H, Han Y D, Lee B K, et al. Nanosieves: use of a columnar metal thin film as a nanosieve with Sub-10 nm pores. Adv Mater, 2012,24: 4345.
[83] Wasa K, and Hayakawa S, Efficient sputtering in a cold-cathode discharge in magnetron geometry. Proceedings of the IEEE, 1967, 55(12)2179-2180.
[84] Hu B, Shi X, Cao T, et al. Advances in flexible thermoelectric materials and devices fabricated by magnetron sputtering. Small Sci, 2300061.

[85] Zhang X, Su G, Lu J. Centimeter-scale few-layer PdS_2: fabrication and physical properties. ACS Appl Mater Interfaces, 2021, 13(36): 43063-43074.
[86] Hultman L, Sundgren J E, Greene J E, et al. High-flux low-energy (20 eV) $N+2$ ion irradiation during TiN deposition by reactive magnetron sputtering: effects on microstructure and preferred orientation. J Appl Phys, 1995, 78: 5395-5403.
[87] Sproul W D. Physical vapor deposition tool coatings. Surf. Coat. Technol, 1996, 81 (1): 1-7.
[88] Mahdikhanysarvejahany F, Shanks D N, Klein M. Localized interlayer excitons in $MoSe_2$–WSe_2 heterostructures without a moiré potential. Nat Commun, 2022, 13: 5354.
[89] Manzeli S, Ovchinnikov D, Pasquier D. 2D transition metal dichalcogenides. Nat Rev Mater, 2017, 2: 17033.
[90] Baker M A, Gilmore R, Lenardi C, Gissler W. XPS investigation of preferential sputtering of S from MoS_2 and determination of MoS_x stoichiometry from Mo and S peak positions. Appl Surf Sci, 1999, 150 (1-4): 255-262.
[91] Zhao M, Casiraghi C, Parvez K. Electrochemical exfoliation of 2D materials beyond graphene. Chem Soc Rev, 2024, 53: 3036-3064.

第4章

过渡金属硫化物异质结构的合成

4.1 过渡金属硫化物/硫化物异质结构的合成

4.1.1 剥离法

剥离法包括机械剥离法、液相超声剥离法和化学剥离法。机械剥离法是以胶带（Scotch 胶带）为辅助，固定块状硫化物的侧面，通过反复剥离获得单层片状金属硫化物。但是，机械剥离法存在产量低、不易重复、不利于大规模生产的问题。液相超声剥离法是在超声的作用下，利用溶剂和层状材料之间的相互影响，使层与层分离，得到所需的片状材料。超声过程是在液体中进行的，因此要求材料稳定分散于溶剂之中。

Wu 等人通过将 MoS_2/WS_2 块体材料分别放入 DMF（*N,N*-二甲基甲酰胺）、NMP（*N*-甲基-2-吡咯烷酮）、DMEU（二甲基咪唑啉酮）、去离子水、乙醇和丙酮等溶剂中超声 3 h，将块状硫化物异质结剥离成纳米片，如图 4-1 所示，通过剥离和水热法获得 MoS_2/WS_2 量子点。研究发现，其中 DMF、NMP、DMEU 三种有机溶剂能有效地促进块状剥离，并形成均匀分散的量子点[1]。

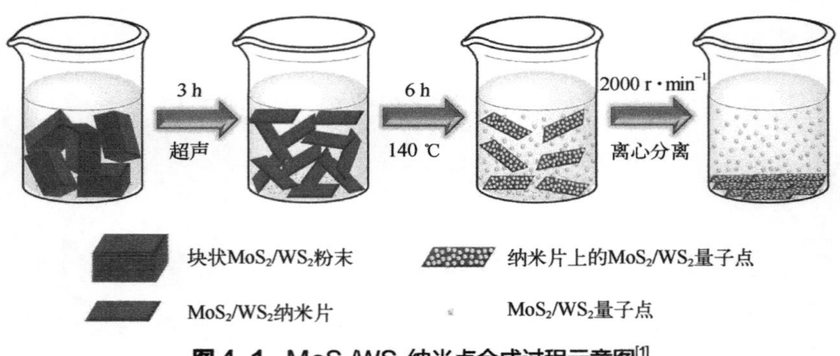

图 4-1 MoS_2/WS_2 纳米点合成过程示意图[1]

研究显示只有分散性良好的溶剂，如 DMF、DMEU，能更有效地将块状 MoS_2/WS_2 粉末剥离成 MoS_2/WS_2 量子点，所形成的量子点材料表现出很强的荧光性、良好的细胞通透性和低细胞毒性，这使它们成为有前途的体外材料和生物成像材料。同时独特的单层和富含缺陷的纳米结构可以富集活性位点，所以 MoS_2/WS_2 量子点材料表现出了良好的析氢反应催化活性、极小的起始过电位和优异的稳定性，因此可在析氢反应上作为能代替贵金属的优良催化剂。因此，液相剥离法提供了一种合成具有大量活性点的金属二硫化物或其他层状纳米材料的通用方法[2]。

4.1.2 电化学沉积法

电沉积法制备硫化物异质结构具有操作简便、成本低廉、易于实现大量生产的优势。由于不同金属离子的电极电势不同，可通过调控沉积过程、沉积环境、所给电压范围与电解质溶液来实现目标材料的制备。但是电化学沉积法对材料的形貌调控能力较弱，难以形成各类形貌的材料。电沉积方式常用来制备硫化物、氢氧化物、合金等纳米材料，主要沉积形式有恒电位沉积法、恒电流沉积法、循环伏安沉积法、脉冲沉积法、喷射沉积法等，以满足各种沉积原理的需求。通常，电化学沉积法也与化学气相沉积法、溶剂热法、湿化学法等相结合制备相应的纳米材料。

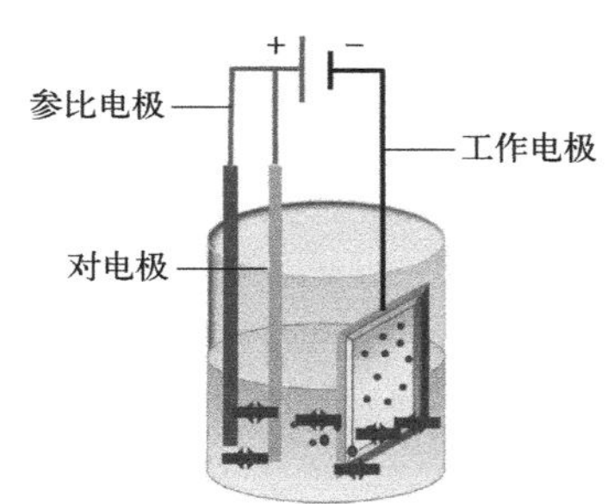

图 4-2　三电极沉积系统示意图[3]

三电极沉积系统包括工作电极、对电极、参比电极（如图 4-2 所示）。工作电极一般为模板材料，例如碳布（GC）、镍泡（NF）、导电玻璃（FTO）等具有导电能力的自支持模板；对电极一般采用铂片电极；参比电极根据沉积液可选择 Ag/AgCl 电极、饱和甘汞电极、Hg/Hg_2SO_4 电极等。阴极沉积法是通过给电压使工作电极发生还原反应，使金属离子或溶液中的阴离子发生还原反应；阳极沉积是使工作电极发生氧化反应。

Zhang 等人[4]通过溶剂热法和电化学沉积法相结合制备 3D 花状 Cu_2SnS_3@SnS_2 双面异质结光电极，主要过程是以 $SnCl_4 \cdot 5H_2O$ 为金属源，硫代乙酰胺为硫源，异丙醇为溶剂，在 180 ℃下保温 24 h 的条件下合成花状 SnS_2 粉末；将 SnS_2 粉末涂布到导电玻璃上，通过三电极沉积法在 SnS_2 上沉积 Cu_2SnS_3，形成 Cu_2SnS_3@SnS_2 异质结构。合成示意图如图 4-3 所示。

通过调节电沉积时间来控制 Cu_2SnS_3@SnS_2 中 Cu_2SnS_3 与 SnS_2 的比例，SEM 图像显示 SnS_2 为花状（如图 4-4），在沉积过程中，Cu_2SnS_3 沉积到 SnS_2 上使花瓣状更加粗糙，随着 Cu_2SnS_3 比例增加，花瓣上颗粒增多。

Xie 等人[5]以 ITO 薄膜为工作电极、饱和甘汞电极为参比电极与铂片电极形成三电极系统，用恒电位沉积法，沉积电压为−0.75 V，沉积时间为 600 s，沉积温度

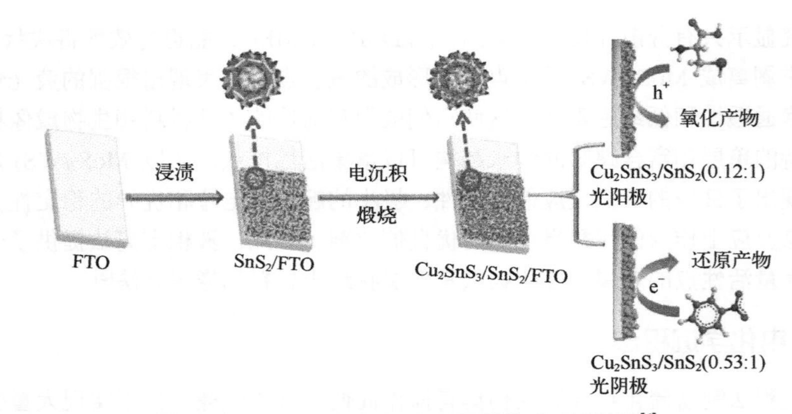

图 4-3　Cu_2SnS_3@SnS_2 异质结构合成示意图[4]

图 4-4　通过三电极沉积法制备的 Cu_2SnS_3@SnS_2 异质结构的表征[4]

（a）～（f）SEM 照片：（a）（d）SnS_2，（b）（e）Cu_2SnS_3@SnS_2（0.12∶1，质量分数），（c）（f）Cu_2SnS_3@SnS_2（0.53∶1，质量分数）；

（g）～（i）能量色散 X 射线光谱图：（g）SnS_2，（h）Cu_2SnS_3@SnS_2（0.12∶1，质量分数），（i）Cu_2SnS_3@SnS_2（0.53∶1，质量分数）

保持在 50 ℃，沉积液为含有 0.02 mol·L^{-1} $CdCl_2$、0.02 mol·L^{-1} $ZnCl_2$ 和 0.008 mol·L^{-1} $Na_2S_2O_3$ 的 pH 3.0 的 50 mmol·L^{-1} 柠檬酸缓冲溶液，沉积后经过在氮气氛中 300 ℃ 退火获得 ZnS/CdS/ITO 电极。如图 4-5 所示，在 $Na_2S_2O_3$、$CdCl_2$、$ZnCl_2$ 沉积液中所得的 CV 曲线，分别在−0.5 V、−0.85 V、−1.2 V 处出现巨大的还原峰，所以为避免 Cd^{2+}、Zn_2^+ 还原成 Cd、Zn，沉积电压选择在−0.75 V。

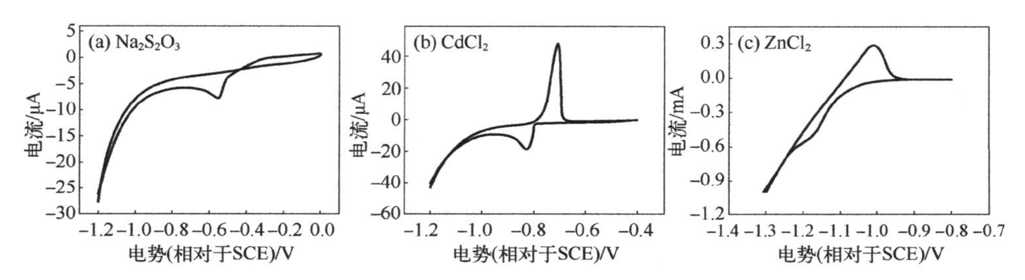

图 4-5　以 ITO 为工作电极，在 pH=3.0 柠檬酸缓冲溶液中含有（a）8 mmol·L^{-1} $Na_2S_2O_3$、（b）0.05 mmol·L^{-1} $CdCl_2$、（c）0.05 mmol·L^{-1} $ZnCl_2$，扫描速率为 40 mV·s^{-1} 的 CV 曲线[5]

同时根据 $Na_2S_2O_3$ 在−0.5 V 有一个还原峰，作者推测电沉积机理如下[5]：

$$SO_3^{2-} + 4e^- + 6H^+ \longrightarrow S + 3H_2O$$

$$S + 2H^+ + 2e^- \longrightarrow H_2S(aq)$$

$$Cd^{2+} + H_2S(aq) \longrightarrow CdS + 2H^+$$

$$Zn^{2+} + H_2S(aq) \longrightarrow ZnS + 2H^+$$

东南大学洪昆权课题组[6]采用脉冲激光沉淀（PLD）的方法，在 FTO 导电基底上沉积 NiO 薄膜、Mn_2O_3 薄膜、NiO/Mn_2O_3 以及 Mn_2O_3/NiO 两种异质结构，接着使用管式炉，利用气相硫化法将氧化物转化为相应的硫化物，并将此作为对电极组装电池。由于 MnS 的导带位置（−1.19 eV）高于 NiS_2 的导带位置（0.89 eV），MnS 的导带势能高于 NiS_2 的导带势能，MnS 导带上的电子可以很容易地转移到 NiS_2 的导带上。所以这种异质结构不仅可以有效地扩大光收集的范围，还能诱导电子-空穴对的空间分离以及加速电子的传输，使电子快速到达对电极表面，加快电解液中还原态离子的还原。因此这种 NiS_2/MnS 异质结构对电极可以为电池提供较高的光电转化效率，弥补金属铂价格昂贵而不利于产业化的不足，是一种优异的对电极材料。

Xi 等人[7]通过电化学沉积法，以 $Ni(NO_3)_2$、$Co(NO_3)_2$ 溶液为沉积液，恒电位沉积制备 $NiCo_2O_4$ 纳米线，再通过化学气相沉积法，将电沉积所得到的 $NiCo_2O_4$ 纳米线用硫粉硫化得到钴镍硫化物异质结纳米线（NiS_2/CoS_2-O NWs）；采用原位电化学沉积方式制备的 NiS_2/CoS_2-O NWs 具有丰富的氧空位，是一种适用于碱性 OER 过程的高效催化剂，制成充放电锌空电池的空气阳极性能优异，具有约 1.49 V 的较高开路电压，表现出优异的稳定性，在 3 mA·cm^{-2} 和 5 mA·cm^{-2} 电流密度下能保持 30 h。

4.1.3 化学气相沉积法

化学气相沉积法（CVD）是利用气态或蒸汽态的物质在气相或气固界面上发生反应生成固态沉积物的过程。化学气相沉积过程主要分为三个主要过程，包括前驱体运输与分解、吸附与反应、副产物排放与薄膜生长，化学气相沉积法制备异质结的方法主要分为外延生长和分别生长。

以 MoS_2 为代表的晶体材料与石墨烯具有类似的层状结构，层内原子间是以共价键形式结合并形成与石墨烯类似的六角蜂窝状结构，层与层的结合方式的作用力是弱的范德华力，每两层 S 原子之间夹着一层过渡金属原子，形成类三明治结构。利用 CVD 可有效制备此类二维形状的金属硫化物。湘潭大学龚跃球课题组[8]利用一步化学气相沉积生长法制备了 WS_2/MoS_2 范德华异质结，并对其微观结构进行了表征。如图 4-6 所示，具体过程是以硫粉作为硫源，WO_3 与 NaCl 的混合粉末作为钨源，三氧化钼作为钼源，利用 CVD 系统在表面覆盖 300 nm 厚二氧化硅的硅片（300 nm-SiO_2/Si）上生长 WS_2/MoS_2 异质结构。他们还研究了层数和扫描速率对 MoS_2 和 WS_2 纳米片摩擦力的影响。在相同载荷下比较了单层 MoS_2、WS_2 和 MoS_2/WS_2 异质结的摩擦力，WS_2 的摩擦力介于 MoS_2 和 MoS_2/WS_2 异质结之间，其中异质结的摩擦力最小。另外，由于本质上单层 MoS_2/WS_2 异质结是由单原子层的 MoS_2 和 WS_2 垂直堆叠而成，故摩擦力随层数的增加而减小。

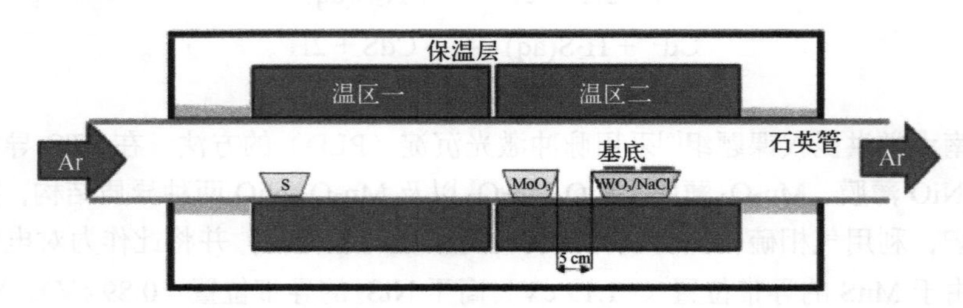

图 4-6　CVD 制备 WS_2/MoS_2 异质结构示意图[8]

Ajayan 等人[9]以硫粉为硫源、MoO_3 和 W 分别为钼源和钨源，用化学气相沉积法制备单层 WS_2/MoS_2 垂直和面内异质结构（如图 4-7 所示），其中在钨粉中加入碲粉，目的是加速钨粉的熔化，煅烧温度由 15 ℃升温至 850 ℃后自然冷却，利用 SEM 图像分析其形貌与长势。

4.1.4 锂离子插层法

锂离子插层法是将金属硫化物加入含有 *n*-BuLi 的 C_6H_{14} 溶液中，即将锂离子插入层状二硫化物块体中，形成化合物 Li_xMS_2（$x>1$）。然后该化合物与 NH_4Cl 反应生成 $(NH_3)_y(NH_4^+)_zMS_2$，在这一过程中产生的气体可以增大金属硫化物层间的距离，得到多层甚至单层金属硫化物。此方法的主要缺点是工作繁琐，但剥离范围广、剥离效率高。

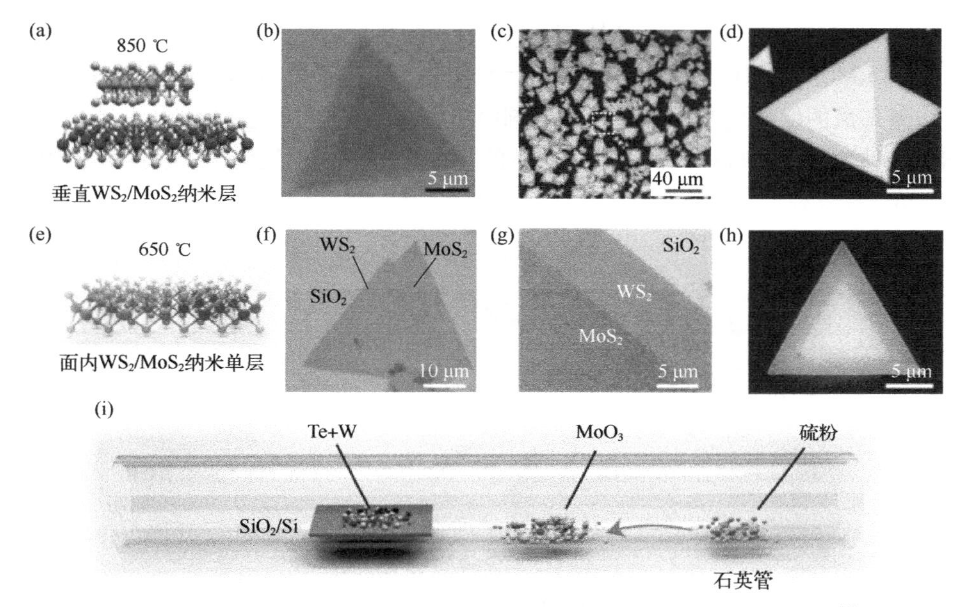

图 4-7　垂直堆叠和面内 WS_2/MoS_2 异质结构的合成和整体形态示意图[9]

（a）～（d）为在 850 ℃合成的垂直堆叠的 WS_2/MoS_2 异质结构的光学谱图和 SEM 图像，显示了双层特征和高产率三角形异质结构；（e）～（h）为在 650 ℃下生长的 WS_2/MoS_2 面内异质结的示意图、光学产率和 SEM 图像，其中的（g）为 WS_2 和 MoS_2 之间的界面具有增强的颜色对比度，表明界面处对比度的突然变化；（i）垂直堆叠和面内 WS_2/MoS_2 异质结构合成过程示意图

Rajamathi 等人[2]通过锂离子插层法制备 MoS_2/WS_2 异质结构，主要合成过程是将 MoS_2、WS_2 溶于含 0.2 $mol \cdot L^{-1}$ BuLi 的正己烷，分别形成 Li_xMoS_2 和 Li_xWS_2；之后注入 75 mL 饱和氯化铵水溶液，除去正己烷和其他可溶性物质，反复清洗 5～6 次后分别获得氨基化 WS_2、MoS_2（如图 4-8 所示）。

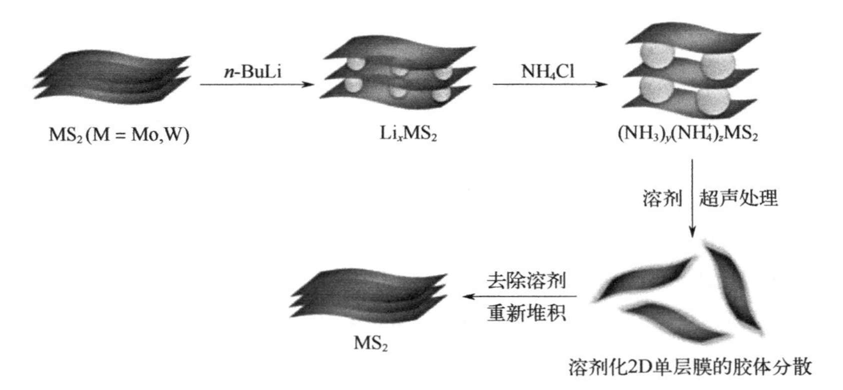

图 4-8　锂离子插层法制备氨基化 MS_2 示意图[2]

形成氨基化 MS_2 的机理总结如下[2]:

$$NH_4Cl \longrightarrow NH_3 + HCl$$

$$Li_xMS_2 + yNH_3 + zNH_4^+ + xHCl \longrightarrow (NH_3)_y(NH_4^+)_zMS_2 + xLiCl + (x/2)H_2$$

所形成的氨基化 MS_2 置于不同溶剂中超声剥离，通过离心、清洗、干燥除去未溶的固体物质，形成稳定的胶体为片状的 MS_2。进一步通过缓慢蒸发溶剂将 WS_2 和 MoS_2 反复叠加，用丙酮反复清洗形成 MoS_2/WS_2 固体粉末（如图 4-9 所示）。

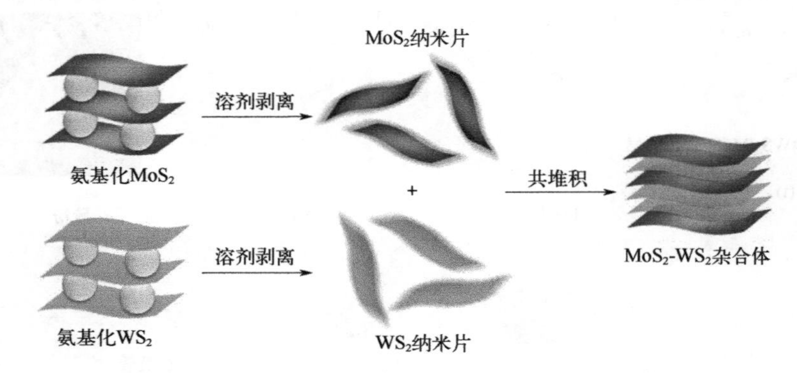

图 4-9 反复堆叠的 MoS_2/WS_2 片状结构示意图[2]

4.1.5 溶剂热法

溶剂热法是指密闭体系如高压釜内，以有机物或非水溶剂为溶剂，在一定的温度和溶液的自生压力下，原始混合物进行反应的一种合成方法。溶剂热法所使用的溶剂一般为有机溶剂，例如无水乙醇、*N,N*-二甲基甲酰胺（DMF）、*N,N*-二甲基乙酰胺（DMA）等。水热法往往只适用于氧化物功能材料或少数一部分对水不敏感的硫属化物的制备，溶剂热法适用于一部分对水敏感（与水反应、水解、分解或不稳定）化合物的制备与处理。溶剂热法是有效调控材料形貌的方式，目前文献已报道的形貌有花状、片状、纳米线状等。

扬州大学许小勇课题组以泡沫镍（NF）为基底，分别以钼酸钠和和硫代乙酰胺为金属源和硫源，以水为溶剂，通过简单的一步水热法制备 Ni_3S_2/MoS_2（NiMoS）异质结构，合成过程中 NF 不仅作为基底，还作为镍源，水热温度在 200 ℃保持 21 h。所合成的 Ni_3S_2/MoS_2（NiMoS）异质结构能够产生丰富的 Mo-S-Ni 耦合界面，并且优先暴露不饱和的 Mo-S 边缘，使其具有优良的双功能水分解活性。这种异质组装工程显著增强了 HER 和 OER 的催化活性；所合成的 NiMoS 催化剂在 $10\ mA \cdot cm^{-2}$ 下的 OER 和 HER 过电位分别为 260 mV 和 78 mV，优于目前最先进的 IrO_2 和 Pt/C 催化剂。对于 HER 和 OER 活性独特的光增强效应来自受光激发的 Ni_3S_2 产生的电荷转移，从而增强了氧化还原动力学[10]。

辽宁大学张蕾课题组[11]通过水热法构建了 3D 分层花状 p-n 异质结 $MoS_2/$

$CoMoS_4$材料，n 型 MoS_2纳米片通过层层堆积镶嵌在 p 型 $CoMoS_4$花瓣的外表面；构建了 3D 分级立方状 p-p 型异质结 α-MnS/CuS 材料，CuS 纳米片通过层层堆积镶嵌在 p 型 α-MnS 立方体的外表面。其中 n 型 MoS_2和 CuS 是一种具有全光谱响应的半导体材料，它的引入很大程度上提升了复合材料的光学性能。并且 MoS_2 和 $CoMoS_4$之间、α-MnS 和 CuS 之间均具有匹配的能带位置，硫元素的存在使得材料具有很好的电化学响应以及氧吸附能力，所合成两种异质结材料均可以有效提高光电催化活性。

Li 等人[12]通过两步水热法合成 CdS/SnS_x纳米棒/纳米片分层异质结构，以 FTO 基底为模板，通过一步水热法在 FTO 基底上合成 CdS 纳米棒，所合成 CdS 纳米棒进一步水热合成，通过调节 $SnCl_4$ 与硫代乙酰胺的比例及水热时间，合成了不同硫化比例的 CdS/SnS_x（H-SnCd、MP-SnCd、OR-SnCd）（如图 4-10）。所合成的 CdS/SnS_x一维/二维分层异质结构光电极具有优良的水分解性能，研究结果表明水热沉积的 SnS_x纳米片不仅可以抑制 CdS 的光腐蚀，而且 CdS/SnS_x的一维/二维异质结构中可有效地分离电荷载流子光阳极。说明此方法提供了一个保护 CdS 基光电极免受污染、光腐蚀以及改善 PEC 水分解的有效方法。

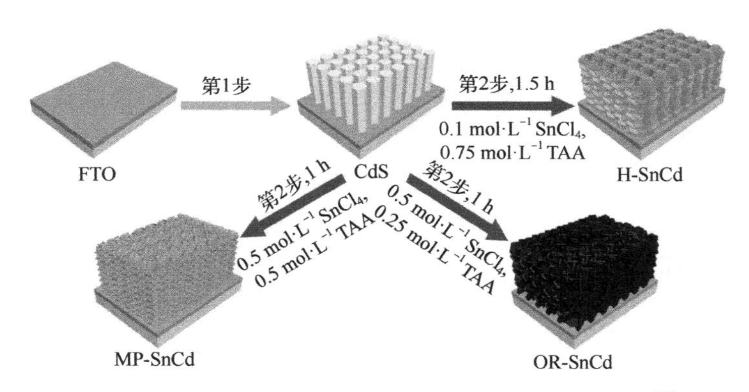

图 4-10 CdS/SnS_x一维/二维分层异质结构合成示意图[12]

4.1.6 溶胶-凝胶法

溶胶-凝胶法于 1986 年由 Yamane 等人提出，是将含高化学活性组分的化合物经过溶液、溶胶、凝胶而固化，再经热处理而成的氧化物或其他化合物固体的方法。基本步骤包括制备溶胶、溶胶-凝胶转化、凝胶干燥过程。制备溶胶是将金属醇盐或无机盐溶于有机溶剂，通过调节溶液酸碱度，使其水解或者聚合形成溶胶；溶胶-凝胶转化过程是胶体粒子聚集形成三维网状结构，使溶胶凝胶化；凝胶干燥过程是通过加热蒸发、焙烧等手段除去凝胶中的水分及其他易挥发性液体。溶胶-凝胶法反应过程低温低耗、简单易控，所得产物粒径均匀、纯度高，是一种有效制备纳米材料的方法。

Olesiak 等人通过溶胶-凝胶法合成 $CuInS_2/ZnS$ 异质结纳米材料和 $Cu_2S/CuInS_2$ 异质结纳米材料，通过紫外-可见吸收光谱、透射电子显微镜（TEM）、粉末 X 射线衍射（XRD）和能量色散 X 射线分析（EDX）等手段表征异质结构的成键方式、晶体结构等信息。他们通过改变反应条件，合成了不同形态的 $CuInS_2$ 纳米棒，例如纳米棒、六边形圆盘和 P 型颗粒；还合成 $Cu_2S/CuInS_2$ 异质结纳米结构。实验表明 Cu_2S 在调控形貌的实验过程中起到了重要作用，通过 1,10-菲啰啉处理 $Cu_2S/CuInS_2$，可除去异质结构中的 Cu_2S，获得调控后特定形貌的纯相 $CuInS_2$[13]。

4.1.7 其他合成方法

金属有机骨架材料（MOF）衍生法是以 MOF 材料为模板，经过硫化合成金属硫化物，能形成不同孔径大小、不同形貌硫化物，通过双金属有机骨架材料为模板，不同硫化方式可形成硫化物异质结构。宋学志课题组[14]利用 MOF 衍生法，以三维多孔结构的高导电泡沫镍为基底，以 ZIF-67 为前驱体，通过离子交换制备双金属化合物 Ni-Co LDH。采用水热法对材料进行硫化形成中空结构，并与 MoS_2 复合形成异质结构，所合成的 $NiCo_2S_4/MoS_2$ 成功保持了 ZIF-67 菱形十二面体的结构，通过调节反应时间和温度，控制材料的结构和形貌。$NiCo_2S_4/MoS_2$ 在 $1\ A \cdot g^{-1}$、$20\ A \cdot g^{-1}$ 条件时，比容量分别为 $860\ F \cdot g^{-1}$ 和 $420\ F \cdot g^{-1}$，数据显示异质结构有助于电子传导，为电化学性能提升提供结构支撑。

席聘贤团队[15]通过油相合成法，分别以 CuCl、$NiCl_2$ 为铜源和镍源，溶于含十六烷基胺（HAD）的十八烯中，加入升华硫硫化，通过油酸、氯仿和正己烷除去反应过程中的有机溶剂而获得纯净的 CuS/NiS_2 纳米晶，此晶体结构中存在原子级别的耦合界面、轻微的晶格扭曲和大量的缺陷位点，这些都作为活性位点来提升催化剂的氧催化性能，进而构建高效、大功率的锌-空气电池。受益于纳米原子界面间强烈的耦合作用，伴随晶格扭曲的调节及大量缺陷位点的存在，这些有利因素协同作用使得界面纳米晶的性能得到大幅度提升，进而作为有效的双功能催化剂应用到锌-空气电池中。

Liu 等人[16]以单分散 ZnS 球体作为前驱体，通过离子交换法成功合成直径约 255 nm 的单分散 CuS/ZnS 纳米复合空心球壳结构，通过 X 射线衍射（XRD），扫描电子显微镜（SEM）和透射电子显微镜（TEM）、X 射线光电子能谱（XPS）、N_2 吸附-解吸等温线（BET）和紫外-可见吸收光谱（UV）等手段表征结构的形貌与结构。具体合成过程是以 $Zn(NO_3)_2$ 为金属源、硫代乙酰胺为硫源，以均相沉积-聚合法合成单分散 ZnS 胶体纳米球，然后将 $Cu(NO_3)_2$ 与 ZnS 胶体溶于乙醇中，通过离子交换合成单分散 CuS/ZnS 纳米复合空心球壳结构。研究表明形成 CuS/ZnS 空心球的主要驱动力是 ZnS 和 CuS 的溶度积（K_{sp}）的差异，还提出了以两种金属硫化物表面相互作用、扩散、内部溶解和界面反应来解释 CuS/ZnS 纳米复合空心球的形成。

江南大学肖少庆课题组[17]介绍了一种利用磁控溅射预沉积钼源至熔融玻璃上，通过快速升温的化学气相沉积技术生长出粒径达 1 mm 的单晶 MoS_2 的方法，并通过引入 WO_3 粉末生长出 MoS_2 与 WS_2 的横向异质结（WS_2/MoS_2），利用转移电极技术制备出背栅器件样品，并测得其在室温常压下迁移率可达 4.53 $cm^2·V^{-1}·s^{-1}$。这种低成本、高质量的大尺寸材料生长方法为二维材料电子器件的大规模应用提供了出路。

合成金属硫化物/硫化物异质结构，可利用不同金属硫化物的结合进而获得不同金属的优点和特征，以进一步调控异质结构的性质；也可利用合成过程进一步调控材料的形貌、结构和界面作用获得更佳的催化性能；还可通过合成过程调节材料的不同活性位点，例如边缘处活性位点、壳层活性位点等，进一步调控扩宽其应用性能。金属硫化物/硫化物异质结构可通过多种不同的合成方式，结合如应力调控、吸附与掺杂调控、界面工程调控等手段来实现目的催化性能材料的合成，是一种有效的调控性能合成材料的手段。

4.2 过渡金属硫化物/硒（或碲）化物异质结构的合成

4.2.1 电化学沉积法

Dharmadasa 等人[18]报道了使用电化学沉积法制备 CdS/CdTe 光伏太阳能转化材料，研究团队以 TEC-15 FTO（导电玻璃）作为基底材料，首先使用化学浴沉积或者电沉积的方法制备 CdS 薄层，后将该薄层材料在空气中 400 ℃加热 20 min，使用电镀的方法沉积得到 CdTe 层。这里为避免引入杂质离子使用了二电极体系，以 FTO/CdS 作为阴极，高纯炭电极为阳极。通过将纯度为 99%的 1 $mol·L^{-1}$ $CdSO_4$ 溶液溶于去离子水中，电纯化 50 h，之后加入 $CdCl_2$ 溶液和低浓度的 TeO_2 溶液配制最终使用的电解质溶液。通过记录伏安图估算出近似的生长电压，并在确定生长材料层的固定电压后确定准确的生长电压。利用一系列相关技术对所得 CdTe 层的组成、形态、电学和光学性质进行了研究，从而确定最佳的生长条件电镀电压。

牟艳男[19]报道了 Ni/NiTe/CdTe/ CdS 复合薄膜的制备方法（如图 4-11），首先将镍箔在丙酮、乙醇和蒸馏水溶液中超声预处理。然后使用电化学沉积法得到 Ni/Te 薄膜，该过程采用三电极体系——镍箔为工作电极，石墨片为对电极，Ag/AgCl 电极为参比电极，以 0.01 $mol·L^{-1}$ Na_2TeO_3 和 1 $mol·L^{-1}$ HNO_3 水溶液配制电解质溶液。依据循环伏安曲线确定了沉积电压为−0.3

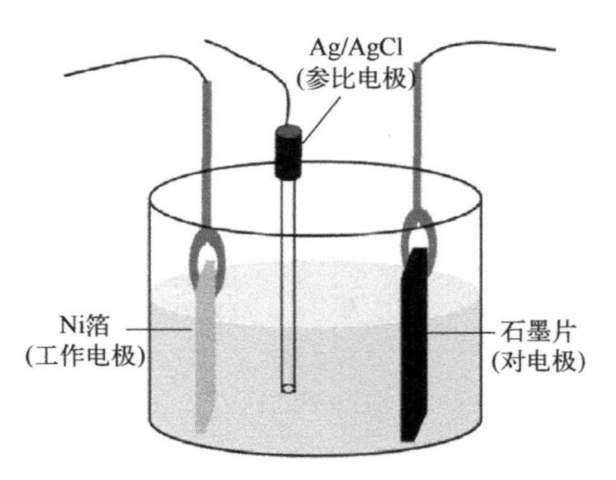

图 4-11 电化学沉积制备流程图[19]

V，沉积时间为 300 s。接下来采用热固相合成法制备 Ni/NiTe。进一步采用射频磁控溅射的方法合成了 Ni/NiTe/CdTe 复合薄膜。最终采用化学沉淀法制备得到 Ni/NiTe/ CdTe/CdS 复合薄膜。

4.2.2 溶剂热法

溶剂热法是将一定形式的前驱物放置在装有溶液的高压釜中，在高温、高压条件下进行热反应，再经分离、洗涤、干燥等后处理的制样方法[20]。其优点为可通过调节反应条件控制纳米微粒的晶体结构、结晶形态与晶粒纯度；反应所得到的粉末纯度高、分散性好、均匀、分布窄、无团聚[21-22]。

Fang 等人[23]报道了使用水热法制备的 $MoS_2/CoSe_2$（图 4-12），首先在 80 mL 去离子水中加入 10 mg $Na_2MoO_4\cdot 2H_2O$ 和 12 mg 硫脲，经超声处理 15 min 后，将所得溶液转移到 100 mL 聚四氟乙烯内衬的不锈钢高压釜中，在烘箱中密封加热至 200 ℃，持续反应 24 h 后，自然冷却至室温。用离心法收集黑色产物，用去离子水和无水乙醇清洗 4 次以上，除去可能残留的离子，然后在 60 ℃的真空烘箱中干燥 12 h。接着使用超声剥离的方法在 *N*-甲基吡咯烷酮（NMP）溶液中对 MoS_2 进行剥离。最后对 $CoSe_2$ 纳米片进行原位生长：将 0.546 g $Co(OAc)_2\cdot H_2O$，0.346 g Na_2SeO_3 和 40 mL 二乙烯三胺加入 MoS_2 纳米片的分散液中，超声处理 30 min，再加入 6 mL 水合肼（$N_2H_4\cdot H_2O$），在超声下完全溶解，将所得悬浮液转移到 100 mL 聚四氟乙烯内衬的不锈钢高压釜中，在烘箱中密封加热至 140 ℃，持续加热 24 h。反应结束后，自然冷却至室温，用离心法收集黑色沉淀样品，用去离子水和无水乙醇清洗 3 次，除去残留的离子，最后产物在 60 ℃真空干燥 12 h。

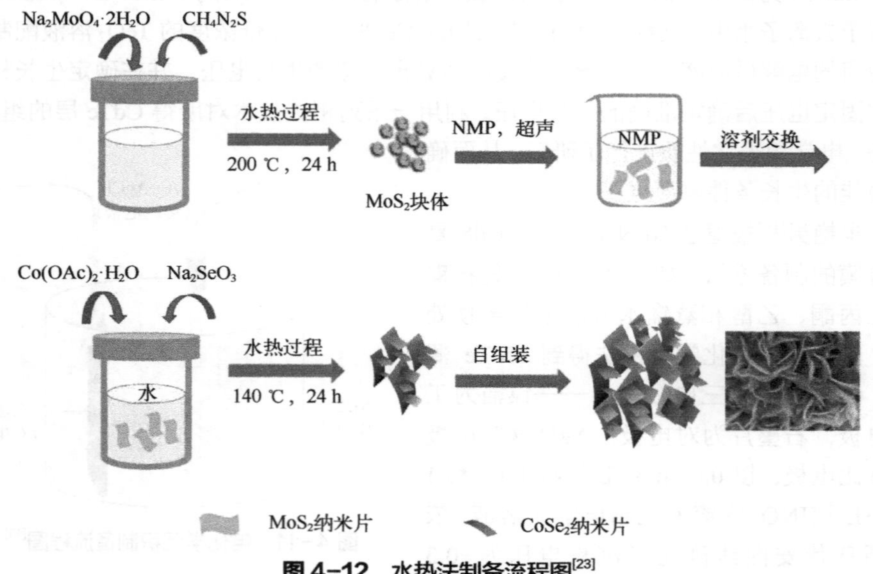

图 4-12 水热法制备流程图[23]

Teng 等人[24]报道了使用水热法制备的微球型 $FeS_{0.6}Se_{0.4}$ 复合材料，解决了 FeS_2 在电化学测试中循环性差的问题。作者将硫粉、硒粉作为硫源和硒源，将 140 mg 硫酸亚铁（$FeSO_4 \cdot 7H_2O$）和 87.5 mg 脲溶于 15 mL DMF 和 20 mL 乙二醇的混合溶液中，加入 5.8 mg 硫粉和 3.6 mg 硒粉，磁力搅拌 30 min 后将溶液转移到聚四氟乙烯内衬的不锈钢高压釜中，180 ℃反应 18 h，离心收集产物，用去离子水和无水乙醇进行多次洗涤后,在 60 ℃下真空干燥。

Mangiri 等人[25]报道了一种利用溶剂热法合成的 $CdS/MoS_2\text{-}CoSe_2$ 新型光催化剂（图4-13）。第一步，合成了 CdS 纳米棒：将 5 mmol 的 $Cd(CH_3COO)_2 \cdot 2H_2O$ 和 20 mmol 的 CH_4N_2S 分别溶于 40 mL 乙二胺中，搅拌 45 min，后将溶液混合搅拌 60 min，将溶液转移到 200 mL 聚四氟乙烯内衬的不锈钢高压釜中，160 ℃反应 48 h，离心收集样物，乙醇、去离子水反复多次清洗，100 ℃煅烧 6 h 得到 CdS 纳米棒。

第二步，使用水热法得到 MoS_2 纳米片：分别将 $NH_2MoO_4 \cdot 2H_2O$（0.4 g）溶解在 40 mL 去离子水中，将 CH_4N_2S（0.8 g）溶解在 40 mL 去离子水中，各搅拌 1 h 后，将两种溶液混合，大力搅拌 2 h，随后将制备好的溶液转移到 100 mL 聚四氟乙烯内衬的不锈钢高压釜中，在 220 ℃下反应 24 h，离心收集得到黑色沉淀，用去离子水和乙醇洗涤几次以去除杂质，最终产物在 100 ℃下退火 6 h 得到 MoS_2 纳米片。

第三步，使用溶剂热法制备 $CoSe_2$：将 0.3 g $CoN_2O_6 \cdot 6H_2O$ 和 0.6 g 2-甲基咪唑分别溶于 40 mL 甲醇并搅拌 50 min，后混合搅拌 90 min，进而转移到水热釜中 220 ℃反应 24 h，离心收集紫色沉淀，使用去离子水和乙醇多次反复洗涤，在 100 ℃下退火 6 h；将 50 mg 上述所得样品和 50 mg 硒粉分别溶于 30 mL 甲醇中，搅拌 100 min，混合搅拌 120 min，离心收集样品，去离子水和乙醇反复多次清洗，同样在 100 ℃下退火 6 h 制得 $CoSe_2$ 纳米片。

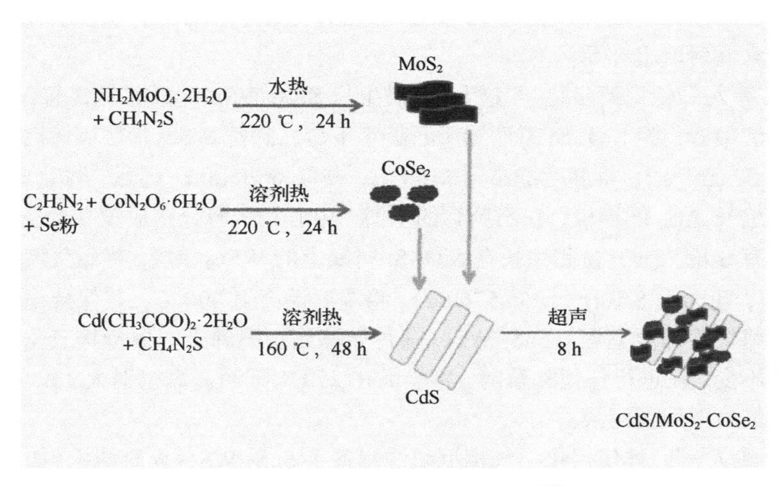

图 4-13 溶剂热法制备流程图[25]

第四步，复合材料 CdS/MoS_2-CoSe_2 的制备：首先分别将上面制备的 MoS_2 按照不同的量分散在 25 mL 去离子水中，超声 2 h，获得黑色悬浮液（质量分数：2%、4%、6%、8%、10%）；随后，将制备的原始 CdS 纳米棒（100 mg）加入制备的黑色分散体中，混合超声 8 h，离心收集样品，经过乙醇和去离子水清洗多次，得到 CdS/MoS_2；之后将不同质量的 $CoSe_2$ 分散在 25 mL 去离子水中，超声 2 h，得到黑色悬浮液，并将制备好的 CdS/MoS_2 原始纳米结构加入制备的 $CoSe_2$ 黑色悬浮液中，将混合溶液超声处理 8 h，后离心收集样品，用去离子水、乙醇反复洗涤多次，除去杂质，在 100 ℃下加热 6 h，得到最终产物。

4.2.3 化学气相沉积法

Yuan 等人[26]首先使用化学气相沉积法（CVD）制备了 MoS_2 薄膜：使用丙酮、去离子水和乙醇超声清洗 SiO_2/Si 衬底，烘箱中烘干；将 1.5 g 硫粉置于管式炉的边缘，将 1 mg 高纯度的 MoO_3 粉末置于管式炉中央的石英管中，并且在石英管中放置洁净的二氧化硅片，向管式炉中的石英管中以 850 $cm^3 \cdot s^{-1}$ 的流速通入氩气，并且在石英管下游用机械泵抽真空，以去除石英管里面的杂质气体；15 min 之后，拧紧下游阀门，关掉机械泵直至石英管的压强至常压，并且将气体流速保持为 65 $cm^3 \cdot s^{-1}$，在 25 min 内将管式炉加热到 700 ℃，以 8 ℃$\cdot min^{-1}$ 的速率升温到 800 ℃，保持 15 min；待管式炉温度降到常温后取出样品。随后以相似过程制备了 $CdSe/MoS_2$ 异质结构：将 10 mg 的 CdSe 粉末置于管式炉边缘，将上述制备的负载 MoS_2 的二氧化硅片置于管式炉中央的石英管中，向石英管中以 850 $cm^3 \cdot s^{-1}$ 的流速通入氩气，并在石英管下游用机械泵抽真空，以去除石英管里面的杂质气体，15 min 之后，拧紧下游阀门，关掉机械泵直至石英管的压强至常压，并将气体流速保持为 60 $cm^3 \cdot s^{-1}$，在 15 min 内将管式炉加热到 600 ℃，以 10 ℃$\cdot min^{-1}$ 的速率升温到 790 ℃，保持 60 min，待管式炉降到常温后取出样品。

Zribi 等人[27]使用两步化学气相沉积法生长 SnS_2/WSe_2 异质结构，将 WSe_2 粉末置于管式炉中心，将 SiO_2/Si 衬底置于石英管下游，制备 WSe_2 单层，然后将载气流量固定在 50 $cm^3 \cdot s^{-1}$，将温度提高到 1100 ℃，并保持 10 min。随后，将合成的 WSe_2 单层作为生长 SnS_2 的模板。在石英管的上游、中心和下游分别放置 3 个瓷舟，瓷舟中分别装有 S 粉、SnO_2 粉和生长在 SiO_2/Si 衬底上的 WSe_2 单层。将载气流量固定在 50 $cm^3 \cdot s^{-1}$，压力为 8 Torr（1066.576 Pa），将温度提高到 600 ℃，并保持稳定 8 min。生长后，将炉冷却至室温。SnS_2/WSe_2 薄片转移到石墨烯上，保持其三角形形状，横向尺寸不变。在进行任何测量前，将样品在 250 ℃下超高真空退火 1 h，以去除湿转移引起的表面残留污染。

Yang 等人[28]同样使用化学气相沉积法制备了 SnS_2/WSe_2 异质结构（如图 4-14），第一次生长 WSe_2 单层时，在管式炉中心放置 WSe_2 粉末，在石英管下游放置一块预

处理过的 SiO_2/Si 衬底。开始时，将载气流量控制在 400 $cm^3 \cdot s^{-1}$ 保持 15 min，以确保稳定的化学反应环境。然后在石英管的上游、中心和下游分别放置 3 个瓷舟，瓷舟中分别装有 S 粉、SnO_2 粉和生长在 SiO_2/Si 衬底上的 WSe_2 单层，将氩气的流量控制在 50 $cm^3 \cdot s^{-1}$，将炉体中心温度加热到 1100 ℃，在此温度下保持 10 min。在氩气吹扫管内空气后，加热至 600 ℃，并保持 8 min。在生长过程中，氩气流量为 50 $cm^3 \cdot s^{-1}$，管内压力为 8 Torr（1066.576 Pa）。生长后，炉内自然冷却至室温，得到 SnS_2/WSe_2 异质结构。

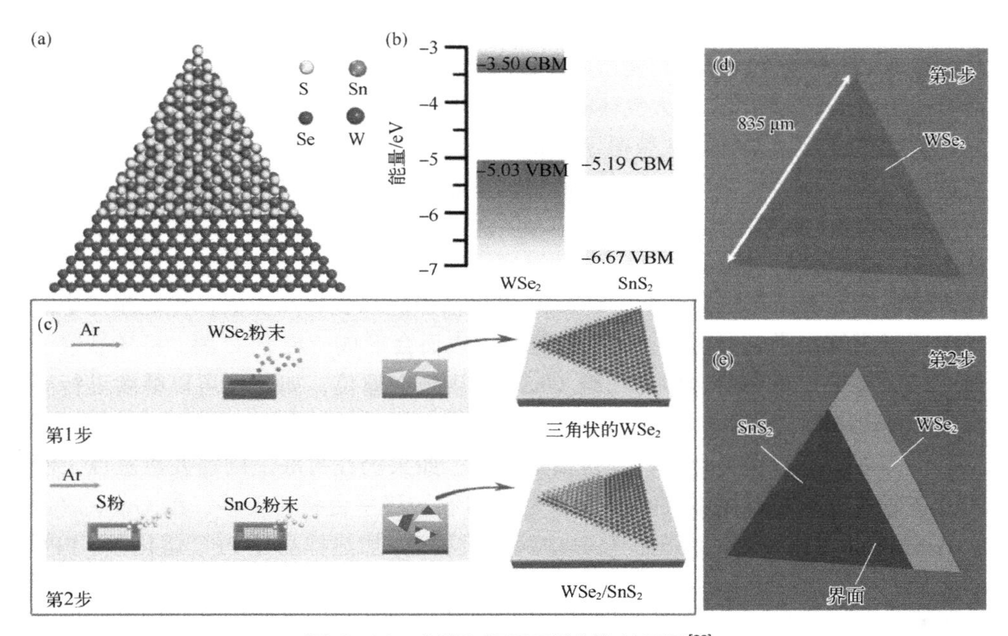

图 4-14 化学气相沉积法制备流程图[28]

4.2.4 机械剥离法

张璐[29]报道了一种通过机械剥离法获得 $ReSe_2/MoS_2$ 异质结构（图 4-15）。首先通过气相沉积法获得 $ReSe_2$，随后将 $ReSe_2$ 大块晶体转移到 SiO_2/Si 衬底上，然后通过机械剥离法在聚二甲基硅氧烷（PMDS）衬底上制备出单层样品，通过自制的转移平台在显微镜的配合下将其精确转移到 $ReSe_2$ 薄膜上。异质结样品在压强为 5 Torr（666.625 Pa）氩气环境中，以 200 ℃退火 2 h，保证两个单层界面处形成良好的范德华异质结构。

王帅[30]使用机械剥离法获得了 $GaSe/MoS_2$ 异质结构，首先通过机械剥离法分别制取了二维 GaSe 与 MoS_2 材料，用 Scotch 胶带分别粘取部分 GaSe 和 MoS_2 材料，用新胶带进行多次揭取至合适的状态，并粘贴至预处理的 SiO_2/Si 衬底上。然后使用光学显微镜定向转移构建范德华异质结构，得到 $GaSe/MoS_2$ 异质结构。

郝生财[31]将块体材料晶体剥离到 PDMS 衬底上，然后将单层 $MoSe_2$ 薄片转移到硅片衬底上，并且在压强为 2～3 Torr 氢氩混合气氛中，200 ℃退火 2 h。然后以同样的方法将单层 WS_2 薄片从 PDMS 衬底上覆盖到 $MoSe_2$ 上，将制备好的样品以相同条件进行退火，得到了 $MoSe_2/WS_2$ 异质结构。

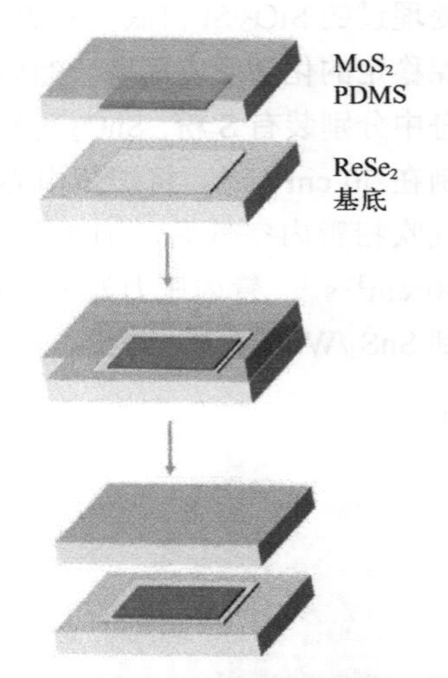

图 4-15 机械剥离法制备流程图[29]

4.2.5 定向转移法

构建二维材料及其异质结构所用的转移技术包括湿法转移、干法转移和非大气环境中的转移[32]。

王帅[30]使用定向转移法获得了 $GaSe/MoS_2$ 异质结构（图 4-16），并利用光学显微镜观察制备的样品，找到待转移的二维 GaSe，记录其光学显微图像，确定好待转移二维 GaSe 在衬底上的位置。将样品放置旋涂机上，以配制好的 PPC 溶液旋涂在样品表面，将旋涂完毕的样品置于烘箱内烘一段时间，烘干后的样品表面会形成一层 PPC 膜。将样品置于光学显微镜下，观察待转移的二维 GaSe 是否还在原位，如还在可以继续进行实验，如待转移的二维 GaSe 消失，重复上述实验。将胶带粘在 PPC 薄膜上，将 PPC 膜撕下，观察待转移二维材料是否被揭下来，如果仍在衬底上则需要重复以上步骤。在确认揭下目标二维 GaSe 后，利用自制转移平台将待转移二维 GaSe 放置于 Au 电极上，让二维材料至少与其中两电极相连，加热样品让 PPC 熔化，待 PPC 熔化后，将胶带移走，目标 GaSe 落在 Au 电极上，完成转移过程。最后将样品放在丙酮溶液中浸泡一段时间，去除电极上的 PPC 薄，制成器件，后续可进行性能检测。

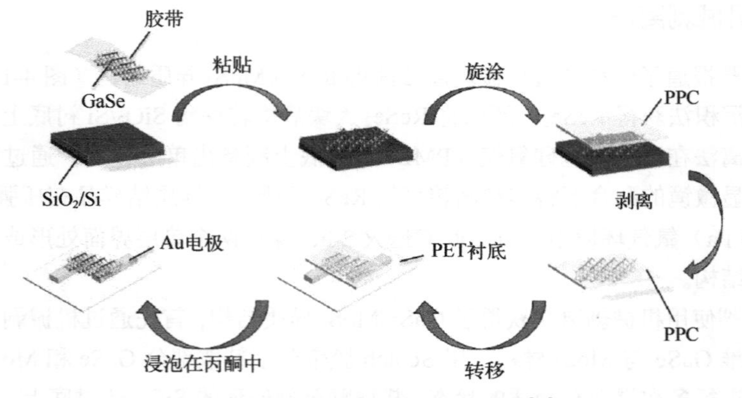

图 4-16 定向转移法制备流程图[30]

陈哲生[33]将定向转移法进行改进，发展为随即转移法（图 4-17），利用这种方法，可以快速制备不同厚度的二维半导体异质结，且异质结界面和表面干净，没有水或其他聚合物杂质存在。利用随机转移二维材料来制备异质结的步骤非常简单：用机械剥离法在衬底上直接制备一种二维材料，记为样品 1；然后继续用机械剥离法在样品 1 衬底上制备样品 2，这样，样品 1 和样品 2 重叠的部分即为二维材料异质结。如图 4-17（a）所示，样品 1 的块状材料被粘贴在特殊的胶带上，然后用力按压在衬底上，一层或多层样品 1 被静电吸附到衬底表面，由于块状材料层间较弱的范德华力，撕掉胶带后，部分一层或多层样品脱离块状材料，继续留在衬底上，这样二维材料-样品 1 被成功制备。为了增加样品的附着力，作者在衬底上增加了加热板，这样，衬底温度可以由加热板精确控制。如图 4-17（b）所示，重复样品 1 的制备方法，在样品 1 衬底上制备了样品 2。这样，样品 2/样品 1 异质结被成功地制备。

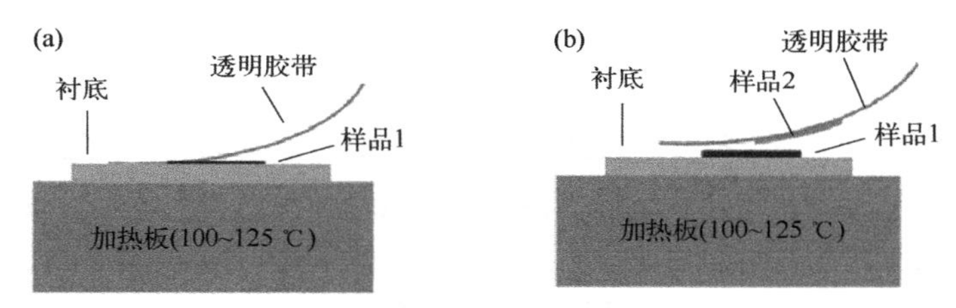

图 4-17　随即转移法制备流程图[33]

4.2.6　电子束蒸发法

电子束蒸发法是真空蒸发镀膜的一种，是在真空条件下利用电子束进行直接加热蒸发材料，使蒸发材料气化并向基板输运，在基底上凝结形成薄膜的方法[34]。

耿雷[35]制备了 CdS/CdTe 复合材料（图 4-18）。他们采用玻璃衬底，首先利用电子束蒸发法制备 CdS：玻璃衬底用丙酮超声清洗，采用电子束蒸发系统，在高真空下沉积 CdS 薄膜，利用涡轮分子泵实现真空，本底真空度为 4×10^{-4} Pa。通过管状加热器对衬底加热，衬底温度为 25 ℃。托盘架在沉积时保持匀速转动，以保证薄膜的均匀性。蒸发源为纯度 4N 的 CdS 粉末，由高压加速的偏转电子束加热。电子枪蒸发束流维持在 25 mA，高压 6 kV，沉积速率 20 Å·s^{-1}，沉积厚度 150 nm。厚度和速率由晶振膜厚仪检测，CdTe 吸收层采用电子束蒸发法，沉积层厚度 2.5 μm，沉积温度 25 ℃，制备了 CdS/CdTe 复合材料。

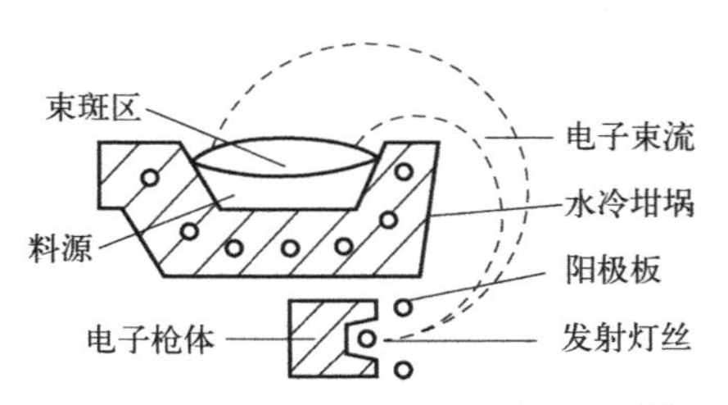

图 4-18　电子束蒸发法制备流程图[35]

4.3 过渡金属硫化物/氧化物异质结构的合成

近年来，基于过渡金属硫化物（transition metal sulfides，TMS）和过渡金属氧化物（transition metal oxides，TMO）组合的异质结构，因两者的综合优点以及在催化、传感和光电子器件中的广泛应用而受到越来越多的关注。结合 TMS 和 TMO 材料，可以有效克服两种材料的固有局限性，以新颖的机制提供其异质结构的多种功能。例如，传统半导体 TMO 已广泛应用于双端气体传感器，用于危险气体检测、健康监测和疾病诊断[36]。然而，这些传感器通常要承受较高的工作温度（例如，数百摄氏度），这阻碍了它们在便携式和可穿戴电子产品中的应用。近年来，基于 TMS 与吸附气体分子之间的电荷转移机制，半导体材料 TMS 在 NO_2、NH_3、H_2O 等室温气体传感器方面显示出巨大的潜力[37]。然而，它们的灵敏度仍然受到相对较低的电荷转移能力的限制，因此需要高栅极电压的片上三端晶体管结构通常需要设计来优化灵敏度，这也给便携式和可穿戴电子产品的应用带来了许多困难。由于 TMS 或 TMO 传感器都有其固有的局限性，通过 TMS/TMO 异质结构的精细设计，使这两种材料协同工作成了一个很好的策略。同样在其他方面的应用，例如电催化材料的制备等，制备 TMS/TMO 异质结构材料能够有效地发挥二者的优点，或者改变材料的电子结构进而提升材料的性能。然而，目前构建 TMS/TMO 异质结构的非破坏性方法仍然非常有限，直接合成 TMS/TMO 异质结构非常具有挑战性，这很大程度上归因于 TMS 和 TMO 的生长环境（还原与氧化）是矛盾的[38-39]。对此，研究人员进行了大量的工作探索 TMS/TMO 材料的制备。

4.3.1 CVD 合成法

清华大学材料学院刘锴课题组利用 CVD 和激光直写设计了基于二维过渡金属硫/氧化物横向异质结（$NbS_2/Nb_2O_5/NbS_2$）的高性能传感器[40]。首先制备基底 NbS_2，制备过程如下，将前驱体 $NbCl_5$ 粉和硫粉分别放置在两个石英管中。加热前，用 200 $cm^3 \cdot s^{-1}$ Ar/10% H_2 气体吹扫整个 CVD 系统 10 min，然后以 30 ℃$\cdot min^{-1}$ 的升温速率将 SiO_2/Si 基底加热到 600 ℃，加热带温度以 15 ℃$\cdot min^{-1}$ 的速率上升到 220 ℃；然后将装有前驱体粉末的两个石英管推入加热带，开始生长；用 200 $cm^3 \cdot s^{-1}$ 的 Ar/10% H_2 气体生长 5 min 后，打开熔炉并迅速冷却到室温，制备得到 NbS_2。然后利用激光局部加热氧化金属性 NbS_2 为 Nb_2O_5，一步实现了具有优异电学接触的由金属性 NbS_2 电极和 Nb_2O_5 沟道所构成的异质结器件，既有效增强了电学信号又避免了沟道表面污染。制备的过程如图 4-19 所示。不同于传统的氨气传感机理，该传感器依赖于氨气与沟道表面吸附水分子作用后解离出的 OH^- 对其表面电导的调控，从而实现了高灵敏度的室温氨气传感性能，优于前人所报道的基于二维材料的室温氨气传感器。同时，基于沟道表面吸附水的导通机制，该传感器还可作为一种新型的正温度系数器件，其正温度系数可达 15%·℃$^{-1}$～20%·℃$^{-1}$。

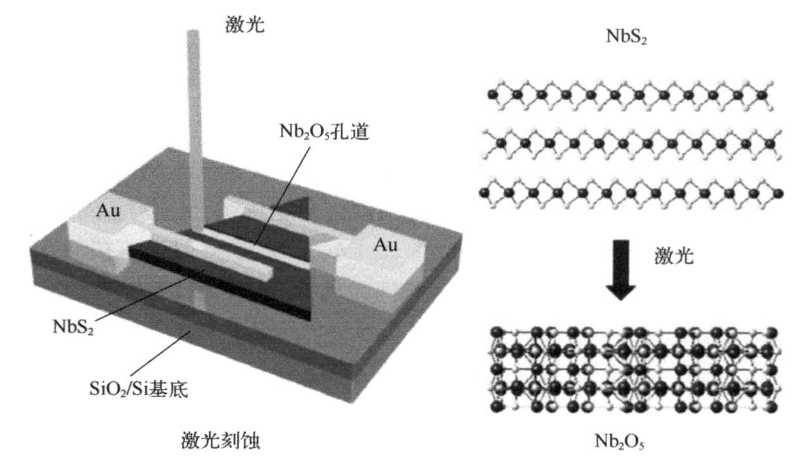

图 4-19　激光直写制备 NbS$_2$/Nb$_2$O$_5$/NbS$_2$ 异质结[40]

兰州大学韩卫华课题组采用三维的锡掺杂氧化铟（Sn-In$_2$O$_3$）纳米线作为高效载流子传输集流体，通过高温气相硫化的方法得到 Sn-In$_2$O$_3$/In$_2$S$_3$ 异质结[41]。首先依次用丙酮、乙醇和去离子水超声清洗切好的 ITO 玻璃，然后使用 CVD 方法制备 Sn-In$_2$O$_3$ 单晶纳米线。将制备的 Sn-In$_2$O$_3$ 单晶纳米线用瓷舟盛放，并放置于管式炉的中心，将高纯硫粉放置于管式炉的上游进行材料的硫化，接着将管式炉抽真空并通入氩气（100 cm^3·s^{-1}）和氢气（20 cm^3·s^{-1}）的混合气体，以 25 ℃·min^{-1} 的速率升温至 500 ℃，保持一定时间（10～30 min）。硫化完毕后取出样品待用。将该材料用于光催化二氧化碳还原，结果表明该复合结构具有优异的光催化二氧化碳还原性能，借助 Pt 助催化剂，其 CO 的还原速率为 0.85 μmol·h^{-1}，而 CH$_4$ 的产率也达到 0.52 μmol·h^{-1}。作者将良好的催化性能归因于在 In$_2$O$_3$ 和 In$_2$S$_3$ 界面处形成的优异的 Z 型异质结以及单晶纳米线阵列提供高效电子的传输通道。该工作提供了一种以纳米线结构为基础并合理设计能带结构排列的有效策略，预期这种特殊的设计也可用于构建其他的异质结，为获得高性能的太阳能-燃料转换的光催化剂提供了新的思路。

4.3.2　水热/溶剂热合成法

孙立成课题组采用氧化还原诱导表面重构的方法制备了 NiMoO$_x$/NiMoS 材料[42]。首先将前驱体材料和硫脲溶于去离子水中，室温下搅拌至完全溶解。然后将溶液转移到特氟龙内衬钢高压釜中，并加入泡沫镍。在 200 ℃水热反应 24 h 后，用去离子水清洗得到 NiMoS 前驱体，并在 60 ℃烘箱中烘干。得到的 NiMoS 前驱体用射频等离子体在氧气氛围下辐照进行氧化处理。最后在 H$_2$/Ar 条件下退火至 300～500 ℃，进行典型的加氢调节，通过氧化/加氢诱导表面重构策略合成 NiMoO$_x$/NiMoS

异质结构阵列。$NiMoO_x/NiMoS$ 异质结构阵列在 10 $mA\cdot cm^{-2}$ 下的析氢过电位为 38 mV，析氧过电位为 186 mV，甚至在 500 $mA\cdot cm^{-2}$ 的大电流密度下也能长期稳定存在。材料的制备和电催化性能如图 4-20 所示。该材料以过渡双金属氧化物/硫化物异质结构阵列为典型模型，其电催化性能的显著提高不仅归因于元件和几何结构的同时调制，还归因于电荷转移的系统优化、丰富的电催化活性位点和异质结构界面的协同效应。密度泛函理论计算表明，$NiMoO_x$ 与 NiMoS 之间的耦合界面优化了吸附能，加速了水的裂解动力学，从而提高了催化性能。特别是，使用 $NiMoO_x/NiMoS$ 阵列组装的双电极电池在创纪录的 1.60 V 和 1.66 V 电池电压下，提供了工业所需的 500 $mA\cdot cm^{-2}$ 和 1000 $mA\cdot cm^{-2}$ 电流密度，同时具有优异的耐久性，优于目前报道的大多数过渡金属基双功能电催化剂。以层状过渡异质结构阵列为典型模型，通过工程活性位点，为大规模能量转换应用开发优良的电催化剂开辟了道路。

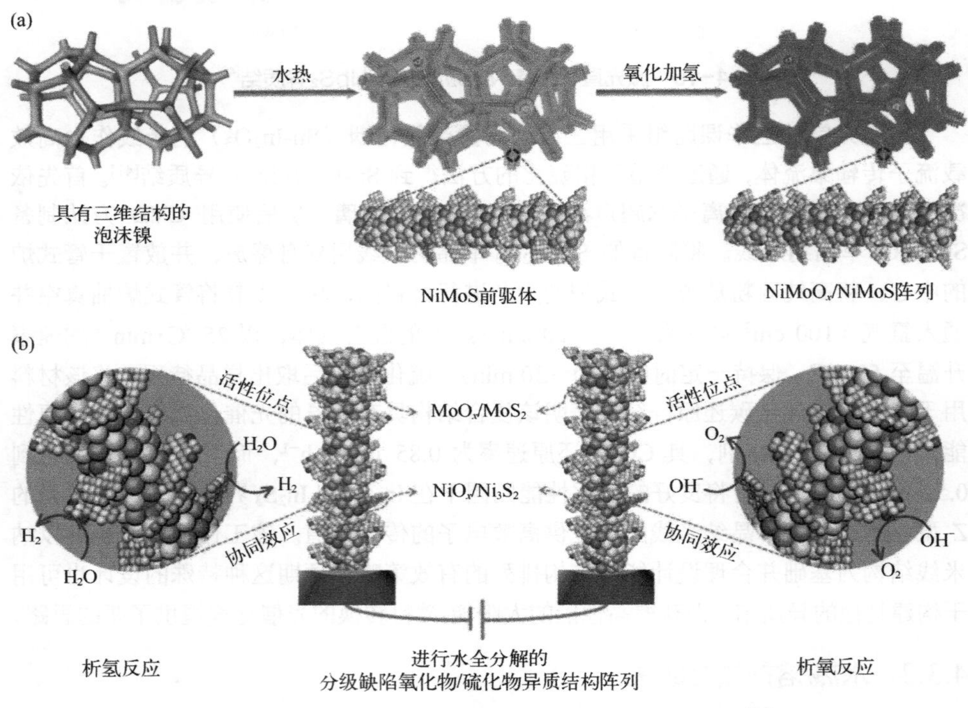

图 4-20 $NiMoO_x/NiMoS$ 结构制备和电催化示意图[42]

哈尔滨工业大学郝娟媛课题组[43]通过一步水热法制备花状多级 SnS_2/TiO_2 异质结复合物，同时通过调节 Ti 源的量合成含有不同异质结数量的材料，研究异质结结构和异质结数量对气敏性能的影响。通过将冰醋酸和乙醇混合得到均一的稳定溶液，加入氯化锡溶解后，加入硫代乙酰胺搅拌至形成透明溶液，最后加入钛酸四丁酯，搅拌 1 h 后将溶液加入反应釜，180 ℃保温 12 h 后得到材料。通过改变制备材料时加入 Ti 的量将材料分为 SnS_2/TiO_2-1, SnS_2/TiO_2-2, SnS_2/TiO_2-3。复合材料以 SnS_2 花状多级结构为主体，纳米颗粒 TiO_2 修饰在其表面，并且 TiO_2 的引入没有改变 SnS_2 的形貌和晶体结构。在 SnS_2/TiO_2 异质结中，TiO_2 纳米颗粒均匀地分布在 SnS_2 表面，并且异质结的数量可以通过加入 Ti 源的量来调控。通过分析元素的化学状态，发现 SnS_2/TiO_2 异质结界面处存在 Ti—O—Sn 键，说明 TiO_2 以化学键的形式和 SnS_2 接触，不是物理接触。界面处的化学键可以看作是运输桥梁，不仅加快载流子的传输，也提升载流子的效率。通过对比在相同 NO_2 浓度下的性能差异，发现 Sn：Ti = 8：1 的样品对 NO_2 的灵敏度高达 319%。而在室温下，SnS_2 和 TiO_2 几乎没有响应。这说明在异质结的作用下，材料能在室温下呈现良好的响应恢复行为，并且气敏性能显著提升。最佳比例的材料选择性和长期稳定性都比较好。

4.3.3 电沉积和高温热处理及化学浴沉积法

兰州大学韩卫华课题组通过电沉积和高温热处理及化学浴沉积法在 $Bi_2O_{2.33}$ 纳米片的表面生长 Bi_2S_3 纳米针，成功制备了基于 $Bi_2O_{2.33}/Bi_2S_3$ 的同源 Z 型异质结光催化剂[44]。首先，通过连续离子层吸附法（successive ionic layer adsorption and reaction, SILAR）在 $Bi_2O_{2.33}$ 表面生长 Bi_2S_3 种子层。具体做法是将 FTO 玻璃上的 $Bi_2O_{2.33}$ 纳米片浸入含有硝酸铋的乙二醇溶液中，用乙二醇洗涤去除过量的 Bi 离子；接着浸入硫化钠的水溶液；最后在去离子水中去除表面上吸附的多余离子。以上步骤经过 5 个循环后将样品在真空烘箱中干燥过夜，然后在氩气气氛中退火。通过以上步骤在 $Bi_2O_{2.33}$ 纳米片表面获得了 Bi_2S_3 种子层。

其次，通过化学浴沉积（chemical bath deposition, CBD）法在 $Bi_2O_{2.33}$ 纳米片上生长 Bi_2S_3 纳米针。将带有 Bi_2S_3 种子层的样品固定在模具上浸入溶液，将反应在 55 ℃下保持不同的时间（2 h、4 h、6 h 和 8 h）。取出获得的样品，用去离子水冲洗并在真空烘箱中干燥。最后将它们在氩气保护下于进一步退火。

最后，通过电化学还原含 Ti^{4+} 的对苯醌溶液，在 $Bi_2O_{2.33}/Bi_2S_3$ 纳米复合材料表面上电沉积 TiO_2 保护层，得到最终材料。非晶态 TiO_2 层用于防止对 Bi_2S_3 的光腐蚀并延长使用寿命。得益于独特的催化剂合成方法，异质结中缓慢化学成分的转变有利于材料的充分生长，这消除了热处理后的晶格失配和金属离子掺杂的缺陷状态。

实验结果表明，该复合异质结构材料光催化剂在光催化全分解水过程中具有出色的催化活性，在模拟的太阳光照射条件下，氢气和氧气的析出速率分别为 0.98 $\mu mol \cdot h^{-1}$ 和 0.5 $\mu mol \cdot h^{-1}$（样品面积 2 cm^2）。在存在牺牲剂的情况下，H_2 的产率更是可达 62.61 $\mu mol \cdot h^{-1}$。此外，通过沉积超薄无定形 TiO_2 可以避免 Bi_2S_3 在催化过程中的光致腐蚀，进一步改善了它们的稳定性。该催化剂与其他材料相比有着高效的光催化分解水的活性，作者将这一性质主要归因于非化学计量 $Bi_2O_{2.33}$ 有着较高的本征光催化活性和 Bi_2S_3 对有效太阳光吸收能力强以及 $Bi_2O_{2.33}/Bi_2S_3$ 之间 Z 型能带结构促进的电荷转移。

Kuila 课题组[45]利用电沉积的方法制备了 MoS_2/Fe_2O_3 异质结构。该课题组在三电极装置中进行两步电沉积以制备异质结构。电沉积过程中采用预清洗的泡沫镍（NF）片、Ag/AgCl/饱和 KCl、石墨棒作为初始沉积的工作电极、参考电极和辅助电极，氧化铁修饰的泡沫镍作为第二次沉积的工作电极（其他电极相同）。将 $FeSO_4\cdot 7H_2O$、NaOH 和三乙醇胺（TEA）溶解在去离子水中，得到的溶液作为首次沉积的电解质。将 NF 片部分浸入电解液中在 1.0 V 下计时安培法电解一段时间。用去离子水和乙醇彻底清洗氧化铁改性 NF，然后在真空烘箱中干燥。将 $(NH_4)_2MoS_4$、KCl 溶解在去离子水中，得到的混合物作为第二次沉积的电解质。暴露 NF 的氧化铁沉积区进行第二次电沉积，并在 1.1 V 下进行一段时间的电流-时间变化检测。将异质结构改性的泡沫镍彻底清洗，然后在真空烘箱中干燥。

综上所述，采用两步法直接电沉积了一系列 MoS_2/Fe_2O_3 异质结构。两次沉积时间的变化改变了异质结构的物理化学特征以及其中的 Fe_2O_3 和 MoS_2 的含量。这些变化通过改变其对反应中涉及的物理化学步骤（如底物吸附、解吸和电荷转移）以及动力学方面的有效性，调节了异质结构的水分解效率，并通过 Fe_2O_3 和 MoS_2 的协同作用增强了异质结构的电催化活性。异质结构的层次结构有利于 OER 催化反应，而 Fe_2O_3 和 MoS_2 的含量只影响其 HER 催化活性。在金属 NF 衬底上直接制备异质结构有助于实现更高的催化电流密度。连续 5 min 和 6 min 电沉积得到的异质结构 F5M6（两次电沉积中第一次沉积 5 min，第二次沉积 6 min），由于其更优的底物吸附、解吸和电荷转移效率，表现出优异的双功能电催化活性。以 F5M6 为电极的对称电解槽在 2 V 下的全水解电流密度高达 757 $mA\cdot cm^{-2}$，在高工作电压区域的表现也超过了最先进的 RuO_2||Pt/C 电解槽。除了催化效率外，F5M6 还能在高电流密度下保持约 30 h 活性。因此认为，这种方法制备的 MoS_2/Fe_2O_3 异质结构可作为一种优秀的双功能无贵金属电催化剂，并应用于水全分解。此外，两步电沉积法被证明是一种高效、简便的制备异质结构电催化剂，并能有效调节其活性的方法。

4.3.4 声化学合成法

苏州科技大学高丽君团队[46]通过简便的声化学方法制备了 Bi_2O_3/Bi_2S_3 异质结构。在典型的操作中，十六烷基三甲基溴化铵和硫代乙酰胺（TAA）通过超声处理溶解在去离子水中，然后向该溶液中滴加 $Bi(NO_3)_3$，搅拌 3 h 后，离心收集所得沉淀，用水和乙醇反复洗涤，并在 60 ℃下干燥过夜。作为比较，游离的 Bi_2O_3 样品也通过类似的过程制备，但不使用 TAA。由此得到的 BO-BS 异质结构具有较大的比表面积、丰富的介孔和固有的弹性，这使得材料具有优越的 Li 存储能力。这种异质结构具有很高的库仑效率（83.7%）、稳定的比容量（600 $mA\cdot g^{-1}$，超过 100 次循环）和显著的充放电速率（295 $mA\cdot h\cdot g^{-1}$ 在 6 $A\cdot g^{-1}$ 的条件下），明显优于已有报道的铋基材料。

这项工作表明，构建异质结构可能是可充电电池高性能电极的一个有前途的策略。

北京大学张亚文[47]也采用声化学方法制备了硫化物/氧化物异质结构。In_2O_3 层状纳米管通过水解 TAA 实现了 CdS 的原位生长。将 In_2O_3 纳米管通过超声分散到去离子水中，并加入 $CdCl_2$ 溶液。搅拌 20 min 后添加含有 TAA 的水溶液，混合搅拌 10 min。最后，将混合物放入 70 ℃油浴保持 4 h。离心收集产物经过几次水和乙醇的洗涤后，在真空中进行干燥，该结构由微小的 In_2O_3 和 CdS 纳米颗粒组成。这种异质结构效应有利于光诱导载流子的分离和转移，同时具有层状纳米结构增强光吸收、增加催化活性位点数量的优点。因此，在不添加助催化剂的情况下，最优 CdS/In_2O_3 层次纳米管在可见光光催化制氢中表现出最好的活性，其活性分别是 In_2O_3 纳米管和 CdS 纳米颗粒的 78.6 倍和 16.9 倍。这项工作不仅探索了 In_2O_3 和 CdS 在无辅助催化剂的可见光光催化制氢中的界面效应，而且为从 MOFs 开始合成高效的硫化物/氧化物异质结构光催化剂提供了新的思路，最大限度地提高了异质结构光催化剂在光催化析氢过程中的界面效应。

辽宁大学宋溪明课题组[49]采用声化学方法制备了 TiO_2/CdS 异质结构。将 TiO_2 和 CdS 在乙醇中超声分散 30 min，悬浮液室温持续搅拌 8 h。然后将悬浮液离心收集目标产物，在 50 ℃恒温真空干燥 24 h 后得到所需的材料。对 TiO_2/CdS 异质结构样品粉末进行充分研磨，并首次从热力学和动力学角度，通过表面光电压（SPV）光谱、光声（PA）光谱和瞬态光电压（TPV）测量证实了 Z 型异质结效应，同时证实了 Z 型异质结效应与传统半导体异质结构效应在光生电子和空穴转移方面的典型竞争关系。TiO_2/CdS 异质结构由于 Z 型异质结效应，TiO_2 导带中的光生电子可以与 CdS 导带中的光生空穴重新结合，并以声子的形式耗散输入能量。TiO_2/CdS 异质结构表面光电压光谱在 600～690 nm 范围内响应较弱，证实光生电子从 CdS 的价带向 TiO_2 的导带转移。TiO_2/CdS 异质结构光声光谱在 630～690 nm 区域有明显的响应，说明了 Z 谱效应导致光能电子与空穴复合。此外，TiO_2/CdS 异质结构光声光谱响应增强，证实了对入射光利用的提升。TiO_2/CdS 异质结构瞬态光电压光谱中阳性响应明显下降区域表明存在 Z 型异质结效应，同时第二个上升的正响应区表明传统的光能生成电子从 CdS 的导带转移到 TiO_2 的导带。此研究有助于半导体异质结构的设计并完善其光催化机理。

4.3.5 电化学氧化法

犹他州立大学孙宇杰课题组采用简便的电化学氧化的方法，构建了一种硫化镍/氧化物异质结构[48]。他们通过一种替代的原位电化学氧化（ECO）方法构建了一种镀镍/氧化物异质结构，提高 Ni_3S_2/泡沫镍（Ni_3S_2/NF）电极的比表面积电容。利用动电位沉积法在泡沫镍上制备 Ni_3S_2。KOH 中，通过 Ni_3S_2/NF 在 0.6～1.2 V 与 Ag/AgCl 之间的电位动态循环几次，制备了 ECO-Ni_3S_2/NF，直到获得稳定的 CV 曲线。

最终 ECO-Ni_3S_2/NF 的整体结构与 Ni_3S_2/NF 保持一致。制备所得到的 ECO-Ni_3S_2/ NF 的面积比容量有明显的增加，为 2035 mF，是原始材料 Ni_3S_2/NF（8 $mA\cdot cm^{-2}$）电流密度的 65 倍。这种改进的电容可能归因于增加的电化学活性表面积和独特的异质结构的综合效应。这种电化学活化方法是对传统结构工程和合成路线调制的补充，因此它有可能用于制备超级电容器应用的各种电活性材料。

Panda 课题组利用水化学法制备了 ZnO/ZnS 异质结构[41]。他们将 ZnO 纳米管与硫化钠混合在去离子水中，加热后经过水洗便可以得到异质结构。该结构为纳米管材料，不但可以提供 68 $m^2\cdot g^{-1}$ 的比表面积，还提供了修饰过的电子结构。该材料可用于胆固醇性能的测试，同时也可以用于其他有机挥发气体的检测。

4.4 过渡金属硫化物/碳化物异质结构的合成

4.4.1 过渡金属硫化物/碳纳米管异质结构的合成

碳纳米管（CNT）具有较大的比表面、良好的电导率和轻的质量，被认为是用于活性电催化剂组装形成高效电催化剂的最具吸引力的底物之一。通过将过渡金属硫化物（TMS）与 CNT 结合，可以改善其电导率和电催化性能。

水热法作为一种有效调控合成材料形貌的方法被广泛应用于 TMS/CNT 的合成。姚霞银课题组[50]采用简易水热法成功合成了硫化镍锚定碳纳米管（NiS/CNT）纳米复合材料，通过直接硫化过程，将 Ni 纳米颗粒转化为附着在多壁碳纳米管上的 NiS 纳米颗粒（图 4-21）。罗永松课题组[51]通过水热法制备了 CNT@NCT@W-MoS_2/C，采用“自下而上”的策略，将 MoS_2 纳米管超宽间距中间层（W-MoS_2/C）固定在特殊的双碳管上，构建三维（3D）纳米结构。刘英菊课题组[52]利用可控和简单的溶剂热合成优化界面相互作用合成了一种强耦合多孔 MoS_2/CNT 纳米复合材料，其三明治结构加强了 MoS_2 和纳米碳之间的界面连接。

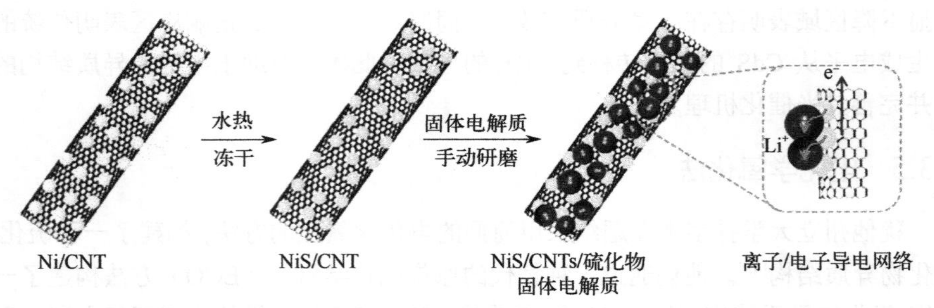

图 4-21　NiS/CNT 纳米复合材料的合成过程示意图[50]

2021 年复旦大学车仁超课题组[53]通过喷雾干燥法成功合成了一种具有优异的水裂解催化性能的新型 WS_2/CNT 空心微球，并在碱性介质中表现出优于大多数基于 TMS 催化剂的低过电位和稳定性，WS_2/CNT 复合材料催化性能的增强主要是由于碳纳米管和 WS_2 纳米片之间的强极化耦合，显著促进了碳纳米管和 WS_2 界面上的电荷再分配。WS_2/CNT 空心微球的制备过程与形貌表征如图 4-22 所示。

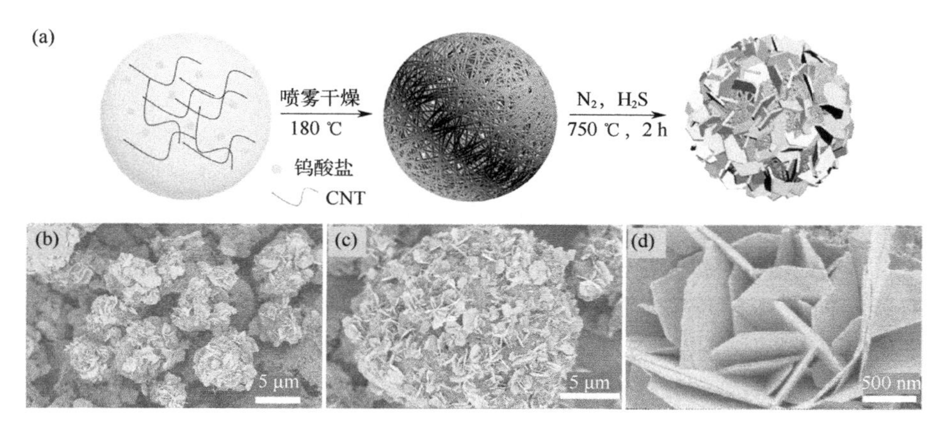

图 4-22 （a）WS_2/CNT HMS-750 制备过程示意图；（b）～（d）WS_2/CNT HMS-750 的 SEM 图像[53]

Kim 等人[54]报道了通过直接的低温前驱体分解制备 MoS_x/N-CNT 混合催化剂（图 4-23）。由于 N 掺杂石墨表面具有高润湿性，同时硫钼酸盐前驱体阴离子与 N 掺杂位点之间存在静电吸引，在低温湿化学过程下，在 N-CNT 表面特别沉积了约 2 nm 尺度厚的非晶态 MoS_x 层，且二者可以保持紧密结合。

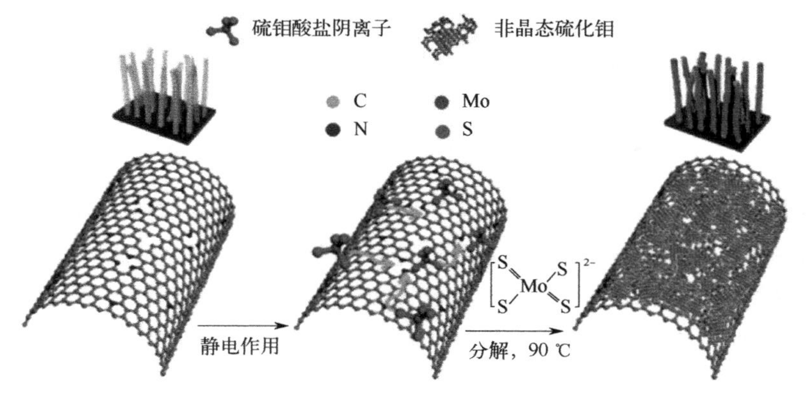

图 4-23 MoS_x/N-CNT 森林三维杂化催化剂合成过程示意图[54]

单壁碳纳米管（SWNT）是一维碳基纳米材料，具有优异的柔性和热电性能，还能保持较高的光化学稳定性。Xu 等人[55]通过两步化学气相沉积过程，将水平排列的 SWNT 与单层和少层 MoS_2 集成，合成了超薄的 SWNT/MoS_2 复合材料。因为没有常规用于转移过程的聚合物，通过此方法合成的 SWNT/MoS_2 复合材料可以在二者间提供干净的界面（图 4-24）。

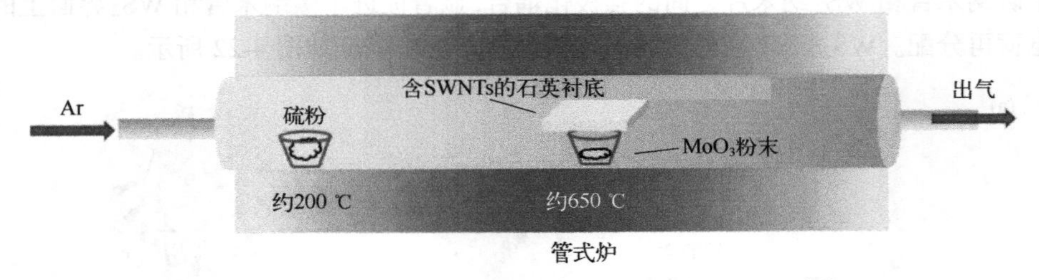

图 4-24　SWNT/MoS_2混合合成的炉膛装置示意图[55]

因为热处理极易扩大粒子的尺寸，所以化学气相沉积和溶剂热法难以用来制备亚纳米大小的 MoS_x 粒子，温州大学黄少铭课题组[56]开发了一种一步电化学沉积方法，成功制备了亚纳米 MoS_x/CNT 混合催化剂。该方法简单易行，在制备其他亚纳米尺寸的催化剂装饰碳材料方面展示了巨大的潜力（图 4-25）。

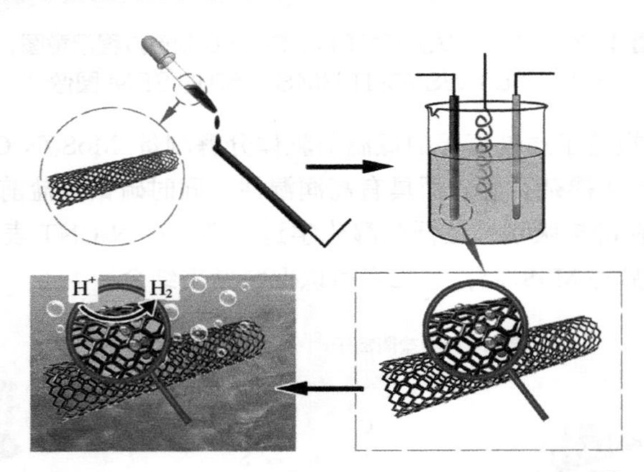

图 4-25　亚纳米 MoS_x/CNT 的合成工艺示意图[56]

微波辐照是一种传统的热源，由于其加热均匀，升温速度快，相较于其他合成方法加热与反应时间短，目前已较多应用于无机纳米颗粒/导电材料化合物的合成。张万里课题组[57]通过一种新型的“微波辅助气泡破裂”合成策略，合成了锚定在碳纳米管网络上的 Co_8FeS_8/CoS 异质结构纳米颗粒。以 ZIF-67 衍生的双氢氧化物为前驱体，升华硫为硫源，使用微波辅助反应，特别是由混合溶剂（乙二醇和去离子水）引起的气泡破裂效应，实现了超薄 Co_8FeS_8/CoS 异质结构纳米颗粒在碳纳米管骨架上均匀生长。气泡破裂效应促进了阵列类 CNT 基复合材料的有序重排，以暴露更多的催化反应活性位点，并使硫化物纳米颗粒锚定在导电基质表面，加速电子转移过程（图 4-26）。

超声喷雾热解法（USP）具有工艺快速、连续、高度耐用等特点，易于获得高产量与优越质量的产品。徐航勋课题组介绍了一种新的 USP 方法来合成由非晶态

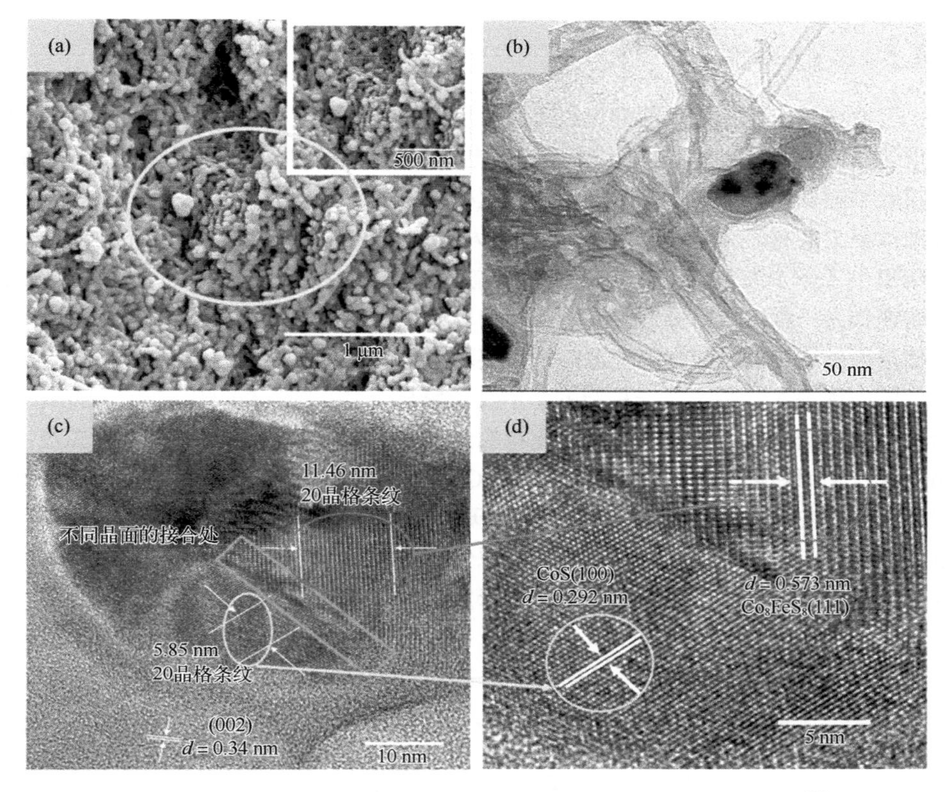

图 4-26 $Co_8FeS_8/CoS@CNT-500$ 的 SEM 与 TEM 表征图像[57]

MoS_x和碳纳米管（MoS_x/CNT）组成的混合纳米球。在 USP 合成过程中，含有碳纳米管的液滴快速蒸发，可以产生具有折叠和扭曲的碳纳米管的纠缠纳米球，较短的热解时间特别适合于前驱体热分解来合成非晶形材料，形成电导率增强的有效电荷转移途径。同时，由$(NH_4)_2MoS_4$分解得到的非晶态 MoS_x 可以牢固地锚定在碳纳米管上。在合成的混合催化剂中，CNT 网络不仅促进了相应的 HER 过程中的电荷转移，而且提高了 MoS_x 中活性位点的稳定性（图 4-27）[58]。

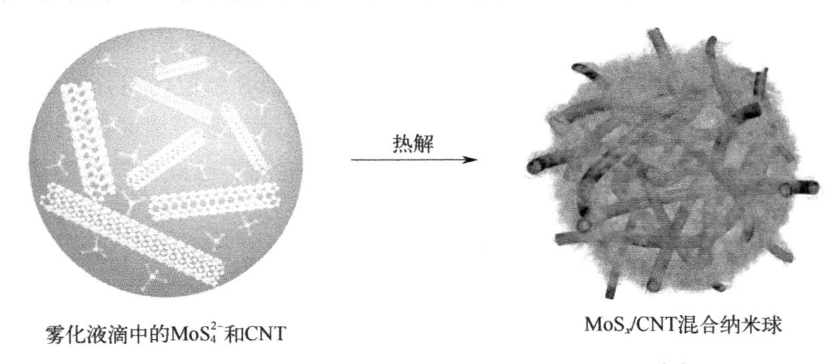

图 4-27 MoS_x/CNT 混合纳米球合成示意图[58]

4.4.2 多孔碳材料

过渡金属硫化物因其活性位点丰富、层间空间大和理论容量高，成了颇具前景的电化学储能材料，但高电流密度下的低电导率和低循环稳定性阻碍了它们的应用。武汉大学顾栋课题组报道了一种通用的双模板方法，可设计比面积高、孔径均匀、孔隙体积大的有序介孔单层 MoS_2/C 复合材料。以 SBA-15-P123 为模板，二氧化硅框架提供了一个有限的空间，使单层二硫化钼被限制在碳基质中。而聚离子 P123 聚合物作为一种基质，促进金属硫化物前驱体高度分散，并作为碳源。此方法避免了使用额外的碳源和有毒的硫源，从而实现了一个环保可控的过程[59]。

郭向欣等人[60]提出了一种新的基于茂金属与硫之间的气相反应的一步方法，以合成嵌入在碳基质中的过渡金属硫化物的纳米复合材料（TMS@C），并利用二茂铁、铬二茂铁和镍新烯分别成功合成了 FeS@C、Cr_2S_3@C 和 NiS_2@C 等多种纳米复合材料。借助此法可以在 TMS 表面引入保形碳涂层，利用碳层与 TMS 纳米颗粒之间的强相互作用，保证结构的稳定性。同时原位碳涂层工艺可以极大地抑制 TMSs 的粒径，使其在碳基质中形成均匀分布的纳米复合材料（图 4-28）。

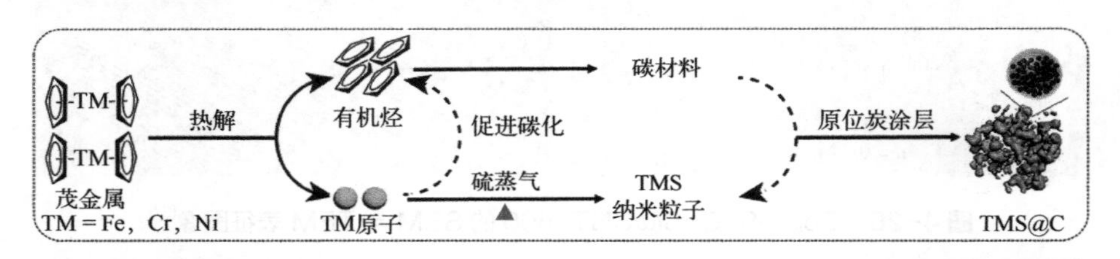

图 4-28　通过茂金属与硫之间的一步气相反应合成 TMS@C 纳米复合材料的示意图[60]

金属有机骨架（MOF）由于其比表面积高、孔径分布灵活、易于结构修饰等特点，受到研究者们的广泛关注，虽然 MOF 在本质上主要是不导电的，但它们可以作为前体来推导出保留起始材料的某些特征的导电纳米结构。夏勇德课题组首次提出了一种简便的一步硫化/碳化方法，利用原位合成 $WS_2/Co_{1-x}S$@N,S-共掺杂多孔碳纳米复合材料，其中 PTA 可以提供丰富的钨源，ZIF-67 中的金属离子作为钴源，而 ZIF-67 中的有机连接剂是碳衬底源。ZIF-67 中 PTA 分子团簇的均匀限制最终会导致在硫化氢热处理后，衍生的三维多孔碳基质中 WS 和 CoS 颗粒均匀分散。所得到的双金属/多孔碳复合材料不仅对 HER 和 OER 的电催化活性显著提高，而且通过原位形成的多孔碳基质有效防止金属硫化物颗粒的团聚，提高了电催化性能的稳定性（图 4-29）[61]。

Deep 等人[62]将 WS_2 纳米棒与 ZIF-8 衍生的纳米多孔碳结合，通过溶剂热法合成了 WS_2/Z8-800 复合材料。Z8-800 碳样品通过超声处理分散在去离子水中，以 WCl_6 作为钨源加入。然后将内容物置入特氟龙内衬的高压釜中，在 200 ℃下加热 24 h。反应后收集样品，离心，洗涤，最后在烘箱中干燥（图 4-30）。

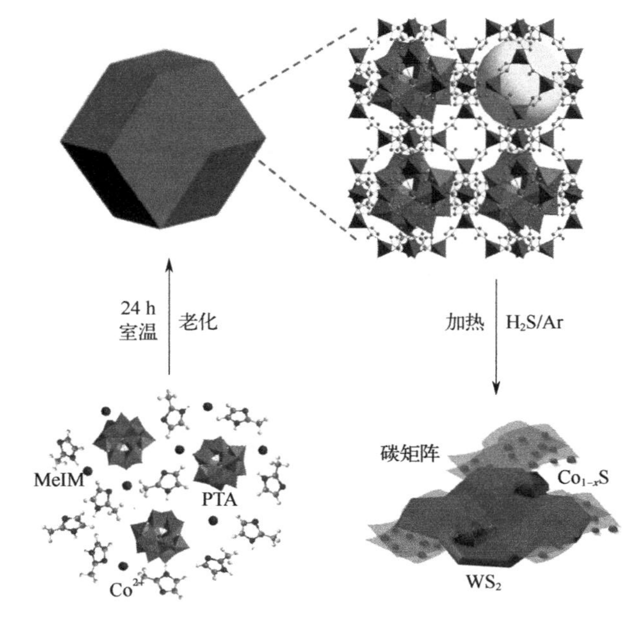

图 4-29　$WS_2/Co_{1-x}S$@N,S-共掺杂碳纳米复合材料的制备示意图[61]

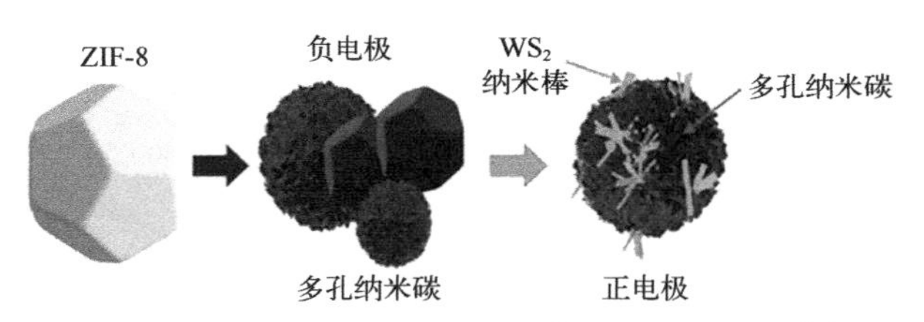

图 4-30　WS_2/Z8-800 复合材料的制备示意图[62]

余彦课题组通过一种易于放大的静电纺丝过程实现了在碳纳米线中嵌入 MoS_2 纳米点的制备。该复合材料的碳含量约为 38%（质量分数）。将$(NH_4)_2MoS_4$和 PVP 溶解于 DMF 中，将得到的前驱体溶液倒入连接到直径为 1.6 mm 的金属针上的注射器中，接地不锈钢板放置在 15 cm 自丝板下方收集纳米线，将收集到的电纺丝纤维在 450 ℃下在 H_2（5%）/Ar（95%）气氛中煅烧 2 h，800 ℃下煅烧 6 h，获得最终复合材料（图 4-31）[63]。

Li 等人结合静电纺丝技术的多功能性和水热过程，成功制备了具有高催化活性的一维 CuS/碳纳米纤维异质结构（CuS/EC），采用简单的静电纺丝方法，制备了由直径均匀的连续碳纳米纤维组成的三维（3D）连接纳米结构。在碳纳米纤维表面生长硫化铜纳米颗粒，然后进行水热处理。生长的硫化铜纳米颗粒不仅均匀分散，而且紧密地附着在碳纳米纤维表面[64]。Shin 等人采用静电纺丝、聚合物分解和硫化等方法，制备了一种分散在多孔碳纳米纤维（PCNF）中的 CoS_2 和 WS_2 超小粒子（USP）结构，包括微孔和介孔复合结构。通过 CoS_2 和 WS_2 超小粒子与碳的协同作用，提高了比容量和循环稳定性，可有效防止碳复合材料的体积膨胀，增加锂存储点的数量（图 4-32）[65]。

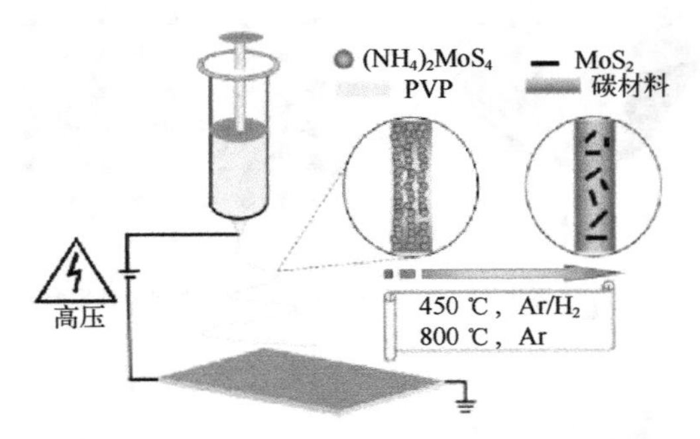

图 4-31　制备单层 MoS_2/碳纳米纤维复合材料的静电纺丝工艺示意图[63]

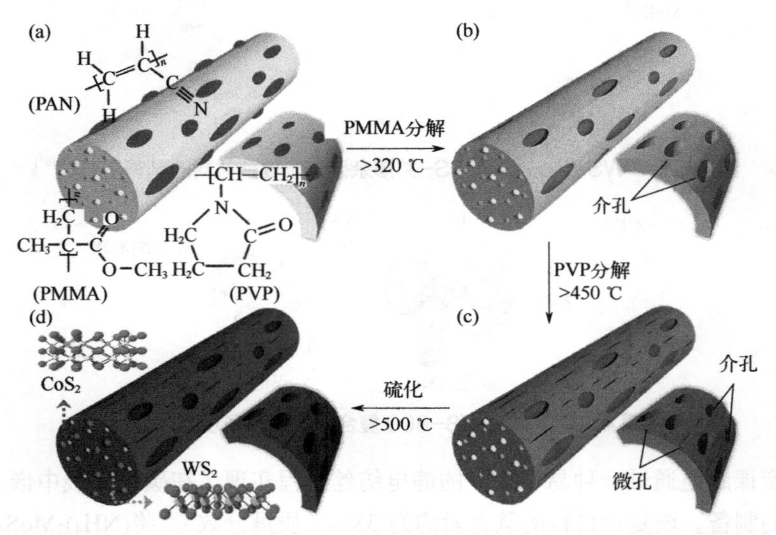

图 4-32　PCNF 中 CoS_2 和 WS_2 超小粒子分散良好的介孔/微孔形成步骤示意图[65]

溶胶-凝胶法也是制备 TMS/CM 的常用手段。Guo 等人设计了一种一步合成具有 N,S-共掺杂的 CoS_x 量子点嵌入的超薄碳纳米片（CoS_x@NSC）的方法。将硫脲、葡萄糖和醋酸钴混合生成凝胶前体，前驱体首先在 350 ℃下加热，生成石墨化氮化碳（$g\text{-}C_3N_4$）纳米片，中间产物在 800 ℃下进一步加热，热解 $g\text{-}C_3N_4$，将 CoS_2 转化为 CoS_x（CoS 和 Co_9S_8），从而生成嵌入 NSC 量子点异质结构。中间产物 $g\text{-}C_3N_4$ 纳米片，作为牺牲模板，生成二维（2D）纳米片形貌。碳基质中 CoS_x 的原位形成限制了大尺寸粒子的生长，导致在二维 NSC 中嵌入了超细量子点。CoS_x 量子点在超细碳纳米片中原位形成，无须进一步硫化，从而产生超细 CoS_x 粒径和嵌入的异质结构。CoS_x 量子点的超细粒径和嵌入的异质结构大大提高了 CoS_x 粒子的稳定性，促进了电子和离子的快速传递（图 4-33）[66]。

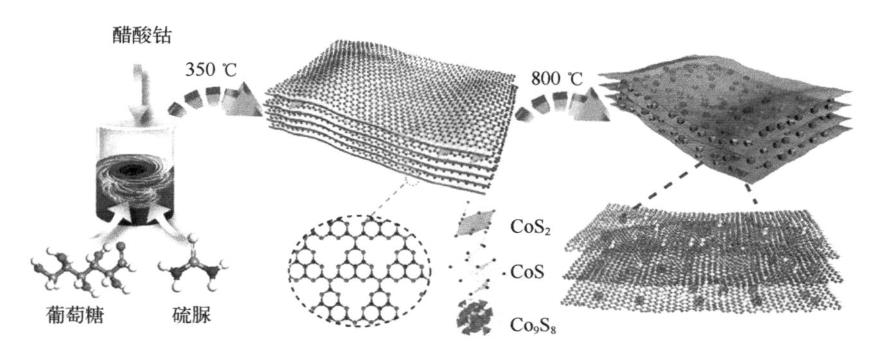

图 4-33 CoS_x@NSC-y（y表示反应中醋酸钴的投料量）纳米复合材料合成工艺示意图[66]

4.4.3 过渡金属硫化物/石墨烯异质结构的合成

石墨烯（G）是一种碳的异构体，由一层以六角形晶格排列的碳原子组成，具有优异的导电性、良好的化学稳定性和优异的力学性能等显著性能。近来许多研究表明，将石墨烯或石墨烯衍生物与过渡金属硫化物混合可以得到具有更好性能的新型复合材料，且过渡金属硫化物/石墨烯（TMS/G）或石墨烯衍生复合材料的性能受其形态、结构和制备方法的高度影响。

传统的溶剂法常被作为获得理想过渡金属硫化物/石墨烯异质结构的优质方法。Chen 等人[67]通过一锅无模板溶剂热法制造了带有多孔壳体的空心 α-MnS/还原氧化石墨烯（rGO）球体。Fang 等人[68]在十六烷基三甲基溴化铵溶剂环境中，通过一步溶剂热法制备了 VS_2/石墨烯纳米片（GNS），GNS 为二维 VS_2 的成核和生长提供了拓扑和结构模板。冯彩虹课题组[69]通过简单的一锅和无模板溶液方法在二甲基亚砜（DMSO）-乙二醇（EG）混合溶剂中，成功合成了硫化铜纳米线/还原氧化石墨烯（CuS NWs/rGO）纳米复合材料，归功于 CuS 纳米线和 rGO 纳米片之间的协同作用，材料表现出优异的 Li 储存性能和循环稳定性，同时可以提供二维导电网络并捕获 CuS 转化反应过程中产生的多硫化物。作者推测合成过程可能发生的反应如下：

$$Cu^{2+} + HOCH_2CH_2OH + DMSO + GO \longrightarrow Cu(DMSO)_n(OCH_2CH_2O)/rGO \quad (4\text{-}1)$$

$$Cu^{2+} + DMSO + GO \longrightarrow Cu(DMSO)_nS/rGO \quad (4\text{-}2)$$

$$N_2H_4CS + 3H_2O \longrightarrow H_2S + 2NH_4^+ + CO_3^{2-} \quad (4\text{-}3)$$

$$Cu(DMSO)_n(OCH_2CH_2O)/rGO + S^{2-} \longrightarrow CuS/rGO \quad (4\text{-}4)$$

$$Cu(DMSO)_nS/rGO + S^{2-} \longrightarrow CuS/rGO \quad (4\text{-}5)$$

与昂贵的溶剂热法相比，水热法具有成本低廉、方法简单等优点。Xu 等人[70]通过简易水热法使 MnS 空心微球均匀原位结晶在 rGO 纳米片上。2016 年，Yu 等人[71]通过简单的水热步骤和随后的热处理工艺进行设计和合成，获得了 Ni_3S_2@C-rGO。将葡萄糖修饰的氧化石墨烯悬浮液作为反应体系，通过葡萄糖和氧化石墨烯（GO）

具有的协同作用，限制 Ni_3S_2形成纳米片结构。同时多余的葡萄糖通过随后的热处理切片可以转化为 Ni_3S_2 表面的薄碳层涂层。层次硫化铜（HCuS）最早由 Ding 等人合成，通过水热法掺杂弹性石墨烯层获得 HCuS/G 复合材料，HCuS/G 的合成过程如图 4-34 所示[72]。

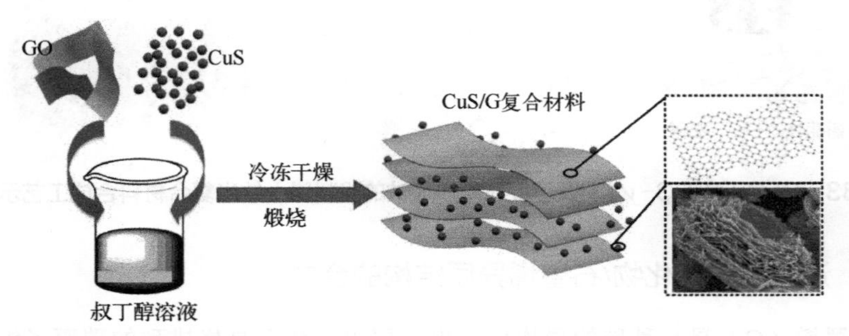

图 4-34 水热法合成 HCuS/G 复合材料示意图[72]

L-半胱氨酸作为人体中一种常见的含硫氨基酸，被许多研究人员引入用于制造硫化物/rGO 复合材料。Ren 等人[73]以 L-半胱氨酸为硫源和还原剂，通过一锅水热法制备了 γ-MnS@rGO 纳米复合材料。Chen 等人[74]也利用 L-半胱氨酸通过简单的水热反应合成了 NiS_2/G 复合材料，并观察到合成的 NiS_2 纳米颗粒均匀地修饰了石墨烯的表面，图 4-35 展示了 NiS_2/G 复合材料可能的形成机理。

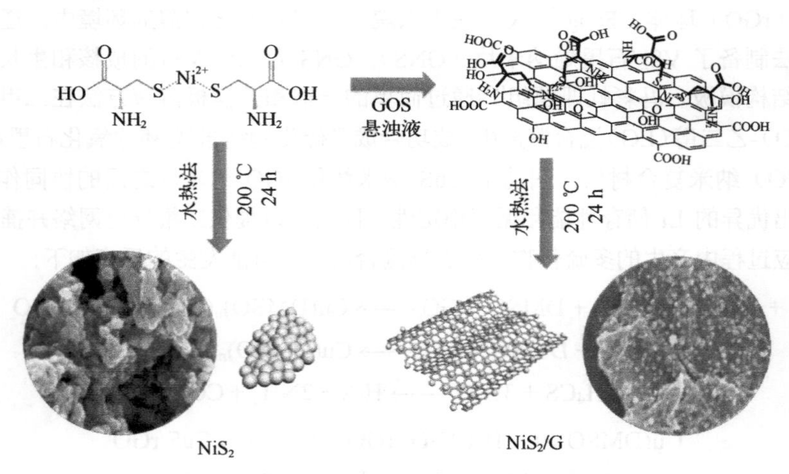

图 4-35 NiS_2/G 复合材料合成过程示意图[74]

碳热法也是制备过渡金属硫化物/碳化物的常用方法，厦门大学赵金宝课题组在 2016 年用该方法制备了 Cu_xS 微球被包裹在还原氧化石墨烯内部层中的 Cu_xS/rGO 复合材料。首先超声处理 rGO 和醋酸铜（Ⅱ）混合溶液，然后用液氮快速冷冻，通过冷冻干燥设备在 0 ℃以下的温度下真空干燥 48 h。将干的混合粉末转移到管式炉中，在氩气气氛中 800 ℃加热 1 h，获得中间产物 Cu/rGO，将中间产物与纳米硫粉混合加热合成了 Cu_xS/rGO 复合材料（图 4-36）[75]。

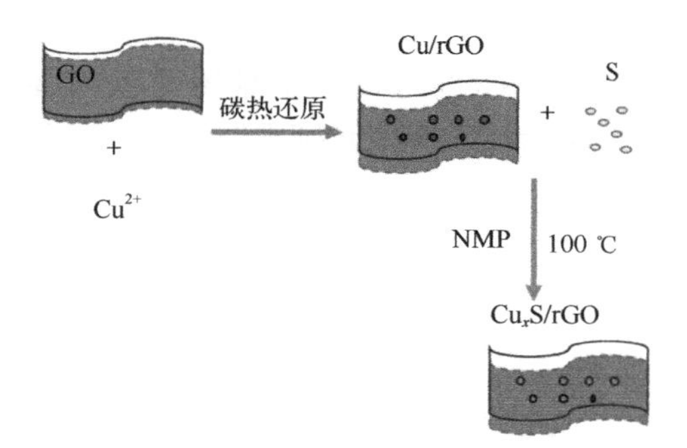

图 4-36　Cu_xS/rGO 复合材料合成过程示意图[75]

基于冯彩虹等人的工作，赵金宝课题组报道了一种简便快速、低成本的一锅微波照射辅助方法来制备 CuS/G 复合材料。以 $Cu(NO_3)_2$ 为铜源，$Na_2S_2O_3$ 为硫源，去离子水为溶剂，将混合溶液放入微波反应器，在大气压下用微波刺激脉冲处理 30 min，收集、洗涤后干燥黑色粉末即得，如图 4-37 所示[76]。

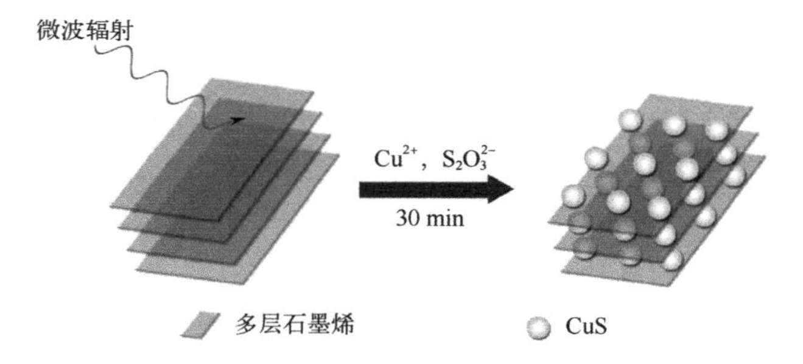

图 4-37　微波照射辅助制备 CuS/G 复合材料[76]

Kilwon 课题组[77]介绍了一种基于化学气相沉积法（CVD）直接合成 G/MoS_2 的新方法，利用紫外/臭氧处理的固体碳源 1,2,3,4-四苯萘（TPN）作为石墨烯生长前体，在 MoS_2 层上直接转化为石墨烯，使得 G/MoS_2 异质结构具有界面键合，从而获得更为优异的电学和力学性能，如图 4-38 所示。

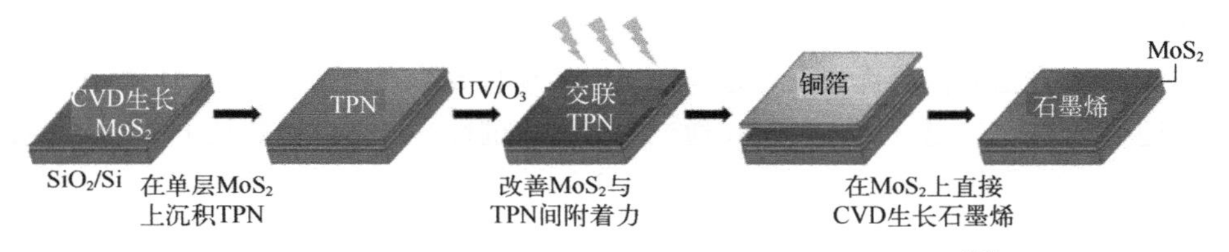

图 4-38　化学气相沉积法合成 G/MoS_2 复合材料示意图[77]

近年来，杂原子掺杂已被广泛应用于提高石墨烯的电化学性能，如氮（N）、硼（B）和硫（S）掺杂石墨烯。通过杂原子掺杂，这些石墨烯衍生物表现出一些新的特性。Jayaramulu 等人[78]通过溶剂热法制备 NiMOF-74，将 MOF 结构中的 Ni（Ⅱ）金属中心与掺氮氧化石墨烯（NGO）的 N、O 官能团螯合，制备纳米多孔 NGO/MOF 复合材料；所制得 NGO/MOF 复合材料经过硫脲处理得到杂原子掺杂的 NGO/Ni_7S_6，如图 4-39 所示。

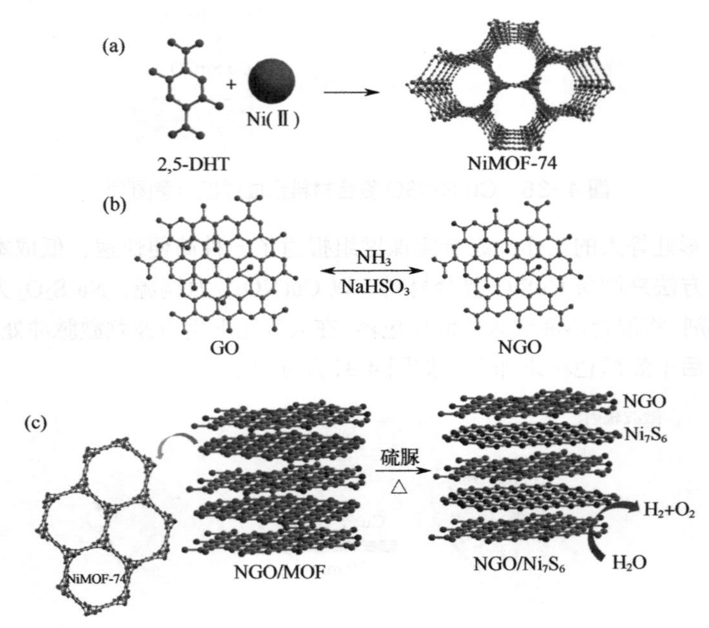

图 4-39　纳米多孔 NGO/Ni_7S_6复合材料合成过程示意图[78]

4.4.4　过渡金属硫化物/金属碳化物异质结构的合成

过渡金属-碳/氮化物（MXenes）是一种具有代表性的二维材料，具有表面官能团可调、低密度、高比表面积、优异的导电性和耐久性等物理和化学特性。Wang 等人[79]通过使用一种改进的热注射方法，在非水极性溶剂环境中，在 Ti_3C_2 纳米片表面均匀生长（Cu_3BiS_3，CBS），成功构建了一种用于光热转化的三维片状纳米花结构 CBS-Ti_3C_2（见图 4-40）。

此制备方法有两个优点：一是无水极性溶剂有效地避免了反应物的预氧化，从而产生纯产物；二是分离 Cu_3BiS_3 通过两相重组过程的成核过程有利于 Cu_3BiS_3 在 Ti_3C_2 二维表面的均匀黏附，避免了局部分布不均匀和纳米结构尺寸间隙大的问题（图 4-40）[79]。

Ren 等人[80]通过在三维中空碳化钛（Ti_3C_2）上镀硫化锌（$ZnIn_2S_4$）纳米片，制备了一种新型的三维（3D）中空异质结。首先，以 PMMA（聚甲基丙烯酸甲酯）

球为模板，通过静电自组装合成 $PMMA@Ti_3C_2$ 杂化球。然后，通过简单的溶剂热反应，在 $PMMA@Ti_3C_2$ 杂化球的表面生长 $ZnIn_2S_4$ 纳米片。最后，将制备好的样品提前放入甲苯中，再搅拌 6 h，完全去除模板，在 Ar 气氛中煅烧，去除 PMMA 模板球，得到 $Ti_3C_2@ZnIn_2S_4$ 异质结构（图 4-41）。

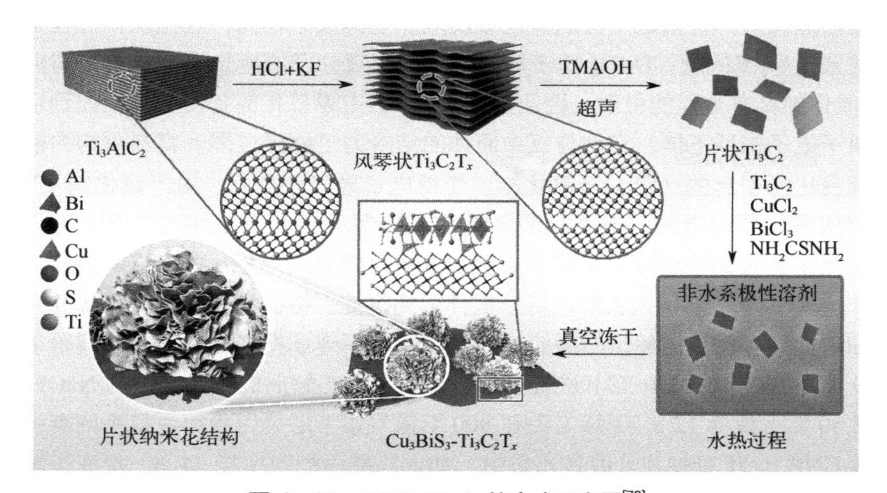

图 4-40　CBS-Ti_3C_2的合成示意图[79]

图中分子式 $Ti_3C_2T_x$ 中 T 表示端基，包括 O、OH、F，例如在 HCl+KF 条件下引入 F

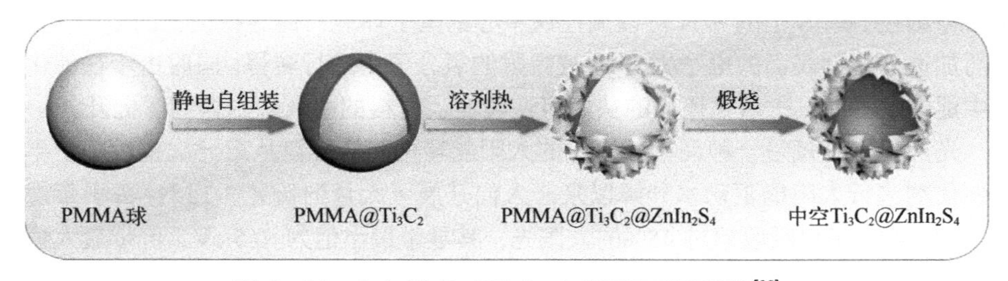

图 4-41　空心 $Ti_3C_2@ZnIn_2S_4$制备工艺示意图[80]

Zhang 等人[81]通过两步法合成碳化钼/二硫化物垂直异质结构，包括薄 α-Mo_2C 晶体的 CVD 生长和在高温下的低压硫化。首先合成了超导 α 相薄碳化钼片，随后生长的 α-Mo_2C 晶体被转移到 Si/SiO_2 上，并在可控的富硫环境下进行热处理，诱导了由碳化钼不同相（α，γ′ 和 γ 相）与硫化钼层组成的垂直异质体系的形成。

4.5　过渡金属硫化物/氮化物异质结构的合成

4.5.1　过渡金属硫化物/金属氮化物异质结构的合成

金属氮化物属于间隙化合物或合金族，由于氮原子随机分布在紧密堆积的金属原子的间隙位置，金属的晶格扩张会导致 d 轨道电子密度增加，在费米能级附近具有较大的态密度，因此具有高导电性、独特的与氧反应能力以及在反应环境中优异的化学稳定性，使金属氮化物具有类似于贵金属的电子结构和催化性能[82]。

铂属金属（PGM）被认为是低温聚合物电解质膜燃料电池和可充电金属-空气电池的基准催化剂，特别是负极的氧还原反应。但其成本较高，且在操作过程中存在严重的聚集/剥离问题。TMDs 由于能够稳定促进氧分子的活化/裂解，并且与目前的 PGM 催化剂具有类似的机理，因此作为 PGM 的主要替代品备受关注。但到目前为止，由于电子构型不佳，它们与氧中间体的结合力过强或过弱，容易重构为催化过程中硫浸出所引起的（氧）氢氧化物，使得电子导电性变差。由于氮化钨（WN）在苛刻的氧化环境中表现出类似贵金属 Pt 的吸氧行为和高耐腐蚀性[83]，王帅课题组[84]提出了通过离子迁移策略来制备 $Fe_{1-x}S$/WN 的异质结构。首先将钨酸铵溶解在 50 ℃的水中，室温下加入乙醇，持续搅拌得到沉淀。将沉淀加至水与乙醇混合溶液中，加入盐酸多巴胺溶解，然后滴加氨水在室温下连续搅拌 24 h。将所得粉末分别在 600 ℃、700 ℃和 800 ℃下进行热分解，随后将热解后的粉末分散到 NaOH 溶液中，在 60 ℃下搅拌 12 h，干燥之后在 800 ℃氩气氛下煅烧得到钨氮掺杂的碳纳米箱（W,N-CNB）。接着将其分散在乙醇中，加入乙酰丙酮铁搅拌 24 h，冷冻干燥后在氩气氛下 600 ℃下煅烧 1 h，生成 Fe/W,N-CNB。最后使用硫脲作为硫源将 Fe/W,N-CNB 粉末进一步在 800 ℃氩气氛中煅烧 1 h 得到了 $Fe_{1-x}S$/WN。在这种结构中，修饰在 $Fe_{1-x}S$ 上的 WN 可以调控铁中心的电子环境，诱导铁位上的电子离域，从而加速催化剂表面的电子/质子向被吸附的氧分子中进行转移；同时由于在催化过程中促进了 Fe^{2+}/Fe^{3+}氧化还原的快速可逆转变，材料的耐久性也得到了提升。

光催化水制氢是一种简单、绿色的太阳能转化方法，自从第一次报道基于半导体催化剂进行太阳能驱动水分解以来，人们开展了大量的研究。Ta_3N_5 由于带隙在 2.1 eV 左右，可以吸收超过 45%的太阳光，其导带最小值为−0.5 eV，价带最大值为 0.3 eV，在水分解的应用中得到了广泛的研究。提高 Ta_3N_5 光催化制氢活性的方法多种多样，而异质结构的设计已被证明是提高析氢活性的有效方法。MoS_2 是一种用于电催化和光催化水分解制氢的高效催化剂，因此，王连洲等[85]采用模板辅助及水热的方法将二维形貌的 Ta_3N_5 与超薄 MoS_2 片结合，所制备的 MoS_2/Ta_3N_5 异质结构具有高效的光催化制氢效果。在这项工作中，采用模板辅助法合成 Ta_3N_5 纳米片，首先将 $TaCl_5$ 溶解在乙醇中，加入氧化石墨烯（GO）超声 1 h。然后向溶液中加入超纯水，室温下搅拌 2 h，得到 GO/Ta_2O_5 产物。冷冻干燥后，将 GO/Ta_2O_5 在马弗炉中 500 ℃煅烧 10 h 以去除 GO 模板。之后 Ta_2O_5 在 700 ℃的氨气氛下煅烧 6 h 即转化为 Ta_3N_5。最后用水热法制备负载 Ta_3N_5 的 MoS_2，将已合成的 Ta_3N_5 加至含 Na_2MoO_4 和硫代乙酰胺的水溶液中，放入高压釜中 220 ℃保持 24 h，最终得到 MoS_2/Ta_3N_5 的异质结构。由于 Ta_3N_5 纳米片中光生载流子的扩散距离较短，电子从 Ta_3N_5 纳米片中可以快速传输到 MoS_2 表面，MoS_2/Ta_3N_5 之间配合良好的能带结构抑制了电荷的复合，有利于 MoS_2 与 Ta_3N_5 之间的电荷传输，从而实现了高效的光催化制氢。

4.5.2 过渡金属硫化物/石墨氮化碳异质结构的合成

石墨氮化碳（$g-C_3N_4$）由于其在结构、电学、光学和物理等方面的特性，成了在能源、催化和电子等领域具有潜在应用价值的新型多学科材料，其独特的能带结构以及热稳定性和化学稳定性，引起了光催化领域研究人员的兴趣，比如将其应用于水分解和有机污染物的降解。然而，与大多数半导体材料一样，由于易发生光生电子和空穴重组现象，导致 $g-C_3N_4$ 的光量子效率不高，催化性能低下。为了解决这些问题，人们探索了提高光催化效率的方法，如沉积贵金属（Pt、Au）共催化剂、元素掺杂以及半导体复合等。

在过渡金属硫化物（TMS）材料中，MoS_2 的带隙为 1.2～1.9 eV，具有良好的可见光吸收和光催化性能，当将其作为一种共催化剂时，可以有效地转移光生电子，避免载流子的复合。一般情况下，MoS_2 基复合体系的光催化能力都优于其单一材料。所以很明显，$g-C_3N_4$ 与 MoS_2 的复合能够大大提高 $g-C_3N_4$ 的光催化性能。因此，田野课题组[86]合成了一种新型的三维花状 $MoS_2/g-C_3N_4$ 光催化剂。他们首先在 550 ℃下煅烧尿素得到了粉体 $g-C_3N_4$，然后通过水热法得到了花状 MoS_2。之后将 $g-C_3N_4$ 和 MoS_2 粉末在无水乙醇中超声分散 2 h，大力搅拌 10 h，再在 80 ℃干燥。最后将制备的样品在氮气流动的保护下加热 2 h，得到与 $g-C_3N_4$ 紧密相连的 MoS_2 纳米颗粒。该复合材料具有良好的光催化活性，不仅能在可见光下快速完全降解水中的罗丹明 B，还能分解水生成氢气，并具有良好的可回收性和稳定性。

在金属硫化物纳米粒子中，CuS 是众所周知的 p 型半导体，带隙窄，在红外区附近有波段吸收，在可见光区吸收较弱，近红外区反射率高，是很好的可见光吸收材料。Bahnemann 课题组[87]通过在 $g-C_3N_4$ 薄片上构建六方 CuS 纳米颗粒来提高其光催化制氢的性能。他们首先通过两次煅烧三聚氰胺得到 $g-C_3N_4$ 纳米片，然后将一定量的 $g-C_3N_4$ 纳米片在水中超声分散 30 min，加入醋酸铜搅拌 1 h，之后将含硫脲的水溶液与其混合，搅拌 5 h。最后将悬浮液在 140 ℃的条件下水热 24 h 最终得到 $CuS/g-C_3N_4$ 异质结构。在这项工作中，他们利用常规的水热法将 CuS 纳米颗粒修饰在 $g-C_3N_4$ 纳米片表面，研究了不同 Cu 含量下 $CuS/g-C_3N_4$ 的晶体相、光学和形貌特征，显示出六方 CuS 成功地形成并与 $g-C_3N_4$ 结合，CuS 纳米颗粒以球形均匀分布在 $g-C_3N_4$ 纳米片上。他们以甘油作为孔清除剂，在可见光照明下测试了所制备的 $CuS/g-C_3N_4$ 纳米复合材料的光催化性能。结果表明 CuS 纳米粒子能显著增加光吸收量和表面活性位点，通过提高 Cu 的含量可以提高光催化制氢活性，说明 $CuS/g-C_3N_4$ 可作为高效的光催化剂促进产氢。

邹静课题组[88]采用三聚氰胺聚合、负载 ZnS 纳米粒子（NPs）和沉积六方 Cu

纳米片三步法制备了如图 4-42 所示的 g-C_3N_4/ZnS/CuS 三元异质结，该工作结合了微纳米结构的制备、负载助催化剂和异质结的构建，开发出了三元异质结的制备技术。首先将三聚氰胺在 520 ℃下聚合 4 h 制备了 g-C_3N_4，之后采用溶剂热法负载 ZnS，即依次将乙酰丙酮、硫代乙酰胺、g-C_3N_4 的乙醇分散液加至醋酸锌溶液中，在 180 ℃下加热 24 h 得到了 g-C_3N_4/ZnS 材料。然后将 g-C_3N_4/ZnS、醋酸铜和乙二胺分别加至硫代乙酰胺水溶液中超声 15 min，最后将悬浮液同时转入 US/MW/UV 装置，通过微波（MW）辅助沉淀 CuS，成功构建了 g-C_3N_4/ZnS/CuS 异质结。与纯 g-C_3N_4 相比，g-C_3N_4/ZnS/CuS 具有超过 500～800 nm 的可见光吸收，这使得低能量可见光的利用成为可能。此外，ZnS 纳米粒子界面层和六方 CuS 纳米片均可作为电子共催化剂，提高了光生电子和空穴的分离效率，降低了界面传递阻力。在全固态器件的应用中，可以高效地光催化降解罗丹明 B，并显著提高光电导率。

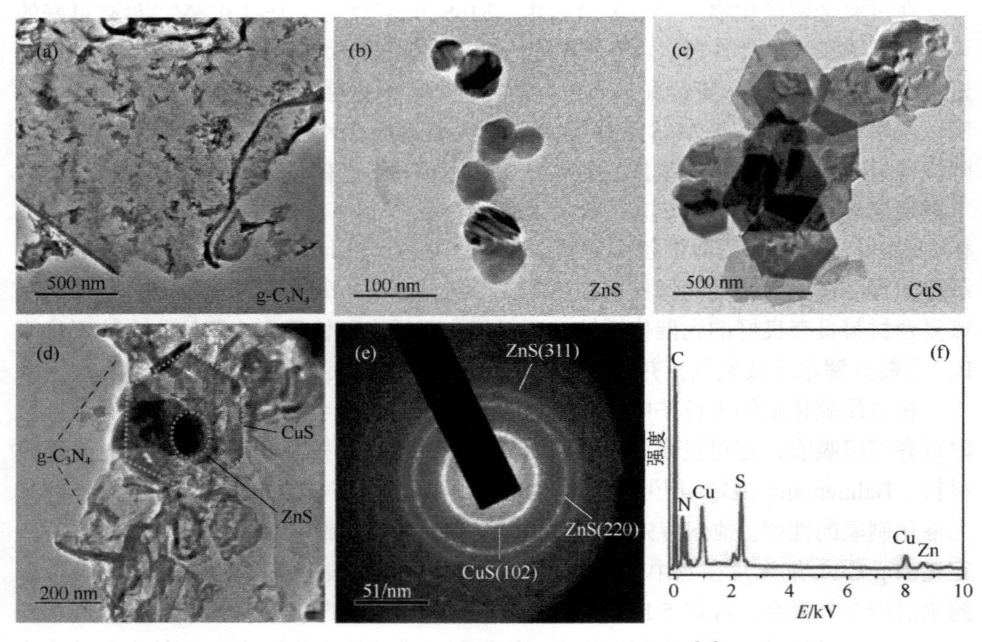

图 4-42　g-C_3N_4/ZnS/CuS 三元异质结[88]

（a）g-C_3N_4、（b）ZnS、（c）CuS、（d）g-C_3N_4/ZnS/CuS 的 TEM 图像；

（e）g-C_3N_4/ZnS/CuS 的 SAED 图像；（f）g-C_3N_4/ZnS/CuS 的 EDX 谱图

在镍基化合物中，NiS_2 由于是最常见的天然矿物质之一，在酸性和碱性环境下都能保持较长时间的稳定性，并且因其表面附近的晶格弛豫会导致电子结构表现出明显的金属化倾向，所以当 NiS_2 作为一种助催化剂时，可以促进界面电荷的转移并提供更多的催化活性位点。

最近的研究表明，NiS_2 用于修饰半导体光催化剂表面时，可以有效地提高制氢的光催化活性。王雪飞课题组[89]开发了一种通过简便的低温（80 ℃）浸渍法制备 $NiS_2/g\text{-}C_3N_4$ 光催化剂的方法，使助催化剂可在光催化剂表面均匀分散，且组分之间紧密连续地接触。首先，通过水热法对 $g\text{-}C_3N_4$ 粉体进行处理，将含氧官能团（如—OH 和—CONH—）引入 $g\text{-}C_3N_4$ 表面。然后加入 $Ni(NO_3)_2$ 溶液，通过 $g\text{-}C_3N_4$ 与 Ni^{2+} 之间的强静电相互作用，使 Ni^{2+} 吸附在 $g\text{-}C_3N_4$ 附近。最后加入硫代乙酰胺，在 $g\text{-}C_3N_4$ 表面形成 NiS_2 纳米颗粒。结果表明，NiS_2 纳米颗粒均匀地接枝在 $g\text{-}C_3N_4$ 表面，大大提高了光催化 H_2 的产率。他们提出了所制备的 $NiS_2/g\text{-}C_3N_4$ 光催化性能提高的可能机制，如图 4-43 所示，$g\text{-}C_3N_4$ 光生电子通过与 NiS_2 纳米粒子之间的紧密连续接触，可以快速转移到 NiS_2 纳米粒子上，然后光能生成的电子与吸附在具有表面金属性质和高催化活性的 NiS_2 表面的 H_2O 快速反应生成 H_2。由于合成方法温和、简便，所制备的 NiS_2 改性 $g\text{-}C_3N_4$ 光催化剂具有低成本、高效率的优势，在光催化制氢方面具有很大的实际应用潜力。

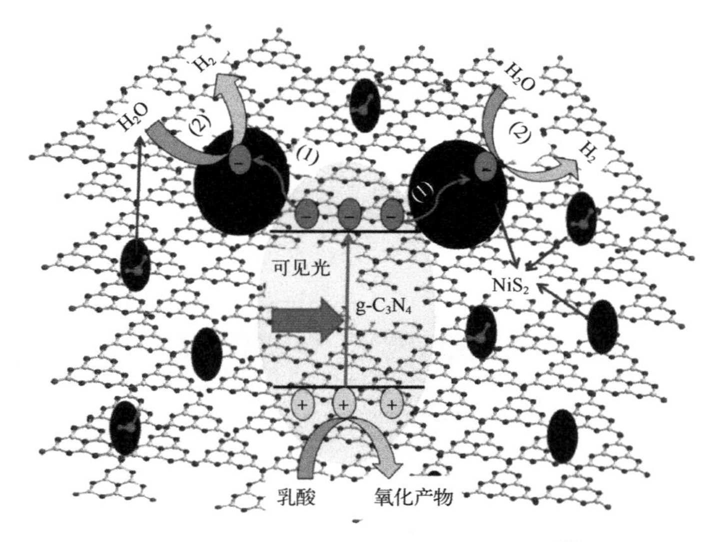

图 4-43 $NiS_2/g\text{-}C_3N_4$ 光催化析氢机理[89]

4.5.3 过渡金属硫化物/氮掺杂碳材料异质结构的合成

钠离子电池（SIBs）由于其丰富的钠元素和良好的能量密度而受到广泛的关注，成为非常有前途的电能存储设备之一。近年来，具有高理论比容量的金属硫化物（包括层状和非层状）在钠离子电池负极材料中表现出了很好的性能。MoS_2 由于具有独特的二维层状结构和较高的理论容量，成为极有前途的钠离子电池负极材料。然而，由于 MoS_2 电极导电性差，在循环过程中随着体积的变化和不断溶解，最终极易导致电极的电化学极化和粉碎，容量衰减快。为了提高 MoS_2 的电化学性能，潘丽坤课题组[90]通过冷冻干燥和退火工艺合成了少层 MoS_2@N-掺杂碳复合材料。首先，在去离子水中加入柠檬酸、尿素和 NaCl 搅拌溶解，接着将不同量的硫脲和 $(NH_4)_6Mo_7O_{24}\cdot 4H_2O$ 分别加入上述溶液中搅拌 1 h，所得到的溶液在−50 ℃的冰箱中冷冻 24 h，然后继续真空冷冻干燥 48 h。最后将得到的样品研磨，在 800 ℃的氮气氛下进一步退火 2 h，冷却后便得到了如图 4-44 所示的少层 MoS_2@N-掺杂碳复合材料。在这种独特的纳米杂化结构中，纳米级的少层 MoS_2 结构可以有效增强电极与电解质之间的接触，有利于电极在循环过程中的应力释放，同时能有效缩短离子路径，提高离子扩散迁移率。当其与导电基体结合时，不仅提高了电子输运能力，而且可以适应充放电过程中体积的不断变化，从而抑制纳米 MoS_2 的团聚。除此之外，N 的掺杂也提高了纳米杂化材料的导电性，增强了碳与 MoS_2 之间的接触。

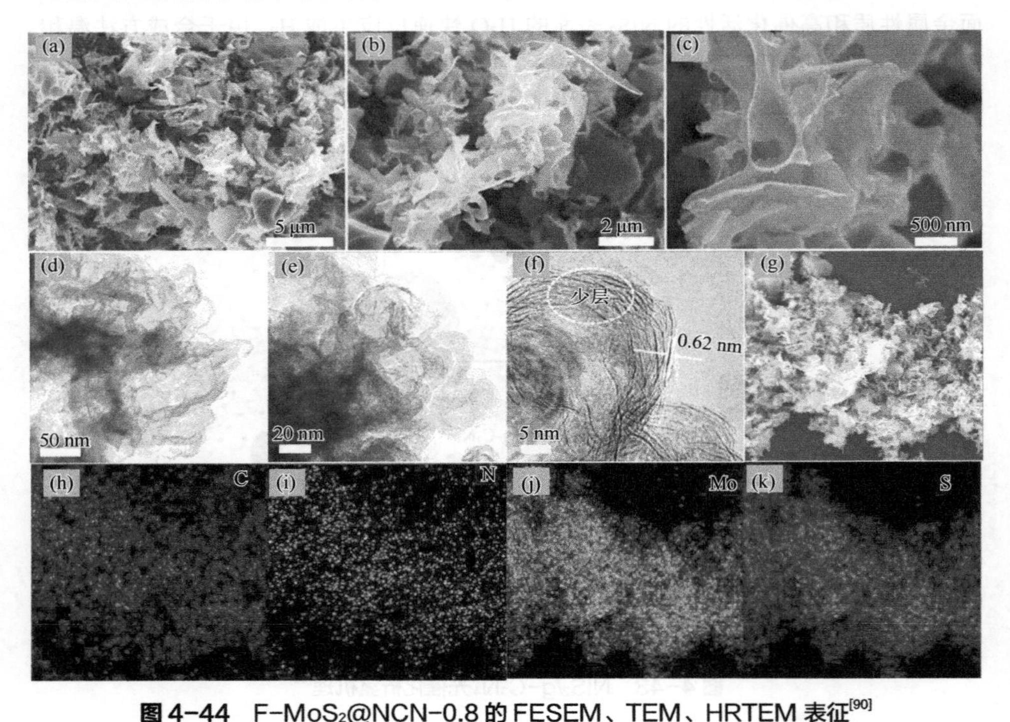

图 4-44　F-MoS_2@NCN-0.8 的 FESEM、TEM、HRTEM 表征[90]

（a）～（c）F-MoS_2@NCN-0.8 不同放大倍数的 FESEM 图；（d）～（f）F-MoS_2@NCN-0.8 的 TEM 和 HRTEM 图；（g）～（k）F-MoS_2@NCN-0.8 的 FESEM 图及其对应的 C、N、Mo 和 S 元素映射

与层状金属硫化物如 MoS_2、WS_2 和 SnS_2 等相比，非层状金属硫化物如 FeS_2、CoS_2、NiS_2、CuS、ZnS、MnS 等，因其价格低廉也受到了很多关注，特别是 ZnS 在作为钠离子电池阳极材料时具有较高的初始库仑效率（＞70%）。但是在插入/提取 Na^+ 的过程中，ZnS 电极存在较大的体积膨胀，并且其导电性较差，这使得纯 ZnS 常存在速率低、循环稳定性差的问题，阻碍了它在钠离子电池中的发展。为了解决这一问题，人们尝试将其与高导电性材料结合构建复合结构，由于协同作用的影响，

共掺杂可以表现出更加优异的性能。侯朝辉课题组[91]设计了一种以低成本的锌金属配合物为原料来获得 ZnS/N,S-共掺杂碳复合材料（ZnS/NSC）的方法。作者在 600 ℃氩气流下，以 5 ℃·min^{-1} 的升温速率下将吡啶硫锌煅烧 2 h，洗涤之后，80 ℃干燥 12 h，得到黑色 ZnS/NSC 复合材料，其中分解温度（600 ℃）是根据在不同温度（450 ℃、600 ℃和 750 ℃）下制备的各种产品的分析而确定的，随着煅烧温度的升高，复合材料中的碳含量降低。此外，在同样条件下将一定比例的吡啶硫锌与 Na_2CO_3 在 600 ℃下煅烧 2 h，合成了 A-ZnS/NSC。在这项工作中，首次通过直接煅烧吡啶硫锌（$C_{10}H_8N_2O_2S_2Zn$）制备了 ZnS/NSC 复合材料，并通过 Na_2CO_3 的活化，获得了具有混合晶体结构的包裹在 NSC 中的 ZnS 纳米颗粒（A-ZnS/NSC），该材料具有更大的比表面积和更多的两相 ZnS 与 NSC 之间的化学键。基于 C-S-Zn 和 S-O-Zn 的存在以及 N,S-共掺杂对碳的改性，A-ZnS/NSC 复合材料作为钠离子电池阳极具有显著的电化学性能，ZnS 与 NSC 之间有效的化学键结合也有助于增强其循环稳定性。所以氮、硫共掺杂碳有利于提高复合材料的电子传递速率和比容量，可成为提高钠离子电池电化学性能的有效途径之一。

含 FeS 和 FeS_2 的硫化铁具有环境友好、成本效益高和丰度大等优点，其中被称为磁黄铁矿的 Fe_7S_8，因具有混合价态和固有的金属性质，有利于作为钠离子电池阳极材料。但是由于其体积变化大、电导率低、循环过程动力学缓慢等原因，在应用方面受到了一些阻碍。基于上述考虑，温兆银课题组[92]通过一锅溶剂热法和后处理相结合的策略，制备了锚定在氮掺杂石墨烯纳米片上的硫化铁（Fe_7S_8）纳米颗粒。如图 4-45 所示，首先将一定量的氧化石墨烯分散至去离子水中，分别超声并强烈搅拌 1 h，然后将 $FeSO_4·7H_2O$ 和硫代乙酰胺（TAA）溶解到上述溶液中，继续滴加乙二胺四乙酸（EDTA）之后，将混合物转移到高压釜中，140 ℃加热 24 h，随后产物在 700 ℃氮气氛下经过 3 h 的煅烧便可得到 Fe_7S_8/N-掺杂石墨烯纳米片材料。因纳米粒子的比表面积比体材料大得多，可以为电化学反应提供更多的活性位点，有利于钠离子的快速存储。此外，氮原子掺杂可以显著提高电子导电性和表面亲水性，有利于电子/离子的传输和电极-电解质的接触，所以将 Fe_7S_8 纳米颗粒锚定在氮掺杂的

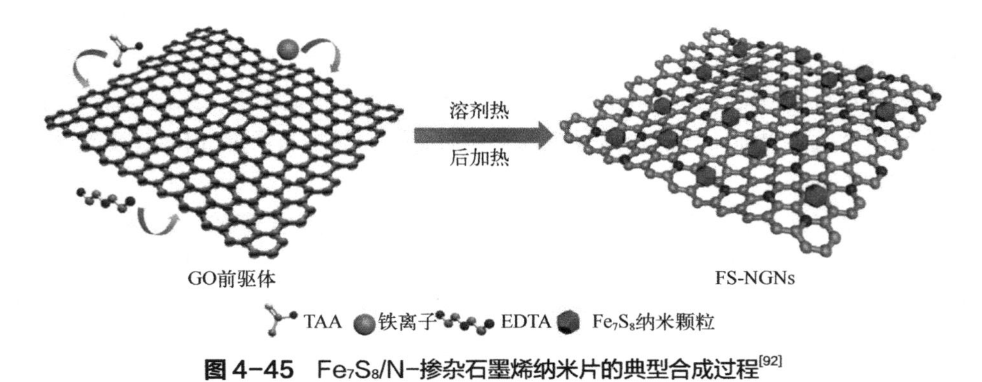

图 4-45　Fe_7S_8/N-掺杂石墨烯纳米片的典型合成过程[92]

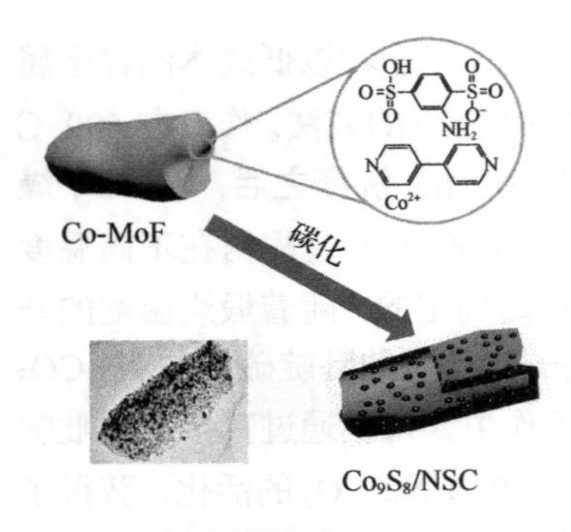

图 4-46 复合材料 Co_9S_8/NSC 的形成过程示意图[93]

碳质材料上可以有效地缓冲体积膨胀，并增强电子导电性。所制备的复合材料同时还具有良好的循环稳定性，这种高的储钠容量和优异的速率性能满足了在钠离子电池中的应用需求。

同时 TMDs 也因其理论容量大、安全性高而被广泛应用于可充电锂离子电池。例如，具有不同化学计量成分的硫化钴，如 CoS_2、CoS 和 Co_9S_8，由于其较高的理论容量，普遍被认为是很有前途的锂离子电池（LIBs）电极材料。魏明灯课题组[93]首次以磺酸基金属钴有机骨架（MOF）为前体，通过如图 4-46 所示的一步法成功制备了嵌入 N,S-共掺杂碳骨架中的 Co_9S_8 纳米颗粒（Co_9S_8/NSC）。首先将苯胺-2,5-二磺酸钠和 4,4′-联吡啶分别溶解在去离子水中，在室温下混合之后，加入醋酸钴搅拌 2 h，得到粉红色沉淀 Co-MOFs，在 70 ℃的空气中干燥。然后将 Co-MOFs 前驱体在 700 ℃的氮气氛下加热 2 h 得到 Co_9S_8/NSC 黑色粉末，将其分散在 5 $mol \cdot L^{-1}$ 盐酸溶液中搅拌 6 h，洗涤，干燥后即得到嵌入 N,S-共掺杂碳骨架中的 Co_9S_8 纳米颗粒。在没有其他硫源的情况下，研究采用磺酸盐基的 Co-MOFs 作为前驱体，Co-MOFs 中的磺酸基团在热解过程中与钴离子发生原位硫化反应，形成硫化钴。结果表明，形成的 Co_9S_8 纳米颗粒均匀分布在 N,S-共掺杂的多孔碳基体中。由于该杂化复合材料体积小，且具有 N,S-共掺杂的碳基体，可以有效地提高复合材料的电导率和电化学反应性，不仅有利于 Li^+的扩散，而且可防止充放电过程中纳米粒子的聚集和体积膨胀，从而进一步提高复合材料的电化学性能。

4.5.4 过渡金属硫化物/六方氮化硼异质结构的合成

二维层状材料，如石墨烯、六方氮化硼（h-BN）和过渡金属硫属化合物 MX_2，近年来因在解释基本的物理问题以及在新型电子和光电子器件中的巨大应用潜力而受到全世界的关注。多重堆叠二维材料的范德华异质结构可用于探索基本的物理现象，如石墨烯/h-BN 中的霍夫施塔特蝴蝶效应，以及 WSe_2/h-BN 异质结构中的层间电子-声子耦合现象等。然而，异质结构的逐层组装往往会导致界面污染、层厚不可控、相对方向不确定以及与可拓展生产不兼容等问题。相比之下，采用化学气相沉积法可以合成出界面干净的高质量范德华异质结构，包括石墨烯/h-BN、MX_2/石墨烯以及 MX_2/MX_2。

由于没有悬空键和带电杂质的影响以及 h-BN 所具有的宽带隙（5.9 eV），高质量的 MoS_2/h-BN 堆叠非常适合研究二硫化钼的固有传输特性。但是理想的 h-BN 生长基质，比如 Ni，在合成过程中容易成为硫化物，会导致预生长的 h-BN 薄膜的分解，因此不易形成 MoS_2/h-BN 异质结构。为此，付磊课题组[94]通过全化学气相沉积法，不需要任何中间转移步骤，获得了 MoS_2/h-BN 堆积的异质结构，这是由于该方法所使用的镍-镓合金具有优良的抗硫化物性能以及 h-BN 生长的高活性。制备过程如图 4-47 所示，首先以 Mo 箔作为支撑制备 Ni-Ga 合金作为生长衬底，利用硼烷氨作前驱体在常压 CVD 过程下得到连续的 h-BN 薄膜，然后将 H_2S 引入 CVD 系统，在 h-BN 薄膜上生长 MoS_2（Mo 箔作为 MoS_2 生长的 Mo 源）。通过该方法可以在 h-BN 上直接生长出最高可达 200 μm^2 的单晶 MoS_2 晶粒，比以往的研究结果提高了一个数量级。这种直接生长的异质结构具有紧密的层间接触、更清晰的界面、更小的晶格应变和更低的掺杂水平，使得单层 MoS_2 在 h-BN 上的直接带隙高达 1.85 eV，接近于独立剥落的 MoS_2，并且这种策略并不局限于 MoS_2 基异质结构，还可以制备多种过渡金属硫属化合物/h-BN 异质结构。

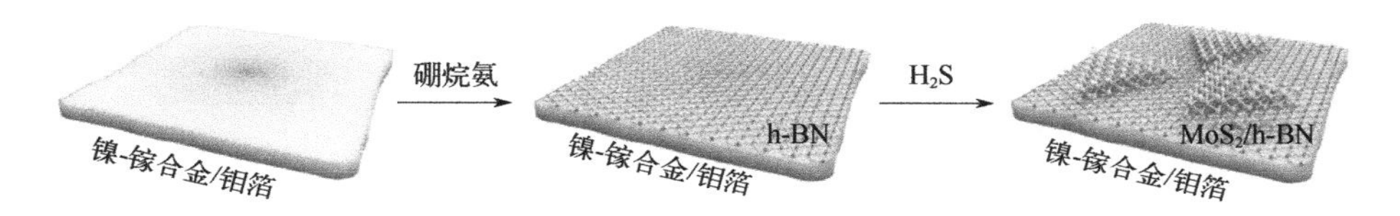

图 4-47　MoS_2/h-BN 异质结构制备示意图[94]

以上虽然实现了在镍基合金上生长 MoS_2/h-BN 的异质结构，但是在纯金属衬底上直接合成高质量 MoS_2/h-BN 异质结构来研究其带隙特性仍然是一道难题。由于金箔在直接合成大畴单层 MoS_2 或 WS_2 中表现出良好的特性，考虑到金箔对 MoS_2 和 h-BN 生长的催化能力，人们认为金箔是直接合成 MoS_2/h-BN 范德华异质结构的理想导电基底。金传洪课题组[95]提出了一种通过低压 CVD 法在 Au 箔上合成高质量的 MoS_2/h-BN 范德华异质结构的方法。首先是在金箔上合成高质量、全覆盖的单层 h-BN，即将预处理的 Au 箔采用热分流管加热，使用旋转泵系统施加 0.5 Pa 的基础压力，将金箔从室温加热到 1030 ℃，以 H_2/Ar 为载气，保持 1 h 后，将固相氮化硼前驱体引入炉中，在 100～110 ℃加热带加热 10 min，使 h-BN 生长。之后在第二步 CVD 法生长步骤中，通过调整前体与衬底之间的距离或者生长时间，在全覆盖的 h-BN/Au 箔上沉积了亚单层或全单层的 MoS_2 薄膜。在这样的垂直堆积中，中心的 h-BN 层部分阻断了 MoS_2/h-BN/Au 箔中金属诱导的间隙态，MoS_2 和 Au 之间的相互作用被 h-BN 层所减弱。由于界面相互作用的减弱，MoS_2/h-BN 可以通过电化学鼓泡的方法从 Au 箔转移到任意基片上，从而使得 Au 箔可以重复使用。这种非破坏性的转移路线可以进行低成本批量生产 MoS_2/h-BN 异质材料，从而促进了它的实际应用。

4.6　过渡金属硫化物/复合材料异质结构的合成

此类异质结材料在合成思路上大致可以分为两种：一种是通过一步或者分步引入多种不同的材料，从而实现多种异质结构的合成；另一种是对具有异质结构的材料进行处理（比如部分氧化还原），使其产生新的异质结构。在合成方法的选取上，往往需要结合材料的性质进行考虑，比如已经合成了一种异质结构，所采用的合成方法会不会对原有异质结构产生影响。这里根据所含复合材料的种类对近年来报道的一些“硫化物/复合材料”异质结构的合成方法进行简要介绍。

4.6.1 多层范德华异质结构的合成

对于二维过渡金属硫化物，如 MoS_2、WS_2 等，研究人员通过堆叠其他具有不同性质的二维原子晶体材料，如六方氮化硼（h-BN）、石墨烯等，合成出一系列具有范德华异质结构的材料。通过选用合适的方法（图 4-48），堆叠不同的二维原子晶体材料，可以合成出具有多种范德华异质结构的材料[96-97]。

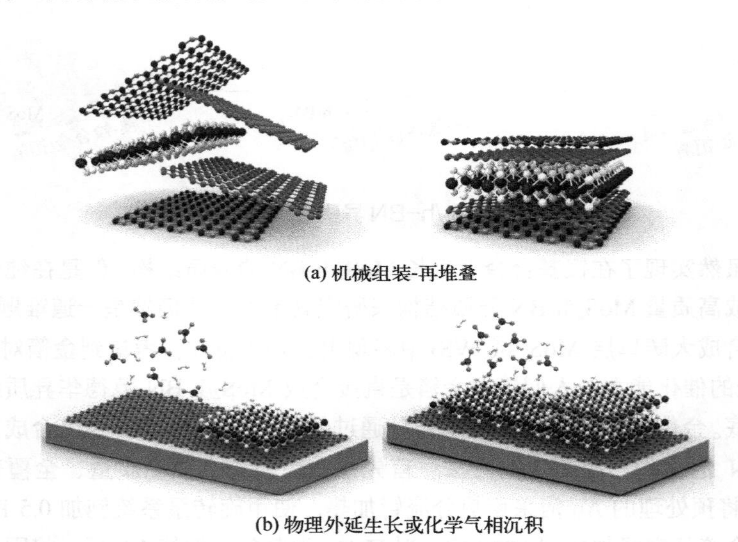

(a) 机械组装-再堆叠

(b) 物理外延生长或化学气相沉积

图 4-48 构筑范德华异质结构的两种策略[96]

2013 年，Novoselov 等人在 30 nm 厚的六方氮化硼基底上，通过干法转移剥离的石墨烯和 MoS_2，合成出具有 h-BN/石墨烯/MoS_2/石墨烯异质结构的材料。与构筑单一异质结构的区别在于，每次转移后，研究人员都会溶解位于顶层的聚合物，并在 250 ℃和氢氩混合气（H_2/Ar = 10/90）下进行退火处理。这是因为在干法转移中，特别是使用聚二甲基硅氧烷（PDMS）高分子膜为载体的情况下，转移成功率和基底表面平整度密切相关，退火处理能有效去除界面气泡和褶皱[32,98-99]。2021 年，Lee 等人报道了一种具有 WSe_2/h-BN/MoS_2 范德华异质结构的电子器件。如图 4-49 所示，在 h-BN 基底上依次堆叠了三层 MoS_2、三层 h-BN 和四层 WSe_2。研究人员先把各种二维材料机械剥离到 285 nm 的 SiO_2/p^+-Si 基底上，然后采用湿法转移技术分别堆叠 WSe_2/h-BN 异质结构和 MoS_2/h-BN 异质结构，最后把 WSe_2/h-BN 异质结构堆叠在 MoS_2/h-BN 异质结构上[100]。由于二维过渡金属硫化物表面粗糙度引起的弯曲应变会影响局域能带结构，因此硫化物相邻层的选择及转移前的处理显得尤为重要。利用二维材料在 h-BN 表面更加平整的特性，研究人员采用 h-BN 对 MoS_2 进行封装，形成 h-BN/MoS_2/h-BN 结构，从而保护了 MoS_2 层，抑制了 MoS_2 表面无序，有利于范德华异质结构层间耦合[101-102]。

除了上面提到的机械剥离-转移的方法外，研究人员还探索了利用 CVD 法生长等其他方法合成范德华异质结构[97]。2017 年，Daryl McManus 等人展示了他们喷墨打印石墨烯/WS_2/石墨烯范德华异质结构的工作。正如 Akinwande 评论，打印层状材料的挑战在于打印后要保持层的完整性，避免材料在不连续界面上重新混合或扩散（如图 4-50 所示）。McManus 等人[103]选取了 1-芘磺酸钠作为剥离剂，加入合适浓度的改性剂，调整水基配方的表面张力和黏度。这样制得的“墨水”既能剥离和稳定二维原子晶体层，又能解决喷墨不稳定的问题。Akinwande 后续指出，制备出“墨水”只是第一步，想要把它们以一定顺序打印出来，并且能作为器件使用仍具有一定的挑战[103-104]。

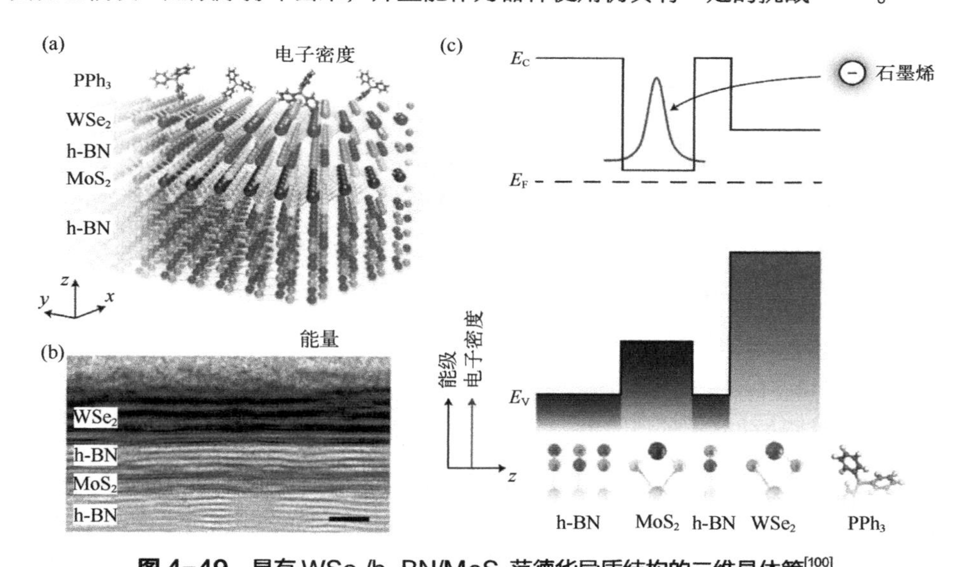

图 4-49 具有 WSe_2/h-BN/MoS_2 范德华异质结构的二维晶体管[100]

（a）结构示意图；（b）横截面的扫描透射电镜明场像；（c）能带图，E_C、E_V 和 E_F 分别表示导带边、价带边和费米能级

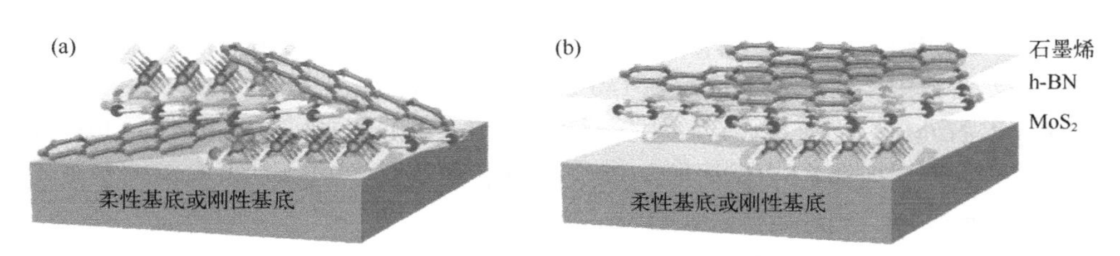

图 4-50 打印后的原子层：（a）发生重新混合；（b）保留层状结构[104]

多层范德华异质结构并不局限于二维。2020 年，Xiang 等人[105]报道了单壁碳纳米管/六方氮化硼纳米管/MoS_2（SWCNT/BNNT/MoS_2）一维范德华异质结构材料（图 4-51）的实验合成。如图 4-51（b）所示，材料结构由内到外分别是单壁碳纳米管层、三层氮化硼和一层 MoS_2。首先，研究人员采用气溶胶辅助 CVD 法合成起始的单壁碳纳米管，然后采用低压 CVD 法（腔室压力维持在 300 Pa）在 1100 ℃左右使单壁碳纳米管外表面包裹氮化硼层。最后，采用低压 CVD 法或有机金属 CVD 法（即采用 $C_{16}H_{10}Mo_2O_6$ 和 C_2H_6S 分别代替低压 CVD 法中的 MoO_3 和硫粉），在单壁碳纳米管-氮化硼纳米管（SWCNT/BNNT）外表面再包裹 MoS_2 层。研究人员发现，直接在单壁碳纳米管上包裹 MoS_2 层得到的 SWCNT/MoS_2 异质结构收率很低（低于 1%），而且只有在直径较大的单壁碳纳米管上才能观察到与 MoS_2 的无缝包裹。对比之下，先包裹上氮化硼层的 SWCNT/BNNT，由于纳米管的直径增加了，MoS_2 更容易包裹在纳米管的外表面。CVD 沉积 20 min 后，SWCNT/BNNT/MoS_2 的收率达到约 10%。

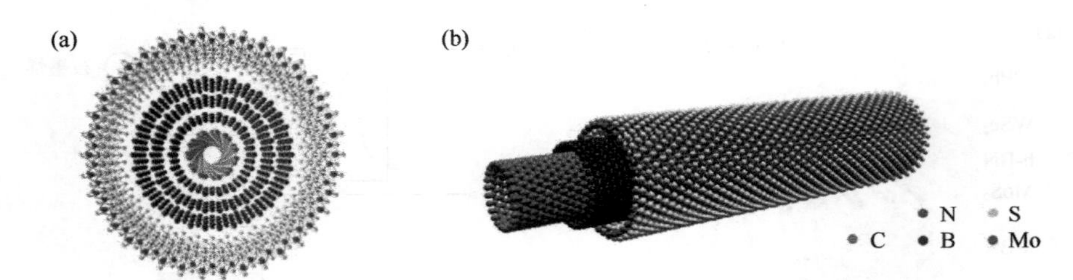

图 4-51　SWCNT/BNNT/MoS_2 一维范德华异质结构[105]

（a）模型图；（b）一维同轴范德华异质结构原子排布示意图

4.6.2　含金属异质结构的合成

通过分解或还原对应的盐、浸渍、喷溅、沉积等方法可以实现贵金属的引入，不同方法制备出相同贵金属的形貌、尺寸和晶面等会有差异。2018 年，Feng 等人[106]展示了他们把 Pt 选择性锚定在 γ-Al_2O_3 和 NiS 界面处的工作。他们首先采用水热法合成花状的 $Ni_2Al(CO_3)_2(OH)_2$ 纳米片，利用 H_2 还原制得 Ni@Al_2O_3；然后经硫粉硫化，进一步转变为 NiS@Al_2O_3 异质结构；最后，将 NiS@Al_2O_3 与氯铂酸混合均匀，在 400 ℃、氩气氛下煅烧 200 min 合成出 Pt/NiS@Al_2O_3（如图 4-52 所示）。类似地，Zhai 等人[107]把已经合成好的 g-C_3N_4/MoS_2 异质结构和氯铂酸分散到体积比为 1∶1 的乙醇水溶液中，超声 30 min 后在 140 ℃下水热反应 4 h，离心、洗涤、干燥后获得 Pt/g-C_3N_4/MoS_2。Pandey 等人[108]则采取了还原 $PdCl_2$ 的方法，先把 rGO/MoS_2 分散到水中，剧烈搅拌 8 h；然后加入 $PdCl_2$ 粉末，继续搅拌 1 h，加入 $NaBH_4$ 溶液还原 $PdCl_2$ 制得 Pd，处理后得到 rGO/MoS_2/Pd 粉末。

研究人员利用一些贵金属盐不稳定的性质，通过浸渍法可以非常简便地获得对应的金属单质。2021 年，修显武等人[109]在泡沫镍上面合成了 MoS_2/石墨烯异质结构，然后把整块材料浸入浓度为 0.9 mmol·L^{-1} 的四氯金酸溶液中 5 min 后取出，经过后续洗涤、干燥后获得 AuNPs/MoS_2/Gr 异质结构。

图 4-52　NiS@Al_2O_3和 Pt/NiS@Al_2O_3的结构表征

（a）（b）NiS@Al_2O_3 的 SEM 图像；（c）（d）Pt/NiS@Al_2O_3 的 SEM 图像；（e）NiS@Al_2O_3 的 TEM 图像；（f）Pt/NiS@Al_2O_3 的 TEM 图像（插图为异质界面示意图）[106]

不同于浸渍法，Mawlong 等人[110]则是先对 Ti 箔进行处理，使其表面形成 TiO_2，然后喷溅一层 Au 薄膜，Au 层的厚度可以通过喷溅的时间和喷溅的速率来控制，后经过快速的退火处理，调控 Au 纳米颗粒的生长。最后，他们采用 CVD 法在 Au 纳米颗粒包覆的 TiO_2 表面生长 MoS_2，从而获得 TiO_2/Au/MoS_2 三元核壳异质结构。

除了浸渍和喷溅外，也可以通过沉积的方法获得金属单质，如化学沉积和电化学沉积。Tian 等人[111]通过还原四氯金酸为 Au，在蝴蝶翅膀标本上化学沉积 Au 层。研究人员对生物模板进行清洗和胺化处理后，浸入四氯金酸的混合溶液中，4 h 后取出生物模板，用去离子水冲洗后浸入 $NaBH_4$ 溶液 2 min，$AuCl^-$ 被还原成 Au。经过后续的水热法生长 CdS，CVD 法合成 MoS_2，由于煅烧过程中生物模板会转化成碳，

最终获得 $MoS_2/CdS/Au$ 异质结构。Dong 等人[112]对 Ti 箔进行阳极氧化处理，使得表面形成 TiO_2 薄膜，随后浸入含$(NH_4)_6Mo_7O_{24}$和硫脲的水溶液中，在 180 ℃下进行水热反应，得到 MoS_2/TiO_2 异质结构。研究人员选用 MoS_2/TiO_2 异质结构作为工作电极，Pt 线作为对电极，Ag/AgCl 电极为参比电极，0.5 mol·L^{-1} H_2SO_4为电解质，在−0.8 V 到 0 V 的电位区间内以 0.2 V·s^{-1}的扫描速率进行循环伏安测试，通过控制 Pt 对电极中的 Pt 缓慢溶出并沉积到工作电极，实现 $Pt/MoS_2/TiO_2$ 的合成。此工作认为 MoS_2 边缘含有大量的硫原子，先引入 MoS_2 能够改善材料捕获溶液中的铂离子的能力。

非贵金属也可以通过还原的方法引入到异质结构中。2021 年，Chava 等人[113]报道了 $CdS-Bi/Bi_2MoO_6-MoS_2$ 四元异质结构的合成。他们先用溶剂热法合成了 CdS 纳米棒，将之加入溶有 $Bi(NO_3)_2$ 和 Na_2MoO_4 的乙二醇中，充分搅拌，再次进行溶剂热反应，冷却、洗涤、干燥后获得 $CdS-Bi/Bi_2MoO_6-MoS_2$ 四元异质结构。文章认为，吸附在 CdS 纳米棒表面的 Bi 离子在溶剂热反应中会被还原为金属 Bi，与此同时，合适的反应条件也有利于 Bi_2MoO_6 和 MoS_2 的同时形成。Zhang 等人[114]合成 $Co_9S_8/Cd/CdS$ 时也采用了还原的方法。如图 4-53 所示，研究团队采用水热法先合成了作为模板的 $Co(CO_3)_{0.35}Cl_{0.20}(OH)_{1.10}$，将之分散到 Na_2S 溶液中进行第二次水热反应，得到了管状的 Co_9S_8。随后，将 Co_9S_8 纳米管超声分散到去离子水中，加入 $CdCl_2$、柠檬酸钠和硫脲充分搅拌，并转移至反应釜中进行水热反应。水热反应后，CdS 在 Co_9S_8 表面生成并部分被还原成 Cd，最终形成 $Co_9S_8/Cd/CdS$ 异质结构。

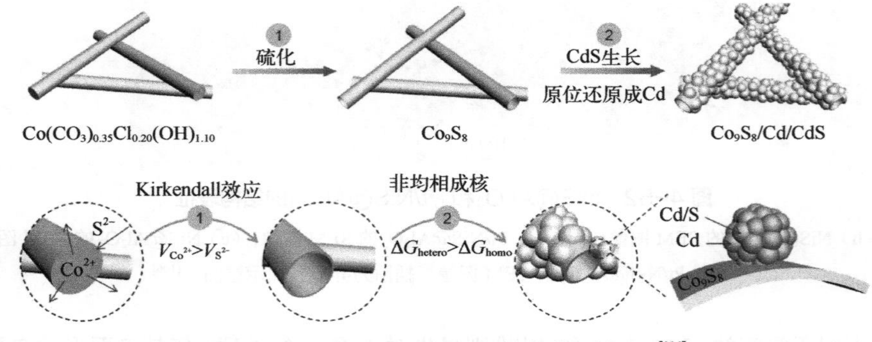

图 4-53　Co_9S_8@Cd/CdS 的合成及其历程[114]

贵金属和非贵金属的引入方法还可以拓展到一些合金的引入。如 Gultom 等人[115]同样采用了喷溅的方法，以 Si 为基底，先喷溅形成 Ag_2S/MoS_x，再喷溅 MoNiAg 合金。Dong 等人[116]则采用水热部分还原钴镍层状双金属氢氧化物（CoNi LDH）的方法，在材料表面形成钴镍合金，合成出 CoNi/CoNi LDH/1T-2H MoS_2/CP。研究团队采用水热法在碳纸（CP）上合成出 MoS_2，随后以 MoS_2/CP 为工作电极，电沉积负载 CoNi LDH，形成 CoNi LDH/MoS_2/CP 结构。最终把材料浸入溶有氢氧化钠的乙二醇中，在 160 ℃下进行溶剂热反应 10 h 后，CoNi LDH 部分还原为钴镍合金，同

时还发生了 MoS_2 的部分相变。

4.6.3 含碳材料异质结构的合成

石墨烯相氮化碳（g-C_3N_4）具有层状结构，能够吸收可见光，热稳定性和化学稳定性良好，在光催化领域（如光分解水制氢，光催化污染物分解等）具有广泛的应用。通过构筑异质结构，能对其进行改性，进一步提高其性能[117]。在多元异质结构合成中，g-C_3N_4 往往先独立合成，再和其他组分进行复合。在前文提到的 Pt/g-C_3N_4/MoS_2 异质结构的合成中，g-C_3N_4 纳米片是通过把尿素溶解在水中，将 pH 调节到 4～5，干燥后转移至坩埚，在 550 ℃下煅烧得到的。随后作者通过溶剂热法，在 g-C_3N_4 纳米片上合成 MoS_2，获得 g-C_3N_4/MoS_2 异质结构。最后再按前文介绍的水热法引入贵金属 Pt，合成 Pt/g-C_3N_4/MoS_2 异质结构[107]。Kang 等人[118]也是采用热解法（也有称为热聚法）先合成 g-C_3N_4 纳米片，再把分别合成好的 $Bi_{24}O_{31}Cl_{10}$、g-C_3N_4、MoS_2 超声分散到乙醇中，干燥后对混合物进行研磨，转移至马弗炉内煅烧，从而最终获得了 g-C_3N_4/MoS_2/$Bi_{24}O_{31}Cl_{10}$ 三元异质结构。Wu 等人[119]在合成 g-C_3N_4/MoS_2/Bi_2WO_6 三元异质结构时，也是通过热解法合成的 g-C_3N_4 纳米片，随后把三种组分超声分散到甲醇中，离心、干燥后得到产物。

碳材料中，除了 g-C_3N_4，石墨烯和还原氧化石墨烯（rGO）也被用于合成多元异质结构的材料。对于石墨烯，在前文“合成多层范德华异质结构”中已经提到。在前文提到的 AuNPs/MoS_2/石墨烯结构的合成中，研究团队在泡沫镍上采用 CVD 法合成了石墨烯层：泡沫镍（NF）经过清洗后被置于管式炉中，在 105 ℃下通入甲烷和氢气（控制甲烷流量为 50 $cm^3 \cdot mol^{-1}$，氢气流量为 50 $cm^3 \cdot mol^{-1}$），转变成石墨烯/泡沫镍。然后，通过$(NH_4)_2MoS_4$的热分解和浸渍法引入了 MoS_2 和 Au，最终获得具有 AuNPs/MoS_2/石墨烯结构的材料[109]。对于 rGO 的引入，在前文提到的 rGO/MoS_2/Pd 粉末中，研究团队采用改进的 Hummers 法单独合成了 rGO，然后超声剥离 rGO 后，将其加入含有$(NH_4)_6Mo_7O_{24}$和硫代乙酰胺的水溶液中，通过水热反应合成 rGO/MoS_2 结构，最后通过 Pd 的引入合成了 rGO/MoS_2/Pd 粉末[108]。

4.6.4 含磷化物异质结构的合成

Qin 等人[120]采用 CVD 法合成了氮掺杂的 Ni_2P/$Ni_{12}P_5$/Ni_3S_2 异质结构：首先在泡沫镍（NF）上水热法合成了 $Ni(OH)_2$ 纳米片（记作 $Ni(OH)_2$/NF）。然后把 $Ni(OH)_2$/NF、$NaH_2PO_2 \cdot H_2O$ 和硫脲分别放置在管式炉的下游、中部和上游，在 220 ℃、氩气气氛下保持 2 h，自然冷却到室温。在加热的条件下，$Ni(OH)_2$ 同时被硫化和磷化，生成氮掺杂的 Ni_2P/$Ni_{12}P_5$/Ni_3S_2 异质结构。在这个反应里，$NaH_2PO_2 \cdot H_2O$ 充当磷源，硫脲充当硫源并起到氮掺杂的作用（硫脲受热分解作为硫源硫化 $Ni(OH)_2$ 变成 Ni_3S_2、同时产生氨气作为 N 源，进入晶格中）。需要注意的是，对于 CVD 法，沉积温度的选择不仅将影响到材料的形貌，对于多异质结构合成来说，甚至会产生不同的产物。

2017 年，Wang 等人[121]采用了程序升温的方法在管式炉中合成了 $Ni_2P/MoO_2@MoS_2$。团队采用水热法在 Ti 箔上生长亚微米级的 $NiMoO_4$ 线，以红磷和硫粉为磷源和硫源，在 300 ℃保持了 1 h，接着升温至 500 ℃并保持了 2 h。文章认为，在 300 ℃下 $NiMoO_4$ 部分分解生成 MoO_3，同时 $NiMoO_4$ 表面与升华的硫蒸气反应生成 MoS_2 和 NiS_2。500 ℃时，MoO_3 被红磷蒸气还原成 MoO_2，外层的 NiS_2 被磷化生成 Ni_2P。最终产物结构以 MoO_2 为核，外层生长 MoS_2 纳米片，同时纳米片上附着 Ni_2P。

研究人员也探索了其他引入磷化物的方法。Zheng 等人[122]用溶剂热法分别合成 NiS/CdS 和 MoS_2，将其分散到乙二胺中，在 180 ℃下反应 12 h 获得 MoS_2/NiS/CdS；同样采用溶剂热法合成了 NiP_x，将二者分散到乙二胺中，最终在 180 ℃下反应 12 h 获得 NiP_x/MoS_2/NiS/CdS。李月华等人[123]则采用光沉积法在 CdS@CuS 上引入 Ni_xP。研究团队把包裹 CuS 的 CdS 纳米棒分散于乙醇水溶液中，加入一定量的 $NiCl_2$ 和 NaH_2PO_2，充分溶解后通 30 min 氮气去除体系中的空气。随后，在不断通氮气的条件下，选取波长大于 420 nm 的可见光照射黄色悬浮液 40 min，经过后处理获得 CdS@CuS/Ni_xP 纳米线。实验过程中还用 $CoCl_2$ 替换 $NiCl_2$ 也进行了光沉积实验，成功合成了 CdS@CuS/Co_xP 纳米线。

4.6.5 含氧化物/氢氧化物异质结构的合成

氧化物可由前驱体如碱式碳酸盐、氢氧化物等在氧气中煅烧得到。近年来，研究人员也尝试利用 MOFs 作为前驱体或牺牲模板来合成各种异质结构。对于氧化物，可以通过煅烧过程持续通入氧气获得[124-125]。Zhang 等人[126]在合成 NiS 修饰的 ZnO/ZnS 异质结构时，先用溶剂热法合成了锌镍金属有机骨架（ZnNi-MOF），随后在空气下热解 ZnNi-MOF 并获得 NiO/ZnO 多孔纳米棒。最后，研究人员对纳米棒进行硫化处理，合成出 NiS 修饰的 ZnO/ZnS 异质结构。Li 等人[127]在合成 $MoO_2@MoS_2@Co_9S_8$ 异质结构时，先采用水热法合成 MoO_3，再把 MoO_3 分散到甲醇中，同时加入 2-甲基咪唑和 $Co(NO_3)_2·6H_2O$，在 70 ℃下溶剂热反应 4 h 后获得 MoO_3@ZIF-67。MoO_3@ZIF-67 经热解后转变成 MoO_2@Co，利用水热法硫化后最终生成 $MoO_2@MoS_2@Co_9S_8$ 异质结构。该工作认为，ZIF-67 分解产生的碳能够原位还原 MoO_3，使其部分转变为导电性更好的 MoO_2。经过后续的硫化处理，MoO_2 部分转化成高催化活性的 MoS_2。生成的 MoS_2 与未被硫化的 MoO_2 之间的耦合可以促进电子转移，使得整个材料的催化性能得到提高。因此，若最先引入氧化物，则需要关注引入其他异质结构的过程中，先引入的氧化物的结构、金属价态等变化对材料整体性能的影响。如果存在一些不适宜煅烧的材料，也可以考虑尝试水热法、沉积法（包括化学沉积和电沉积）等[128]。

采用水热法、溶剂热法、电沉积等方法，可以把氢氧化物简便地引入到原有的异质结构中。Ji 等人[129]把 $Ni(NO_3)_2·6H_2O$ 和硫脲溶解于水里，加入已合成的 α-MnO_2

纳米棒，经超声分散后转移到反应釜中，利用水热反应得到 MnO_2@NiS_2/$Ni(OH)_2$ 异质结构。Xu 等人[130]则以乙醇、乙二醇和少量的水作为溶剂，溶解四水合乙酸钴和四水合乙酸镍，经过溶剂热反应在 NiSe-Ni_3S_2 三棱柱阵列外层生长无定形的 $Ni(OH)_2$-$Co(OH)_2$ 纳米片。

对于一些层状双金属氢氧化物的引入，可以通过在含有两种金属离子的盐溶液中恒电位沉积，从而获得表面分布均匀的层状双金属氢氧化物。Liu 等人[131]在泡沫镍上合成了具有 Co_9S_8/Ni_3S_2 异质结构的纳米片，并以此作为工作电极，以含有 $Ni(NO_3)_2$ 和 $FeSO_4$ 的水溶液作为电解质，在−1.0 V（相对于 Ag/AgCl）下沉积氢氧化物，最终获得具有 Co_9S_8/Ni_3S_2@NiFe LDH 异质结构的电催化剂。Lin 等人[132]以负载有 $CoFe_2O_4$@Co_3S_4 异质结材料的碳布作为工作电极，经过类似的恒电位沉积获得 NiFe/$CoFe_2O_4$@Co_3S_4 异质结构。

此外，还可以利用电沉积方法引入一些羟基氧化物。Zheng 等人[133]配制含有 $Fe(NO_3)_3$、$(NH_4)_2C_2O_4$ 和 NaCl 的水溶液作为电解质，改变沉积电流和沉积时间在 Ni_3S_2@MoS_2 异质结构表面生长羟基氧化铁（FeOOH）纳米片。

4.6.6 多异质结构中硫化物的引入

Schaak 等人[134]运用软硬酸碱理论，以 $Cu_{1.8}S$（G-1）纳米棒模型体系，依次注入 Zn^{2+}、In^{3+}、Ga^{3+}、Co^{2+}、Cd^{2+}五种金属离子，通过液相中的阳离子交换反应成功合成具有 ZnS/$CuInS_2$/$CuGaS_2$/CoS/（CdS-$Cu_{1.8}S$）异质结构的纳米棒［图 2-14（d）

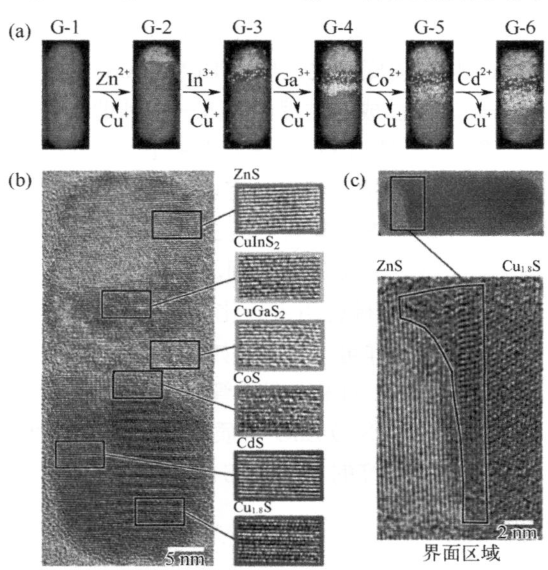

图 4-54 ZnS/$CuInS_2$/$CuGaS_2$/CoS/(CdS−$Cu_{1.8}S$)异质结构的制备过程与表征

（a）由 G-1 到 G-6 的离子交换过程；（b）G-6（纳米棒）覆盖 EDS 的 HRTEM 图；（c）G-2 的 HRTEM 图（放大图为将发生交换的区域）[135]

和（e），图 4-54]，进一步发展了他们团队在 2018 年报道的纳米异质结控制合成策略[135]。团队将装有油胺（经蒸馏处理）、苄基醚和十八烯的烧瓶加热至 120 ℃，并把 $Cu_{1.8}S$ 纳米棒分散到三正辛基膦中。他们往烧瓶中注入分散后的 $Cu_{1.8}S$ 纳米棒，再连续地注入其他金属离子的交换溶液，实现 $Cu_{1.8}S$ 纳米棒的逐步替换，最终形成各种异质结构。类似地，在前文介绍到的 CdS@CuS/Ni_xP 异质结构的合成过程中，CuS 的引入也是通过阳离子交换反应制备的。研究人员通过把 CdS 纳米线超声分散到 $Cu(NO_3)_2$ 溶液中搅拌得到 CdS@CuS 纳米线[123]。

基于前期水热法或溶剂热法的研究，研究人员已经积累了一些通过水热反应或溶剂热反应引入硫化物的策略[136]。通过调节合成参数（如反应时间、反应温度、投料比等），材料可能发生部分硫化，或同时发生多种反应以产生多种硫化物，从而获得多元异质结构。如前文提及的 MoO_2@MoS_2@Co_9S_8 异质结构[127]，MoO_2@Co 经过水热反应后，MoO_2 被部分硫化成 MoS_2，同时 Co 被硫化生成 Co_9S_8。Qiao 等人[137]合成 Co_3S_4/CoS/MoS_2 异质结构时先在碳布上合成 Co_3O_4，浸入含有 Na_2MoO_4 和 Na_2S 的溶液中，220 ℃下水热反应 12 h 得到 Co_3S_4/CoS/MoS_2 异质结构。在反应过程中，Na_2MoO_4 被硫化生成 MoS_2，Co_3O_4 被硫化生成 Co_3S_4 和 CoS（作者推测这是由于发生了副反应）。

Chen 等人[138]在水热法合成 Bi_2S_3/MoS_2/Bi_2MoO_6 异质结构时探究了水热反应过程中反应物的转变情况，认为 Bi_2MoO_6 的硫化经历了三个阶段：首先，在 160 ℃下 Bi_2MoO_6 纳米片被部分硫化成 Bi_2S_3 纳米线，形成 Bi_2S_3/Bi_2MoO_6 异质结构。继续升温至 200 ℃，Bi_2S_3 表面出现 MoS_2 纳米片，形成 Bi_2S_3/MoS_2/Bi_2MoO_6 三元异质结构。延长反应时间，Bi_2MoO_6 将被彻底硫化，形成 Bi_2S_3/MoS_2 异质结构。

近年来，研究人员尝试在合成的过程中引入一些辅助手段（如微波辅助、超声辅助等）。如 Drmosh 等人[139]把 TiO_2 纳米管分散到水中，分别配制 $Bi(NO_3)_3$ 和 Na_2MoO_4 溶液并加入硫脲，然后把三者以一定比例混合，通过微波辅助的水热法在 210 ℃下保持 1 h 以一步合成 Bi_2S_3/MoS_2/TiO_2 三元异质结构。相比于常规的水热合成，微波辅助的手段大大缩短了合成所需时间。

实际上，“通过对材料的部分硫化引入硫化物”并不限于水热法或溶剂热法，其他一些方法（如固相反应等）同样可以实现。如前文提及的 NiS 修饰的 ZnO/ZnS 异质结构[126]，研究人员把 NiO/ZnO 纳米棒置于管式炉，在高温下和硫蒸气进行反应。通过调控温度和硫粉的用量，使 NiO/ZnO 异质结构中的 NiO 发生完全硫化而 ZnO 发生部分硫化，最终获得 NiS 修饰的 ZnO/ZnS 异质结构。

4.6.7 基底材料参与反应

选择泡沫镍、钛箔、铜网等金属材料作为基底的时候，在合成多元异质结构的过程中，这类材料也可能参与化学反应并产生新的物相。这里选取泡沫镍为例子进行简要介绍。Muthurasu 等人[140]在合成 Co_3S_4@MoS_2/Ni_3S_2 异质结构时，先在泡沫镍表面合成钴金属有机骨架（Co-MOF），然后把整块材料浸入已经溶解了 Na_2MoO_4 和硫脲的水溶液中。经过水热反应，Na_2MoO_4 转变成 MoS_2，Co-MOF 转变成 Co_3S_4，而泡沫镍也被硫化生成 Ni_3S_2，三者共同组成了 Co_3S_4@MoS_2/Ni_3S_2 异质结构。与水热法不同的是，Wu 等人[141]采用溶剂热法可使泡沫镍生成独特的 β-NiS@Ni_3S_2 结构。β-NiS@Ni_3S_2 依次经过水热反应和空气中煅烧处理后，材料表面生长了一层 NiO 纳米片，转变成 NiO@β-NiS@Ni_3S_2 的结构。

另一种思路是利用泡沫镍（NF）等基底材料容易发生反应的性质，直接用基底材料合成多元异质结构。Tao 等人[142]直接以泡沫镍为原料，采用溶剂热法合成 NiSe/Ni_3S_2/NF，然后以 $NaH_2PO_2·H_2O$ 为磷源，对 NiSe/Ni_3S_2/NF 进行磷化处理，最终得到 NiSe/Ni_3S_2/$Ni_{12}P_5$/NF。Wang 等人[143]则对泡沫镍进行磷化处理，再把合成的 $Ni_{12}P_5$/NF 浸入 $MoCl_5$ 的乙醇溶液，干燥后在 350 ℃下与硫粉反应，洗涤、离心后获得 Mo-NiP_x/NiS_y，其中 NiP_x 和 NiS_y 代表的是两种不同物相。

参考文献

[1] Xu S, Li D, Wu P. One-pot, facile, and versatile synthesis of monolayer MoS_2/WS_2 quantum dots as bioimaging probes and efficient electrocatalysts for hydrogen evolution reaction. Adv Funct Mater, 2015, 25(7): 1127-1136.

[2] Jeffery A A, Nethravathi C, Rajamathi M. Two-dimensional nanosheets and layered hybrids of MoS_2 and WS_2 through exfoliation of ammoniated MS_2 (M = Mo, W). J Phys Chem C, 2014, 118(2): 1386-1396.

[3] Kale M B, Borse R A, Mohamed A G A, et al. Electrocatalysts by electrodeposition: Recent advances, synthesis methods, and applications in energy conversion. Adv Funct Mater, 2021, 31(25): 2101313.

[4] Wang Q, Zhou M, Zhang L. A dual mode photoelectrochemical sensor for nitrobenzene and L-cysteine based on 3D flower-like Cu_2SnS_3@SnS_2 double interfacial heterojunction photoelectrode. J Hazard Mater, 2020, 382: 121026.

[5] Xu M, Jiang H, Li X, et al. Design of a ZnS/CdS/rGO composite nanosheet photocatalyst with multi-interface electron transfer for high conversion of CO_2. Sustain Energy Fuels, 2021, 5(18): 4606-4617.

[6] 丁然. 二维过渡金属硫族化合物的生长及电催化性能研究. 南京: 东南大学, 2019.

[7] Yin J, Li Y, Lv F, et al. Oxygen vacancies dominated NiS_2/CoS_2 interface porous nanowires for portable Zn-air batteries driven water splitting devices. Adv Mater, 2017, 29(47): 1704681.

[8] 李京兵. 大面积 MoS_2/WS_2 薄膜的改进 CVD 法制备及其摩擦性能研究. 湘潭: 湘潭大学, 2018.

[9] Gong Y, Lin J, Wang X, et al. Vertical and in-plane heterostructures from WS_2/MoS_2 monolayers. Nat Mater, 2014, 13(12): 1135-1142.

[10] 王成忠. 过渡金属硫化物异质结电催化裂解水应用研究. 扬州: 扬州大学, 2021.

[11] 张傲. 3D 过渡金属硫化物 Z 型异质结的构建及光电催化性能研究. 沈阳: 辽宁大学, 2020.

[12] Fu Y, Cao F, Wu F, et al. Phase-modulated band alignment in CdS nanorod/SnS_x nanosheet hierarchical heterojunctions toward efficient water splitting. Adv Funct Mater, 2018, 28(16): 1706785.

[13] Kruszynska M, Borchert H, Parisi J, et al. Investigations of solvents and various sulfur sources influence on the shape-controlled synthesis of $CuInS_2$ nanocrystals. J Nanopart Res, 2011, 13(11): 5815-5824.

[14] 孙菲菲. ZIF-67 衍生硫化物复合纳米材料的制备及其电催化析氢与超级电容器性质研究. 大连: 大连理工大学, 2019.
[15] 安丽. 镍基硫族化合物的合成、表征及其在电催化能源转换和储存中的应用. 兰州: 兰州大学, 2019.
[16] Yu J, Zhang J, Liu S. Ion-exchange synthesis and enhanced visible-light photoactivity of CuS/ZnS nanocomposite hollow spheres. J Phys Chem, C, 2010, 114(32): 13642-13649.
[17] 费翔, 张秀梅, 付泉桂等. 基于熔融玻璃的预沉积法生长毫米级单晶 MoS_2 及 WS_2-MoS_2 异质结. 物理学报, 2022, 71(04): 260-266.
[18] Dharmadasa I M, Bingham P A, Echendu O K, et al. Fabrication of CdS/CdTe-based thin film solar cells using an electrochemical technique. Coatings, 2014, 4(3): 380-415.
[19] 牟艳男. 碲化镍薄膜的制备及其在碲化镉光电池中的应用. 长春: 吉林大学, 2015.
[20] 李恒德. 现代材料科学与工程辞典. 济南: 山东科学技术出版社, 2001.
[21] 刘漫红. 纳米材料及其制备技术. 北京: 冶金工业出版社, 2014.
[22] Cai G, Peng L, Ye S, et al. Defect-rich $MoS_{2(1-x)}Se_{2x}$ few-layer nanocomposites: A superior anode material for high-performance lithium-ion batteries. J Mater Chem, A, 2019, 7(16): 9837-9843.
[23] Fang L, Qiu Y, Li W, et al. Three-dimensional flower-like MoS_2-$CoSe_2$ heterostructure for high performance superccapacitors. J Colloid Interf Sci, 2018, 512: 282-290.
[24] 滕晓静. 过渡金属硒化物的制备及其储锂、储钠性能的研究. 杭州: 杭州电子科技大学, 2020.
[25] Mangiri R, Reddy D A, Subramanyam K, et al. Decorating MoS_2 and $CoSe_2$ nanostructures on 1D-CdS nanorods for boosting photocatalytic hydrogen evolution rate. J Mol Liq, 2019, 289: 111164.
[26] 袁伊德. 硒化镉/二硫化钼异质结的制备和光电探测研究. 长沙: 湖南大学, 2018.
[27] Zribi J, Khalil L, Zheng B, et al. Strong interlayer hybridization in the aligned SnS_2/WSe_2 hetero-bilayer structure. NPJ 2D Mater Appl, 2019, 3(1): 1-7.
[28] Yang T, Zheng B, Wang Z, et al. Van der Waals epitaxial growth and optoelectronics of large-scale WSe_2/SnS_2 vertical bilayer p-n junctions. Nat Commun, 2017, 8(1): 1-9.
[29] 张璐. 单层二硒化铼及其异质结载流子动力学研究. 北京: 北京交通大学, 2020.
[30] 王帅. 二硫化钼和硒化镓二维材料光电传感应用研究. 大连: 大连交通大学, 2020.
[31] 郝生财. 基于二硒化钼单层及其异质结的动力学及上转换发光性能研究. 北京: 北京交通大学, 2020.
[32] 廖俊懿, 吴娟霞, 党春鹤等. 二维材料的转移方法. 物理学报, 2021, 70(02): 227-243.
[33] 陈哲生. 铜锌锡硒光伏材料及硒化铟/二硫化钼二维异质结光电材料的研究. 兰州: 兰州大学, 2016.
[34] 陆中丹. 电子束蒸发沉积掺杂 TiO_2 薄膜的结构控制及其性质研究. 南京: 南京理工大学, 2012.
[35] 耿雷. CdS/CdTe 多晶薄膜及其化合物太阳能电池的制备与研究. 南京: 南京大学, 2012.
[36] Eranna G, Joshi B C, Runthala D P, et al. Oxide materials for development of integrated gas sensors-a comprehensive review. Crit Rev Solid State Mater Sci, 2004, 29(3-4): 111-188.
[37] Late D, J Huang, Y K Liu, et al. Sensing behavior of atomically thin-layered MoS_2 transistors. ACS Nano, 2013, 7(6): 4879-4891.
[38] Yuan Z Q, Hou J W, Liu K. Interfacing 2D semiconductors with functional oxides: Fundamentals, properties and applications. Crystals, 2017, 7(9): 265.
[39] Tan C, Cao X, Wu X J, et al. Recent advance in ultrathin two-dimensional nanomaterials. Chem Rev, 2017, 117(9): 6225-6331.
[40] Wang B, Luo H, Wang X, et al. Direct laser patterning of two-dimensional lateral transition metal disulfide-oxide-disulfide heterostructures for ultrasensitive sensors. Nano Res, 2020, 13(8): 2035-2043.
[41] Giri A K, Charan C, Saha A, et al. An amperometric cholesterol biosensor with excellent sensitivity and limit of detection based on an enzyme-immobilized microtubular ZnO@ZnS heterostructure. J Mater Chem A, 2014, 2(40): 16997-17004.
[42] Zhai P, Zhang Y, Wu Y, et al. Engineering active sites on hierarchical transition bimetal oxides/sulfides heterostructure array enabling robust overall water splitting. Nat Commun, 2020,

11(1): 1-12.
[43] 李艳秋. 多级 SnS_2/TiO_2 异质结的构筑及气敏性能研究. 哈尔滨: 哈尔滨工业大学, 2020.
[44] 马胤译. 金属氧/硫化物异质结半导体在光催化中的应用. 兰州: 兰州大学, 2020.
[45] Shit S, Bolar S, Murmu N C, et al. Tailoring the bifunctional electrocatalytic activity of electrodeposited molybdenum sulfide/iron oxide heterostructure to achieve excellent overall water splitting. Chem Eng J, 2021, 417: 129333.
[46] Liu T, Zhao Y, Gao L, et al. Engineering Bi_2O_3-Bi_2S_3 heterostructure for superior lithium storage. Sci Rep, 2015, 5(1): 1-5.
[47] Ren J T, Yuan K, Wu K, et al. A robust CdS/In_2O_3 hierarchical heterostructure derived from a metal-organic framework for efficient visible-light photocatalytic hydrogen production. Inorg Chem Front, 2019, 6(2): 366-375.
[48] Liu X, You B, Yu X Y, et al. Electrochemical oxidation to construct a nickel sulfide/oxide heterostructure with improvement of capacitance. J Mater Chem A, 2016, 4(30): 11611-11615.
[49] Wang B, Zhang Y, Wang Y, et al. Direct evidence of Z-scheme effect and charge transfer mechanism in titanium oxide and cadmium sulfide heterostructure. Colloids and Surf, A: Physicochem Eng Asp, 2021, 626: 127086.
[50] Zhang Q, Peng G, Mwizerwa J P, et al. Nickel sulfide anchored carbon nanotubes for all-solid-state lithium batteries with enhanced rate capability and cycling stability. J Mater Chem A, 2018, 6(25): 12098-12105.
[51] Wang Y, Yang Y, Zhang D, et al. Inter-overlapped MoS_2/C composites with large-interlayer-spacing for high-performance sodium-ion batteries. Nanoscale Horiz, 2020, 5(7): 1127-1135.
[52] Huang H, Huang W, Yang Z, et al. Strongly coupled MoS_2 nanoflake-carbon nanotube nanocomposite as an excellent electrocatalyst for hydrogen evolution reaction. J Mater Chem A, 2017, 5(4): 1558-1566.
[53] Chen G, Zhang C, Xue S, et al. A Polarization boosted strategy for the modification of transition metal dichalcogenides as electrocatalysts for water-splitting. Small, 2021, 17(26): 2100510.
[54] Li D, Maiti U, Lim J, et al. Molybdenum sulfide/N-doped CNT forest hybrid catalysts for high-performance hydrogen evolution reaction. Nano Lett, 2014, 14(3): 1228-1233.
[55] Wang R, Wang T, Hong T, et al. Probing photoresponse of aligned single-walled carbon nanotube doped ultrathin MoS_2. Nanotechnology, 2018, 29(34): 345205.
[56] Li P, Yang Z, Shen J, et al. Subnanometer molybdenum sulfide on carbon nanotubes as a highly active and stable electrocatalyst for hydrogen evolution reaction. ACS Appl Mater Interf, 2016, 8(5): 3543-3550.
[57] Wang B, Zhang X, Hu Y, et al. A microwave-assisted bubble bursting strategy to grow Co_8FeS_8/CoS heterostructure on rearranged carbon nanotubes as efficient electrocatalyst for oxygen evolution reaction. J Power Sources, 2020, 449: 227561.
[58] Ye Z, Yang J, Li B, et al. Amorphous molybdenum sulfide/carbon nanotubes hybrid nanospheres prepared by utrasonic spray pyrolysis for electrocatalytic hydrogen evolution. Small, 2017, 13(21): 1700111.
[59] Zhang X, Weng W, Gu H, et al. Versatile preparation of mesoporous single-layered transition-metal sulfide/carbon composites for enhanced sodium storage. Adv Mater, 2022, 34(2): 2104427.
[60] Luo P, Tan Y, Lu P, et al. Novel one-step gas-phase reaction synthesis of transition metal sulfide nanoparticles embedded in carbon matrices for reversible lithium storage. J Mater Chem A, 2016, 4(43): 16849-16855.
[61] Hang Z, Yang Z, Hussain M, et al. Polyoxometallates@zeolitic-imidazolate-framework derived bimetallic tungsten-cobalt sulfide/porous carbon nanocomposites as efficient bifunctional electrocatalysts for hydrogen and oxygen evolution. Electrochim Acta, 2020, 330: 135335.
[62] Shrivastav V, Sundriyal S, Shrivastav V, et al. WS_2/carbon composites and nanoporous carbon structures derived from zeolitic imidazole framework for asymmetrical supercapacitors. Energy Fuels, 2021, 35(18): 15133-15142.

[63] Zhu C, Mu X, Aken P A, et al. Single-layered ultrasmall nanoplates of MoS_2 embedded in carbon nanofibers with excellent electrochemical performance for lithium and sodium storage. Angew Chem Int Ed, 2014, 53(8): 2152-2156.
[64] Li L, Zhu P, Peng S, et al. Controlled growth of CuS on electrospun carbon nanofibers as an efficient counter electrode for quantum dot-sensitized solar cells. J Phys Chem C, 2014, 118(30): 16526-16535.
[65] Shin D Y, Lee J S, Ahn H J. Hierarchical porous carbon nanofibers with ultrasmall-sized cobalt disulfide/tungsten disulfide hybrid composites for high-rate lithium storage kinetics. Appl Surf Sci, 2021, 550: 149298.
[66] Guo Q, Ma Y, Chen T, et al. Cobalt sulfide quantum dot embedded N/S-doped carbon nanosheets with superior reversibility and rate capability for sodium-ion batteries. ACS Nano, 2017, 11(12): 12658-12667.
[67] Chen D, Quan H, Wang G S, et al. Hollow α-MnS spheres and their hybrids with reduced graphene oxide: Synthesis, microwave absorption, and lithium storage properties. Chem Plus Chem, 2013, 78(8): 843-851.
[68] Fang W, Zhao H, Xie Y, et al. Facile hydrothermal synthesis of VS_2/graphene nanocomposites with superior high-rate capability as lithium-ion battery cathodes. ACS Appl Mater Interfaces, 2015, 7(23): 13044-13052.
[69] Feng C, Zhang L, Yang M, et al. One-pot synthesis of copper sulfide nanowires/reduced graphene oxide nanocomposites with excellent lithium-storage properties as anode materials for lithium-ion batteries. ACS Appl Mater Interfaces, 2015, 7(29): 15726-15734.
[70] Xu X, Ji S, Gu M, et al. In situ synthesis of MnS hollow microspheres on reduced graphene oxide sheets as high-capacity and long-life anodes for Li- and Na-ion batteries. ACS Appl Mater Interfaces, 2015, 7(37): 20957-20964.
[71] Yu P, Wang L, Wang J, et al. Graphene-like nanocomposites anchored by Ni_3S_2 slices for Li-ion storage. RSC Adv, 2016, 6(53): 48083-48088.
[72] Ding C, Su D, Ma W, et al. Design of hierarchical CuS/graphene architectures with enhanced lithium storage capability. Appl Surf Sci, 2017, 403: 1-8.
[73] Ren Y, Wang J, Huang X, et al. γ-MnS/reduced graphene oxide nanocomposites with great lithium storage capacity. Solid State Ion, 2015, 278: 138-143.
[74] Chen Q, Chen W, Ye J, et al. L-Cysteine-assisted hydrothermal synthesis of nickel disulfide/graphene composite with enhanced electrochemical performance for reversible lithium storage. J Power Sources, 2015, 294: 51-58.
[75] Zhang Y, Li K, Wang Y, et al. Copper sulfide microspheres wrapped with reduced graphene oxide for high-capacity lithium-ion storage. Mater Sci Eng B, 2016, 213: 57-62.
[76] Li H, Wang Y, Huang J, et al. Microwave-assisted synthesis of CuS/graphene composite for enhanced lithium storage properties. Electrochim Acta, 2017, 225: 443-451.
[77] Lee E, Lee S G, Lee W H, et al. Direct CVD growth of a graphene/MoS_2 heterostructure with interfacial bonding for two-dimensional electronics. Chem Mater, 2020, 32(11): 4544-4552.
[78] Jayaramulu K, Masa J, Tomanec O, et al. Nanoporous nitrogen-doped graphene oxide/nickel sulfide composite sheets derived from a metal-organic framework as an efficient electrocatalyst for hydrogen and oxygen evolution. Adv Funct Mater, 2017, 27(33): 1700451.
[79] Wang Z, Yu K, Gong S, et al. Cu_3BiS_3/MXenes with excellent solar-thermal conversion for continuous and efficient seawater desalination. ACS Appl Mater Interfaces, 2021, 13(14): 16246-16258.
[80] Ren T, Huang H, Li N, et al. 3D hollow MXene@$ZnIn_2S_4$ heterojunction with rich zinc vacancies for highly efficient visible-light photocatalytic reduction. J Colloid Interf Sci, 2021, 598: 398-408.
[81] Zhang F, Zheng W, Lu Y, et al. Superconductivity enhancement in phase-engineered molybdenum carbide/disulfide vertical heterostructures. Proc Natl Acad Sci USA, 2020, 117(33): 19685-19693.
[82] 张鹏. 基于过渡金属/氮化物材料的改性隔膜用于锂硫电池. 武汉: 武汉科技大学, 2021.

[83] Diao J, Qiu Y, Liu S, et al. Interfacial engineering of W_2N/WC heterostructures derived from solid-state synthesis: A highly efficient trifunctional electrocatalyst for ORR, OER, and HER. Adv Mater, 2020, 32(7): 1905679.
[84] Xie Q, Lan M, Li B, et al. Interface engineering of iron sulfide/tungsten nitride heterostructure catalyst for boosting oxygen reduction activity. Chem Eng J, 2022, 431: 133274.
[85] Xiao M, Luo B, Thaweesak S, et al. Noble-metal-free MoS_2/Ta_3N_5 heterostructure photocatalyst for hydrogen generation. Progr Nat Sci, 2018, 28(2): 189-193.
[86] Wei Z, Shen X, Ji Y, et al. Synthesis of novel MoS_2/g-C_3N_4 nanocomposites for enhanced photocatalytic activity. J Mater Sci Mater Electron, 2020, 31(18): 15885-15895.
[87] Kadi M W, Mohamed R M, Ismail A A, et al. H_2 production using CuS/g-C_3N_4 nanocomposites under visible light. Appl Nanosci, 2020, 10 (1): 223-232.
[88] Sun Y, Jiang J, Cao Y, et al. Facile fabrication of g-C_3N_4/ZnS/CuS heterojunctions with enhanced photocatalytic performances and photoconduction. Mater Lett, 2018, 212: 288-291.
[89] Chen F, Yang H, Wang X, et al. Facile synthesis and enhanced photocatalytic H_2-evolution performance of NiS_2-modified g-C_3N_4 photocatalysts. Chinese J Catal, 2017, 38(2): 296-304.
[90] Li J, Gao W, Huang L, et al. In situ formation of few-layered MoS_2@N-doped carbon network as high performance anode materials for sodium-ion batteries. Appl Surf Sci, 2022, 571: 151307.
[91] Jing M, Chen Z, Li Z, et al. Facile synthesis of ZnS/N, S co-doped carbon composite from zinc metal complex for high-performance sodium-ion batteries. ACS Appl Mater Interfaces, 2018, 10(1): 704-712.
[92] He Q, Rui K, Yang J, et al. Fe_7S_8 nanoparticles anchored on nitrogen-doped graphene nanosheets as anode materials for high-performance sodium-ion batteries. ACS Appl Mater Interfaces, 2018, 10(35): 29476-29485.
[93] Chen L, Yang W, Li X, et al. Co_9S_8 embedded into N/S doped carbon composites: In situ derivation from a sulfonate-based metal-organic framework and its electrochemical properties. J Mater Chem A, 2019, 7(17): 10331-10337.
[94] Fu L, Sun Y, Wu N, et al. Direct growth of MoS_2/h-BN heterostructures via a sulfide-resistant alloy. ACS Nano, 2016, 10(2): 2063-2070.
[95] Zhang Z, Ji X, Shi J, et al. Direct chemical vapor deposition growth and band-gap characterization of MoS_2/h-BN van der Waals heterostructures on Au foils. ACS Nano 2017, 11(4): 4328-4336.
[96] Novoselov K S, Mishchenko A, Carvalho A, et al. 2D materials and van der waals heterostructures. Science, 2016, 353(6298): aac9439.
[97] 屠海令，赵鸿滨，魏峰等. 二维原子晶体材料及其范德华异质结构研究进展. 稀有金属, 2017, 41(05): 449-465.
[98] Jain A, Bharadwaj P, Heeg S, et al. Minimizing residues and strain in 2D materials transferred from PDMS. Nanotechnology, 2018, 29(26): 265203.
[99] Haigh S J, Gholinia A, Jalil R, et al. Cross-sectional imaging of individual layers and buried interfaces of graphene-based heterostructures and superlattices. Nat Mater, 2012, 11(9): 764-767.
[100] Lee D, Lee J J, Kim Y S, et al. Remote modulation doping in van der waals heterostructure transistors. Nat. Electron, 2021, 4(9): 664-670.
[101] Xue J, Sanchez-Yamagishi J, Bulmash D, et al. Scanning tunnelling microscopy and spectroscopy of ultra-flat graphene on hexagonal boron nitride. Nat Mater, 2011, 10(4): 282-285.
[102] Rhodes D, Chae S H, Ribeiro-Palau R, et al. Disorder in van der Waals heterostructures of 2D materials. Nat Mater, 2019, 18(6): 541-549.
[103] McManus D, Vranic S, Withers F, et al. Water-based and biocompatible 2D crystal inks for all-inkjet-printed heterostructures. Nat Nanotechnol, 2017, 12(4): 343-350.
[104] Akinwande D. Two-dimensional materials: Printing functional atomic layers. Nat Nanotechnol, 2017, 12(4): 287-288.
[105] Xiang R, Inoue T, Zheng Y, et al. One-dimensional van der Waals heterostructures. Science, 2020, 367(6477): 537-542.

[106] Feng Y, Guan Y, Zhang H, et al. Selectively anchoring Pt single atoms at hetero-interfaces of γ-Al_2O_3/NiS to promote the hydrogen evolution reaction. J Mater Chem A, 2018, 6(25): 11783-11789.
[107] Zhai C, Sun M, Zeng L, et al. Construction of Pt/graphitic C_3N_4/MoS_2 heterostructures on photo-enhanced electrocatalytic oxidation of small organic molecules. Appl Catal B, 2019, 243: 283-293.
[108] Pandey A, Mukherjee A, Chakrabarty S, et al. Interface engineering of an rGO/MoS_2/Pd 2D heterostructure for electrocatalytic overall water splitting in alkaline medium. ACS Appl Mater Interfaces, 2019, 11(45): 42094-42103.
[109] Xiu X W, Zhang W C, Hou S T, et al. Role of graphene in improving catalytic behaviors of AuNPs/MoS_2/Gr/Ni-F structure in hydrogen evolution reaction. Chin Phys B 2021, 30(8): 088801.
[110] Mawlong L P L, Paul K K, Giri P K. Exciton-plasmon coupling and giant photoluminescence enhancement in monolayer MoS_2 through hierarchically designed TiO_2/Au/MoS_2 ternary core-shell heterostructure. Nanotechnology, 2021, 32(21): 215201.
[111] Tian J, Chen L, Qiao R, et al. Photothermal-assist enhanced high-performance self-powered photodetector with bioinspired temperature-autoregulation by passive radiative balance. Nano Energy, 2021, 79: 105435.
[112] Dong J, Huang J, Wang A, et al. Vertically-aligned Pt-decorated MoS_2 nanosheets coated on TiO_2 nanotube arrays enable high-efficiency solar-light energy utilization for photocatalysis and self-cleaning SERS devices. Nano Energy, 2020, 71: 104579.
[113] Chava R K, Son N, Kang M. Surface engineering of CdS with ternary Bi/Bi_2MoO_6-MoS_2 heterojunctions for enhanced photoexcited charge separation in solar-driven hydrogen evolution reaction. Appl Surf Sci, 2021, 565: 150601.
[114] Zhang T, Meng F, Cheng Y, et al. Z-scheme transition metal bridge of Co_9S_8/Cd/CdS tubular heterostructure for enhanced photocatalytic hydrogen evolution. Appl Catal B, 2021, 286: 119853.
[115] Gultom N S, Kuo D H, Abdullah H, et al. Fabrication of an Ag_2S-MoS_x/MoNiAg film electrode for efficient electrocatalytic hydrogen evolution in alkaline solution. Mater. Today Energy, 2021, 21: 100768.
[116] Dong J, Zhang X, Huang J, et al. In-situ formation of unsaturated defect sites on converted CoNi alloy/Co-Ni LDH to activate MoS_2 nanosheets for pH-universal hydrogen evolution reaction. Chem Eng J, 2021, 412: 128556.
[117] Ong W J, Tan L L, Ng Y H, et al. Graphitic carbon nitride (g-C_3N_4)-based photocatalysts for artificial photosynthesis and environmental remediation: Are we a step closer to achieving sustainability? Chem Rev, 2016, 116(12): 7159-7329.
[118] Kang J, Jin C, Li Z, et al. Dual Z-scheme MoS_2/g-C_3N_4/$Bi_{24}O_{31}Cl_{10}$ ternary heterojunction photocatalysts for enhanced visible-light photodegradation of antibiotic. J Alloys Compd, 2020, 825: 153975.
[119] Wu Z, Jin C, Li Z, et al. MoS_2 and g-C_3N_4 nanosheet co-modified Bi_2WO_6 ternary heterostructure catalysts coupling with H_2O_2 for improved visible photocatalytic activity. Mater Chem Phys, 2021, 272: 124982.
[120] Qin Y, Lyu Y, Chen M, et al. Nitrogen-doped Ni_2P/$Ni_{12}P_5$/Ni_3S_2 three-phase heterostructure arrays with ultrahigh areal capacitance for high-performance asymmetric supercapacitor. Electrochim Acta, 2021, 393: 139059.
[121] Wang Y, Williams T, Gengenbach T, et al. Unique hybrid Ni_2P/MoO_2@MoS_2 nanomaterials as bifunctional non-noble-metal electro-catalysts for water splitting. Nanoscale, 2017, 9(44): 17349-17356.
[122] Zheng X, Wang X, Liu J, et al. Construction of NiP_x/MoS_2/NiS/CdS composite to promote photocatalytic H_2 production from glucose solution. J Am Ceram Soc, 2021, 104: 5307-5316.
[123] Li Y H, Qi M Y, Li J Y, et al. Noble metal free CdS@CuS-Ni_xP hybrid with modulated charge transfer for enhanced photocatalytic performance. Appl Catal B, 2019, 257: 117934.

[124] Cao X, Tan C, Sindoro M, et al. Hybrid micro-/nano-structures derived from metal-organic frameworks: preparation and applications in energy storage and conversion. Chem Soc Rev, 2017, 46(10): 2660-2677.
[125] Wang Q, Astruc D. State of the art and prospects in metal-organic framework (MOF)-based and MOF-derived nanocatalysis. Chem Rev, 2020, 120(2): 1438-1511.
[126] Zhang Q, Xiao Y, Li Y, et al. NiS-decorated ZnO/ZnS nanorod heterostructures for enhanced photocatalytic hydrogen production: Insight into the role of NiS Sol RRL, 2020, 4(4): 1900568.
[127] Li Y, Wang C, Cui M, et al. Heterostructured MoO_2@MoS_2@Co_9S_8 nanorods as high efficiency bifunctional electrocatalyst for overall water splitting. Appl Surf Sci, 2021, 543: 148804.
[128] Su Q, Wang W, Zhang Z, et al. Enhanced photocatalytic performance of $Cu_2O/MoS_2/ZnO$ composites on Cu mesh substrate for nitrogen reduction. Nanotechnology, 2021, 32(28): 285706.
[129] Ji Y, Liu W, Zhang Z, et al. Heterostructural MnO_2@$NiS_2/Ni(OH)_2$ materials for high-performance pseudocapacitor electrodes. RSC Adv, 2017, 7(70): 44289-44295.
[130] Xu J, Han F, Fang D, et al. Hierarchical bimetallic hydroxide/chalcogenide core-sheath microarrays for freestanding ultrahigh rate supercapacitors. Nanoscale, 2020, 12(1): 72-78.
[131] Liu F, Guo X, Hou Y, et al. Hydrothermal combined with electrodeposition construction of a stable Co_9S_8/Ni_3S_2@NiFe-LDH heterostructure electrocatalyst for overall water splitting. Sustain Energy Fuels, 2021, 5(5): 1429-1438.
[132] Lin Y, Wang J, Cao D, et al. Hierarchical self-assembly of NiFe-LDH nanosheets on $CoFe_2O_4$@Co_3S_4 nanowires for enhanced overall water splitting. Sustain Energy Fuels, 2020, 4(4): 1933-1944.
[133] Zheng M, Guo K, Jiang W J, et al. When MoS_2 meets FeOOH: A "one-stone-two-birds" heterostructure as a bifunctional electrocatalyst for efficient alkaline water splitting. Appl Catal B, 2019, 244: 1004-1012.
[134] Fenton J L, Steimle B C, Schaak R E. Tunable intraparticle frameworks for creating complex heterostructured nanoparticle libraries. Science, 2018, 360(6388): 513-517.
[135] Steimle B C, Fenton J L, Schaak R E. Rational construction of a scalable heterostructured nanorod megalibrary. Science, 2020, 367(6476): 418-424.
[136] Shi W, Song S, Zhang H. Hydrothermal synthetic strategies of inorganic semiconducting nanostructures. Chem Soc Rev, 2013, 42(13): 5714-5743.
[137] Qiao F, Liu W, Wang S, et al. Hierarchical $Co_3S_4/CoS/MoS_2$ leaf-like nanoflakes array derived from Co-ZIF-L as an advanced anode for flexible supercapacitor. J Alloys Compd, 2021, 870: 159393.
[138] Chen Y, Wang G, Li H, et al. Controlled synthesis and exceptional photoelectrocatalytic properties of $Bi_2S_3/MoS_2/Bi_2MoO_6$ ternary hetero-structured porous film. J Colloid Interf Sci, 2019, 555: 214-223.
[139] Drmosh Q A, Hezam A, Hendi A H Y, et al. Ternary $Bi_2S_3/MoS_2/TiO_2$ with double Z-scheme configuration as high performance photocatalyst. Appl Surf Sci, 2020, 499: 143938.
[140] Muthurasu A, Ojha G P, Lee M, et al. Zeolitic imidazolate framework derived Co_3S_4 hybridized MoS_2-Ni_3S_2 heterointerface for electrochemical overall water splitting reactions. Electrochim Acta, 2020, 334: 135537.
[141] Wu X, Li S, Xu Y, et al. Hierarchical heterostructures of NiO nanosheet arrays grown on pine twig-like β-NiS@Ni_3S_2 frameworks as free-standing integrated anode for high-performance lithium-ion batteries. Chem Eng J, 2019, 356: 245-254.
[142] Tao K, Gong Y, Lin J. Epitaxial grown self-supporting $NiSe/Ni_3S_2/Ni_{12}P_5$ vertical nanofiber arrays on Ni foam for high performance supercapacitor: Matched exposed facets and re-distribution of electron density. Nano Energy, 2019, 55: 65-81.
[143] Wang J, Zhang M, Yang G, et al. Heterogeneous bimetallic Mo-NiP_x/NiS_y as a highly efficient electrocatalyst for robust overall water splitting. Adv Funct Mater, 2021, 31(33): 2101532.

第二部分　应用篇

第 5 章

过渡金属硫化物在电催化领域的应用

过渡金属硫化物（transition metal sulfides，TMS）在可再生能源领域中有广泛的应用前景。研究者发现，其纳米结构展现出了在析氢反应（HER）和析氧反应（OER）中的高内在活性。本章主要介绍 TMS 基催化剂在电催化水分解领域的应用以及如何通过控制 TMS 材料的内部及表面结构来提升其性能。首先，对水分解反应进行概念性的介绍，并指出其催化剂应具备的最重要的催化性能的参数。随后，举例说明 TMS 基材料在 HER、OER 中应用的研究进展，并介绍了提高 TMS 的电催化性能的调控策略及用于 HER 和 OER 双功能电催化剂的开发应用。最后，对 TMS 在水分解方面遇到的挑战以及未来的发展和机遇进行了总结性的探讨。

水分解反应包括两个半反应，阴极水还原过程（即 HER）和阳极水氧化过程（即 OER）。理论上，OER 和 HER 需要的最小能量 $\Delta G = 237.1\ kJ \cdot mol^{-1}$，对应的电位为 1.23 V。然而，电极表面的反应动力学迟缓，需要一个过电位来驱动反应。在 HER/OER 中具有低过电位的金属和金属氧化物包括 Pt、Pd 及其合金，以及贵金属氧化物，包括 IrO_2 和 RuO_2。然而，它们在商业规模上的应用是具有挑战性的，因为这些材料在地壳中并不丰富，而且电化学稳定性低。因此，研究人员一直在探索周期表中的高活性催化剂，这些催化剂是地球上丰富的贵金属基水分解电催化剂的替代品。

TMS 具有独特的物理和化学性质，在水分解领域也表现出了广泛的应用前景。与金属氧化物相比，TMS 基材料通常具有良好的导电性，因为它们的价带和导带之间的带隙相对较窄，表现出一定的半导体性。其中，二维层状 TMS 具有较高的表面积、稳定性和丰富的 H 吸附活性位点，从而具有显著的 HER 电催化性能[1-3]。此外，不同于需要多步骤和高温处理的金属碳/氮化物，以及合成过程中总是伴随着有毒气体释放的金属磷化物，TMS 材料的合成过程相对温和。到目前为止，各种 TMS（如 MoS_2、Co_3S_4、FeS_2 等）已经受到了广泛的研究，展现出了在 OER 和 HER 过程中的催化潜力。通过体相和表面修饰，包括表面工程、相和结构控制以及成分调控，一些 TMS 的活性已经直逼铂族催化剂。例如，与便捷的双电子转移动力学的 HER 过程相比，OER 更加复杂，因为它包含一个迟缓的四电子转移过程[4-5]。许多研究工作表明，TMS 在氧化电位下并不稳定，它们会经历一个不可避免的氧化过程，转化为相应的氧化物/（羟基）氢氧化物[6]。有趣的是，在最初的 OER 过程中，后氧化的催化剂往往比直接合成的单一金属氧化物/氢氧化物有更好的催化活性。因此，深入理解 TMS 在 OER 中的催化机制能够帮助研究者合理地设计更高效的 OER 催化剂。此外，已有研究证明异质结构比单一结构有更好的 HER 和 OER 的催化性能，这是由于其特殊的协同效应。但导致活性增强的内在机制仍不清楚，因此需要进行相应的理论计算，帮助进一步开发新型水分离催化剂。

到目前为止，已经有很多的前沿研究工作都集中在 TMS 的设计及其在与能源储存和转换系统相关的不同领域的应用[7-11]。本章将主要阐述 TMS 在水分解领域的发展。首先，简单介绍水分解的机制和一些评估电催化剂催化性能的关键参数。然后，我们简要介绍 TMS 的合成方法。之后，将广泛地回顾 TMS 作为 HER、OER 催化剂，以及作为 HER 和 OER 双功能催化剂的研究实例。特别说明 TMS 在 HER 中提升性能的调控策略，目前在 OER 中存在的问题和进展以及获得可实现整体水分解的双功能催化剂的方法。最后，在目前研究的基础上，提出了对当前挑战和机遇的看法。

5.1 电催化水分解的反应机理

5.1.1 HER 的反应机理

HER 是一个双电子转移过程（图 5-1）[12]。在酸性电解质中，HER 是由 Volmer 反应启动的，其中氢离子被排出，形成吸附在电极表面的氢中间体（H^*）[式（5-1）]。在碱性电解质中，水分子是质子源［式（5-2）]。随后，分子氢通过两种不同的途径产生，这取决于 H^*的表面覆盖率。如果 H^*的覆盖率高，Tafel 反应步骤是限速步，因为两个相邻的 H^*可以结合成 H_2 分子［式（5-3）]。如果 H^*的覆盖率低，Heyrovský 反应占主导地位，因为单个 H^*原子在酸性介质中可以同时吸引一个质子和一个电子［式（5-4）]，而在碱性介质中吸引一个水分子和一个电子［式（5-5）]。

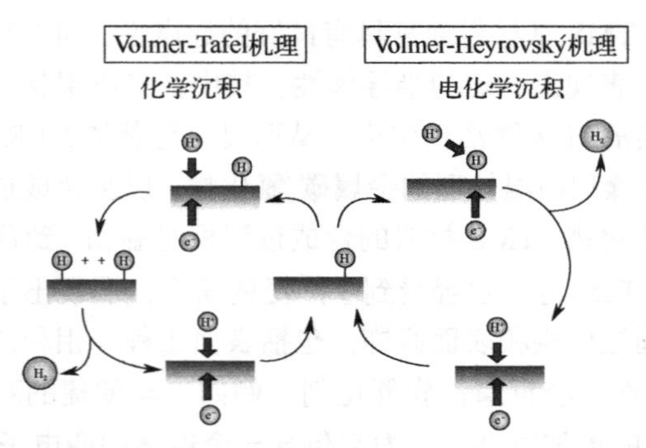

图 5-1 催化剂在酸性电解质中的两种不同的 HER 机制——Tafel 反应和 Heyrovský 反应[12]

第一步：　　$H_3O^+ + e^- + * \longrightarrow H^* + H_2O$　（酸性电解质）　（5-1）

$H_2O + e^- + * \longrightarrow H^* + OH^-$　（碱性电解质）　（5-2）

第二步：　　$H^* + H^* \longrightarrow H_2$，Tafel 反应　（5-3）

$H^* + H_3O^+ + e^- \longrightarrow H_2 + H_2O$，Heyrovský 反应（酸性介质）　（5-4）

$H^* + H_2O^+ + e^- \longrightarrow H_2 + OH^-$，Heyrovský 反应（碱性介质）　（5-5）

其中，*代表表面的催化剂；H^*是吸附的氢中间体。

氢中间体吸附的自由能（ΔG_{H^*}）与催化剂的氢气演变动力学有关。一个好的 HER 催化剂，如 Pt，其 ΔG_{H^*}接近零。这是因为太弱的吸附会导致质子和电极表面之间的相互作用差。相比之下，大的 ΔG_{H^*}表明难以打破氢中间体和催化剂表面之间的键，从而阻碍氢气的解吸。将实验测得的各种催化剂的交换电流密度与从 DFT 计算出的相应的 ΔG_{H^*}作图，可以得到反映不同金属的 HER 活性的火山关系（图 5-2）[13]。火山图提供了一种直观的方法来可视化和比较不同金属的活性，这有助于通过比较催化剂表面反应性中间物的结合能来指导材料设计。

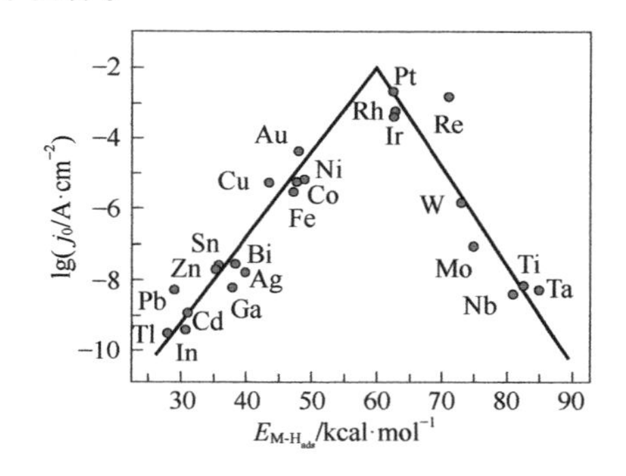

图 5-2　基于金属元素的酸性 HER 火山图[13]

5.1.2　OER 的反应机理

电化学制氧是一个迟缓的四电极过程，涉及 3 个表面吸附的中间体（OOH^*、O^*和 OH^*）（图 5-3）[14]。在酸性溶液中，水被氧化生成氧气和氢离子；而在中性和碱性介质中，羟基离子被氧化生成水和氧气。根据理论上提出的模型，OER 反应在酸性和碱性条件下进行，分别用反应式（5-6）～式（5-9）和式（5-10）～式（5-13）表示。

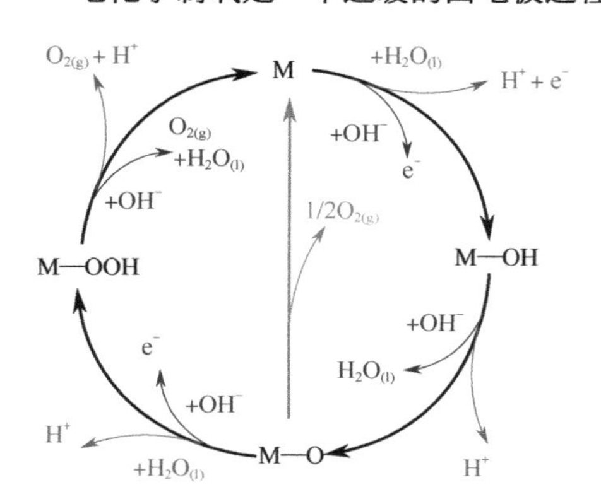

图 5-3　酸性（细浅灰线）和碱性（细深灰线）电解质中的 OER 过程[14]

粗黑线和粗灰线分别表示两个可能涉及的中间物的 OER 路线

酸性介质中的 OER

$H_2O + * \longrightarrow HO^* + H^+ + e^-$　（5-6）

$HO^* \longrightarrow O^* + H^+ + e^-$　（5-7）

$O^* + H_2O \longrightarrow HOO^* + H^+ + e^-$　（5-8）

$HOO^* \longrightarrow * + O_2 + H^+ + e^-$　（5-9）

碱性介质中的 OER

$$OH^- + * \longrightarrow HO^* + e^- \tag{5-10}$$

$$HO^* + OH^- \longrightarrow O^* + H_2O + e^- \tag{5-11}$$

$$O^* + OH^- \longrightarrow HOO^* + e^- \tag{5-12}$$

$$HOO^* + OH^- \longrightarrow * + O_2 + H_2O + e^- \tag{5-13}$$

其中，*代表催化剂的表面活性位点。

由于 OER 过程中的四个步骤都是热力学上坡过程，具有最高能量障碍的步骤就是决速步。每一步的热化学自由能是 1.23 eV[15]。实际上，对一系列金属氧化物的大量研究表明，HOO^*和 HO^*的自由能之差是 3.2 eV ± 0.2 eV。因此，对 O^*的结合能之差（$\Delta G_{O^*}-\Delta G_{HO^*}$）可用来作为评估催化剂催化活性的参考值。此外，催化剂和氧物种之间适当的结合力对催化活性很重要，太强或太弱的氧结合力都会降低反应速率。利用引入的 $\Delta G_{O^*}-\Delta G_{HO^*}$的参考值，构建了金属氧化物的 OER 催化性能的火山图，如图 5-4 所示。该火山曲线可以为开发高效的 OER 催化剂提供参考。到目前为止，研究者已经开发出了大量基于地球丰富材料的 OER 催化剂作为高价贵金属催化剂的替代品，其中大多数研究都集中在金属氧化物和氢氧化物上。近来，人们正在研究以过渡金属基的黄铜化物和磷化物作为 OER 催化剂[6,16-19]，它们甚至比其相应的氧化物或氢氧化物显示出了更好的 OER 活性，部分原因是它们具有更高的导电性。

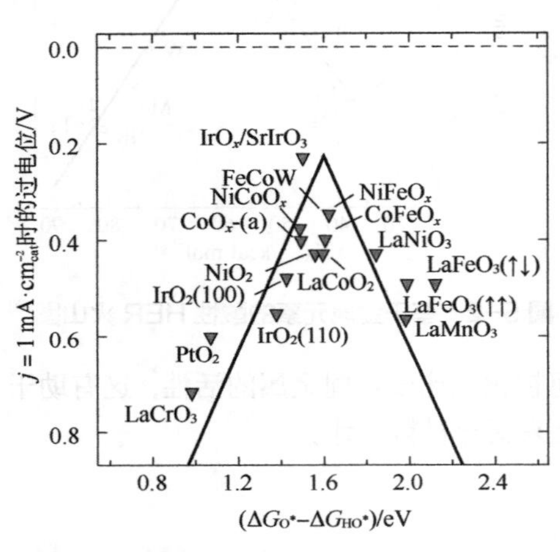

图 5-4　基于金属氧化物的 OER 火山图[5]

5.1.3　HER 和 OER 的关键参数

为了初步评估获得的材料是否适合作为水分解的电催化剂，通常研究者会借助一些重要参数评估材料的催化活性，主要包括过电位、Tafel 斜率、周转频率（turnover frequency，TOF）、稳定性以及法拉第效率。

已知催化 HER 和 OER 的平衡电势分别为 0 V 和 1.23 V（都与 RHE 有关）。然而，由于内在的动力学障碍，需要一个大于平衡电势的额外电势来启动 HER 和 OER 催化剂的反应。这些额外的电势被定义为过电位。催化剂的总活性通常可以通过进行循环伏安法（CV）或线性扫频伏安法（LSV）来评估。通常研究者通过给定电流密度下的过电位来评估电极的总活性。过电位的数值越小，代表电极的电化学活性越高。

Tafel 图是由 LSV 曲线得到的。它反映了电化学动力学，将电化学反应速率与过电位联系起来。Tafel 的线性部分可以拟合为 Tafel 方程，$\eta = a + b\lg j$，其中 η 表示过电位，b 表示 Tafel 斜率，j 表示电流密度。当 η 的值为零时，从 Tafel 方程得到的 j 的相应值为交换电流密度（j_0），这是评估电催化水分解催化剂内在活性的另一个标准。一个理想的水分解催化剂得到的方程，应该具有一个小的 b 和一个大的 j_0。

TOF 用于量化在规定的反应条件下催化活性位点的活性，即单位时间内活性位点发生的分子反应的数量。用公式 $\text{TOF} = \dfrac{jA}{\alpha Fn}$ 计算，其中 j 是 LSV 曲线中在一定过电位下的相应电流密度；A 代表工作电极的表面积；α 代表催化剂的电子数（个·mol^{-1}）；F 代表法拉第常数（96485.3 C·mol^{-1}）；n 是电极上覆盖金属原子的摩尔数（mol），它由质量（g）除以摩尔数（g·mol^{-1}）得出。

作为另一个关键参数，稳定性被用来评估催化剂在既定或长期工作条件下的催化性能。一般来说，有两种方法来评估催化剂的稳定性。一种是进行数千次以上的循环 CV，然后进行 LSV 测量。另一种方法是进行计时安培法或计时电位法。稳定性良好的催化剂在长期运行中电位或电流密度变化是可忽略不计的。

法拉第效率描述了电化学反应（即 HER 或 OER）中的电子转移效率。它可以通过比较实验中的产气量和理论上的产气量来计算。产生的气体（H_2 或 O_2）数量可以用气相色谱法（GC）测量或水置换法来确定。对于 O_2 量的测量，也可以使用旋转环盘电极伏安法。

5.2 过渡金属硫化物在析氢反应中的应用

5.2.1 二维过渡金属硫化物在析氢反应中的应用

MoS_2 和 WS_2 的二维层状结构能够暴露许多活性位点，有利于 H 的吸附，进而促进 HER 的进行。根据理论计算，MoS_2（1010）边缘的 ΔG_{H^*}值为 0.08 eV，接近 Pt 的（0 eV）。此外，MS_2 通常比相应的氧化物具有更好的导电性，因为大多数 MS_2 是半导体。一些层状 MS_2 材料在剥离成单层结构时甚至显示出金属特性。然而，由于 MoS_2 和 WS_2 生成氢气的动力学障碍较高，且活性位点密度有限，其催化活性与商用贵金属基 HER 催化剂相比仍有较大差距。因此，研究者通过增加暴露的活性位点的数量，以及提高边缘位点的固有导电性和活性，为提高电催化剂的催化性能做出了巨大努力。

增加活性位点数量的最合理的途径是通过设计新型的纳米结构来增加材料的表面积[20-23]。通过在原子尺度上优化 MoS_2 的表面结构，在双层 MoS_2 薄膜中创建有序介孔，有利于暴露更多的边缘位点[22]。具有独特结构的 MoS_2 通常由电沉积法合成，包括将 Mo 沉积到二氧化硅模板上，随后用 H_2S 硫化，并通过蚀刻去除二氧化硅模板，如图 5-5 所示。电化学结果表明，中间结构暴露了丰富的活性边缘位点和高活性表面积，这极大地促进了 HER 中催化活性的提高。此外，垂直排列的 MS_2 纳米片也同时增加了暴露的活性位点的数量和密度[24-27]。通过 WO_3 的原位剥离/分解，随后硫化合成了垂直排列的 WS_2 纳米片薄膜（$VAWS_2$）[24]。$VAWS_2$ 薄膜的过电位为 136 mV，达到了 10 $mA\cdot cm^{-2}$ 的 HER 电流密度，Tafel 斜率为 61 $mV\cdot dec^{-1}$。这种卓越的性能可能源于 $VAWS_2$ 薄膜中完全暴露的边缘和相互连接的多孔结构，它为电解质提供了更多的开放通道。

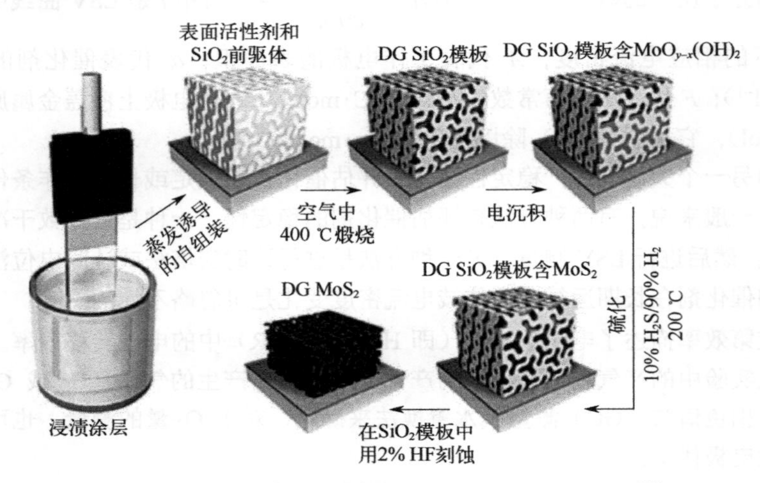

图 5-5　具有双甲状腺形态的介孔 MoS_2 的合成图解[22]

缺陷工程也是提高电催化 HER 性能的有效途径。框架中丰富的缺陷可以通过在纳米片表面构建裂缝来增加暴露的活性边缘位点[28-37]。只需要通过调节 Mo 前驱体和参与反应的 S 源的浓度比，即可实现 MoS_2 超薄纳米片的可控缺陷工程，如图 5-6 所示[36]。根据计算结果，由于存在丰富的缺陷，MoS_2 纳米片中的活性位点数量几乎是块状 MoS_2 中的 13 倍。正如预期的那样，富含缺陷的 MoS_2 表现出卓越的 HER 活性，起始过电位低至 120 mV，Tafel 斜率为 50 $mV\cdot dec^{-1}$。基于此，通过在 MoS_2 催化剂中同时进行可控缺陷和氧的引入，可以进一步优化 MoS_2 的 HER 活性[33]。基于 DFT 计算，优化后的结构有利于形成大量不饱和硫原子，这些硫原子可以作为 HER 催化的活性位点；同时，氧的引入可

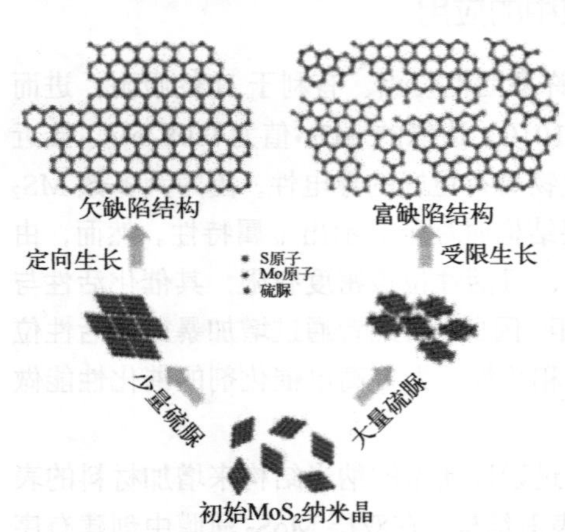

图 5-6　获得无缺陷和富缺陷结构的合成途径[36]

以有效降低带隙，增强 MoS_2 的内在导电性。结构和电子的协同调控使得氧引入的 MoS_2 具有良好的 HER 活性。

2013 年，研究人员证明了金属 1T 相的 MoS_2 具有更高的反应动力学、金属导电性和催化活性位点的密度，比 2H 相的 MoS_2 具有更高的催化 HER 活性（图 5-7）[38]。自此，研究者开始在物相调控中投入大量精力开发新的策略，从 2H 相中获得更高效的 1T 相 MoS_2 或 WS_2[38-45]。值得注意的是，MoS_2 和 WS_2 的 1T 相是可转移的，很容易转化为更稳定的 2H 相[46]。因此，使用上述方法得到的 MoS_2 或 WS_2 通常是半导体 2H 相和金属 1T 相的混合物，限制了对金属相的电化学性能及其应用的研究。而合成高纯度的金属相 1T′-MoX_2（X = S，Se）晶体并使其横向尺寸达到数百微米，在近期的研究工作中取得了重大突破[47]。获得的 1T′-MoS_2 晶体具有扭曲的八面体配位结构，可以通过热退火或激光照射转换为 2H-MoS_2。电化学测试结果表明，1T′-MoS_2 的基面在 HER 过程中比 2H-MoS_2 具有更好的催化活性，其起始过电位很低，只有 65 mV。1T′-MoS_2 的这种 HER 活性的提升可能是由于其基底面比 2H-MoS_2 具有更好的电荷传输能力和更高的催化性能。同时，还有一种胶体化学策略，可以产生稳定的金属 1T′相为主的 WS_2 纳米结构（1T′-D WS_2）[48]。与 2H-WS_2 相比，这种 1T′-D WS_2 在电流密度为 10 $mA \cdot cm^{-2}$ 时具有 200 mV 的过电位和 50.4 $mV \cdot dec^{-1}$ 的小 Tafel 斜率，并在 0.3 V RHE 的特定过电位下具有长达 46 天的稳定性。

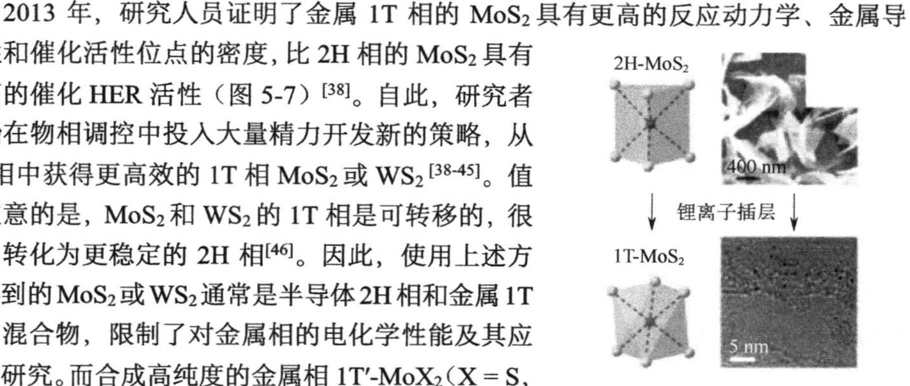

图 5-7 从 2H 到 1T-MoS_2 的相变的分子模型以及 2H 和 1T-MoS_2 的 SEM/TEM 图像[38]

无定形材料也具有较高的 HER 催化活性，这是因为其独特的各向同性和无序结构使其具有丰富的高活性电催化位点（图 5-8）[49-51]。2011 年首次通过电化学沉积法制备出了用于 HER 的无定形硫化钼[52]。获得的 MoS_x 薄膜具有与 MoS_3 相似的成分，被认为是前驱体，在氢气氛围下部分还原为 MoS_2 的活性相。与 MoS_2 纳米颗粒相比，无定形的 MoS_x 在较宽的 pH 值范围内表现出更高的活性。这可能是由于其无定形的性质，暴露了更多的催化活性位点。上述发现促使研究人员寻找更多的策略来提升非晶态 MoS_x 的活性，并探究其催化机制。例如，通过在无定形 MoS_x 薄膜中引入过渡金属离子，如 Fe、Co 和 Ni，可以提高其活性[53]。电化学实验结果表明，在酸性条件下，MoS_x 的催化活性明显提高，这是因为表面积增加或催化剂的负载受到了 Fe、Co 和 Ni 的影响。而在中性条件下，Fe、Ni 和 Co 可以提升不饱和位点的活性，从而使其具有更高的内在活性。通过将非晶态硫化钼沉积在高导电性的基底上，也可以进一步改善非晶态硫化钼的电催化活性[54-56]。尽管在开发非晶态硫化钼作为高效的 HER 催化剂方面已经取得了很大的进展，但非晶态硫化钼在 HER 催化过程中的结构变化，包括化学状态、晶体性质和配位环境仍不清楚。透射电子显微镜（TEM）是一种可以在亚纳米尺度上探测材料原子排列的技术。特别是，环境 TEM 技术的发展使研究人员能够通过控制催化剂周围的气体环境，在现场观察催化剂的化学和结构变化。借助于原位 TEM 和 DFT 计算，研究者揭示了在 HER 条件下 MoS_x 催化剂的结构变化和活化过程。原位 TEM 结果表明，在催化剂的活化过程中，氢气在催化剂的形态和化学变化中起到了关键作用。根据 DFT 计算，氢气主要有利于降低过渡态的能量势垒。此外，DFT 计算证实，无定形 MoS_x 的表面是不稳定的，首先被转化为活性较高的无定形 MoS_2，然后在氢气氛围中转化为结晶型 MoS_2。然而，由于惰性基底面位点可能会暴露在电解质中，在长时间的操作下，形成的结晶型 MoS_2 可能会导致催化剂失活[57]。通过确定 MoS_x 薄膜的内在 HER 活性与 S 原子数量之间的相关性，进一步研究了还原活化和腐蚀问题，这有助于合理设计高效和稳定的 HER 电催化剂[58-63]。

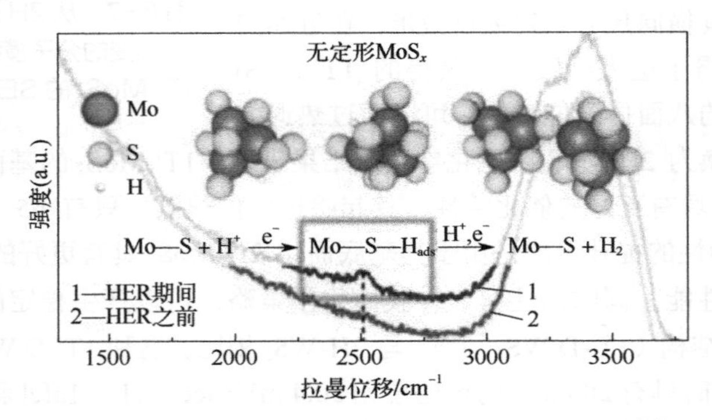

图 5-8 无定形 MoS_2 在 HER 过程中的拉曼光谱[62]

据报道，MS_2 的层间扩展可以改变 MS_2 边缘位点的电子结构和电导率，从而加强 HER 的性能[64-68]。研究者采用微波辅助策略合成了边缘终止和层间扩展的 MoS_2 纳米片（ET&IE）（图 5-9），其起始电位为−103 mV，Tafel 斜率为 49 mV·dec^{-1}[66]。边缘终止的结构赋予了该结构相对于基底位点更多的活性边缘位点，促使 ET&IE MoS_2 的 HER 活性比块状 MoS_2 有所提高。扩大的层间距离（9.4 Å）在改变电子结构方面发挥了重要作用，电子效应可以加强 H 的吸附，从而将 ΔG_{H^*} 降低到一个理想的值，共同提升了 ET&IE MoS_2 的催化性能。在这项研究之后，研究者通过在还原氧化石墨烯单层片上合成边缘导向的 MoS_2，使其层间间距扩大到 9.4 Å（EO&IE MoS_2/rGO）[67]。EO&IE MoS_2/rGO 结合了 MoS_2 丰富的边缘位点和

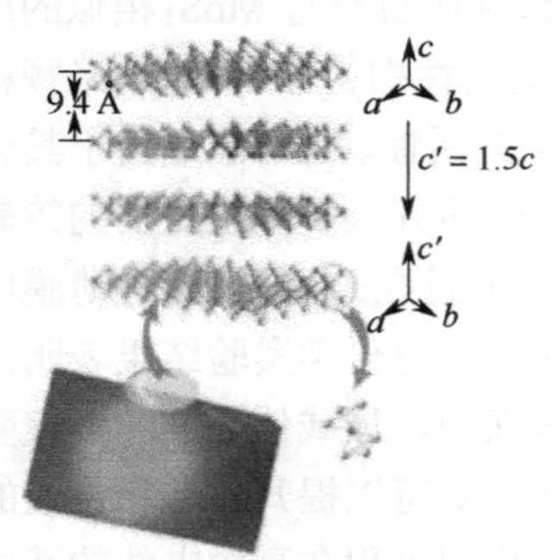

图 5-9 具有扩大层间距的 ET&IE MoS_2 的分子模型[66]

扩大的层间间距以及 rGO 的高导电性等优势，显示出了 129 mV 的较小的过电位和 42.2 mV·dec^{-1} 的 HER 的 Tafel 斜率。

除了试图增加可用的 M 端活性边缘的数量并将 2H-MS_2 转化为更有效的 1T 或 1T′-MS_2 外，创造更多的 S 端边缘暴露的活性位点和激活惰性基底面也可以有效提升 MS_2 的活性。目前，已经开发了几种策略来激活 MS_2 的基底面以及在 S 端边缘实现杂原子掺杂（例如 Pt、Fe、Ni、Co、O、P 和 N）[31,69-71]。在 MoS_2 中掺入 Pt 原子可以促进 H 原子在 S 端点上的吸附，从而提升 MoS_2 的 HER 活性［图 5-10（a）～（e）］[72]。根据 DFT 计算，得到了基于 ΔG_{H^*} 的不同单原子金属掺杂 MoS_2 的火山曲线［图 5-10（f）］。与所得到的火山曲线一致，电化学测量结果证明，对 HER 活性的影响是 Pt＞Co＞Ni。此外，Co 在 WS_2 晶格中的掺入改变了 H 的结合能和 S 空位的形成能，从而提升了所得到的 Co-WS_2 的基面 HER 活性[73]。此外，在 MS_2 中掺入非金属原子如 P、N，也是提高 HER 活性的有效方法[74-78]。例如，P 掺入可以通过激活基底面、Mo 端边缘和 S 端边缘位点，将 ΔG_{H^*} 优化到一个有利的值，从而使 2H-MoS_2 的 HER

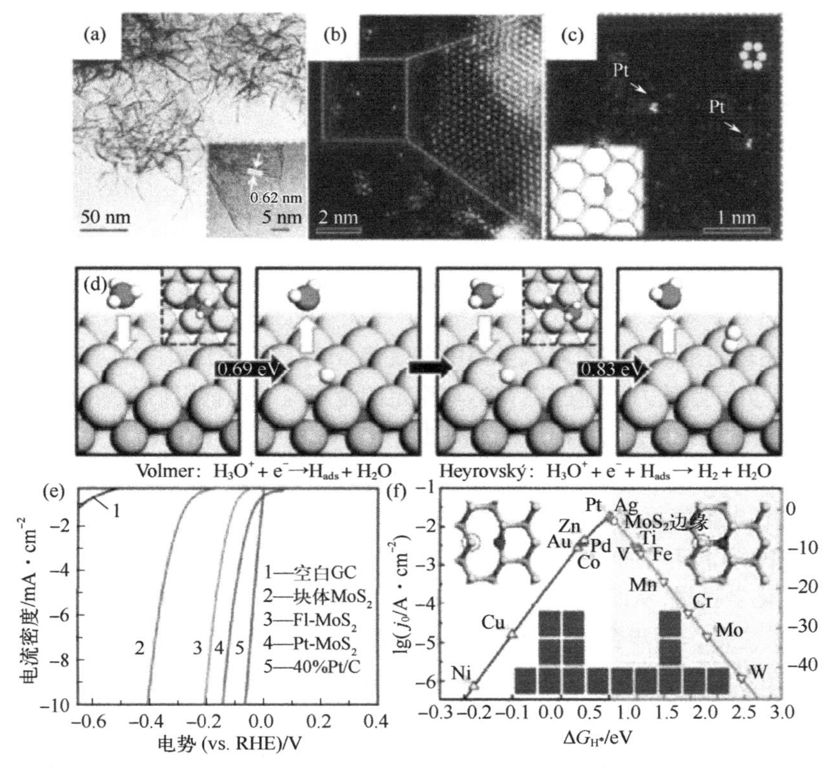

图 5-10　在 MS_2 中掺入各种金属原子或非金属原子提升 HER 活性[21]

（a）～（c）Pt-MoS_2 的 TEM 图像；（d）在 Pt-MoS_2 催化剂上的 HER 过程；（e）氢气与块状 MoS_2、Fl-MoS_2、空白 GC 电极和 40%的 Pt/C 相比，Pt-MoS_2 的极化曲线；（f）电流 $\lg j_0$ 和 ΔG_{H^*} 之间的火山型关系

催化活性得到明显提升。而另一种策略则是通过提升 S 空位的密度来激活 2H-MoS_2 的惰性基底面进行 HER[79]。根据 DFT 计算，S 空位可以在费米级引入空隙态，这有利于氢的吸附。此外，拉紧 S 空位可以进一步优化ΔG_{H^*}，从而系统地提高催化活性。正如 DFT 计算所预测的那样，这些促进作用具有更高的电化学 HER 性能。具有 S 空位和应变优化组合的单层 MoS_2 表现出前所未有的 HER 活性，在 0 V（相对于 RHE）的 $TOF_{S\text{-空位}}$为 0.31，超过大多数 MoS_2 基 HER 催化剂。

将分层 MS_2 材料与导电模板或支撑物，如石墨烯[67,80-84]、碳纸[85-86]、碳纳米片[34]、碳纳米管[56]和泡沫镍[87]组装起来，也是提高 HER 活性的有效方法。在 MS_2 和底物之间的化学和电学协同效应的驱动下所获得的材料，有望具有更强的电子转移能力，更多暴露的活性位点，以及更久的 HER 催化稳定性。例如，通过简单的溶剂热法将 MoS_2 纳米颗粒与 rGO 片耦合在一起［图 5-11（a）（b）］[88]，相对于独立聚集的 MoS_2 颗粒，得到的 MoS_2/rGO 复合材料表现出了更好的 HER 电催化活性，这应该归因于丰富的暴露边缘和从 MoS_2 到电极的快速电子传输［图 5-11（c）］。

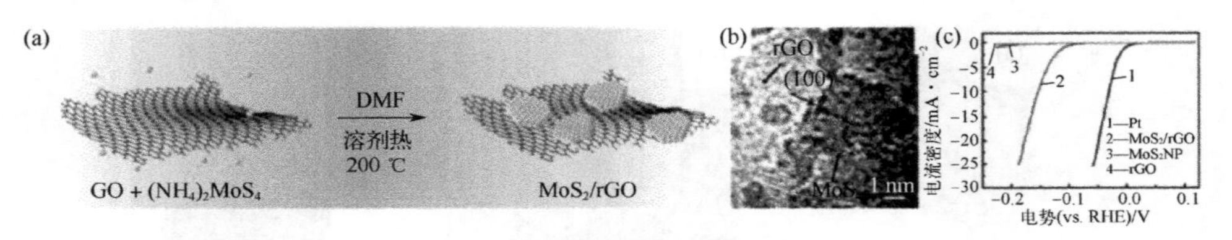

图 5-11　MoS_2/rGO 复合材料的制备及性能表征[88]

（a）MoS_2/rGO 复合材料的制备示意图[88]；（b）MoS_2/rGO 的 TEM 图像[88]；（c）MoS_2/rGO、Pt、rGO 和 MoS_2 NP 的极化曲线

值得注意的是，上述策略大多集中在改善 MS_2 在酸性介质中的 HER 活性。近来，研究人员开始致力于通过将 MS_2 与稳定的金属氢氧化物相结合来改善其在碱性介质中迟缓的 HER 动力学[89-93]。例如，将 MoS_2 片与 NiCo 层状双氢氧化物（MoS_2/NiCo-LDH）耦合[89]。由此产生的 MoS_2/NiCo-LDH 异质结构只需要 78 mV 的低 HER 过电位就可以在碱性环境中达到 10 $mA \cdot cm^{-2}$ 的电流密度。DFT 计算表明，MoS_2 和 NiCo-LDH 之间形成的异质面协同促进了 H 在 MoS_2 上的化学吸附和 OH 在 LDH 上的化学吸附，从而加速了 HER 的水解步骤，进而提升碱性电解质中整体 HER 的动力学。之后，两步合成了一种由几层 MoS_2 纳米片包裹 $Co(OH)_2$ 纳米颗粒的电催化剂［图 5-12（a）］[92]。被包裹的 $Co(OH)_2$ 纳米颗粒促进了水的解离，而 MoS_2 纳米片加速了氢的生成动力学［图 5-12（b）和（c）］。

研究者通过在单层二维 MS_2 纳米片上可控地生长不同的三维金属（Ni、Co、Fe 和 Mn）氢氧化物，开发了一种通用的方法可以制备一系列二维杂化碱性 HER 电催化剂［图 5-13（a）］[93]。综合实验和理论研究表明，金属氢氧化物和 MS_2 的适当杂化可以通过降低反应势垒来有效加速水的解离动力学，提高 HER 性能［图 5-13（b）和（c）］。

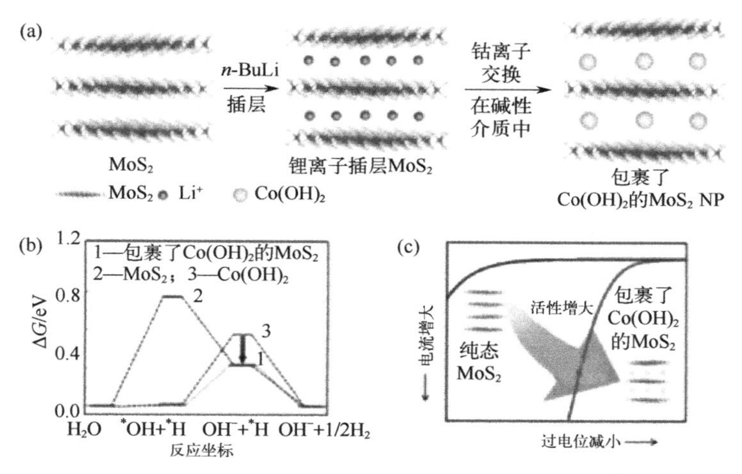

图 5-12　被 MoS_2 包裹的 $Co(OH)_2$ 的制备及表征[92]

（a）限域被 MoS_2 包裹的 $Co(OH)_2$ 的合成示意图；（b）MoS_2、$Co(OH)_2$ 和包裹了 $Co(OH)_2$ 的 MoS_2 样品边缘的 HER 的自由能图；（c）散装 MoS_2 和 MoS_2 包裹 $Co(OH)_2$ 的极化曲线

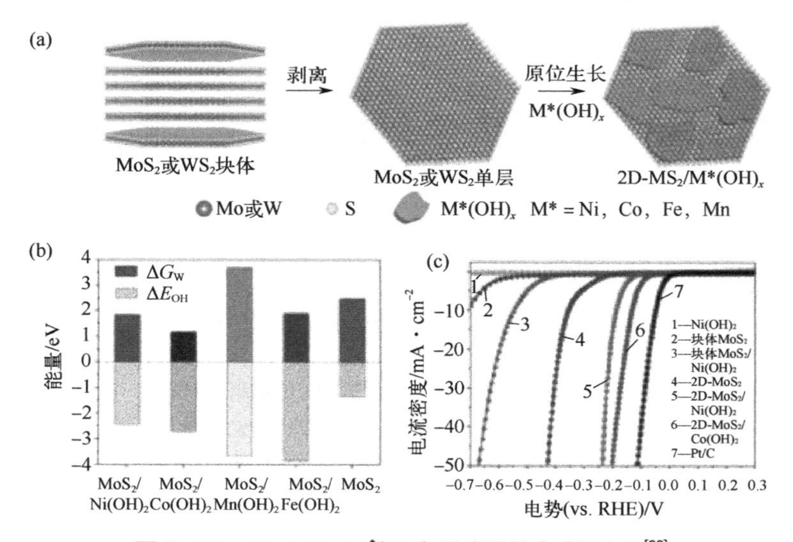

图 5-13　2D-MS_2/$M^*(OH)_x$ 纳米片的合成及表征[93]

（a）2D-MS_2/$M^*(OH)_x$ 纳米片的合成过程示意图；（b）ΔG_W 和氢氧化物的化学吸附能（ΔE_{OH}）在裸露的 2D-MoS_2 和各种 2D-MoS_2/$M^*(OH)_x$ 异质结构上；（c）碱性 HER 性能的 2D-MoS_2/$Ni(OH)_2$-10、2D-MoS_2/$Co(OH)_2$、裸露的 2D-MoS_2、$Ni(OH)_2$ 和商业 Pt/C（质量分数为 20% Pt）

上述策略（缺陷工程、创造 S 空位、转化为 1T 相、通过扩大层间距暴露 Mo 端部位点）中，关于 MoS_2 对 HER 催化活性的提升的报道，大多数只关注其中的一两个方面，从而限制了催化剂的活性。Anjum 等人报道了一种 1T-MoS_2 的简单合成方法，它拥有上述所有的结构特征，包括富含缺陷、S 缺陷、更多暴露的 Mo 边缘和扩展的

层间［图 5-14（a）～（d）］[94]。同时，通过在 H_2 气氛下还原 R-MoS_2，去除插层的 NH_3 和 H_2S，进一步得到了具有更高比例的 1T 相（34%）、S 空位和丰富缺陷的还原态 R-MoS_2（R-MoS_2）。综合所有的结构优势，合成的 R-MoS_2 表现出了显著的碱化氢性能，优于大多数报道的 MoS_2 基电催化剂。值得注意的是，当 R-MoS_2 与导电泡沫镍杂化（R-MoS_2/NF）时，R-MoS_2/NF 的催化活性甚至超过了商业 Pt/C 的催化活性，这表明基于 R-MoS_2 的材料作为 Pt 基催化剂的替代品具有很大的潜力［图 5-14（e）］。

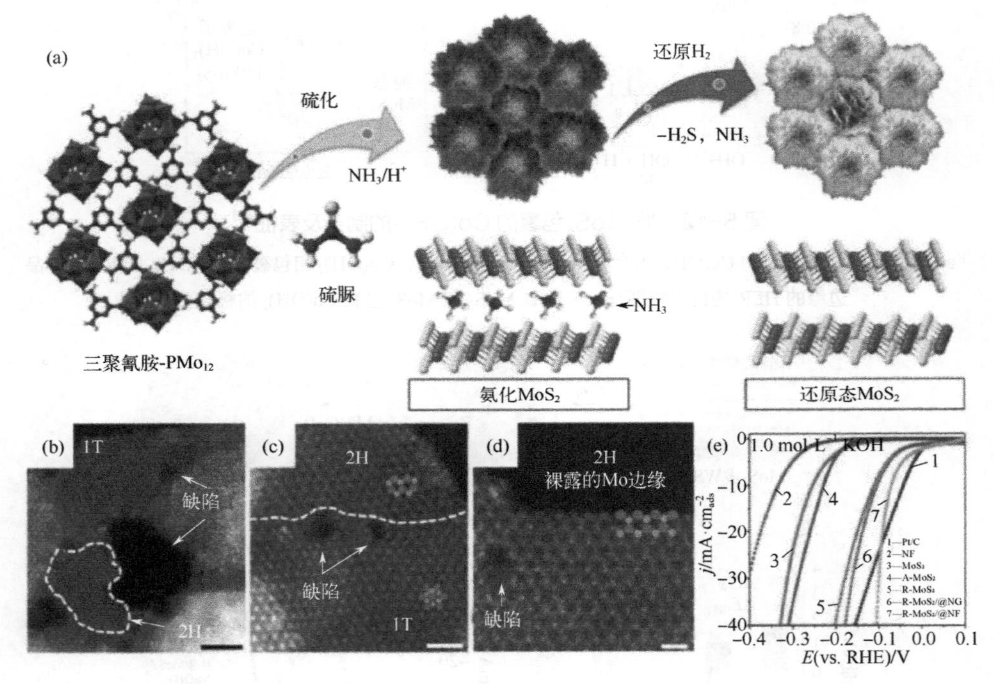

图 5-14　R-MoS_2 电催化剂[94]的还原制备及表征

（a）还原 MoS_2（R-MoS_2）的合成示意图；（b）～（d）高分辨 STEM 图像；（e）与其他参考电催化剂相比，R-MoS_2、R-MoS_2/NG 和 R-MoS_2/NF 的极化曲线

5.2.2　一维过渡金属硫化物在析氢反应中的应用

除上述层状 TMS（MoS_2 和 WS_2）外，其他一维 TMS，如 FeS_2、NiS_2、CoS_2 及其复合材料，由于其成本低、导电性高、电荷转移动力学快，也作为有前途的 HER 催化剂引起了极大的关注。特别是，它们在配体数量和一些欠配位表面阳离子的对称性方面与氢化酶的活性中心有某些相似之处，有望具有强的氢结合能力。然而，这类 TMS 的反应动力学迟缓，稳定性差，阻碍了它们的发展。与层状 TMS 类似，这些一维 TMS 的 HER 活性也通过各种策略得到了改善，包括通过形态控制增加活性位点，通过掺杂杂原子优化电子结构，以及控制相转化。在这一节中，我们总结了不同的一

维 TMS 在 HER 方面的最新进展，并详细讨论了增强双金属硫化物催化活性的机制。

硫化钴有不同的化学组分，如 Co_9S_8、CoS、Co_3S_4 和 CoS_2，这些组分赋予了它们丰富的结构化学和显著的性能，以满足 HER 的要求[95-96]。例如不同形态的金属二硫化钴（CoS_2），包括薄膜、纳米线（NW）和微米线（MW）阵列，对其 HER 性能有着至关重要的影响［图 5-15（a）～（d）］[97]。CoS_2 MW 具有相对较大的表面积和较快气泡释放速度，因此具有较高的 HER 活性［图 5-15（e）］。为了减少环境污染并提高其生物相容性，开发用于中性水而非强酸和强碱电解质的 HER 催化剂是重要的。将硫化钴（CoS_x）薄膜沉积在导电的氟掺杂的氧化锡（FTO）基底上（称为 CoS_x/FTO 薄膜），可作为温和电解质中的 HER 催化剂。获得的 CoS_x/FTO 薄膜在磷酸盐缓冲溶液（pH 值约为 7）中具有 43 mV 的起始过电位和 93 $mV \cdot dec^{-1}$ 的 Tafel 斜率。原位拉曼光谱和 X 射线吸收光谱（XAS）结果表明，所产生的 CoS_x 是由较小的氧化物和硫化物团块组成的，具有多孔的无定形结构。CoS_x 催化 HER 的拉曼光谱表明，无定形的 CoS_x 催化剂逐渐转变为类 CoS_2 团块，这一点在 XAS 中得到了进一步证实。根据基于实验建立的分子模型，这种类似 CoS_2 团簇的特点是沿团簇外围有高密度的硫活性位点，有助于提高其 HER 活性[98]。此外，研究者通过简单的水热法开发了一种富含 S 的 CoS_x（$x \approx 3.9$）催化剂，具有极高的 HER 性能[99]。CoS_x 具有空心球体，由许多纳米纤维交织而成。此外，球状结构进一步由微米长的纳米纤维相互连接，形成了一个三维导电网络。这样一个独特的三维网络有利于 HER

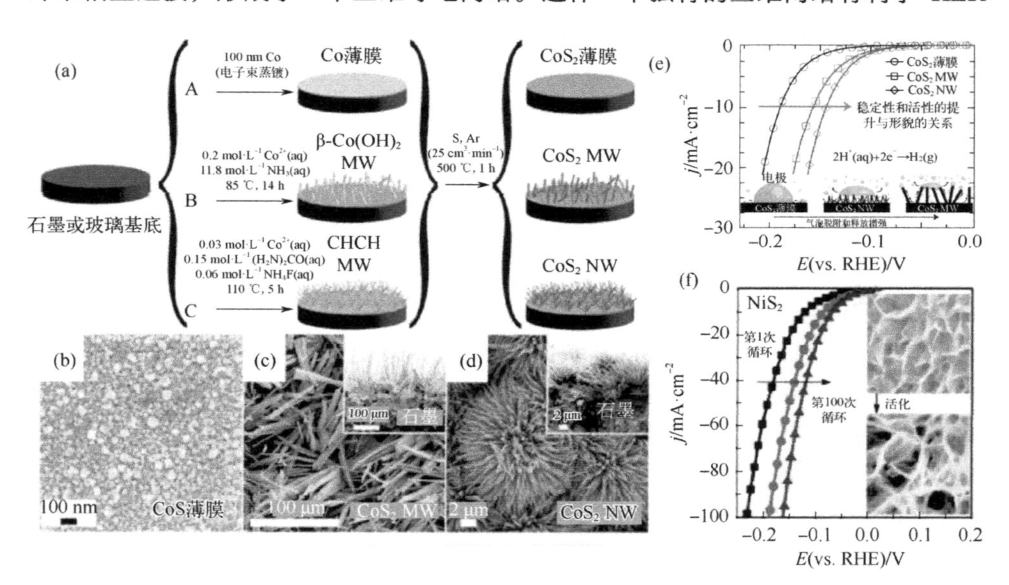

图 5-15　不同形态 CoS_2 的合成和结构表征及 NF-NiS_2 的催化活性

（a）黄铁矿（CoS_2）薄膜、微米线（MW）和石墨盘基材上的纳米线（NW）阵列的合成过程示意图[97]；（b）～（d）三种不同形态 CoS_2 合成样品的 SEM 图像及（e）LSV 图比较[97]；（f）NF-NiS_2 在第 1 个、第 10 个和第 100 个循环时的 LSV（插图分别是 NF-NiS_2 在电化学激活前后的 SEM 图像）[109]

过程中的电荷转移，丰富的 S 边缘和桥接的 S^{2-}可以提供大量的 HER 活性位点。所有这些原因使得富含 S 的 CoS_x在 HER 催化剂中脱颖而出，并在 10 $mA \cdot cm^{-2}$的电流密度下显示出 42 mV 的过电位，其活性与 Pt/C 相当。

硫化镍（NiS、Ni_3S_2和 Ni_7S_6）具有一些与硫化钴相似的特性，如丰富的价态、低成本和生态友好[100-107]。通过微波辅助途径能够制备三种结晶的硫化镍，NiS、NiS_2和 Ni_3S_2[108]。电化学研究表明，Ni_3S_2在三种形式中具有最高的 HER 活性，这归功于其结构优势，包括独特的表面化学性质、更大的电化学活性区和更高的导电性。人们普遍认为催化剂在 HER 催化过程中是稳定的，因此利用原位技术来揭示催化剂的催化机制并没有引起广泛关注。然而，通过原位 XAS 可以发现，碱性 HER 反应过程中，制备的 NiS_2纳米片并不稳定[109]。NiS_2在 HER 催化过程中有活化过程，其成分和结构发生了显著变化。如图 5-15（f）所示，NiS_2被转化为金属 Ni_0纳米片，作为 HER 的真正催化活性物种。此外，在施加阳极电位或暴露在空气中时，Ni_0很容易被氧化成大面积的 $Ni(OH)_2$，显示出了更强的 OER 活性。这一发现可能为构建高活性电催化剂以实现水全分解催化提供一些指导。通过对成分分离的 Pt-Ni NW 进行硫化处理，能够得到一类铂镍/硫化镍（Pt_3Ni/NiS）混合体[110]。考虑到 NiS 和 Pt_3Ni之间的协同作用，NiS 有利于促进水的解离，而 Pt_3Ni负责加速 H^+向 H_2的转化，导致 Pt_3Ni/NiS 在广泛的 pH 值范围内具有良好的 HER 活性。特别是，优化后的 Pt_3Ni_2 NW-S/C 显示出 70 mV 的小过电位，达到 37.2 $mA \cdot cm^{-2}$的电流密度，这超过了商业 Pt/C 对碱性 HER 的活性。通过一步氨处理，在泡沫镍上合成了 N 掺杂的 Ni_3S_2，并显示出了良好的 HER 活性，在 1.0 $mol \cdot L^{-1}$ KOH 中，过电位为 155 mV，电流密度为 10 $mA \cdot cm^{-2}$[111]。DFT 计算表明，氨处理不仅引入了杂原子 N 的掺杂物作为额外的活性位点［如在（100）面］，而且创造了新的活性面［如（−111）面］，在 Ni 和 S 位点上具有较低的 H 吸附自由能，这对提升 Ni_3S_2的 HER 催化作用是有效的。此外，还有研究报道了钒掺杂的 Ni_xS_y纳米线[112-113]和锰掺杂的 Ni_3S_2纳米片[114]。

在不同的硫化铁组分中，黄铁矿 FeS_2是最常报道的 HER 电催化剂[115-118]。通过简单调整前体溶液中的 Fe/S 比例，可以合成不同形态的 FeS_2，包括一维纳米线和二维纳米片[119]。电化学结果表明，所获得的 FeS_2二维圆盘结构在中性 pH 条件下具有与铂金相当的 HER 活性。扫描电子显微镜证实，它可以产生 125 h 以上的氢气。这意味着，通过两步法合成中孔 FeS_2，包括溶胶-凝胶法获得 Fe_2O_3及硫化处理，中孔结构的材料有更多暴露的活性位点。独特的中孔结构使中孔 FeS_2纳米颗粒（比表面积 128 $m^2 \cdot g^{-1}$）具有比商业 FeS_2（<1 $m^2 \cdot g^{-1}$）大得多的比表面积和丰富的活性位点，在 96 mV 的低过电位下电流密度达到 10 $mA \cdot cm^{-2}$。DFT 计算表明，介孔 FeS_2具有丰富裸露的（210）表面，与 H_2O 分子结合力更强，更有利于 OH 键的裂解，这有助于提升其在碱性电解质中的 HER 反应动力学。如前所述，在导电模板上生长材料以形成异质结构也可以加速 HER 动力学。通过将 FeS_2纳米颗粒嵌入 rGO 中，可以显著

提升 HER 的催化活性，在 139 mV 的过电位下电流密度达到了 10 mA·cm⁻² [120]。值得注意的是，在 pH 值为 7 的情况下，制备的 Fe_3S_4 在−0.6 V 时会表现出结构和化学变化，上面提到的 NiS_2 作为碱性 HER 电催化剂也具有同样的现象。与转化为金属镍的 NiS_2 不同，Fe 原子 K 边的原位 XAS 显示，铁-硫连接被铁-氧单元所取代，形成了一个由 60%格雷戈特和 40%氢氧化铁组成的核壳结构[121]。Fe_3S_4 的这种转变来自于当 HER 发生在非常负的电位时，伴随产生的 OH^- 导致电极附近的 pH 大幅上升。原位红外光谱法通过监测电极界面溶液中磷酸盐物种的变化进一步证实了 pH 值的显著增加。这进一步反映了原位测试的重要性。

许多研究表明，硫化铁中加入钴可以有效提高 FeS_2 的 HER 活性。Co 掺入 FeS_2 纳米片，并进一步与碳纳米管杂化形成 $Fe_{1-x}Co_xS_2$/CNT 混合催化剂，可提升 FeS_2 的 HER 活性。电化学测量表明，催化剂中 Co 的掺入量对电催化活性有重要影响。分别对 $Fe_{0.9}Co_{0.1}S_2$-CNT 的最佳样品和 FeS_2-CNT 的对比样品进行 DFT 计算，发现黄铁矿边缘的 S 原子是 HER 活性点。与 Pt（111）表面相比，$Fe_{0.9}Co_{0.1}S_2$-CNT 和 FeS_2-CNT 表面都显示出了略高的 H^+ 吸附能和相似的 H_2 吸附能，揭示了黄铁矿在稳定表面形成的反应中间产物以及释放 H_2 方面的活性特征。DFT 计算进一步表明，与 FeS_2-CNT（1.62 eV）相比，Co 的加入使得 $Fe_{0.9}Co_{0.1}S_2$-CNT 具有更低的氢原子吸附能垒（1.23 eV）。此外，Co 掺杂使 $Fe_{0.9}Co_{0.1}S_2$-CNT（110）具有比 FeS_2-CNT 更长的 H—S 键长度，这表明 Co 掺杂的黄铁矿中硫氢键被削弱，从而有利于氢原子在活性位点的吸附和 H—H 键的形成（图 5-16）。总的来说，掺杂的 Co 有助于降低

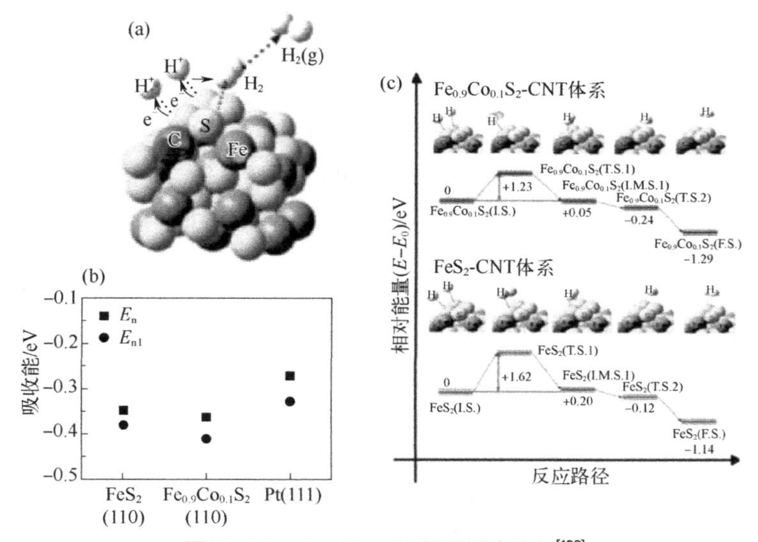

图 5-16 $Fe_{0.9}Co_{0.1}S_2$ 催化反应路径[132]

（a）酸性介质中 HER 在 $Fe_{0.9}Co_{0.1}S_2$ 边缘硫原子上的反应路线示意图；（b）通过 DFT 计算得到的 FeS_2（110）、$Fe_{0.9}Co_{0.1}S_2$（110）和 Pt（111）催化剂上的 ΔG_{H*} 和 H_2 分子；（c）在 $Fe_{0.9}Co_{0.1}S_2$-CNT（上）和 FeS_2-CNT（下）催化剂上的 HER 的动能屏障曲线

$Fe_{0.9}Co_{0.1}S_2$-CNT 的动能势垒，从而导致其卓越的 HER 性能，在 20 mA·cm^{-2} 时显示出 120 mV 的过电位以及 46 mV·dec^{-1} 的 Tafel 斜率。利用原子层沉积法制备了另一种三元 $Fe_xCo_{1-x}S_y$ 化合物[122]。通过表面催化剂的成分优化和电极结构的几何优化可获得高比活性和表面积，碳布（CC）上的最佳 $Fe_{0.54}Co_{0.46}S_{0.92}$/CNT/碳纳米管表现出优异的 HER 活性，在 10 mA·cm^{-2} 时过电位达到 70 mV。此外，通过用磷化物（P/Co-FeS_2）进行表面改性，进一步提高了三元 Co-Fe-S 系统的 HER 活性，在 20 mA·cm^{-2} 时产生了较低的过电位 60 mV，Tafel 斜率为 41 mV·dec^{-1}[123]。

三元铁镍硫化物也被证实具有优于单一金属硫化物的 HER 活性。利用 NiFe-LDH 的拓扑转换反应，可以设计合成一种具有优异 HER 性能的铁镍硫化物（INS）[124]。例如，金属 α-INS 纳米片具有达到 10 mA·cm^{-2} 的 105 mV 的低过电位和 40 mV·dec^{-1} 的小 Tafel 斜率。为了研究铁的加入对 HER 催化效率的影响，通过 DFT 计算分析了 α-INS 和 α-NiS 的详细 HER 途径。DFT 结果表明（图 5-17），一个 H^+首先被吸附在表面间隙（H_{ad}），然后与另一个 H^+结合，形成一个吸附的 H_2。然后形成的 H_2 迁移到一个金属位点，最后从金属位点释放出来。铁的加入改变了催化活性中心的电子结构，H_2 倾向于在 α-INS 的铁位点而不是 α-NiS 的镍位点上形成。此外，DFT 计算显示，与 α-NiS 相比，Fe 掺杂导致 α-INS 上 H^+吸附的能垒更低，H_2 形成释放的能量更多，从而提升了 α-INS 的催化活性。值得注意的是，从 2H-INS 到金属 1T-INS 的相变可以进一步加速电荷转移，从而提升 HER 的性能。受 Fe-Ni-S 体系的可比结构特性及其作为高活性 HER 电催化剂的潜力的启发，Konkena 等人开发了天然矿石膨润土作为 HER 的"岩石"电极材料[125]。膨润土的成分为 $Fe_{4.5}Ni_{4.5}S_8$，具有高电子传导性和明确的双金属催化中心。此外，天然矿石彭特兰蒂斯的含量很高，可以作为高效和稳定的电极，而不需要进一步的表面修饰。有趣的是，经过 96 h 的 HER 电解，在 10 mA·cm^{-2} 下，过电位从 280 mV 下降到 190 mV。在 HER 电解前后，催化剂 S 2p 的 X 射线光电子能谱（XPS）显示，S_2^{2-}的数量减少，催化剂表面出现硫空位，从而暴露了更多的 Ni-Fe 位点，提升了 HER 性能。对 $Fe_{4.5}Ni_{4.5}S_8$ 的 DFT 计算表明，在 HER 电解过程中产生的硫空位可能调节了催化活性 Ni-Fe 中心的电子结构，从而提升了 HER 动力学。随后，通过在 HER 条件下对膨润土进行核共振非弹性 X 射线散射（NRIXS）研究，确定了硫空位可以在原子水平上提升膨润土的 HER 催化作用[126]。NRIXS 测量能够探测催化剂近表面区域的晶格振动（声子），有助于研究结构变形和化学吸附过程。通过比较 NRIXS 在不同条件下的铁的振动密度和基于 DFT 计算的各种原子构型的理论声子谱，可以揭示反应中原子水平的氢气吸附过程。结合 DFT 计算的 Operando NRIXS 表明，新形成的硫空位促进了 H 原子优先占据前硫位，而不是间隙位，从而降低了该过程的能量阈值。一旦硫空位被完全填充，氢原子就会占据间隙位置，抑制其反应动力学。此外，Piontek 等人进一步探讨了$(Fe_xNi_{1-x})_9S_8$ 中的 Fe/Ni 比例和 HER 操作温度对活性的影响[127]。电化学表面积测量显示，Fe/Ni 比例为 1∶1 的$(Fe_xNi_{1-x})_9S_8$具有最大数量的活性位点，这导致了其卓越的 HER 性能。用表面能作为催化活性的描述符对表面结构进行 DFT 计算，发现 $Fe_{4.5}Ni_{4.5}S_8$ 的表面能是所有表面结构中最高的，这与实验结果一致。此外，当操作温度提高到 90 ℃时，$Fe_{4.5}Ni_{4.5}S_8$ 的催化过电位从 190 mV 急剧下降到 138 mV（电流密度 10 mA·cm^{-2}）。

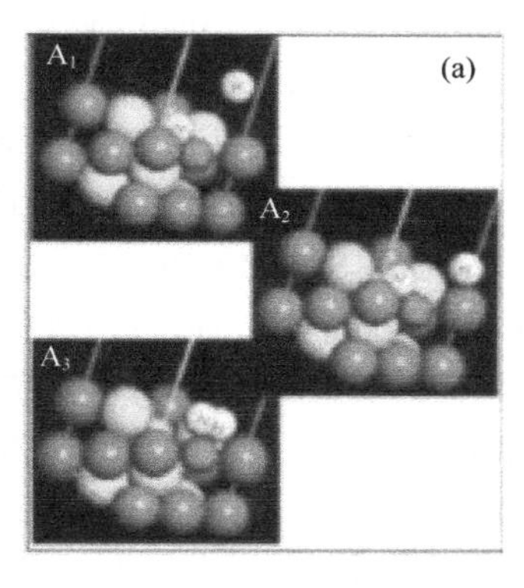

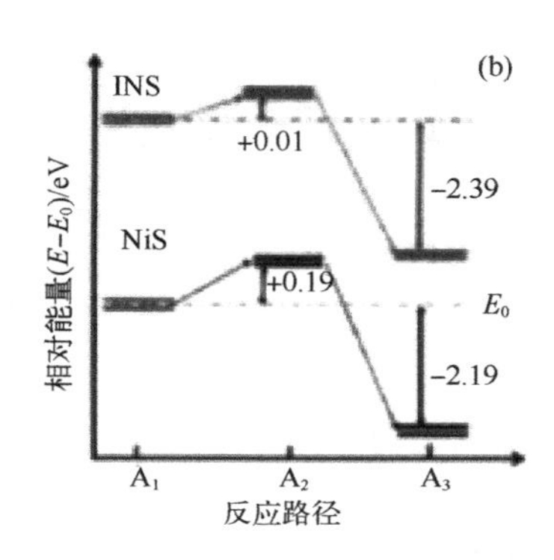

图 5-17　三元铁镍硫化物（α-INS）的 HER 途径及能量变化[124]

（a）α-INS 超薄纳米片在酸性环境中对 HER 的反应途径；（b）在 α-INS 和 α-NiS 纳米片上的 HER 的动能屏障曲线

由于 Co_xS_y 和 Ni_xS_y 已被广泛开发为高效的 HER 电催化剂，研究者认为三元镍钴硫化物将显示出更强的电化学 HER 活性，第二个金属原子的加入优化了电子结构。利用便捷的溶剂热路线可以合成 $NiCo_2S_4$ 双壳球中空球（$NiCo_2S_4$ BHSs）[128]。球中球结构应该是由于纳米级的 Kirkendall 效应和离子交换反应形成的。受益于其有利的化学成分和独特的结构特征，$NiCo_2S_4$ BHSs 在碱性溶液中具有卓越的 HER 性能，在 10 mA·cm^{-2} 时的过电位很小。研究者认为，吸附的 H（H*）和强电负性的硫之间的强烈相互作用是不利于催化 HER 的，因为它阻碍了 H*的解吸以产生自由的 H_2。因此，通过在 $NiCo_2S_4$ 中掺入 N 可以削弱 H-S 的强相互作用，从而获得高 HER 活性[129]。XPS 和 X 射线吸收近边结构（XANES），结合扩展 X 射线吸收精细结构（EXAFS）测试，表明 Co-S 的配位数下降，因为掺入的 N 占据了 Co-S 上的 S 位，形成 Co-N，而 N 的电负性比 S 强，会吸引金属原子周围的电子，导致金属原子和 S 周围电子密度下降。DFT 计算在原子水平上揭示了 N 对 N-$NiCo_2S_4$ 催化活性增强的影响。在碱性 HER 反应中，H_2O 分子首先通过 Co-O 相互作用占据了 Co 的顶部位点，然后 HO—H 键被打破并经历了一个过渡态，S 位点上吸附 H*和 Co 位点上吸附 OH（HO*）。最后，HO*从催化剂表面脱附，留下硫部位的 H*，这个 H*与之前吸收的 H*结合，形成 H_2*。自由的 Co 可以吸附另一个 H_2O 分子。值得注意的是，在第二步中，将 N 引入 $NiCo_2S_4$ 后，H_2O 的解离能垒从 $NiCo_2S_4$ 上的 0.74 eV 降至

$N-NiCo_2S_4$上的 0.56 eV。此外，N 的掺杂可以降低 S 原子周围的电子密度，也有利于H^*从 S 位点解吸。因此，获得的$N-NiCo_2S_4$在 41 mV 的过电位下达到了电流密度 $10\ mA·cm^{-2}$和较小的 Tafel 斜率 $37\ mV·dec^{-1}$。此外，$NiCo_2S_4/Pd$ 的异质结构中，Pd 纳米颗粒均匀地结合在花状 $NiCo_2S_4$ 空心亚微球上[130]。静态接触角技术显示，$NiCo_2S_4/Pd$ 具有较小的接触角，有较好的亲水性，这有利于加强与水电解质的紧密接触，加速 HER 反应。此外，独特的中空异质结构赋予了 $NiCo_2S_4/Pd$ 催化剂更多可用的活性位点以及快速的电荷转移，这进一步加速了 HER 反应。

与三元硫化物不同，锌钴硫化物由于其较低的光带隙，通常被用作光催化剂。近来的研究表明，三元锌钴硫化物也具有电催化水分解的潜力[131-133]。通过自模板化可以制备空心结构的 Co 基双金属硫化物（$M_xCo_{3-x}S_4$，M = Zn、Ni 和 Cu），用于 HER 催化。双金属 MOFs 被用作形态指导模板和金属前体，通过溶胶热硫化和随后的热退火可将其转化为具有空隙的内部高度结晶的双金属硫化物。电化学测量表明，所有的双金属硫化物都具有优于Co_3S_4的 HER 活性。特别是，活性最好的$Zn_{0.30}Co_{2.70}S_4$在广泛的pH值范围内显示出无可挑剔的HER活性，在 $0.5\ mol·L^{-1}\ H_2SO_4$、$0.1\ mol·L^{-1}$ 磷酸盐缓冲液和 $1\ mol·L^{-1}$ KOH 中，$10\ mA·cm^{-2}$的小过电位分别为 80 mV、90 mV 和 85 mV。基于对态密度的 DFT 计算，在Co_3S_4中引入Zn^{2+}后，带隙从 0.82 eV 降至 0.68 eV，这源于 S p 轨道和 Co d 轨道之间杂化的改善。带隙的减小有利于电荷载流子被激发到传导带，增强其导电性。DFT 计算还表明，在Co_3S_4中加入第二金属可以明显地将ΔG_{H^*}优化到理想值。掺锌的催化剂ΔG_{H^*}值为 0.32 eV，远远小于Co_3S_4的值（0.53 eV）。增强的导电性和优化的ΔG_H^*共同提升 $Zn_{0.30}Co_{2.70}S_4$ 在 HER 中的性能。

5.3 过渡金属硫化物在析氧反应中的应用

与相对简单的 HER 反应相比，析氧反应（OER）是一个更复杂的过程，因为它涉及迟缓的四电子转移步骤。过渡金属氧化物或（氧）氢氧化物是碱性电解质中最常见和稳定的 OER 催化剂。近来，由于 TMS 比其相应的氧化物具有更高的导电性，也在 OER 领域中受到了广泛的关注。例如，超薄的Co_3S_4纳米片，通过协同工程自旋态调控及促进高催化活性的八面体平面暴露，在中性条件下表现出优异的 OER 催化性能[134]。含氧的无定形硫化钴多孔纳米立方体也是通过简单的离子交换反应制备的，可作为一种优秀的 OER 电催化剂[135]。Co 周围 O 原子的引入可以通过创造一个更无序的结构和加强O^*的吸附来提升硫化钴的 OER 催化活性。同时，在 Co_3S_4 晶格中加入 Cu 制备得到的$CuCo_2S_4$纳米片可以用作高效的 OER 电催化剂[136]。XPS 和电子顺磁共振（ESR）测量表明，Cu 的掺入使$CuCo_2S_4$表面具有八面体Co^{3+}的高自旋态，研究表明，这种高自旋态可以有效提升材料的 OER 活性。通过对 Co_3S_4 和$CuCo_2S_4$进行原位傅里叶变换红外光谱（FTIR）分析，研究了Co_3S_4中加入的 Cu 对 OER 催化性能的影响。结果发现，在$CuCo_2S_4$中观察到许多与—OH 有关的拉伸和弯曲频率，而在 Co_3S_4 中这些频率很弱或没有，这表明 Cu 的引入可以促进对—OH 活性物质的吸附，从而提升 OER 催化性能。通过在导电的 Ni-Fe 合金箔上直接生长掺杂 Fe 的 Ni_3S_2 纳米片阵列，也得到了 OER 电极 Fe-Ni_3S_2/Ni-Fe[137]。掺杂 Fe 的 Ni_3S_2 纳米片均匀地分散在 Ni-Fe 合金箔上，Fe-Ni_3S_2 纳米片和导电的 Ni-Fe 合金箔之间的强相互作用使得催化剂具有丰富的暴露的活性点和更快的电子转移速率。最重要的是，铁的掺入使该催化剂具有金属状态。所有这些共同促成了 Fe-Ni_3S_2/FeNi 的 OER 性能，在 10 mA·cm^{-2} 时具有 282 mV 的低过电位，Tafel 斜率为 54 mV·dec^{-1}。在导电的Ni-Fe 合金泡沫上的铁-镍硫化物纳米片的OER 活性通过掺杂N 而进一步增强，它们在 10 mA·cm^{-2} 时显示出了低至 167 mV 的过电位[138]。

与金属氧化物/氢氧化物相比，热力学上 TMS 在氧化电位下是不稳定的。因此，TMS 倾向于被氧化成相应的金属氧化物/（氧）氢氧化物，特别是在强碱性环境中。研究表明，Ni_3S_2 纳米棒/泡沫镍复合材料表现出了优越的 OER 活性，只有大约 157 mV 的小起始过电位。值得注意的是，在 OER 催化过程中，材料表面形成了无定形的氧化镍层。可以将 Ni_3S_2/Ni 优异的 OER 性能归因于 Ni_3S_2/Ni 复合材料中形成的丰富的新价态，以及 Ni_3S_2 纳米棒、OER 过程中形成的氧化镍层和泡沫镍之间的协同化学耦合效应。而来自 Ni_3S_2 表面部分的水合氧化镍可能提供更多的活性位点。实际上，促进 Ni_3S_2/Ni 复合材料活性提高的原因并不完全清楚[139]。其他的研究工作表明在 OER 过程中，硫化镍中的硫阴离子被耗尽，并逐渐转化为无定形的氧化镍，成为 OER 的真正活性催化剂。这种活性的增强可以归因于无定形结构和相对高的表面积[140]。通过进一步研究金属硫化物的自氧化过程可以发现，在 OER 催化过程中，所制备的二硫化镍-铁的表面被转化为薄的结晶氧氢化物层，形成镍-铁二硫化物@羟基氧化物核壳异质结构［图 5-18（a）～（d）］[141]。这样的异质结构具有高活性的氢氧化物和内部二硫化物的优良导电性［图 5-18（e）］的优势，在电流密度为 10 mA·cm^{-2} 时，过电势非常低，为 230 mV［图 5-18（f）］。结合 XRD、拉曼和电化学氧化的硫化镍的三维飞行时间二次离子质谱（TOF-SIMS）（图 5-19），研究结果表明氧化后的材料由 Ni_3S_2 表面上厚度达 700 nm 的氢氧化镍或羟基氧化镍组成。此外，硫化镍中的硫是一种激活剂，可以促进镍基电催化剂表面产生 $Ni(OH)_2$/NiOOH 混合物，并提供了许多活性位点，有利于大大提升 OER 的性能[142]。

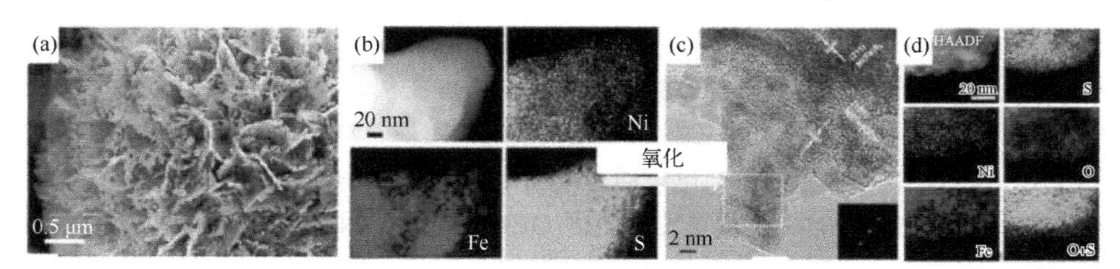

图 5-18

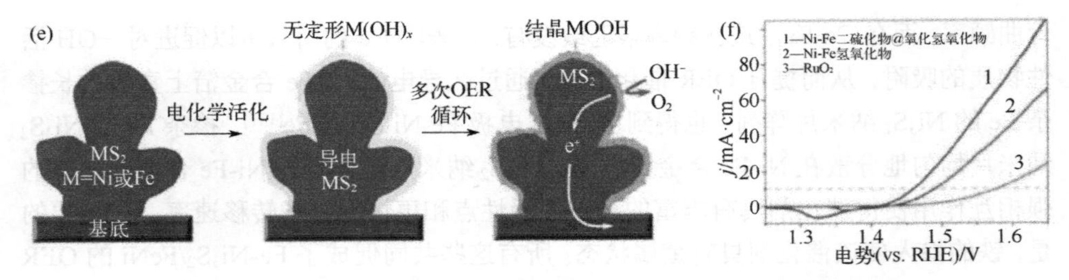

图 5-18 镍-铁二硫化物@羟基氧化物核壳异质结构材料的谱图表征

（a）SEM 图像；（b）镍-铁二硫化物纳米结构的元素图谱；（c）HRTEM 图像；（d）安培 OER 实验后，二硫化镍@氧化氢催化剂的元素图；（e）镍-铁二硫化物@氧化氢异质结构的改进催化机制的示意图解释；（f）二硫化镍@羟基氧化物、氢氧化镍和二氧化钌的 LSV

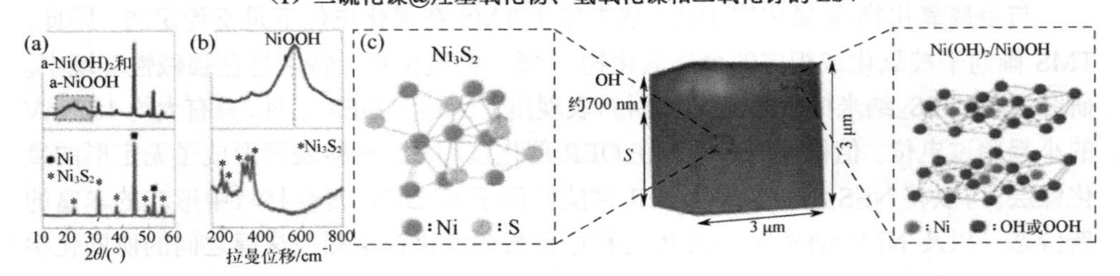

图 5-19 硫化镍泡沫材料的谱图表征[142]

（a）XRD 图谱；（b）泡沫硫化镍在电化学氧化前后的拉曼光谱对比图；（c）电化学氧化的泡沫硫化镍的三维 TOF-SIMS 图像

5.3.1 过渡金属硫化物作为 OER 电催化剂的功能化

OER 过程中 TMS 的自氧化是一把双刃剑。一方面，它可以原位生成高催化活性的位点，加速 OER 动力学反应[139-140,143]。利用原位高分辨透射电子显微镜（HRTEM）和能量色散 X 射线光谱（EDX），可以研究 $FeNiS_2$ 纳米片在 OER 过程中的结构和成分变化。EDX 结果显示，随着 Ni 和 S 含量的降低，出现了大量的 O 元素，S 元素的急剧减少证实了 $FeNiS_2$ 的自氧化过程。新形成的非晶态结构具有更多的缺陷或空位，提升了 OER 的性能。同时，新形成的氧化物有利于水分子吸附在其表面，是良好的 OER 催化剂。然而，氧化物的形成以及 S 和 Ni 元素的溶解也降低了催化剂的导电性，减少了活性物种，从而削弱了其性能和稳定性。因此，需要有效的策略来利用 OER 条件下 TMS 的自氧化优势，同时减少负面影响。

为了提高 TMS 在碱性电解质中 OER 条件下的稳定性，研究者通常将 TMS 与稳定的金属氧化物或氢氧化物整合在一起[144]。通过在 CoS 表面原位生长保护性的 CeO_x 纳米颗粒，可以制造一种空心 CeO_x/CoS 异质结纳米结构[145]。基于 XPS、HRTEM 和 ESR，CeO_x 纳米颗粒的修饰可以通过改变 CoS 表面的电子状态来调整 Co^{2+}/Co^{3+} 的摩尔比，产生更多的硫和氧空位来加速 OER 的动力学和活性，并有效防止 CoS 的腐蚀。因此，形成的 CeO_x/CoS 异质结构在 10 mA·cm^{-2} 时显示出 269 mV 的低过电位，可以催化水分解，在碱性电解质中具有相当长的稳定性。此外，研究者通过在 NF 基底的导电 Ni_3S_2 纳米结构上超快（5s）生长无定形的 Ni-Fe 双金属氢氧化物（Ni-Fe-OH）薄膜，获得了一种活性好且稳定的 OER 电催化剂材料（Ni-Fe-OH@Ni_3S_2/NF）[146]。该材料在 165 mV 的极低过电位下提供 10 mA·cm^{-2} 的电流密度，即使在高电流密度下，其催化活性也能保持 50 h 以上。Ni-Fe-OH@Ni_3S_2/NF 的高活性可能归因于无定形的 Ni-Fe-OH 和 Ni_3S_2 纳米片阵列的结构和催化特性[147]。与超快速化学沉积法得到的 *u*Fe/NiVS/NF 相比，所制备的 *u*Fe/NiVS/NF 有均匀分散的氢氧化铁薄膜，并且比 *u*Fe/NiVS/NF 具有更好的 OER 活性和稳定性。

许多研究表明，将 TMS 与导电性和高度稳定的碳基材（如石墨烯）结合起来，可以最大限度地减少自氧化的一些负面影响[148-154]。如上所述，$FeNiS_2$ 的活性物种（如 Ni、S）在 OER 反应后明显减少，因此将硫化铁-镍纳米片与 N 掺杂的石墨烯（$FeNiS_2$ NS/rGO）组装在一起，可以提高其活性和稳定性[143]。$FeNiS_2$ NS/rGO 在 10 mA·cm^{-2} 时表现出比 $FeNiS_2$ NS（410 mV）和 $FeNiS_2$ NS + rGO（260 mV）小得多的过电位（200 mV）。此外，长期稳定性测试表明，$FeNiS_2$ NS/rGO 可以保持 50 小时以上的良好稳定性，而 $FeNiS_2$ NS + rGO 则在 1 h 以上出现明显的电流衰减。与 OER 条件下 $FeNiS_2$ NS 自氧化过程引起的明显的成分和结构变化相比，TEM 和 XPS 结果显示，$FeNiS_2$ NS/rGO 的原始形态和结构保持良好，尽管表面的 Ni 和 S 仍然不可避免地发生氧化。研究者认为 $FeNiS_2$ NS/rGO 复合材料活性和稳定性的提升是由于其具有高电导率和丰富的活性位点。为了促进 TMS 基电催化剂的实际应用，深入了解 TMS 和其衍生的金属氧化物（氢氧化物）以及底物之间的协同效应对于提高复合材料的催化活性和稳定性非常重要。研究者以 $Co_{1-x}Ni_xS_2$-N 掺杂的还原石墨烯气凝胶复合材料（CNS-NGA）为研究对象，揭开了 TMS-石墨烯提升 OER 活性和稳定性的根源[155]。根据 DFT 计算，CNS 与 NGA 模板的杂交有利于在 rGO 中吡啶 N 位点上锚定的 Co 原子上构建金属半导体（SC）结，该 SC 结作为电子汇，加速了 OH^- 离子在其表面的吸附。这些连接处的内部带状弯曲进一步加速了从 CNS 到 rGO 的快速电子转移。此外，在 OER 催化过程中，CNS 的表面氧化所形成的无定形金属氧化物层促进了对 OH 和 H 原子的吸附和解吸（图 5-20）。因此，所有这些方面都促进了 CNS-NGA 成为碱性电解质中高效和稳定的 OER 催化剂。

5.3.2 利用过渡金属硫化物的自氧化作用开发新的活性 OER 电催化剂

如上所述，TMS 的自氧化对电催化剂的 OER 活性有积极和消极的影响。研究者已经采取了一些策略来降低负面效应。首先，研究证明自氧化可以通过以下方式提高 TMS 的 OER 性能：①由 TMS 衍生的无定形金属氧化物/氢氧化物具有更强的催化活性，并能作为 TMS 活性位点的保护屏障；②反过来，高导电性的 TMS 可以作为活性金属氧化物/氢氧化物活性位点的支架；③两种不同成分之间的强耦合作用和协同效应可以帮助促进 OER 中的电子转移[156]。

越来越多的研究工作开始利用 OER 条件下的 TMS 自氧化来制备高活性 OER

催化剂。例如，由 Co-Ni-Fe 氧化物组成的高效 OER 催化剂，通过原位电化学氧化从其相应的硫化物中得到，如图 5-21 所示[157]。由于表面积和活性位点的增加以及

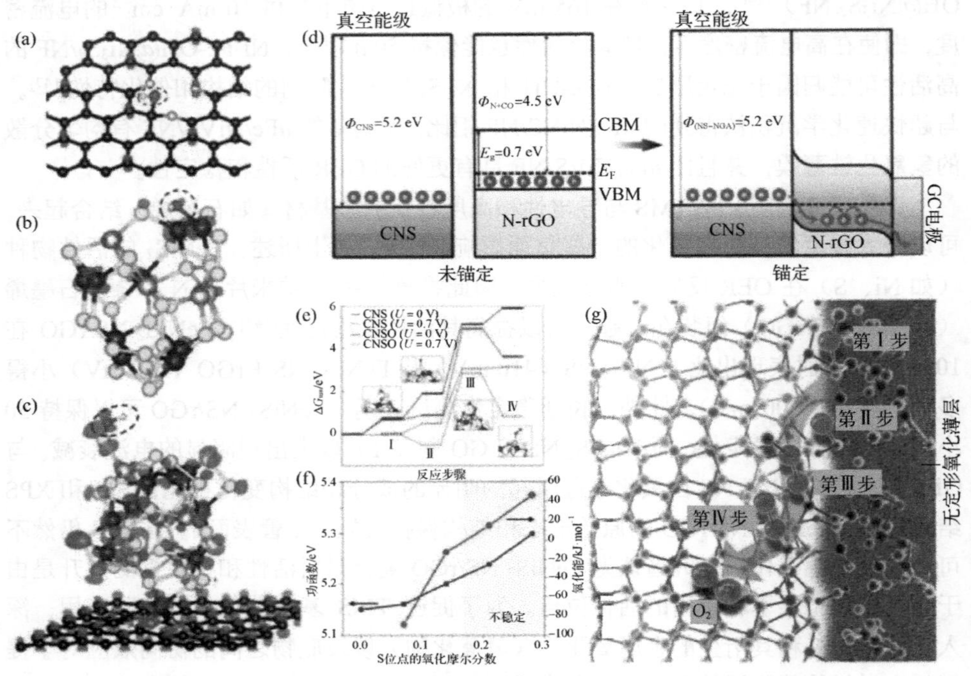

图 5-20 CNS-NGA 作为碱性电解质中高效、稳定的 OER 催化剂[145]

（a）NGA、（b）CNS 和（c）CNS-NGA 表面上吸附的 OH^- 基团的额外电子的空间分布；（d）CNS-NGA 混合体在形成之前和之后的带状图；（e）$U = 0$ V 和 0.7 V 时，NGA、CNS 和 CNS-NGA 系统的计算能量景观；（f）CNS 的功函数和氧化能与 S 位点的氧化摩尔分数的关系；（g）在 CNS 和 CNSO 边界的 OER 催化途径[145]

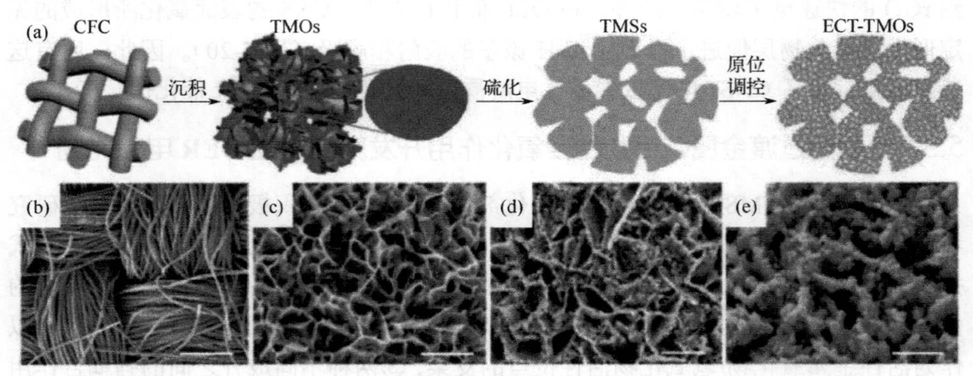

图 5-21 ECT-TMO 的合成及其形态[157]

（a）合成过程示意图；（b）～（e）各步骤相应的物质形态

晶粒尺寸的减小，电化学调谐的Co-Ni-Fe氧化物（ECT-TMO）比直接合成的Co-Ni-Fe氧化物（TMO）的OER活性明显提高，在10 mA·cm^{-2}时过电位为232 mV，Tafel斜率为37.6 mV·dec^{-1}。在OER发生的电位下通过原位电化学反应能够制备具有丰富氧空位的硫化钴镍多孔纳米线（NiS_2/CoS_2-O NWs）[158]。在OER过程中，NiS_2/CoS_2 NWs可以获得电子，其表面被部分氧化成相应的氧化物［图5-22（a）和（b）］。同时，XPS和ESR结果［图5-22（c）和（d）］显示，大量的氧空位形成，这可能是由于金属氧化物的晶格氧是在有氧环境中的金属还原过程中产生的。通过DFT计算来估计不同催化剂（CoS_2-O、NiS_2-O和NiS_2/CoS_2-O）的OER曲线，结果表明NiS_2/CoS_2-O NWs的过电位最低［图5-22（e）和（f）］。与理论推测一致，获得的NiS_2/CoS_2-O NWs表现出明显的OER活性，在10 mA·cm^{-2}时过电位低至235 mV，这得益于丰富氧空位和界面结构所提供的多余的活性位。

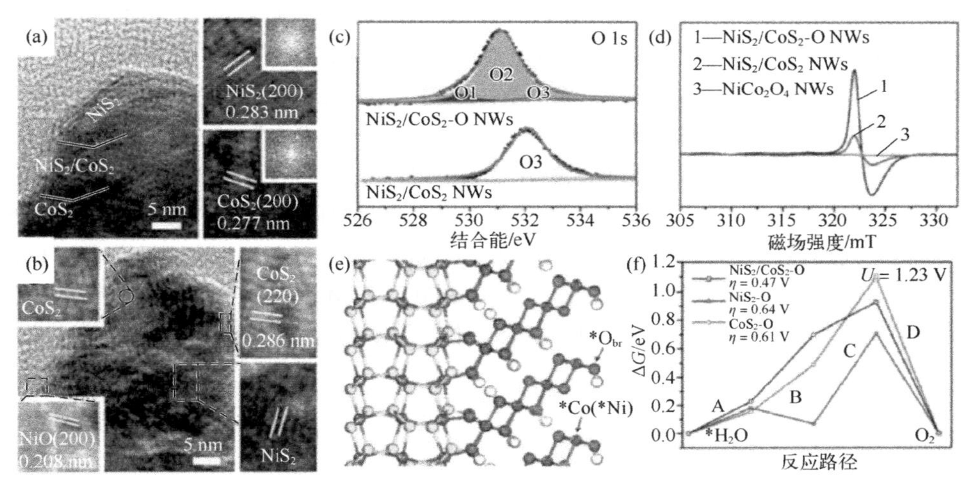

图5-22 NiS_2/CoS_2 NWs在OER过程中的结构变化及OER活性研究[158]

（a）（b）HRTEM图像；（c）XPS图谱；（d）NiS_2/CoS_2 NWs和NiS_2/CoS_2-O NWs的ESR光谱；（e）原子结构；（f）CoS_2-O、NiS_2-O和NiS_2/CoS_2-O上的OER能量曲线

5.4 应用于HER和OER的双功能电催化剂

许多TMS已经被开发出来，并证明了它们可以作为高效的HER或OER催化剂。然而，由于其固有的材料特性，大多数催化剂只能用于HER或OER（取决于pH），这限制了其活性和稳定性。大多数HER催化剂在酸性溶液中具有活性，而许多OER催化剂在酸性条件下会溶解，因此被限制在碱性介质中。考虑到成本和效率，制备具有高活性的HER和OER的双功能催化剂在技术上非常重要。近来，对TMS作为具有双功能的高活性电催化剂用于整体水分解的探索受到了极大的关注，并获

得了一些性能良好的电催化剂[159-165]。

5.4.1 异质结构工程

将两种或两种以上的材料组装成一个系统是实现双功能催化剂最有力的策略。新形成的先进复合材料不仅可以利用其单一对应物的优点来优化其性能，而且有可能实现更为广泛的应用[166-172]。众所周知，MoS_2和WS_2是优秀的HER催化剂，但它们的OER性能较差。反过来，第四周期金属硫化物、氧化物和氢氧化物，如Co_9S_8、$Co(OH)_2$，在碱性介质中是高效的OER催化剂。因此，将稳定的HER构件与活性的OER催化剂单元偶合到一起，可以得到高效的双功能水分解电催化剂。基于这一概念，研究人员设计了具有丰富界面的MoS_2（HER催化剂）/Ni_3S_2（OER催化剂）异质结构组成双功能水分解电催化剂[173]。MoS_2/Ni_3S_2异质结构在10 $mA\cdot cm^{-2}$时显示出低至218 mV的OER和110 mV的HER过电位。由MoS_2/Ni_3S_2异质结构组装的碱性水分解器件显示了1.56 V的低电池电压，达到10 $mA\cdot cm^{-2}$的电流密度。值得注意的是，经过MoS_2/Ni_3S_2在OER条件下的长期稳定性测试，在Ni_3S_2上发现了一层薄的NiO。研究认为，形成的NiO和MoS_2之间的界面促进了OER过程，而Ni_3S_2和MoS_2之间的界面则稳定地提升了HER反应。DFT计算表明（图5-23和图5-24），构建的界面对H^-化学吸附和HO^-化学吸附是协同有利的，从而促进了水分解反应。大约在同一时间，Yoon和Kim设计了在泡沫镍（NF）上的CoS-$Co(OH)_2$@无定形MoS_{2+x}的三维网络化纳米板（CoS-$Co(OH)_2$@aMoS_{2+x}/NF），其中具有不饱和硫位点的无定形MoS_{2+x}具有良好的HER活性，而CoS掺杂的β-$Co(OH)_2$作为OER

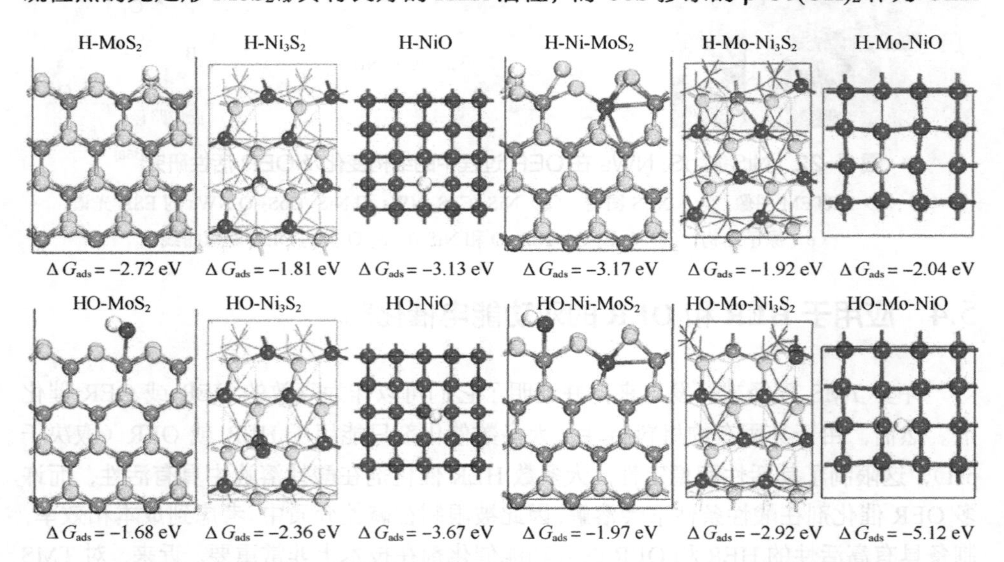

图5-23 H和OH中间体分别在MoS_2、Ni_3S_2、NiO、MoS_2/Ni_3S_2异质结构和MoS_2/NiO异质结构表面的化学吸附模型

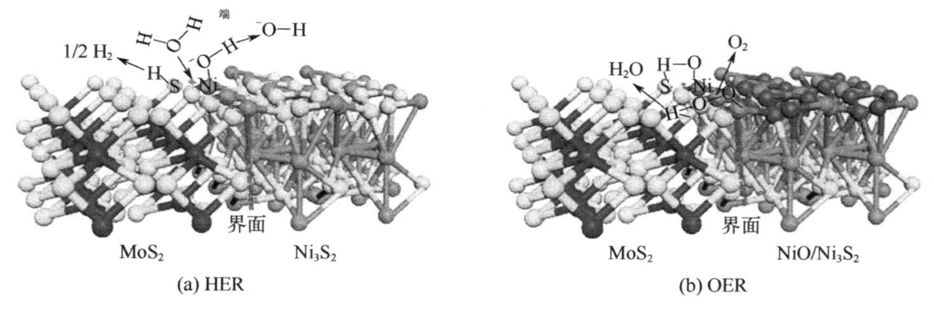

图 5-24 预测了 MoS_2/Ni_3S_2 异质结构上的 H_2O、OH 和 OOH 中间产物的解离机制[173]

催化剂发挥作用[174]。同时，MoS_{2+x} 和 CoS 掺杂的 β-$Co(OH)_2$ 通过 CoS_x 桥连接的强相互作用使 CoS-$Co(OH)_2$@aMoS_{2+x}/NF 材料具有卓越的电催化性能和优异的水分解稳定性，在 1.0 mol·L^{-1} KOH 中，电流密度 10 mA·cm^{-2}，电压为 1.58 V。

此外，将协同成分组装成一个精心设计的结构，可以进一步加强双功能催化剂的电化学催化性能。通过一种可靠的两步升温水热法制备得到的中空核壳 Co_3S_4@MoS_2 异质结构，可作为一种优秀的整体水分解催化剂[175]。Co_3S_4@MoS_2 异质结构利用 MoS_2 作为高效稳定的 HER 催化剂和 Co_3S_4 作为活性 OER 催化剂的优势，实现了双功能催化。更重要的是，Co_3S_4@MoS_2 独特的核壳和中空结构使其具有更大的电化学表面积，并且比它们各自的对应物具有更快的电荷转移和气体（H_2，O_2）扩散速率。因此，与单一的 Co_3S_4 和 MoS_2 相比较，所制备的 Co_3S_4@MoS_2 异质结构在 HER 和 OER 方面表现出更好的电催化性能和强大的耐久性。此外，通过在 NF 上组装一个混合多金属硫化物纳米管阵列电极，可用于整体水分解[176]。在这个混合系统中，选择了三金属铁、钴和镍硫化物来提升 OER 反应性。金属 1T′相位的 MoS_2 被用作稳健的 HER 催化剂。构建了具有高孔隙率和大活性表面积的纳米管阵列结构，以促进电极表面生成的气泡的扩散。因此，这种多金属硫化物系统利用多种优势，在 10 mA·cm^{-2} 的条件下为 HER 和 OER 产生了 58 mV 和 184 mV 的超低过电位，并在 80 h 内具有出色的长期耐久性和最小的电流损失。当这种催化剂在水分解系统中同时用于阴极水还原和阳极水氧化时，它在碱性电解液中的电压为 1.429 V 时，提供的电流密度为 10 mA·cm^{-2}。

5.4.2 掺杂异构体

通过杂原子掺杂来调节 TMS 的组成，也是构建高效双功能水分解电催化剂的有效途径。杂原子的引入可以通过调节电子结构，增加催化活性位点的数量以及在晶格中产生缺陷和畸变，来降低水分解反应中活性物种的吸附能，从而有可能获得具有双功能的催化剂，提升水分解催化性能[177-180]。通过钴共价掺杂的方法，在 MoS_2 中实现了 HER 和 OER 的双功能催化[181]。Co 共价掺杂到 MoS_2 中，可以通过优化催化剂的电子结构，提高内在导电性，降低 $\Delta G_H{}^*$，从而提升 HER 性能。OER 活性的提高应归功于碱性溶液中阳极电位下高价态 Co 物种的形成。因此，最佳的共价掺杂钴的 MoS_2 表现出无可挑剔的 HER 和 OER 双功能，在 10 $mA \cdot cm^{-2}$ 时，HER 和 OER 的过电位分别为 48 mV 和 260 mV。当钴共价掺杂的 MoS_2 被组装在碱性电解器中时，它可以分别产生 9.1 $\mu mol \cdot min^{-1}$ 和 4.5 $\mu mol \cdot min^{-1}$ 的 H_2 和 O_2，法拉第效率接近 100%。在泡沫铜上沉积铜簇-耦合无定形硫化钴（$Cu@CoS_x/CF$），所得混合体在碱性水分离电解器中可以有效地作为阳极和阴极，在 1.5 V 时的电流密度为 10 $mA \cdot cm^{-2}$[182]。$Cu@CoS_x/CF$ 电解槽在 1.8 V 电压下进行 200 h 的水分解反应时，可以保持 100 $mA \cdot cm^{-2}$ 的电流密度，并且没有明显的电流下降。实验结果和理论计算表明，Cu 团簇和 CoS_x 之间的协同效应主要提升了 $Cu@CoS_x/CF$ 在全水分解反应中卓越的催化性能。此外，Cu 团簇促进了 $Cu@CoS_x$ 的界面电荷再分配，从而加速了催化剂表面的电子传输和水分子的吸附。同时，它还有利于水的解离，进一步促进了水分离反应的动力学。通过在黄铁矿 NiS_2 中引入钒（V），开发了高活性的异质催化剂[183]。XAS 结果显示，由于镍和 V 掺杂物之间的电子转移，V 原子融入 NiS_2 后，电子结构从半导体转变为金属。因此，金属 V 掺杂的 NiS_2 表现出非凡的电催化性能。

除了阳离子掺杂，由 NF 上的 N^- 阴离子修饰的 Ni_3S_2 材料也具有卓越的水分解电催化性能。通过 N^- 阴离子掺杂，Ni_3S_2 的电子状态和形态在很大程度上得到了优化，呈现出高导电性、丰富的活性位点、最佳的 ΔG_H^* 和水吸附能量 $\Delta G_{H_2O}^*$，可用于催化水分解。因此，所制备的 $N\text{-}Ni_3S_2/NF$ 在碱性电解质中对 HER 表现出 110 mV（10 $mA \cdot cm^{-2}$）的低过电位，对 OER 表现出 330 mV（100 $mA \cdot cm^{-2}$）的过电位。值得注意的是，由 $N\text{-}Ni_3S_2/NF$ 构建的相应的碱性电解器在 1.48 V 的低电位下实现了 10 $mA \cdot cm^{-2}$ 的电流密度。其所具有的大表面积、丰富缺陷和优化电子结构的催化剂有望提升水分解反应速率。因此，研究者通过形态控制、缺陷工程和电子结构修饰，在 NF 上构建了高效的三维 $Se\text{-}(NiCo)S_x/(OH)_x$ 纳米片，用于电催化水分解[184]。超薄纳米片的特点是催化剂具有高表面积、充足的活性边缘以及丰富的配位不饱和金属位。Se 的加入产生了大量的缺陷和无序，这有利于 OH^-/H_2O 在电极上的吸附，从而提高水电催化的动力学性能。受益于这些优点，获得的 $Se\text{-}(NiCo)S_x/(OH)_x$ 异质结在 10 $mA \cdot cm^{-2}$ 下对 OER 和 HER 分别表现出 155 mV 和 103 mV 的过电位。由 Se-(NiCo)S/OH 组装的水分解装置呈现出 1.6 V 的低电位，并在 66 h 内保持稳定，电流衰减可忽略不计。

5.4.3 单相过渡金属硫化物的活化

除了上述策略外，通过调整几何结构来开发基于 TMS 的双功能电催化剂，如通过暴露更多的催化有利面来增加活性位点的数量，也是一个很有前途的策略。在泡沫镍（NF）上生长丰富的（210）高指数面的 Ni_3S_2 纳米片阵列，对促进 HER 和

OER 都有很好的作用[185]。理论计算表明，（210）高指数面比低指数（001）表面拥有更多的与 S 和 Ni 有关的 HER 活性位点，加速了 HER 过程。同时，（210）面所需的过电位值比（001）面小，表明（210）面对 OER 有更好的催化活性。因此，暴露的（210）高指数面与 Ni_3S_2 纳米片和 NF 之间的协同效应共同提升了 Ni_3S_2/NF 的水分解催化活性，其法拉第效率约为 100%，并且在 200 h 内具有显著的催化稳定性。之后，通过液体沉积法将自组装的 $M(abt)_2$（M = Ni、Co，abt = 2-氨基苯硫醇酸根）单层沉积在 MoS_2 上，促进了 MoS_2 催化 HER 和 OER[186]。基于 DFT 计算和经典分子动力学，发现 $M(abt)_2$ 在 MoS_2 上的表面自组装可以最大限度地激活 MoS_2 的基底面，使其可以催化 HER 和 OER。

5.4.4 稀土提升过渡金属硫化物电催化性能

稀土元素外部 5s 和 5p 亚层中的电子有效地屏蔽了 4f 亚层中的电子，在催化剂中掺入稀土元素，因其独特的物理和化学性质可以有效调控催化剂中活性位点的电子结构，使得含稀土的催化剂具有特殊的电子和催化性能。因此，稀土元素被广泛用作掺杂剂以增强材料可选择性、反应性和耐久性等性能，在提升催化活性和稳定性方面具有显著的前景[187]。近年来，据报道含稀土的催化剂在电催化反应中具有较高的电化学性能和优良的稳定性[188]。铈（Ce）是地壳中含量最丰富的稀土元素之一，其外部电子构型为[Xe] $4f^1 5d^1 6s^2$，这种独特的电子环境使得铈存在两种稳定的氧化态，即失去一个 5d 电子和两个 6s 电子形成的 Ce^{3+}，以及同时失去 4f 轨道上的一个电子，形成非常稳定的 4f 轨道，得到的 Ce^{4+}。具有低氧化还原电位的 Ce^{3+}和 Ce^{4+}快速氧化/还原循环使氧化铈通过失去氧或电子形成氧空位或缺陷，并且氧化铈的价态和缺陷结构是动态的，易形成对催化有利的活性位点，从而提升和调控催化剂的物理参数和性能[189]。其中铈以 CeO_2、CeO_x和 Ce 掺杂等形式已被引入许多电催化剂体系以提高包括碱性 OER 在内的各种电催化反应[190]。

将铈引入电催化剂体系中可能因其不同的作用产生独特的催化性能，原因可归为以下几点[191]：①铈的引入促进电子转移；②调节活性部位，促进更多的活性位点形成，以及优化中间体和活性位点的结合能，从而促进中间体的吸附和转化；③引入氧空位，电催化剂料中的氧空位可用作 O_2 的储存位点和离开通道，促进 M-OOH 的分解以产生氧气；④铈可以抑制金属活性位点的氧化和消耗，增强催化剂的结构稳定性。因此，为了最大限度地提高 TMS 催化剂的催化效率，需要不断优化 TMS 催化剂的纳米结构和组成。与不含稀土元素的 TMS 相比，引入稀土的 TMS 克服了单一材料的固有缺陷，在反应性、选择性和稳定性等各个方面都表现出了更好的催化性能。接下来我们列举几种代表性的，通过调节组成元素，结构和合成方法，制备的具有高稳定、优异催化性能的稀土铈 TMS 电催化剂，并详细讨论了稀土铈促进 TMS 增强催化活性的机制。

在 $NiCo_2S_4$ 纳米管阵列表面原位负载 CeO_x 纳米颗粒，证实 CeO_x 纳米颗粒的修饰可以伴随产生大量的氧缺陷并且 CeO_x 可以有效抑制 $NiCo_2S_4$ 的腐蚀，揭示 $NiCo_2S_4$ 与 CeO_x 之间具有强的电子转移，CeO_x 可以优化 $NiCo_2S_4$ 催化活性和反应动力学，在电流密度为 10 mA·cm^{-2} 下，杂化纳米结构 $CeO_x/NiCo_2S_4$/CC 的过电压和 Tafel 斜率分别仅为 270 mV 和 126 mV·dec^{-1}，以及在长期试验中保持了优越的活性和稳定性[192]。另外以 CeO_2 纳米棒（L-CeO_2 NRs）为硬模板，通过外延压缩生长，可以在其表面生长成束的 MOF 衍生的空心 CoS 纳米结构并在 CoS 表面原位生长 CeO_x 纳米颗粒［图 5-25（a）］[193]。沿着 L-CeO_2 NRs 可以生长成串的 CeO_x/CoS 纳米复合材料，互相连接的 CeO_x/CoS 单元诱导晶格应力的发生而促使生成丰富的晶格畸变和晶格缺陷，同时也构建了带有大量晶界和异质结构的高能界面［图 5-25（b）］。此外，这种在 L-CeO_2 NRs 上巧妙地穿插成束的空心 CoS 纳米结构，具有很强的化

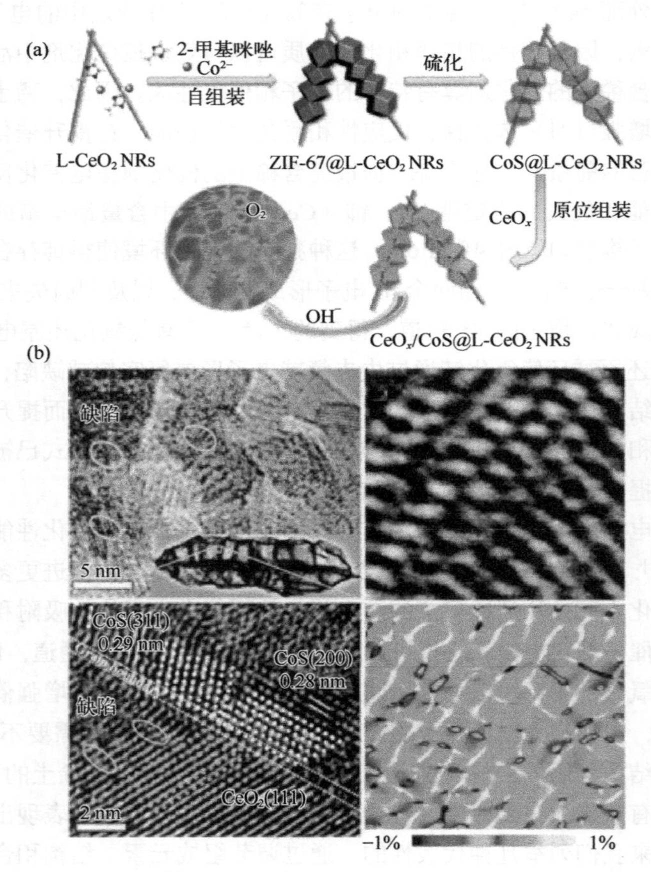

图 5-25 CeO_x/CoS@L-CeO_2 NRs

（a）合成过程示意图；（b）CeO_x/CoS@ L-CeO_2 NRs 的 HRTEM 图像和相应晶格缺陷的放大图，使用几何相位分析 HRTEM 图像生成的应变张量图

学耦合界面，提高了电子传导、传质和协同效应。所有这些因素促使显著提高了 $CeO_x/CoS@L-CeO_2$ NRs 杂化材料的电化学活性，在 10 mA·cm^{-2} 时显示出 238 mV 的低过电位和低Tafel斜率42 mV·dec^{-1}，并且在碱性环境中具有相当长的运行稳定性。

在稀土掺杂的 TMS 体系中，与单一金属掺杂的 Ni_3S_2 和纯 Ni_3S_2 相比，将双金属 Co、Ce 掺杂到 Ni_3S_2 纳米片中，改性了其电子结构，促使更多的活性位点生成，有利于其电导率的提升；且部分 Ce 掺杂剂生成的氧化铈纳米颗粒作为辅助催化剂进一步增强了电子转移速率和氧缺陷的含量[194]。优化后的 $Co/Ce-Ni_3S_2/NF$ 表现出出色的 OER 电催化活性和长期的稳定性。为了揭示双掺杂引起的高电化学活性，利用光谱表征和理论计算相结合的技术揭示了氮和铈双掺杂 CoS_2（N,Ce-CoS_2）高电化学 OER 活性的来源［图 5-26（a）］[195]。其中 N,Ce-CoS_2 可以在长期 OER 过程中

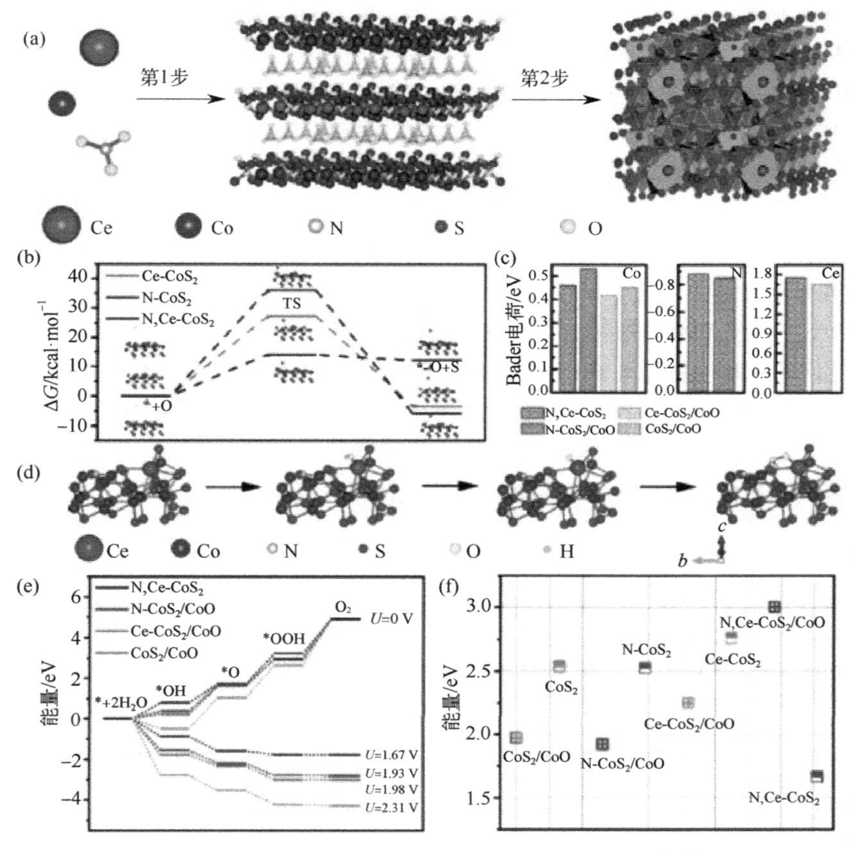

图 5-26　N,Ce-CoS_2的合成及电催化性能研究[195]

（a）N,Ce-CoS_2 的合成过程示意图；（b）通过 DFT 计算 N,Ce-CoS_2、Ce-CoS_2 和 N-CoS_2 表面氧化途径的自由能图，包括反应物初始态、过渡态（TS）和终态的原子构型；（c）Co、N 和 Ce 原子的 Bader 电荷；（d）OER 在优化的 N,Ce-CoS_2 表面上的反应路径；（e）计算不同施加电压的中间体吸附的自由能；（f）OER 过程中原始和真实电催化剂的限速步骤

保持其结构，而 N-CoS_2、Ce-CoS_2 和 CoS_2 则倾向于在其表面形成 CoO。通过 DFT 计算，研究了不同电催化剂的氧化途径，发现与 N-CoS_2 和 Ce-CoS_2 相比，N,Ce-CoS_2 显示出最大的能垒［图 5-26（b）］，证明了其在氧化过程中的高度稳定性，保持了表面结构。在 OER 电催化过程中，真正的电催化剂是 N,Ce-CoS_2、N-CoS_2/CoO、Ce-CoS_2/CoO 和 CoS_2/CoO［图 5-26（c）］。上述催化剂与不同中间体的吸附结构不同［图 5-26（d）］，在 N,Ce-CoS_2 进行 OER 电催化过程中，第一个中间体 HO^* 倾向于吸附在 Ce 位点上，然后 H 原子被原位除去并形成第二个中间体 O^*。之后，O^* 与 H_2O 反应，得到的第三个中间体 HOO^* 吸附在 Co 和 Ce 的桥位点上。对于 N-CoS_2/CoO，HO^* 倾向于吸附在与 N 原子相邻的 Co 位点上。O^* 和 HOO^* 倾向于吸附在两个 Co 原子的桥位点上。CoS_2/CoO 的吸附结构与 N-CoS_2/CoO 相似。此外，纯 CoO 比 CoS_2、N-CoS_2、Ce-CoS_2 和 N,Ce-CoS_2 的反应势垒大。氮和铈掺杂剂可以调控电子结构，使得 N,Ce-CoS_2 在限速步骤中具有最低的自由能［图 5-26（e）和（f）］，表明其在 OER 过程中的电催化势垒较低。这些结果表明，两个相邻金属原子的桥位点是 OER 的活性位点。因为高氧化态金属在电催化 OER 过程中起着极其重要的作用，研究发现双掺杂剂可以激活高氧化桥位点，形成明确的电子结构促进中间体吸附并防止表面氧化。同时显著降低 OER 的反应势垒，从而提高 N,Ce-CoS_2 结构催化活性和稳定性，在 10 $mA \cdot cm^{-2}$ 的电流密度下显示出 190 mV 的低过电势，实现了高效的 OER 活性。

稀土铈增强 TMS 的催化活性和稳定性已取得了一些研究成果[196-201]。理论与实验研究表明将铈元素引入 TMS 催化剂中，易诱导催化剂发生晶格畸变和表面缺陷，进而打破表面原有的化学键，同时伴随氧空位的出现，以及暴露较多活性位点，增强结构稳定性，这些特性有效促进催化性能的提升。因此，通过合理设计构建铈基 TMS 以实现最佳的催化性能，将是一项重要的研究课题。

参考文献

[1] Yu X Y, Lou X W. Mixed metal sulfides for electrochemical energy storage and conversion. Adv Energy Mater, 2018, 8(3): 1701592.

[2] Yun Q, Lu Q, Zhang X, et al. Three-dimensional architectures constructed from transition-metal dichalcogenide nanomaterials for electrochemical energy storage and conversion. Angew Chem Int Ed, 2018, 57(3): 626-646.

[3] Zheng Y, Jiao Y, Jaroniec M, Qiao S-Z. Advancing the electrochemistry of the hydrogen-evolution reaction through combining experiment and theory. Angew Chem Int Ed, 2015, 54(1): 52-65.

[4] Zhu J, Zi S, Zhang N, et al. Surface reconstruction of covellite CuS nanocrystals for enhanced OER catalytic performance in alkaline solution. Small, 2023: 20231762.

[5] She Z W, Kibsgaard J, Dickens C F, et al. Combining theory and experiment in electrocatalysis: Insights into materials design. Science, 2017, 355(6321): 146.

[6] Lu F, Zhou M, Zhou Y, Zeng X. First-row transition metal-based catalysts for the oxygen evolution reaction under alkaline conditions: basic principles and recent advances. Small, 2017, 13(45): 1701931.

[7] Roger I, Shipman M A, Symes M D. Earth-abundant catalysts for electrochemical and

photoelectrochemical water splitting. Nat Rev Chem, 2017, 1: 0003.
[8] Zhu C R, Gao D, Ding J, et al. TMD-based highly efficient electrocatalysts developed by combined computational and experimental approaches. Chem Soc Rev, 2018, 47: 4332-4356.
[9] Mahmood N, Yao Y, Zhang J-W, et al. Electrocatalysts for hydrogen evolution in alkaline electrolytes: mechanisms, challenges, and prospective solutions. Adv Sci, 2018, 5(2): 1700464.
[10] Zheng Y, Jiao Y, Vasileff A, Qiao S-Z. The hydrogen evolution reaction in alkaline solution: from theory, single crystal models, to practical electrocatalysts. Angew Chem Int Ed, 2018, 57(26): 7568-7579.
[11] Fang M, Dong G, Wei R, Ho J C. Hierarchical nanostructures: design for sustainable water splitting. Adv Energy Mater, 2017, 7(23): 1700559.
[12] Morales-Guio C G, Stern L-A, Hu X. Nanostructured hydrotreating catalysts for electrochemical hydrogen evolution. Chem Soc Rev, 2014, 43: 6555-6569.
[13] Yan Y, Xia B Y, Zhao B, Wang X. A review on noble-metal-free bifunctional heterogeneous catalysts for overall electrochemical water splitting. J Mater Chem, A, 2016, 4: 17587-17603.
[14] Suen N-T, Hung S-F, Quan Q, et al. Electrocatalysis for the oxygen evolution reaction: recent development and future perspectives. Chem Soc Rev, 2017, 46: 337-365.
[15] Man I C, Su H Y, Calle-Vallejo F, et al. Universality in oxygen evolution electrocatalysis on oxide surfaces. Chem Cat Chem, 2011, 3(7): 1159-1165.
[16] Xu J, Li J, Xiong D, et al. Trends in activity for the oxygen evolution reaction on transition metal (M = Fe, Co, Ni) phosphide pre-catalysts. Chem Sci, 2018, 9: 3470-3476.
[17] Qiu B, Cai L, Wang Y, et al. Fabrication of nickel-cobalt bimetal phosphide nanocages for enhanced oxygen evolution catalysis. Adv Funct Mater, 2018, 28(17): 1706008.
[18] Guo Y, Tang J, Wang Z, et al. Hollow porous heterometallic phosphide nanocubes for enhanced electrochemical water splitting. Small, 2018, 14(44): 1802442.
[19] Han L, Dong S, Wang E. Transition-metal (Co, Ni, and Fe)-based electrocatalysts for the water oxidation reaction. Adv Mater, 2016, 28(42): 9266-9291.
[20] Shang X, Hu W H, Li X, et al. Oriented stacking along vertical (002) planes of MoS_2: A novel assembling style to enhance activity for hydrogen evolution. Electrochim Acta, 2017, 224: 25-31.
[21] Kong D, Wang H, Cha J J, et al. Synthesis of MoS_2 and $MoSe_2$ films with vertically aligned layers. Nano Lett, 2013, 13(3): 1341-1347.
[22] Kibsgaard J, Chen Z, Reinecke B N, Jaramillo T F. Engineering the surface structure of MoS_2 to preferentially expose active edge sites for electrocatalysis. Nature Mater, 2012, 11: 963-969.
[23] Deng J, Li H, Wang S, et al. Multiscale structural and electronic control of molybdenum disulfide foam for highly efficient hydrogen production. Nat Commun, 2017, 8: 14430.
[24] Yang Y, Fei H, Ruan G, et al. Vertically Aligned WS_2 Nanosheets for Water Splitting. Adv Funct Mater, 2015, 25(39): 6199-6204.
[25] Shang X, Yan K L, Liu Z Z, et al. Oxidized carbon fiber supported vertical WS_2 nanosheets arrays as efficient 3 D nanostructure electrocatalyts for hydrogen evolution reaction. Appl Surf Sci, 2017, 402: 120.
[26] Yu J H, Lee H R, Hong S S, et al. Vertical heterostructure of two-dimensional MoS_2 and WSe_2 with vertically aligned layers. Nano Lett, 2015, 15(2): 1031-1035.
[27] Huang L B, Zhao L, Zhang Y, et al. Self-limited on-dite conversion of MoO_3 nanodots into vertically sligned ultrasmall monolayer MoS_2 for efficient hydrogen evolution. Adv Energy Mater, 2018, 8(21): 1800734.
[28] Xie J, Qu H, Xin J, et al. Defect-rich MoS_2 nanowall catalyst for efficient hydrogen evolution reaction. Nano Res, 2017, 10: 1178-1188.
[29] Chen Y, Huang S, Ji X, et al. Tuning electronic structure of single layer MoS_2 through defect and interface engineering. ACS Nano, 2018, 12(3): 2569-2579.
[30] Bertolazzi S, Bonacchi S, Nan G, et al. Engineering chemically active defects in monolayer MoS_2 transistors via ion-beam irradiation and their healing via vapor deposition of alkanethiols. Adv

Mater, 2017, 29(18): 1606760.

[31] Qi K, Yu S, Wang Q, et al. Decoration of the inert basal plane of defect-rich MoS_2 with Pd atoms for achieving Pt-similar HER activity. J Mater Chem A, 2016, 4: 40254031.

[32] Ouyang Y, C. Ling C, Chen Q, et al. Activating inert basal planes of MoS_2 for hydrogen evolution reaction through the formation of different intrinsic defects. Chem Mater, 2016, 28(12): 4390-4396.

[33] Xie J, Zhang J, Li S, et al. Controllable disorder engineering in oxygen-incorporated MoS_2 ultrathin nanosheets for efficient hydrogen evolution. J Am Chem Soc, 2013, 135(47): 17881-17888.

[34] Yang L, Zhou W, Lu J, et al. Hierarchical spheres constructed by defect-rich MoS_2/carbon nanosheets for efficient electrocatalytic hydrogen evolution. Nano Energy, 2016, 22: 490-498.

[35] Ye G, Gong Y, Lin J, et al. Defects engineered monolayer MoS_2 for improved hydrogen evolution reaction. Nano Lett, 2016, 16(2):1097-1103.

[36] Xie J, Zhang H, Li S, et al. Defect-rich MoS_2 ultrathin nanosheets with additional active edge sites for enhanced electrocatalytic hydrogen evolution. Adv Mater, 2013, 25(40): 5807-5813.

[37] Zhu P, Chen Y, Zhou Y, et al. Defect-rich MoS_2 nanosheets vertically grown on graphene-protected Ni foams for high efficient electrocatalytic hydrogen evolution. Int J Hydrogen Energy, 2018, 43(13):14087-14095.

[38] Lukowski M A, Daniel A S, Meng F, et al. Enhanced hydrogen evolution catalysis from chemically exfoliated metallic MoS_2 Nanosheets. J Am Chem Soc, 2013, 135(28): 10274-10277.

[39] Geng X, Sun W, Wu W, et al. Pure and stable metallic phase molybdenum disulfide nanosheets for hydrogen evolution reaction. Nat Commun, 2016, 7: 10672.

[40] Voiry D, Yamaguchi H, Li J, et al. Enhanced catalytic activity in strained chemically exfoliated WS_2 nanosheets for hydrogen evolution. Nature Mater, 2013, 12: 850-855.

[41] Lin Y C, Dumcenco D O, Huang Y S, Suenaga K. Atomic mechanism of the semiconducting-to-metallic phase transition in single-layered MoS_2. Nature Nanotechnol, 2014, 9: 391-396.

[42] Kang Y, Najmaei S, Liu Z, et al. Plasmonic hot electron induced structural phase transition in a MoS_2 monolayer. Adv Mater, 2014, 26(37): 6467-6471.

[43] Duerloo K A N, Li Y, Reed E J. Structural phase transitions in two-dimensional Mo- and W-dichalcogenide monolayers. Nat Commun, 2014, 5: 4214.

[44] Mahler B, Hoepfner V, Liao K, Ozin G A. Colloidal Synthesis of 1T-WS_2 and 2H-WS_2 Nanosheets: Applications for Photocatalytic Hydrogen Evolution. J Am Chem Soc, 2014, 136(40): 14121-14127.

[45] Voiry D, Goswami A, Kappera R, et al. Covalent functionalization of monolayered transition metal dichalcogenides by phase engineering. Nat Chem, 2015, 7: 45-49.

[46] Acerce M, Voiry D, Chhowalla M. Metallic 1T phase MoS_2 nanosheets as supercapacitor electrode materials. Nat Nanotechnol, 2015, 10: 313-318.

[47] Yu Y, Nam G H, He Q, et al. High phase-purity 1T′-MoS_2- and 1T′-$MoSe_2$-layered crystals. Nat Chem, 2018, 10: 638-643.

[48] Liu Z, Li N, Su C, et al. Colloidal synthesis of 1T′ phase dominated WS_2 towards endurable electrocatalysis. Nano Energy, 2018, 50: 176-181.

[49] He W, Ifraemov R, Raslin A, Hod I. Room-temperature electrochemical conversion of metal-organic frameworks into porous amorphous metal sulfides with tailored composition and hydrogen evolution activity. Adv Funct Mater, 2018, 28(18): 1707244.

[50] Dinda D, Ahmed M E, Mandal S, et al. Amorphous molybdenum sulfide quantum dots: an efficient hydrogen evolution electrocatalyst in neutral medium. J Mater Chem, A, 2016, 4: 15486-15493.

[51] Vrubel H, Hu X. Growth and Activation of an Amorphous Molybdenum Sulfide Hydrogen Evolving Catalyst. ACS Catal, 2013, 3(9): 2002-2011.

[52] Merki D, Fierro S, Vrubel H, Hu X. Amorphous molybdenum sulfide films as catalysts for electrochemical hydrogen production in water. Chem Sci, 2011, 2: 1262-1267.

[53] Merki D, Vrubel H, Rovelli L, et al. Fe, Co, and Ni ions promote the catalytic activity of amorphous molybdenum sulfide films for hydrogen evolution. Chem Sci, 2012, 3: 2515-2525.

[54] Chang Y H, Lin C T, Chen T Y, et al. Highly efficient electrocatalytic hydrogen production by MoS_x grown on graphene-protected 3D Ni foams. Adv Mater, 2013, 25(5): 756-760.

[55] Ge X, Chen L, Zhang L, et al. Nanoporous metal enhanced catalytic activities of amorphous molybdenum sulfide for high-efficiency hydrogen production. Adv Mater, 2014, 26(19): 3100-3104.

[56] Li D J, Maiti U N, Lim J, et al. Molybdenum sulfide/N-doped CNT forest hybrid catalysts for high-performance hydrogen evolution reaction. Nano Lett, 2014, 14(3): 1228-1233.

[57] Lee S C, Benck J D, Tsai C, et al. Chemical and phase evolution of amorphous molybdenum sulfide catalysts for electrochemical hydrogen production. ACS Nano, 2016, 10(1): 624-632.

[58] Lassalle-Kaiser B, Merki D, Vrubel H, et al. Vidence from in Situ X-ray absorption spectroscopy for the involvement of terminal disulfide in the reduction of protons by an amorphous molybdenum sulfide electrocatalyst. J Am Chem Soc, 2015, 137(1): 314-321.

[59] Ting L R L, Deng Y, Ma L, et al. Catalytic activities of sulfur atoms in amorphous molybdenum sulfide for the electrochemical hydrogen evolution reaction. ACS Catal, 2016, 6(2): 861-867.

[60] Tran P D, Tran T V, Orio M, et al. Coordination polymer structure and revisited hydrogen evolution catalytic mechanism for amorphous molybdenum sulfide. Nat Mater, 2016, 15: 640-646.

[61] Dou S, Tao L, Huo J, et al. Etched and doped Co_9S_8/graphene hybrid for oxygen electrocatalysis. Energy Environ Sci, 2016, 9: 1320-1326.

[62] Deng Y, Ting L R L, Neo P H L, et al. Operando raman spectroscopy of amorphous molybdenum sulfide (MoS_x) during the electrochemical hydrogen evolution reaction: identification of sulfur atoms as catalytically active sites for H^+ reduction. ACS Catal, 2016, 6(11): 7790-7798.

[63] Kibsgaard J, Jaramillo T F, Besenbacher F. Building an appropriate active-site motif into a hydrogen-evolution catalyst with thiomolybdate $[Mo_3S_{13}]^{2-}$ clusters. Nat Chem, 2014, 6: 248-253.

[64] Attanayake N H, Abeyweera S C, Thenuwara A C, et al. Vertically aligned MoS_2 on Ti_3C_2 (MXene) as an improved HER catalyst. J Mater Chem A, 2018, 6: 16882-16889.

[65] Xu Y, Wang L, Liu X, et al. Monolayer MoS_2 with S vacancies from interlayer spacing expanded counterparts for highly efficient electrochemical hydrogen production. J Mater Chem A, 2016, 4: 16524-16530.

[66] Gao M R, Chan M K Y, Sun Y. Edge-terminated molybdenum disulfide with a 9.4-Å interlayer spacing for electrochemical hydrogen production. Nat Commun, 2015, 6: 7493.

[67] Sun Y, Alimohammadi F, Zhang D, Guo G. Enabling colloidal synthesis of edge-oriented MoS_2 with expanded interlayer spacing for enhanced HER catalysis. Nano Lett, 2017, 17(3): 1963-1969.

[68] Tang Y-J, Wang Y, Wang X-L, et al. Molybdenum disulfide/nitrogen-doped reduced graphene oxide nanocomposite with enlarged interlayer spacing for electrocatalytic hydrogen evolution. Adv Energy Mater, 2016, 6(12): 1600116.

[69] Wang H, Tsai C, Kong D, et al. Transition-metal doped edge sites in vertically aligned MoS_2 catalysts for enhanced hydrogen evolution. Nano Res, 2015, 8: 566-575.

[70] Cheng Y, Lu S, Liao F, et al. Rh-MoS_2 nanocomposite catalysts with Pt-like activity for hydrogen evolution reaction. Adv Funct Mater, 2017, 27(23): 1700359.

[71] Tang K, Wang X, Li Q, Yan C. High edge selectivity of in situ electrochemical Pt deposition on edge-rich layered WS_2 nanosheets. Adv Mater, 2018, 30(7): 1704779.

[72] Deng J, Li H, Xiao J, et al. Riggering the electrocatalytic hydrogen evolution activity of the inert two-dimensional MoS_2 surface via single-atom metal doping. Energy Environ Sci, 2015, 8: 1594-1601.

[73] Shi X, Fields M, Park J, et al. Rapid flame doping of Co to WS_2 for efficient hydrogen evolution. Energy Environ Sci, 2018, 11: 2270-2277.

[74] Nipane A, Karmakar D, Kaushik N, et al. Few-layer MoS_2 p-type devices enabled by selective doping using low energy phosphorus implantation. ACS Nano, 2016, 10(2): 2128-2137.

[75] Xiao W, Liu P, Zhang J, et al. Dual-functional N dopants in edges and basal plane of MoS_2 nanosheets toward efficient and durable hydrogen evolution. Adv Energy Mater, 2017, 7(7): 1602086.

[76] Ye R, Del Angel-Vicente P, Liu Y, et al. High-performance hydrogen evolution from $MoS_{2(1-x)}P_x$ solid solution. Adv Mater, 2016, 28(7) 1427-1432.

[77] Huang X, Leng M, Xiao W, et al. Activating basal planes and s-terminated edges of MoS_2 toward more efficient hydrogen evolution. Adv Funct Mater, 2017, 27(6): 1604943.

[78] Liu P, Zhu J, Zhang J, et al. P dopants triggered new basal plane active sites and enlarged interlayer spacing in MoS_2 nanosheets toward electrocatalytic hydrogen evolution. ACS Energy Lett, 2017, 2(4): 745-752.

[79] Li H, Tsai C, Koh A L, et al. Activating and optimizing MoS_2 basal planes for hydrogen evolution through the formation of strained sulphur vacancies. Nature Mater, 2016, 15: 48-53.

[80] Xiong P, Ma R, Sakai N, et al. Unilamellar metallic MoS_2/graphene superlattice for efficient sodium storage and hydrogen evolution. ACS Energy Lett, 2018, 3(4): 997-1005.

[81] Liao L, Zhu J, Bian X, et al. MoS_2 formed on mesoporous graphene as a highly active catalyst for hydrogen evolution. Adv Funct Mater, 2013, 23(42): 5326-5333.

[82] Behranginia A, Asadi M, Liu C, et al. Highly efficient hydrogen evolution reaction using crystalline layered three-dimensional molybdenum disulfides grown on graphene film. Chem Mater, 2016, 28(2): 549-555.

[83] Yu H, Xue Y, Hui L, et al. Controlled growth of MoS_2 nanosheets on 2D N-doped graphdiyne nanolayers for highly associated effects on water reduction. Adv Funct Mater, 2018, 28(19): 1707564.

[84] Duan J, Chen S, Chambers B A, et al. 3D WS_2 nanolayers@heteroatom- doped graphene films as hydrogen evolution catalyst electrodes. Adv Mater, 2015, 27: 4234.

[85] Ye T N, Lv L B, Xu M, et al. Hierarchical carbon nanopapers coupled with ultrathin MoS_2 nanosheets: highly efficient large-area electrodes for hydrogen evolution. Nano Energy, 2015, 15: 335-342.

[86] Zhao Z, Qin F, Kasiraju S, et al. Vertically aligned MoS_2/Mo_2C hybrid nanosheets grown on carbon paper for efficient electrocatalytic hydrogen evolution. ACS Catal, 2017, 7(10): 7312-7318.

[87] Geng X, Wu W, Li N, et al. Three-dimensional structures of MoS_2 nanosheets with ultrahigh hydrogen evolution reaction in water reduction. Adv Funct Mater, 2014, 24(39): 6123-6129.

[88] Li L, Wang H, Xie L, et al. MoS_2 nanoparticles grown on graphene: an advanced catalyst for the hydrogen evolution reaction. J Am Chem Soc, 2011, 133(19): 7296-7299.

[89] Hu J, Zhang C, Jiang L, et al. Nanohybridization of MoS_2 with layered double hydroxides efficiently synergizes the hydrogen evolution in alkaline media. Joule, 2017, 1(2): 383-393.

[90] Zhang B, Liu J, Wang J, et al. Interface engineering: The $Ni(OH)_2/MoS_2$ heterostructure for highly efficient alkaline hydrogen evolution. Nano Energy, 2017, 37: 74-80.

[91] Zhang X, Liang Y. Nickel hydr(oxy)oxide nanoparticles on metallic MoS_2 nanosheets: a synergistic electrocatalyst for hydrogen evolution reaction. Adv Sci, 2018, 5(2): 1700644.

[92] Luo Y, Li X, Cai X, et al. Two-dimensional MoS_2 confined $Co(OH)_2$ electrocatalysts for hydrogen evolution in alkaline electrolytes. ACS Nano, 2018, 12(5): 4565-4573.

[93] Zhu Z, Yin H, He C T, et al. Ultrathin transition metal dichalcogenide/3d metal hydroxide hybridized nanosheets to enhance hydrogen evolution activity. Adv Mater, 2018, 30(28):1801171.

[94] Anjum M A R, Jeong H Y, Lee M H, et al. Efficient hydrogen evolution reaction catalysis in alkaline media by all-in-one MoS_2 with multifunctional active sites. Adv Mater, 2018, 30(20): 1707105.

[95] Zhang H, Li Y, Zhang G, et al. Highly crystallized cubic cattierite CoS_2 for electrochemically hydrogen evolution over wide pH range from 0 to 14. Electrochim Acta, 2014, 148: 170-174.

[96] Peng S, Li L, Han X, et al. Cobalt sulfide nanosheet/graphene/carbon nanotube nanocomposites as flexible electrodes for hydrogen evolution. Angew Chem Int Ed, 2014, 53: 12594.

[97] Faber M S, Dziedzic R, Lukowski M A, et al. High-performance electrocatalysis using metallic cobalt pyrite (CoS_2) micro- and nanostructures. J Am Chem Soc, 2014, 136(28): 10053-10061.
[98] Kornienko N, Resasco J, Becknell N, et al. Operando spectroscopic analysis of an amorphous cobalt sulfide hydrogen evolution electrocatalyst. J Am Chem Soc, 2015, 137(23): 7448-7455.
[99] Zhou S, Miao X, Zhao X, et al. Engineering electrocatalytic activity in nanosized perovskite cobaltite through surface spin-state transition. Nat Commun, 2016, 7: 11510.
[100] Tian T, Huang L, Ai L, Jiang J. Surface anion-rich NiS_2 hollow microspheres derived from metal-organic frameworks as a robust electrocatalyst for the hydrogen evolution reaction. J Mater Chem A, 2017, 5: 20985.
[101] Zhu W, Yue X, Zhang W, et al. Nickel sulfide microsphere film on Ni foam as an efficient bifunctional electrocatalyst for overall water splitting. Chem Commun, 2016, 52: 1486-1489.
[102] Lin T W, Liu C J, Dai C S. Ni_3S_2/carbon nanotube nanocomposite as electrode material for hydrogen evolution reaction in alkaline electrolyte and enzyme-free glucose detection. Applied Catalysis B: Environmental, 2014, 154: 213-220.
[103] Yang C, Gao M Y, Zhang Q B, et al. In-situ activation of self-supported 3D hierarchically porous Ni_3S_2 films grown on nanoporous copper as excellent pH-universal electrocatalysts for hydrogen evolution reaction. Nano Energy, 2017, 36: 85-94.
[104] Tang C, Pu Z, Liu Q, et al. Ni_3S_2 nanosheets array supported on Ni foam: A novel efficient three-dimensional hydrogen-evolving electrocatalyst in both neutral and basic solutions. Int J Hydrogen Energy, 2015, 40(14): 4727-4732.
[105] Yu F, Yao H, Wang B, et al. Nickel foam derived nitrogen doped nickel sulfide nanowires as an efficient electrocatalyst for the hydrogen evolution reaction. Dalton Trans, 2018, 47: 9871-9876.
[106] Luo P, Zhang H, Liu L, et al. Targeted synthesis of unique nickel sulfide (NiS, NiS_2) microarchitectures and the applications for the enhanced water splitting system. ACS Appl Mater Interfaces, 2017, 9(3): 500-2508.
[107] You B, Sun Y. Hierarchically porous nickel sulfide multifunctional superstructures. Adv Energy Mater, 2016, 6(7): 1502333.
[108] Jiang N, Tang Q, Sheng M, et al. Nickel sulfides for electrocatalytic hydrogen evolution under alkaline conditions: a case study of crystalline NiS, NiS_2, and Ni_3S_2 nanoparticles. Catal Sci Technol, 2016, 6: 1077-1084.
[109] Ma Q, Hu C, Liu K, et al. Identifying the electrocatalytic sites of nickel disulfide in alkaline hydrogen evolution reaction. Nano Energy, 2017, 41: 148-153.
[110] Wang P, Zhang X, Zhang J, et al. Precise tuning in platinum-nickel/nickel sulfide interface nanowires for synergistic hydrogen evolution catalysis. Nat Commun, 2017, 8: 14580.
[111] Kou T, Smart T, Yao B, et al. Theoretical and experimental insight into the effect of nitrogen doping on hydrogen evolution activity of Ni_3S_2 in alkaline medium. Adv Energy Mater, 2018, 8(19): 1703538.
[112] Qu Y, Yang M, Chai J, et al. Facile synthesis of vanadium-doped Ni_3S_2 nanowire arrays as active electrocatalyst for hydrogen evolution reaction. ACS Appl Mater Interfaces, 2017, 9(7): 5959-5967.
[113] Shang X, Yan K-L, Rao Y, et al. In situ cathodic activation of V-incorporated Ni_xS_y nanowires for enhanced hydrogen evolution. Nanoscale, 2017, 9: 12353-12363.
[114] Du H, Kong R-M, Qu F, Lu L-M. Enhanced electrocatalysis for alkaline hydrogen evolution by Mn doping in a Ni_3S_2 nanosheet array. Chem Commun, 2018, 54: 10100-10103.
[115] Di Giovanni C, Wang W A, Nowak S, et al. Bioinspired iron sulfide nanoparticles for cheap and long-lived electrocatalytic molecular hydrogen evolution in neutral water. ACS Catal, 2014, 4(2): 681-687.
[116] Faber M S, Lukowski M A, Ding Q, et al. Earth-abundant metal pyrites (FeS_2, CoS_2, NiS_2, and Their Alloys) for highly efficient hydrogen evolution and polysulfide reduction electrocatalysis. J Phys Chem C, 2014, 118(37): 21347-21356.

[117] Li T, Liu H, Wu Z, et al. Seeded preparation of ultrathin FeS_2 nanosheets from Fe_3O_4 nanoparticles. Nanoscale, 2016, 8: 11792-11796.
[118] Villalba M, Peron J, Giraud M, Tard C. pH-dependence on HER electrocatalytic activity of iron sulfide pyrite nanoparticles. Electrochem Commun, 2018, 91: 10-14.
[119] Jasion D, Barforoush J M, Qiao Q, et al. Low-dimensional hyperthin FeS_2 nanostructures for efficient and stable hydrogen evolution electrocatalysis. ACS Catal, 2015, 5(11): 6653-6657.
[120] Chen Y, Xu S, Li Y, et al. FeS_2 Nanoparticles embedded in reduced graphene oxide toward robust, high-performance electrocatalysts. Adv Energy Mater, 2017, 7(19): 1700482.
[121] Zakaria S N A, Hollingsworth N, Islam H, et al. Insight into the nature of iron sulfide surfaces during the electrochemical hydrogen evolution and CO_2 reduction reactions. ACS Appl Mater Interfaces, 2018, 10(38): 32078-32085.
[122] Xiong W, Guo Z, Li H, et al. Rational bottom-up engineering of electrocatalysts by atomic layer deposition: a case study of $Fe_xCo_{1-x}S_y$-based catalysts for electrochemical hydrogen evolution. ACS Energy Lett, 2017, 2(12): 2778-2785.
[123] Kuo T R, Chen W T, Liao H J, et al. Improving hydrogen evolution activity of earth-abundant cobalt-doped iron pyrite catalysts by surface modification with phosphide. Small, 2017, 13(8): 1603356.
[124] Long X, Li G, Wang Z, et al. Metallic iron-nickel sulfide ultrathin nanosheets as a highly active electrocatalyst for hydrogen evolution reaction in acidic media. J Am Chem Soc, 2015, 137(37): 11900-11903.
[125] Konkena B, Puring K J, Sinev I, et al. Pentlandite rocks as sustainable and stable efficient electrocatalysts for hydrogen generation. Nat Commun, 2016, 7: 12269.
[126] Zegkinoglou I, Zendegani A, Sinev I, et al. Operando phonon studies of the protonation mechanism in highly active hydrogen evolution reaction pentlandite catalysts. J Am Chem Soc, 2017, 139(41): 14360-14363.
[127] Piontek S, Andronescu C, Zaichenko A, et al. Influence of the Fe: Ni ratio and reaction temperature on the efficiency of $(Fe_xNi_{1-x})_9S_8$ electrocatalysts applied in the hydrogen evolution reaction. ACS Catal, 2018, 8(2): 987-996.
[128] Jiang Y, Qian X, Zhu C, et al. Nickel cobalt sulfide double-shelled hollow nanospheres as superior bifunctional electrocatalysts for photovoltaics and alkaline hydrogen evolution. ACS Appl Mater Interfaces, 2018, 10(11): 9379-9389.
[129] Wu Y, Liu X, Han D, et al. Electron density modulation of $NiCo_2S_4$ nanowires by nitrogen incorporation for highly efficient hydrogen evolution catalysis. Nat Commun, 2018, 9: 1425.
[130] Sheng G, Chen J, Li Y, et al. Flowerlike $NiCo_2S_4$ hollow sub-microspheres with mesoporous nanoshells support Pd nanoparticles for enhanced hydrogen evolution reaction electrocatalysis in both acidic and alkaline conditions. ACS Appl Mater Interfaces, 2018, 10(26): 22248-22256.
[131] Zhang B, Yang G, Li C, et al. Phase controllable fabrication of zinc cobalt sulfide hollow polyhedra as high-performance electrocatalysts for the hydrogen evolution reaction. Nanoscale, 2018, 10: 1774-1778.
[132] Wang D Y, Gong M, Chou H L, et al. Highly active and stable hybrid catalyst of cobalt-doped FeS_2 nanosheets-carbon nanotubes for hydrogen evolution reaction. J Am Chem Soc, 2015, 137(4): 1587-1592.
[133] Huang Z F, Song J, Li K, et al. Hollow cobalt-based bimetallic sulfide polyhedra for efficient all-pH-value electrochemical and photocatalytic hydrogen evolution. J Am Chem Soc, 2016, 138(4): 1359-1365.
[134] Liu Y, Xiao C, Lyu M, et al. Ultrathin Co_3S_4 nanosheets that synergistically engineer spin states and exposed polyhedra that promote water oxidation under neutral conditions. Angew Chem Int Ed, 2015, 54(38): 11231-11235.
[135] Cai P, Huang J, Chen J, Wen Z. Oxygen-containing amorphous cobalt sulfide porous nanocubes as high-activity electrocatalysts for the oxygen evolution reaction in an alkaline/neutral medium.

Angew Chem Int Ed, 2017, 56(17): 4858-4861.
[136] Chauhan M, Reddy K P, Gopinath C S, Deka S. Copper cobalt sulfide nanosheets realizing a promising electrocatalytic oxygen evolution reaction. ACS Catal, 2017, 7(9): 5871-5879.
[137] Yuan C Z, Sun Z T, Jiang Y F, et al. One-step in situ growth of iron-nickel sulfide nanosheets on FeNi alloy foils: high-performance and self-supported electrodes for water oxidation. Small, 2017, 13(18): 1604161.
[138] Jin Y, Yue X, Du H, et al. One-step growth of nitrogen-decorated iron-nickel sulfide nanosheets for the oxygen evolution reaction. J Mater Chem A, 2018, 6: 5592-5597.
[139] Zhou W, Wu X J, Cao X, et al. Ni_3S_2 nanorods/Ni foam composite electrode with low overpotential for electrocatalytic oxygen evolution. Energy Environ Sci, 2013, 6: 2921-2924.
[140] Mabayoje O, Shoola A, Wygant B R, Mullins C B. The role of anions in metal chalcogenide oxygen evolution catalysis: electrodeposited thin films of nickel sulfide as "pre-catalysts". ACS Energy Lett, 2016, 1(1): 195-201.
[141] Zhou M, Weng Q, Zhang X, et al. In situ electrochemical formation of core-shell nickel-iron disulfide and oxyhydroxide heterostructured catalysts for a stable oxygen evolution reaction and the associated mechanisms. J Mater Chem, A, 2017, 5: 4335-4342.
[142] Lee M, Oh H-S, Cho M K, et al. Activation of a Ni electrocatalyst through spontaneous transformation of nickel sulfide to nickel hydroxide in an oxygen evolution reaction. Appl Catal B, 2018, 233: 130-135.
[143] Jiang J, Lu S, Wang W, et al. Ultrahigh electrocatalytic oxygen evolution by iron-nickel sulfide nanosheets/reduced graphene oxide nanohybrids with an optimized autoxidation process. Nano Energy, 2018, 43: 300-309.
[144] Du J, Zhang T, Xing J, Xu C. Hierarchical porous Fe_3O_4/Co_3S_4 nanosheets as an efficient electrocatalyst for the oxygen evolution reaction. J Mater Chem A, 2017, 5: 9210-9216.
[145] Xu H, Cao J, Shan C, et al. MOF-derived hollow CoS decorated with CeO_x nanoparticles for boosting oxygen evolution reaction electrocatalysis. Angew Chem Int Ed, 2018, 57(28): 8654-8658.
[146] Zou X, Liu Y, Li G D, et al. Ultrafast formation of amorphous bimetallic hydroxide films on 3D conductive sulfide nanoarrays for large-current-density oxygen evolution electrocatalysis. Adv. Mater, 2017, 29(22): 1700404.
[147] Shang X, Yan K L, Lu S S, et al. Controlling electrodeposited ultrathin amorphous Fe hydroxides film on V-doped nickel sulfide nanowires as efficient electrocatalyst for water oxidation. J Power Sources, 2017, 363: 44-53.
[148] Ganesan P, Prabu M, Sanetuntikul J, Shanmugam S. Cobalt sulfide nanoparticles grown on nitrogen and sulfur codoped graphene oxide: an efficient electrocatalyst for oxygen reduction and evolution reactions. ACS Catal, 2015, 5(6): 3625-3637.
[149] Yang J, Zhu G, Liu Y, et al. Fe_3O_4-Decorated Co_9S_8 Nanoparticles in situ grown on reduced graphene oxide: a new and efficient electrocatalyst for oxygen evolution reaction. Adv Funct Mater, 2016, 26(26): 4712-4721.
[150] Yang H, Wang C, Zhang Y, Wang Q. Chemical valence-dependent electrocatalytic activity for oxygen evolution reaction: a case of nickel sulfides hybridized with N and S co-doped carbon nanoparticles. Small, 2018, 14(8): 1703273.
[151] Chen Z, Wu R, Liu M, et al. Tunable electronic coupling of cobalt sulfide/carbon composites for optimizing oxygen evolution reaction activity. J Mater Chem A, 2018, 6: 10304-10312.
[152] Qin K, Wang L, Wen S, et al. Designed synthesis of NiCo-LDH and derived sulfide on heteroatom-doped edge-enriched 3D rivet graphene films for high-performance asymmetric supercapacitor and efficient OER. J Mater Chem A, 2018, 6: 8109-8119.
[153] Dou S, Tao L, Huo J, et al. Etched and doped Co_9S_8/graphene hybrid for oxygen electrocatalysis. Energy Environ. Sci, 2016, 9: 1320-1326.
[154] Wu L-L, Wang Q S, Li J, et al. Co_9S_8 Nanoparticles-embedded N/S-codoped carbon canofibers

derived from metal-organic framework-wrapped CdS nanowires for efficient oxygen evolution reaction. Small, 2018, 14(20):1704035.

[155] Han H, Kim K M, Choi H, et al. Parallelized reaction pathway and stronger internal band bending by partial oxidation of metal sulfide-graphene composites: important factors of synergistic oxygen evolution reaction enhancement. ACS Catal, 2018, 8(5): 4091-4102.

[156] Jin S. Are metal chalcogenides, nitrides, and phosphides oxygen evolution catalysts or bifunctional catalysts? ACS Energy Lett, 2017, 2(8): 1937-1938.

[157] Chen W, Wang H, Li Y, et al. In situ electrochemical oxidation tuning of transition metal disulfides to oxides for enhanced water oxidation. ACS Cent Sci, 2015, 1(5): 244-251.

[158] Yin J, Li Y, Lv F, et al. Oxygen vacancies dominated NiS_2/CoS_2 interface porous nanowires for portable zn-air batteries driven water splitting devices. Adv Mater, 2017, 29(47): 1704681.

[159] Zhu W, Yue Z, Zhang W, et al. Wet-chemistry topotactic synthesis of bimetallic iron-nickel sulfide nanoarrays: an advanced and versatile catalyst for energy efficient overall water and urea electrolysis. J Mater Chem A, 2018, 6: 4346-4353.

[160] Hou Y, Qiu M, Nam G, et al. Integrated hierarchical cobalt sulfide/nickel selenide hybrid nanosheets as an efficient three-dimensional electrode for electrochemical and photoelectrochemical water splitting. Nano Lett, 2017, 17(7): 4202-4209.

[161] Hui L, Xue Y, Jia D, et al. Controlled synthesis of a three-segment heterostructure for high-performance overall water splitting. ACS Appl Mater Interfaces, 2018, 10(2): 1771-1780.

[162] Yu Z, Bai Y, Zhang S, et al. Metal-organic framework-derived $Zn_{0.975}Co_{0.025}S$/CoS_2 embedded in N, S-codoped carbon nanotube /nanopolyhedra as an efficient electrocatalyst for overall water splitting. J Mater Chem, A, 2018, 6: 10441-10446.

[163] Wu Y, Liu Y, Li G D, et al. Efficient electrocatalysis of overall water splitting by ultrasmall $Ni_xCo_{3-x}S_4$ coupled Ni_3S_2 nanosheet arrays. Nano Energy, 2017, 35: 161-170.

[164] Sivanantham A, Ganesan P, Shanmugam S. Hierarchical $NiCo_2S_4$ nanowire arrays supported on Ni foam: an efficient and durable bifunctional electrocatalyst for oxygen and hydrogen evolution reactions. Adv Funct Mater, 2016, 26(26): 4661-4672.

[165] Li Y, Yin J, An L, et al. FeS_2/CoS_2 interface nanosheets as rfficient bifunctional rlectrocatalyst for overall eater splitting. Small, 2018, 14(26): 1801070.

[166] Wang D, Li Q, Han C, et al. When NiO@Ni meets WS_2 nanosheet array: a Highly efficient and ultrastable electrocatalyst for overall water splitting. ACS Cent Sci, 2018, 4(1): 112-119.

[167] Tang Y J, Zhang A M, Zhu H J, et al. Polyoxometalate precursors for precisely controlled synthesis of bimetallic sulfide heterostructure through nucleation-doping competition. Nanoscale, 2018, 10: 8404-8412.

[168] Liu J, Wang J, Zhang B, et al. Hierarchical $NiCo_2S_4$@NiFe LDH heterostructures supported on nickel foam for enhanced overall-water-splitting sctivity. ACS Appl Mater Interfaces, 2017, 9(18): 15364-15372.

[169] Yang Y, Zhang K, Lin H, et al. MoS_2-Ni_3S_2 heteronanorods as efficient and stable bifunctional electrocatalysts for overall water splitting. ACS Catal, 2017, 7(4): 2357-2366.

[170] Peng S, Li L, Zhang J, et al. Engineering Co_9S_8/WS_2 array films as bifunctional electrocatalysts for efficient water splitting. J Mater Chem A, 2017, 5: 23361-23368.

[171] Zheng M, Du J, Hou B, Xu C-L. Few-Layered $Mo_{(1-x)}W_xS_2$ Hollow nanospheres on Ni_3S_2 nanorod heterostructure as robust electrocatalysts for overall water splitting. ACS Appl Mater Interfaces, 2017, 9(31): 26066-26076.

[172] Du X, Yang Z, Li Y, et al. Controlled synthesis of $Ni(OH)_2$/Ni_3S_2 hybrid nanosheet arrays as highly active and stable electrocatalysts for water splitting. J Mater Chem A, 2018, 6: 6938-6946.

[173] Zhang J, Wang T, Pohl D, et al. Interface engineering of MoS_2/Ni_3S_2 heterostructures for highly enhanced electrochemical overall-water- splitting activity. Angew Chem Int Ed, 2016, 55(23): 6702-6707.

[174] Yoon T, Kim K S. One-Step synthesis of CoS-doped β-$Co(OH)_2$ @amorphous MoS_{2+x} hybrid

catalyst grown on nickel foam for high-performance electrochemical overall water splitting. Adv Funct Mater, 2016, 26(41): 7386-7393.

[175] Guo Y, Tang J, Wang Z, et al. Elaborately assembled core-shell structured metal sulfides as a bifunctional catalyst for highly efficient electrochemical overall water splitting. Nano Energy, 2018, 47: 494-502.

[176] Li H, Chen S, Zhang Y, et al. Systematic design of superaerophobic nanotube-array electrode comprised of transition-metal sulfides for overall water splitting. Nat Commun, 2018, 9: 2452.

[177] Zhang G, Feng Y S, Lu W T, et al. Enhanced catalysis of electrochemical overall water splitting in alkaline media by Fe doping in Ni_3S_2 nanosheet arrays. ACS Catal, 2018, 8(6): 5431-5441.

[178] Hou J, Zhang B, Li Z, et al. Vertically aligned oxygenated-CoS_2- MoS_2 heteronanosheet architecture from polyoxometalate for efficient and stable overall water splitting. ACS Catal, 2018, 8(5): 4612-4621.

[179] Ray C, Lee S C, Sankar K V, et al. Amorphous phosphorus- incorporated cobalt molybdenum sulfide on carbon cloth: an efficient and stable electrocatalyst for enhanced overall water splitting over entire pH values. ACS Appl Mater Interfaces, 2017, 9(43): 37739-37749.

[180] Xiong Q, Zhang X, Wang H, et al. One-step synthesis of cobalt- doped MoS_2 nanosheets as bifunctional electrocatalysts for overall water splitting under both acidic and alkaline conditions. Chem Commun, 2018, 54: 3859-3862.

[181] Xiong Q, Wang Y, Liu P F, et al. Cobalt covalent doping in MoS_2 to induce bifunctionality of overall water splitting. Adv. Mater, 2018, 30(29): 1801450.

[182] Liu Y, Li Q, Si R, et al. Coupling subnanometric copper clusters with quasi-amorphous cobalt sulfide yields efficient and robust electrocatalysts for water splitting reaction. Adv Mater, 2017, 29(13): 1606200.

[183] Liu H, He Q, Jiang H, et al. Electronic structure reconfiguration toward pyrite NiS_2 via engineered heteroatom defect boosting overall water splitting. ACS Nano, 2017, 11(11): 11574-11583.

[184] Hu C, Zhang L, Zhao Z J, et al. Synergism of geometric construction and electronic regulation: 3D Se-$(NiCo)S_x/(OH)_x$ nanosheets for highly efficient overall water splitting. Adv Mater, 2018, 30(12): 1705538.

[185] Feng L L, Yu G, Wu Y, et al. High-index faceted Ni_3S_2 nanosheet arrays as highly active and ultrastable electrocatalysts for water splitting. J Am Chem Soc, 2015, 137(44): 14023-14026.

[186] Zhao Y, Li Q, Shi L, Wang J. Exploitation of the large-srea basal plane of MoS_2 and preparation of bifunctional catalysts through on-surface self-assembly. Adv Sci, 2017, 4(12): 1700356.

[187] Zhang S, Saji S E, Yin, Z, et al. Rare-earth incorporated alloy catalysts: synthesis, properties, and applications. Adv Mater 2021, 33: 2005988.

[188] Wang L, Adiga P, Zhao J, et al. Understanding the electronic structure evolution of epitaxial $LaNi_{1-x}Fe_xO_3$ ehin films for water oxidation. Nano Lett, 2021, 21: 8324.

[189] Zheng B, Fan J, Chen B, et al. Rare-earth doping in nanostructured inorganic materials. Chem Rev, 2022, 122: 5519.

[190] Wang J, Xiao X, Liu Y, et al. The application of CeO_2-based materials in electrocatalysis. J Mater Chem A, 2019, 7: 17675.

[191] Li Y, Zhang X, Zheng Z, et al. A review of transition metal oxygen-evolving catalysts decorated by cerium-based materials: current status and future prospects. CCS Chem, 2022, 4: 31.

[192] Wu X, Yang Y, Zhang T, et al. CeO_x-secorated hierarchical $NiCo_2S_4$ hollow nanotubes arrays for enhanced oxygen evolution reaction electrocatalysis. ACS Appl Mater Interfaces, 2019, 11: 39841.

[193] Xu H, Yang Y, Yang X, et al. Stringing MOF-derived nanocages: a strategy for the enhanced oxygen evolution reaction. J Mater Chem A, 2019, 7: 8284.

[194] Wu X, Zhang T, Wei, J, et al. Facile synthesis of Co and Ce dual-doped Ni_3S_2 nanosheets on Ni foam for enhanced oxygen evolution reaction. Nano Res, 2020, 13: 2130.

[195] Hao J, Luo W, Yang W, et al. Origin of the enhanced oxygen evolution reaction activity and

stability of a nitrogen and cerium co-doped CoS_2 electrocatalyst. J Mater Chem A, 2020, 8: 22694.
[196] Dai T, Zhang X, Sun M, et al. Uncovering the promotion of $CeO_2/CoS_{1.97}$ heterostructure with specific spatial architectures on oxygen evolution reaction. Adv Mater, 2021, 33: 2102593.
[197] Huang W H, Li X M, Yang X F, et al. CeO_2-embedded mesoporous CoS/MoS_2 as highly efficient and robust oxygen evolution electrocatalyst. Chem Eng J, 2021, 420: 127595.
[198] Xie H, Geng Q, Liu X, et al. Interface engineering for enhancing electrocatalytic oxygen evolution reaction of CoS/CeO_2 heterostructures. Front Chem Sci Eng, 2022, 16: 376.
[199] Xue Z, Lv L, Tian Y, et al. Co_3S_4 nanoplate srrays decorated with oxygen-deficient CeO_2 nanoparticles for supercapacitor applications. ACS Appl Nano Mater, 2021, 4: 3033.
[200] Liao W Y, Li W D, Zhang Y. Sulfur and oxygen dual vacancies manipulation on 2D NiS_2/CeO_2 hybrid heterostructure to boost overall water splitting activity. Mater Today Chem, 2022, 24: 100791.
[201] Sun Y, Guan Y, Wu X, et al. ZIF-derived "senbei"-like $Co_9S_8/CeO_2/Co$ heterostructural nitrogen-doped carbon nanosheets as bifunctional oxygen electrocatalysts for Zn-air batteries. Nanoscale, 2021, 13: 3227.

第 6 章

过渡金属硫属化物在光催化领域的应用

6.1 概述

6.1.1 光催化发展历史

目前大家普遍认为，光研究领域可以追溯到 1839 年，当时一位法国科学家 Becquerel 发现在金属电极上涂抹氧化铜或者卤化银溶液会产生光电现象，即出现了伏特效应。1955 年，Brattain 和 Garrett 对光电现象进行了合理的解释，标志着光电化学的诞生。在 1967 年，当时还在东京大学攻读博士学位的滕岛昭教授和他的导师本多健一用紫外光照射放入水中的氧化钛单晶，发现了水被分解为氧气和氢气，即“本多-藤岛效应”（Honda-Fujishima effect）。1972 年，研究人员首次在 *Nature* 上报道了在 n 型半导体锐钛矿 TiO_2 单晶电极上进行光电催化分解水产生氧气的实验，同时在 Pt 对电极上发生析氢反应。这一发现开启了多相光催化研究的新时代，并为后续光催化分解水制氢的研究奠定了基础。1976 年，加拿大科学家 Carry 和美国电化学家 Bard 等人发现 TiO_2 悬浊液在紫外光条件下可成功降解难生化处理的多氯联苯和氰化物，这标志着光催化氧化反应技术在环保领域具有重要的潜在应用价值，被认为是消除环境污染物的创造性工作。1983 年，Pruden 和 Follio 发现光催化能降解烷烃、烯烃和芳烃的氯化物等污染物，扩大了光催化在环境领域的应用。1977 年，Yokota 等人发现 TiO_2 对丙烯环氧化具有光催化活性，将光催化应用范围进一步扩大，为有机物氧化提供了新思路。1978 年，Halmann 研究发现 p-GaP 阴极在高压汞灯照射下可将电解质中的 CO_2 还原为甲酸、甲醛和甲醇，开启了光电催化还原 CO_2 的新纪元。1980 年，日本科学家 Kawai 等人利用 $Pt/RuO_2/TiO_2$ 光催化剂，通过重整甲烷成功制备出氢气。随着纳米技术的兴起和研究的不断深入，光催化技术从最初的半导体光催化降解有机污染物和太阳能转化与存储，逐渐扩展到多相光催化技术，用于环境保护、CO_2 还原以及有机合成等领域，现已成为国际研究领域的活跃方向。

6.1.2 光催化研究进展

光催化的原理是利用光来激发具有特殊能带结构的半导体纳米材料，利用它们产生的电子和空穴进行氧化还原反应。由固体能带理论可知，半导体材料具有不连续的能带结构，一般是由一系列电子未占据轨道组成的高能空带，即导带（conduction band，CB）和一系列电子占据轨道的低能满带，即价带（valence band，VB）所构成的；导带（CB）和价带（VB）之间存在一个能量间隙，称为禁带（band gap，E_g），禁带的大小称为禁带宽度。如图 6-1 所示，光催化分为三个阶段，第一阶段（i），当入射光子的能量大于或等于能隙时，光照射到半导体纳米粒子上，其价带中的电子被激发跃迁到导带，形成光生电子（e^-），并在价带上留下相对稳定的光生空穴（h^+），形成电子-空穴对。然后进入第二个阶段（ii），光生电子和空穴（统称为光生载流子）从催化材料内部迁移到表面。在这个阶段，由于迁移过程中电子和空穴复合，导致光生载流子的损耗，使得催化效率降低。最后一个阶段（iii）就是表面的光生载流子和催化剂表面的反应物发生氧化还原反应。在其中由于纳米材料中存在大量的缺陷和悬挂键，这些缺陷和悬挂键能俘获电子或空穴并阻止电子和空穴的重新复合，降低第二个阶段的光生载流子的复合率，提高催化效率。

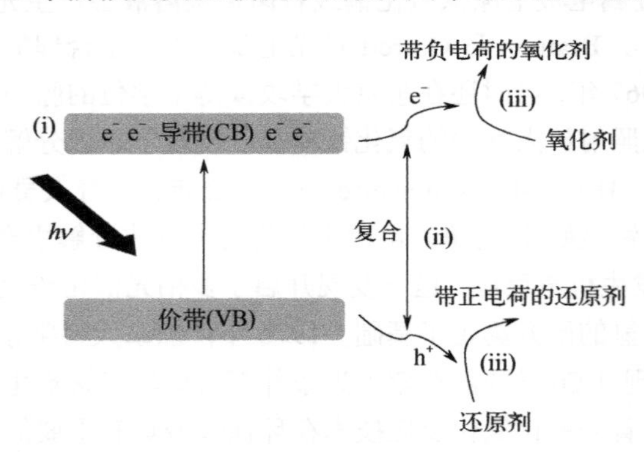

图 6-1 光催化机理图

在其中，光化学存在几种基本定律。首先，只有当激发态分子的能量足够使分子内的化学键断裂时，即光子的能量大于化学键能时，才能引起光解反应。其次，为使分子产生有效的光化学反应，光还必须被所作用的分子吸收，即分子对某特定波长的光要有特征吸收光谱，才能产生光化学反应，这被称为光化学第一定律。

爱因斯坦在 1905 年提出，在初级光化学反应过程中，被活化的分子数（或原子数）等于吸收光的量子数，或者说分子对光的吸收是单光子过程（电子激发态分子寿命很短，吸收第二个光子的概率很小），即光化学反应的初级过程是由分子吸收光子开始的，此定律称为爱因斯坦（Einstein）光化当量定律，也叫做光化学第二定律。

活化分子有可能直接变为产物，也可能间接变成产物，也可能和低能量分子相撞而失活，或者引发其他次级反应（如引发一个链反应等等）。为了衡量光化学反应的效率，引入量子产率的概率，用 Φ 来表示。如果一个光化学反应过程只包含初级过程，问题比较简单。如果初级过程之后接着进行次级过程，则由于活化分子所进行的次级反应过程不同，Φ 值可以小于 1，也可以大于 1。若引发一个链反应，则 Φ 值甚至可高达 10^6。

按照导电载流子的不同，半导体光催化材料可以分为 p 型和 n 型半导体。常见的半导体光催化剂有：TiO_2、ZnO、MoS_2、CdS、ZnS、WO_3、Fe_3O_4 和 Cu_2O 等金属（或过渡金属）氧化物或硫化物，以及 BiOX（X = Cl、Br 和 I）、$SrTiO_3$、NiO-$K_4Nb_6O_{17}$、Sr_2FeMoO_6 和 RuO_2-$Ba_2Ti_4O_9$ 等具有层状结构的钙钛矿型复合氧化物。其中，CdS 的禁带宽度较小，可以很好地利用自然光源，但容易发生光腐蚀，使用寿命有限。TiO_2 是一种间接带隙半导体材料，具有原料廉价易得、无毒、热稳定性好、化学性质稳定、折射率高和耐光腐蚀等优点，其在紫外光照射下催化活性高、氧化还原能力强且制备过程简单，因而可作为一种用于太阳能水解制氢和环境污染治理等领域的高效光催化剂。然而，TiO_2 具有较大的禁带宽度（E_g = 3.2 eV），只能被太阳光中很少一部分紫外光（约占 4.5%）所激发，不能有效利用太阳光谱中占大部分的可见光（400～750 nm；约占 46%），且光生载流子极易复合，导致其对太阳光的利用率和量子效率均较低，这些缺陷极大地限制了其应用。因此，人们不断探索并开发新型光催化材料，并将其应用于能源生产和环境污染物消除等领域。近年来，多种新型光催化材料得到了发展，包括：碳氮化合物（如 C_2N、C_3N、g-C_3N_4）、微孔聚合物网络（MPN）、共轭有机骨架（COF）、共轭三嗪骨架（CTF）、共轭微孔聚合物（CMP）、共轭膦骨架（CPF）、金属有机骨架（MOF）等聚合物光催化剂以及卟啉类化合物和金属酞菁类化合物光催化剂。

6.2 二维过渡金属硫属化物

6.2.1 二维过渡金属硫属化物的理化特性

在二维材料的代表石墨烯取得巨大成功之后，研究者随后开发出了许多其他的 2D 材料，这些材料同样可以形成具有非凡性能的原子片。值得注意的是，2D 材料库每年都在增长，现在已经有 150 多种奇特的二维层状材料，例如二硫化钼（MoS_2）、二硒化钼（$MoSe_2$）、二硫化钨（WS_2）和二硒化钨（WSe_2）、六角氮化硼（h-BN）、硼吩（2D 硼）、硅（2D 硅）、锗（2D 锗）和 MXenes（2D 碳化物/氮化物）。从 2D 材料的年度出版物数据可以看出，关于 TMDs 的研究逐年增长。根据其化学成分和结构配置，原子薄层的 2D 材料可分为金属、半金属、半导体、绝缘或超导。最早被研究者所关注的有望替代石墨烯的材料是TMCs，几乎和石墨烯一样薄、透明和多变。由于许多2D TMCs本质上是半导体，因此可以通过改变带隙，实现不同性质的转换。2D TMCs材料具有巨大应用潜力，可以制成超小型低功率晶体管，比最先进的硅基晶体管更高效，可应对不断缩小的器件。TMCs在可见光近红外范围内具有相似的带隙、高载流子迁移率，生长在硅基材料上具有优异的开关比，还可以沉积在柔性衬底上，并经受住柔性支撑的应力和应变柔顺性。

二维材料，指的是一个维度上材料尺寸减小到极限的原子层厚度，而其他两个维度则相对较大，也可以理解为其电子仅可在两个维度的纳米尺寸（1～100 nm）上自由运动（平面运动），如纳米薄膜、超晶格、量子阱。二维材料也是属于纳米材料的一种，纳米材料是指材料在某一维、二维或三维方向上的尺度达到纳米尺度。基于此，纳米材料可以被划分为零维材料、一维材料、二维材料、三维材料。零维材料是指电子无法自由运动的材料，如量子点、纳米颗粒与粉末。

2D TMCs表现出了独特的电学和光学性质，这些特性来源于其量子限制和表面效应，这些效应是在体材料缩小为单层时从间接带隙过渡到直接带隙的过程中产生的。TMCs中的这种可调谐带隙伴随着强烈的光致发光（PL）和大的激子结合能，使其成为各种光电器件的候选，包括太阳能电池、光探测器、发光二极管和光晶体管。例如，MoS_2的独特性质包括直接带隙（约1.8 eV），良好的机动性（约700 $cm^2 \cdot V^{-1} \cdot s^{-1}$）和由单层中的直接带隙（1.8 eV）产生的巨大PL；因此，它已被广泛用于电子和光电子应用，是光催化中比较常用的二维过渡金属硫化物。

片状结构中每个相邻层之间独特的范德华（vdW）作用力和较大的比表面积，使得2D TMCs在电容储能（例如超级电容器和电池）和传感应用领域有广阔的应用前景。二维材料的独特结构在于，它们完全由其表面组成。因此，表面和衬底之间的界面以及吸附原子和缺陷的存在，可显著改变材料的固有特性。这些界面和缺陷对材料的电子、光学和化学特性有重要影响，使二维材料在各种应用中具有独特的优势和潜力。这些二维材料具有良好的机械性能，它们天生具有柔韧性、强度和极薄性。大的表面体积比使基于二维过渡金属硫化物的传感器具有更高的灵敏度、选择性和低功耗。与数字传感器不同，基于TMCs的传感器没有物理选择性，无法对目标气体分子或生物分子进行选择性识别。基于MoS_2的FET器件在气体、化学和生物传感器方面有潜在的应用。弱结合2D TMCs原子层的另一个优势是，它们可以很容易地与其他TMCs隔离和堆叠，以构建广泛的vdW异质结构，而不受晶格匹配的限制。例如，将一个原子厚度的不同TMCs片堆叠在一起，垂直堆叠的异质结构会带来其他方式无法实现的独特功能和优异性能。利用这些vdW异质结构中的新特性，如能带对准、隧穿传输和强层间耦合，可以制造出几种新型的电子/光电子器件，如隧穿晶体管、防护罩、光电探测器、LED和柔性电子器件。本章节会综合性地概述二维过渡金属硫属化物（2D TMCs）在电子、光电和电化学性能方面的最新进展，这些 TMCs 经过合理的设计具有新的结构，在电子、传感器和能量存储方面具有潜在的应用前景。TMCs 有趣的特性和在新兴技术中的应用潜力表明，其在未来几年可能仍然是一个重要的研究领域。

光催化领域有一个经典的例子——二硫化钼，六方二硫化钼（2H-MoS_2）是一种层状晶体。包含 2H-MoS_2 晶体结构的平面的厚度就是该材料的单位晶胞，由此可知该晶胞是由范德华力固定在一起。如图 6-2 所示，MoS_2 的每个平面由夹在硫原子之间的钼原子构成。当剥离成一层或有限数量的层时，二维 MoS_2（2D MoS_2）可显示出独特的电子、光学、机械和化学特性。在单层结构中，2D MoS_2 具有直接带隙，因此显示出光致发光（PL），允许形成光学生物传感模板。这种出现在可见光范围内的光致发光也可在存在生物相互作用时被有效调控，其波长与低成本的标准光学系统兼容。此类特性仅在有限的 2D 材料中可见。与许多其他纳米材料（尤其是石墨烯和石墨烯氧化物）相比，2D MoS_2 本身的毒性相对较低。这对于确保目标生物分析物在生物传感过程中不受影响以及满足安全措施非常重要。这个关键的特性还允许将 2D MoS_2 引入活细胞中，而不会显著降低体内生物传感器的活性。此外，2D MoS_2 具有高度可调谐的振动和光学特性，这对于生物传感非常有用。当生长成横向尺寸相对较大的平面时，MoS_2 平面终止于基底表面，没有悬垂键。因此，这些大平

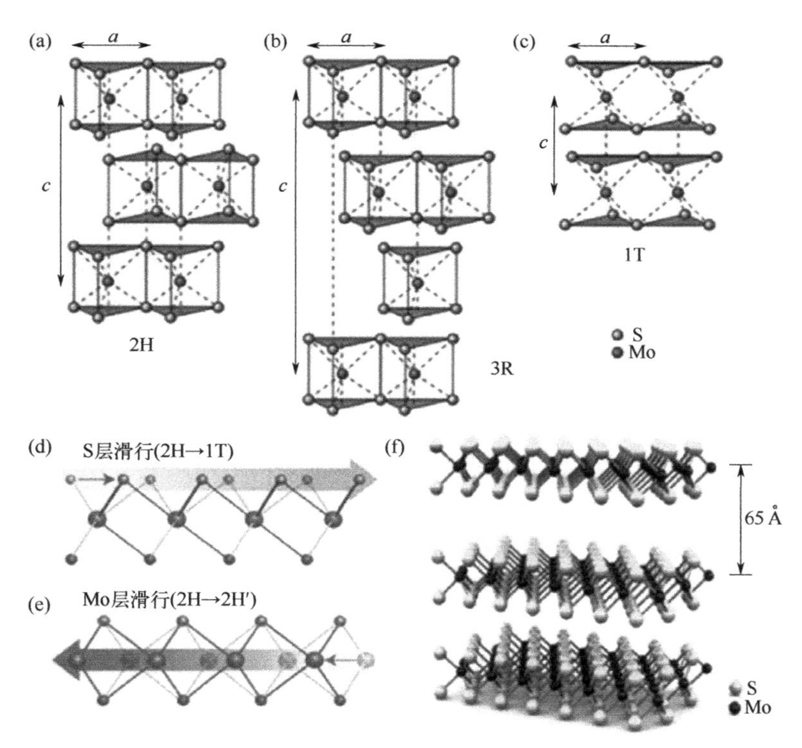

图 6-2　二硫化钼的结构示意图[1]

面在液体和含氧气体介质中特别稳定，这有助于它们有效融入生物传感结构。在纳米片形态中，当表面厚度比降低时，2D MoS_2 棱角可设计为钼或硫端接。钼端接使得材料同时会具有一定的金属特性。

综上所述，二维过渡金属硫化物均具有以下特性，二维材料因其载流子迁移和热量扩散都被限制在二维平面内，这些变换的光子效率在很大程度上取决于界面电子转移速率（IFET）与光生电子-空穴对复合速率之比，因此二维结构有利于缩短电子转移距离，从而使得产生的光电子与空穴快速分离，防止其复合。

二维过渡金属硫属化物是层状材料，其中每个单元（MX_2）由夹在两个硫属元素（X）原子层之间的过渡金属（M）层组成。根据原子的排列，2D TMCs 的结构可分为三棱柱（六角形，H）、八面体（四方形，T）及其畸变相（T′）。分层 TMCs 中的典型原子比是硫属原子是过渡金属的两倍，即 MX_2，2∶3 五重层（M_2X_3）和 1∶1 金属硫属化合物（MX）等几种情况除外。在 H 相材料如 MoS_2 中，每一个金属原子在 $+z$ 和 $+z$ 方向上分别与上层和下层的硫原子形成三角棱柱配位。这种六边形对称可以在俯视图中看到。因此，沿 z 方向的硫属元素-金属-硫属元素排列被视为单层，且各层之间的弱 vdW 相互作用（硫属元素-硫属元素）使大块 TMCs 的机械剥离能够获得单层薄片。T 相在单层的顶部有一个三角形的硫属原子层，在底部有一个 180° 的旋转结构（所谓的三角反棱镜），并导致在俯视图中硫属原子呈六边形排列。金属原子进一步扭曲（或在一个方向上二聚），称为 T′相，导致硫属原子沿 z 方向（δ）的原子位移发生改变。

尽管在石墨烯中电子具有很强的流动性（约 15000 $cm^2 \cdot V^{-1} \cdot s^{-1}$），但是缺少带隙限制了石墨烯作为场效应晶体管（FETs）中活性元素的使用。在开发有限带隙二维过渡金属硫化物的驱动力中，这仍然还是一个具有挑战性的问题。2D TMCs 通过不同材料的选择具有可覆盖所有可见光和红外范围的宽范围带隙。大多数半导体 2D TMCs 在单层中显示直接带隙，而它们在体形式中是间接带隙，GaSe 和 ReS_2 等少数情况除外。单层二硫化物，如 MoS_2（1.8 eV）、$MoSe_2$（1.5 eV）、2H-$MoTe_2$（1.1 eV）、WS_2（2.1 eV）和 WSe_2（1.7 eV）显示出直接带隙，而体相显示出具有较小能量的间接带隙。大多数 MX_2 材料既有金属相也有半导体相。MX_2 材料在室温下的稳定相为 2H 相，而 1T 相可通过 Li 插层或电子束辐照获得。已知化学剥离的 1T-MoS_2 相的导电性是半导体 2H 相的 107 倍。对于 WTe_2，1T 或 1T′相在室温下比 2H 相更稳定。$MoTe_2$ 中的 2H 和 1T′相可以很容易地相互调制，因为两个相之间的内聚能差相似。此外，钛（Ti）、铬（Cr）、镍（Ni）、锌（Zn）、钒（V）、铌（Nb）和钽（Ta）的二硫化物仅表现出金属行为。

综上，二维过渡金属二硫属化物（2D TMCs）具有覆盖可见光和近红外光谱区域的带隙，在各种光子和光电子应用中具有巨大的优势，如发光器件、晶体管、光伏器件、光电探测器和纳米腔激光器。了解 2D TMCs 的机理并控制其光学特性对于进一步应用在集成光子学中至关重要。本节将系统性讲解 2D TMCs 及其异质结（HJ）的发光特性，包括基本原理、可调谐性和器件应用。讨论了 2D TMCs 中与光发射有关的能带结构和激子性质，以及控制、调节和增强发光的方法。随后，描述了 2D TMCs HJ 中的发光现象及其与层间激子、电荷转移和能量转移过程相关的机制。最后，展望了 TMCs 光子学的发展前景和面临的挑战。

6.2.2 合成方法

通过 CVD 来实现原子薄二维过渡金属硫属化物大面积生长，是一种有效的方法，有助于在器件上实现成功应用。CVD 生长 2D TMCs 的最简单形式是金属氧化物和硫属元素前体的共同蒸发，进行气相反应，然后在合适的衬底上形成稳定的 2D TMCs。CVD 法的生长机理在每个合成过程中都有所不同，因为材料的形成过程还取决于衬底的性质、温度和原子气体流量。

（1）衬底特性：2D 材料的原子层受衬底的纳米级表面形态和终止原子面以及晶格失配的影响。据报道，衬底的表面能会影响 2D TMCs 的成核和生长。

（2）温度：反应过程受生长温度的限制。通常，如果生长温度较高，即表面扩散足够快，则随机沉积的吸附原子将移动到能量最有利的位置，并导致 3D 岛状生长。另一方面，如果衬底温度过低，则会形成非晶或多晶薄膜，因为吸附原子没有足够的动能去扩散并找到最低势能位置。

（3）原子气体流量：原子气体流量是实现高质量 2D 材料生长的另一个重要参数。只有足够高的蒸气压才能使原子气体混合并将原子物质输送到基底。蒸发原子的稳定性是为了防止在蒸发原子传输到基底的过程中发生不必要的反应。蒸发的原子通过载气传输到基底，蒸发原子的流速可由克劳修斯-克拉珀龙方程得到：$d(\ln p)/dT = \Delta H/kT$，其中 ΔH 是蒸发焓，p 是蒸发原子的分压。Sun 等人[2]报道了通过三氧化钼（MoO_3）和硫黄粉末在高温下的化学蒸气反应形成的大规模 MoS_2 层（约 650 ℃）。MoO_3 最初被还原为亚氧化物 MoO_{3-x}、与蒸发的硫进一步反应，形成二维层状 MoS_2 膜。虽然这种朴实无华的工艺能够大规模生产 MS_2，但在大规模生产中会不可避免地倾向于形成随机分布的薄片，而不是连续的薄膜。对于 MoS_2 生长而言，界面氧化层的存在是一个重要的障碍。在类似的方法中，Zhan 等人[3]利用 MoO_3 和 S 粉末的气相反应在 Si/SiO_2 衬底上合成了 MoS_2 原子层，并认为在衬底上形成的是 MoS_2 单层三角形薄片，而不是连续的 MoS_2 层，同时观察到 MoS_2 片的平均迁移率 4.3 $cm^2 \cdot V^{-1} \cdot s^{-1}$ 和最大电流开关比约 10^6。同样，也有研究者用 CVD 生长 MoS_2，其形状从三角形演变为六角形，这取决于硅衬底的空间位置。研究者还开发了一种新方法，通过使用 $MoCl_5$ 和硫作为前体，可在大面积上精确控制 MoS_2 层的数量。但是，发现 MoS_2 在 FET 中电荷载流子的迁移率非常低（大概是在 0.003～0.03 $cm^2 \cdot V^{-1} \cdot s^{-1}$）。

还有一种简易的 CVD 方法可用于生长大面积连续过渡金属二硫化物。它的主要原理是使用“两步法”，在衬底（通常为 Si/SiO_2）上沉积过渡金属薄膜（如 Mo、W、Nb 等），然后与硫属原子（S、Se、Te）蒸气发生热反应。在高温（300～700 ℃）和惰性气氛下的 CVD 过程中，发生以下反应以形成稳定的 2D TMCs。

$$M(s) + 2S(g) \longrightarrow MS_2(s)$$

这种“两步法”已经实现了晶圆规模的制造（约 2 cm）并成功地在 SiO_2/Si 衬底上对 MoS_2 层（多层到单层）进行了厚度控制。在控制厚度的金属沉积（W、Mo）后，将金属涂层基板和硫粉末放置在 CVD 炉内，并在恒定流量下采用惰性气体氛围，及在约 200 $cm \cdot min^{-1}$ Ar 氛围下 600 ℃生长 90 min。然而，在单层 MoS_2 中，高分辨率透射电子显微镜（HRTEM）和拉曼分析证实存在点缺陷和双层畴。与先前报道的 CVD 生长的 MoS_2 FET 和非晶硅（a-Si）或有机薄膜晶体管相比，MoS_2 场效应晶体管具有更高场效应迁移率的半导体行为（约 12.24 $cm^2 \cdot V^{-1} \cdot s^{-1}$）和电流开/关比（约 10^6）。Sun 等人[4]采用电子束蒸发和 CVD 方法生长大面积 MoS_2 薄膜，发现 p 型导电，但电子迁移率非常低，在 0.004～0.04 $cm^2 \cdot V^{-1} \cdot s^{-1}$ 范围。并已证明含 Mo 晶种的存在为高结晶性单层 MoS_2 的成核和生长提供了预设位置，基板上的图案或种子分子可在预定位置使 2D TMCs 受控成核。有研究报道了 MoS_2 大晶岛的生长，其尺寸为 100 μm，载流子迁移率为 10 $cm^2 \cdot V^{-1} \cdot s^{-1}$，开关比超过 10^6。金属硫化法提供了厚度可控的大规模生产，但仍局限于小晶粒缺陷的生产。除金属膜法外，各种金属氧化物和氯化物前驱体［如$(NH_4)_2MoS_4$、MoO_3、WO_3 和 MoO_2］的直接硫化/硒化已被广泛用于 TMCs 的生长。Elias 等人[5]通过控制 WO_3 涂层的厚度，实现了单层和多层 WS_2 板材的大面积生长。研究中使用了$(NH_4)_2MoS_4$ 和类似的硫化物前体，但层厚不受控制。在氧化物和氯化物涂层的硒化过程中，通常引入氢气来协助反应，并帮助调整 TMCs 的结晶形状[2]。

还有一种新兴的合成方法是金属有机化学气相沉积（MOCVD）。金属有机化学气相沉积与传统化学气相沉积类似，都是利用含有薄膜元素的一种或几种气相化合物或单质，在衬底表面上进行化学反应生成薄膜的方法。二者的不同之处在于分别使用金属有机或有机化合物前体作源材料。在金属有机化学气相沉积反应中，所需的原子与复杂的有机分子结合，并在基板上流动，基板上的分子被热分解，目标原子逐个沉积在基板上。可以通过在原子尺度上改变原子的组成来控制薄膜的质量，从而获得所需的高结晶度薄膜。金属有机化学气相沉积过程中发生了一系列表面反应，包括前体分子的吸附，随后是表面动力学（即表面扩散）、所需材料的成核和生长以及挥发性产物分子的解吸。虽然金属有机化学气相沉积仅在最近才用于制备 2D TMCs，但是此方法在二维过渡金属二硫化物生长中的优势也很明显：①它可以实现 2D TMCs 的大规模均匀生长；②它实现了对金属和硫属前驱体的精确控制，从而控制 2D TMCs 的组成和形态。在这方面，Kang 等人[6]合成了晶圆尺寸通过使用六羰基钼（$Mo(CO)_6$）、六羰基钨（$W(CO)_6$）、二乙基硫醚（$(C_2H_5)_2S$）和带有氩气载体的 H_2 气相前体，在 SiO_2 衬底上形成单层和多层 MoS_2 和 WS_2 薄膜。该团队在 4 英寸屏幕上展示了大规模的 MoS_2 和 WS_2 薄膜。MoS_2 场效应晶体管表现出了较高的电子迁移率（约为 30 $cm^2 \cdot V^{-1} \cdot s^{-1}$）。

近来，Eichfeld 等人[7]首次报道了使用 $W(CO)_6$ 和 $(CH_3)_2Se$ 前体通过 MOCVD 大面积生长单层和多层 WSe_2。结果表明，温度、压力、Se/W 比和衬底选择对 WSe_2 薄膜的形貌有显著影响。当然，WSe_2 在不同衬底上具有不同的形态。衬底材料包括外延石墨烯、CVD 石墨烯、蓝宝石和氮化硼（BN）。这些衬底材料的不同特性会显著影响 WSe_2 的生长过程、结构质量以及电子和光学性能。WSe_2 在石墨烯上以较大的成核密度生长，而在蓝宝石上观察到最大的畴尺寸为 5～8 μm。他们提出了气体流速对外延石墨烯上生长的 WSe_2 畴尺寸和形状的影响。除流速外，磁畴尺寸随总压和温度的升高而增大。当温度从 800 ℃上升到 900 ℃时，晶粒尺寸增大 200%（700 nm 至 1.5 μm）。蓝宝石衬底上的结果类似。除了压力和温度外，Se/W 比和通过系统的总流量对 WSe_2 薄膜的畴尺寸也有很大的影响。如 Se/W 比值从 100 增加到 2000 允许磁畴尺寸从 1 μm 增加到 5 μm，总气体流量从 100 $cm^3 \cdot min^{-1}$ 增加到 250 $cm^3 \cdot min^{-1}$ 将磁畴尺寸从 1 μm 增加到 8 μm。*I-V* 特性证实了 WSe_2 产生的垂直传输隧道屏障的存在，从而证明了原始范德华间隙存在于 WSe_2/石墨烯异质结构中。此外，该方法还用于生长 MoS_2/WSe_2/石墨烯和 WSe_2/MoS_2/石墨烯异质结构[8]。有趣的是，他们发现通过 MOCVD 直接生长的异质结构表现出了电荷的共振隧穿，从而在室温下产生较大的负微分电阻（NDR），MOCVD 方法用途广泛，可扩展性强，可对薄膜进行有效的化学计量控制，但有毒前体的使用、缓慢的薄膜生长速度和较高的生产成本阻碍了其广泛应用。

原子层沉积（ALD）属于一种气相化学过程，它利用前驱体与衬底反应，逐层沉积各种材料从而形成的原子薄膜。先前，ALD 这项技术被广泛用于氧化物材料，但有几个研究小组已成功研究了几种二元硫化物材料，其中包括 TiS_2、WS_2、MoS_2、SnS 和 Li_2S。当然，由于参考材料较少，本文仅总结使用原子层沉积方法制备 2D TMCs 的重要结果。Tan 等人[9]通过五氯化钼（$MoCl_5$）和硫化氢（H_2S）在蓝宝石衬底上的自限性反应精确控制了 MoS_2 的膜厚度，之后进行高温（800 ℃）退火得到大尺寸（约 2 μm）三角形 MoS_2 晶体。Song 等人[10]通过氧化钨（WO_3）的 ALD 生长以及随后通过 H_2S 退火的转化，得到了晶圆级生长的 WS_2。通过调节 WO_3 生长的 ALD 循环次数，可以有效控制 WS_2 层的数量。SiO_2 衬底上大面积（约 13 cm 长）生长着单层、双层和四层 WS_2 纳米片。在顶栅结构中制备出来的单层 WS_2 FET 是 n 型半导体，电子迁移率约为 3.9 $cm^2 \cdot V^{-1} \cdot s^{-1}$。此外，ALD 的高保形生长能力有助于通过硫化沉积在硅纳米线（NWs）上的 WO_3 层实现一维 WS_2 纳米管（WNT）的厚度控制生长。继第一份关于 2D 材料 ALD 生长的报道之后，Jin 等人[11]提出了另一种化学方法，

分别使用 $Mo(CO)_6$ 和二甲基二硫化物（CH_3SSCH_3）作为 Mo 和 S 前驱体在 SiO_2/Si 衬底上沉积 MoS_2。沉积态样品在 900 ℃下退火，结晶为 2H-MoS_2 相。上述研究清楚地表明，其生长温度相当高（800～1000 ℃），薄膜的晶粒尺寸在 10 nm 以下。因此，必须开发更好的 ALD 方法，以精确控制 MX_2 中的原子层厚度，从而实现高质量、大规模的生长。在这个方向上，Delabie 等人[12]证明了 WS_2 原子层的低温（300～450 ℃）生长，在 WF_6 和 H_2S 前体存在的情况下，Si 和 H_2 等离子体还原剂分别用于 CVD 和 ALD。在这些层上未进行模板层或沉积后退火处理。ALD 方法具有高度可扩展性，通常在较低的衬底温度下具有精确的厚度控制能力；但是仍具有较大的局限性，昂贵的制作成本和高度敏感的前体严重制约了它的发展。

还有一些不同的制备方法。如 Hussain 等人[13]报道了一种简单且可扩展的方法，通过射频溅射和沉积后退火方法合成双层和多层 MoS_2 薄膜。在他们的实验中，使用溅射系统中的 MoS_2 靶材制备了 MoS_2 薄膜。为了提高溅射样品的结晶质量，薄膜在 700 ℃的硫和氩环境下进行沉积后退火。

有研究者证实了连续 MoS_2 薄膜的生长过程。通过控制反应参数来生长双层和多层 MoS_2 薄膜，该过程可以易于控制。拉曼光谱和光致发光（PL）光谱证实了 MoS_2 薄膜的结晶质量，其流动性大约为 29 $cm^2 \cdot V^{-1} \cdot s^{-1}$。当然，具有电流开/关比约为 10^4，双层膜之间的流动性为 173～181 $cm^2 \cdot V^{-1} \cdot s^{-1}$，这同样使用于多层 MoS_2 系统。Hussain 等人[13]得出结论，双层膜较高的迁移率行为可归因于膜的低电荷杂质以及界面 MoO_xSi_y 层的介电屏蔽效应。作者进一步指出，射频溅射和沉积后退火为大面积 MoS_2 薄膜的大规模生产开辟了新的可能性。

6.2.3 二维过渡金属硫属化物的应用

二维过渡金属硫属化物材料被认为具有广泛的应用前景，包括电子学、光子学、传感和能源设备。这些应用的灵感来自层状材料独特的性质，如薄原子轮廓，它代表了实现最大静电效率、机械强度、可调电子结构、光学透明度和传感器灵敏度的理想条件。其中研究者更为关注层状材料在柔性纳米技术领域中的应用，它被认为是潜在的无处不在的电子和能源设备，可以利用 2D 材料提供的一系列优异性能。柔性技术包括一系列可扩展的大面积设备，包括薄膜晶体管（TFT）、显示器、传感器、太阳能电池和机械兼容基板上的能量存储。

在光催化发展的这几十年来，基于传统硅基技术的规模限制，如果能够解决制造和集成挑战，原子薄半导体（如 TMCs）可能适用于未来一代大规模电子产品。第一款智能手机石墨烯触摸屏消费产品于 2014 年在中国发布，此前全球石墨烯研究仅进行了十年，创新周期相对较短。此外，近几年有几篇文章回顾了 2D 材料领域的突破和应用进展。在这里，我们将讨论柔性电子技术的进展，特别是关于 2D TFT，2D TFT 是许多柔性技术设备的核心器件，与传统设备非常相似（FET 是几乎所有半导体技术用途的核心器件）。

经过几年的积极研究和开发，基于合成 MoS_2 的高性能 2D TFT 现已实现。这些在室温下工作的 TFT 具有高开/关电流比和高质量 TMCs 预期的电流饱和特性。特别是已经观察到电子迁移率约为 3.9 $cm^2 \cdot V^{-1} \cdot s^{-1}$ 和电流密度约为 250 $\mu A \cdot \mu m^{-1}$，这对于高性能 TFT 的提升是非常有价值的。重要的是，在 0.5 μm 长度的柔性塑料基板上实现了超过 5 GHz 的截止频率。起初，考虑到 MoS_2 的流动性相对较低，这一结果相当令人惊讶；然而，在最大高频运行所需的高场下，传输由饱和速率（v_{sat}）决定，这被证明是足够合理的（约 2×10^6 $cm \cdot s^{-1}$），可以在亚微米尺度下实现 GHz 频率下的工作速度。此外，柔性单层 MoS_2 TFT 可在 1000 s 的机械弯曲循环中表现出优秀的电子性能。总之，高开/关比、饱和速率和机械强度的组合，使得 MoS_2 和相关的 TMCs 用于高级柔性物联网（IoT）和可穿戴连接纳米系统的低功率 RF TFT 非常有效。为此，研究者开发出了一种简单的无线柔性无线电接收机系统，该系统使用单层 CVD 生长的 MoS_2 来解调接收信号，该信号通过无线接收机的中心信号处理功能进行处理。

新兴的 TMCs 材料由于其优异的光电性能和物理特性，被认为是原子薄层电致发光（EL）器件的候选材料。然而，在选择性掺杂形成 p 型或 n 型半导体方面仍存在挑战。Sundaram 等人[14]首先通过在单层 MoS_2 和 Cr/Au 电极之间形成肖特基接触来制造单层 TMCs EL 器件。通过对结构施加较大的偏置电压，注入具有一定动能的热载流子，影响 MoS_2 与金属的界面，激发激子，然后激子重新组合产生电致发光。这项工作解决了选择性掺杂纳米结构的问题，但量子效率较低。有几项工作开发了静电掺杂在单层 TMCs 中制造 p-n 结二极管的方法。然而，由于电场的引入，存在逐渐增强的电场分布，会在接触区域周围形成边缘电场效应，并导致极低的外部量子效率（EQE ≈ 0.1%～1%）。研究者认为提高分层器件发射效率的有效策略是合成 TMCs 的 p-n 异质结。当然，也有研究者使用 CVD 法制备了一种具有单层或双层 p 型 WSe_2 和少量层 n 型 MoS_2 的尖锐 p-n 二极管。该二极管具有良好的电流整流性能，理想因数为 1.2，EQE 提高了 12%。他们发现，作为注入电流函数的电致发光强度在 p-n 结中分别与单层和双层 WSe_2 呈线性和亚线性关系。他们将此归因于单层和双层 WSe_2 中的直接和间接带隙性质。有趣的是，在Ⅱ型带排列的过渡金属硫化物异质结中，电荷转移产生的界面电场（IE）也可以作为发光二极管（LED）的发射源。在 $MoSe_2$-WSe_2 双层异质结处施加正向偏压，可以推动载流子从一层转移到另一层，形成层间激子。

单光子发射器（SPE）在量子信息技术中扮演重要角色，包括量子网络、量子密钥分配和光子量子计算。多年来，人们一直致力于实现可靠高效的固态 SPE。基于 0D 和 1D 材料的固态 SPE 已被广泛研究。研究表明，基于深束缚的电子和空穴以及静止自旋量子位和传播单光子之间的量子界面，诸如量子点（QD）之类的 0D

结构可以成为有效的 SPE。然而，量子点的长自旋相干性和较弱的限制阻碍了从自旋到光子的精确量子信息传输。值得注意的是，二维过渡金属硫属化物制备过程中引入的非故意缺陷或吸附质可被视为 SPE，如量子点。有趣的是，由于过渡金属硫化物激子独特的谷自旋自由度，这种新型 SPE 可以应用于新的量子信息过程。

据报道，TMCs 中的激子在受到纳米尺度的应力时也可以局部化形成 SPE。Berraquero 等人[15]制备了直径 150 nm、高度 60～190 nm 的纳米柱阵列，然后将单层 WS_2 和 WSe_2 转移到这些阵列纳米柱上。由于应变诱导变形，TMCs 的激子位于层状材料和纳米柱之间的接触位置附近。因此，每个接触点在激发时都表现为 SPE［图 6-3（a)］。本研究提供了一种控制 SPE 数量和位置的方法，而不是稀疏和随机分布。此外，Cai 等人[16]将单层 WSe_2 转移到银纳米线上，如图 6-3（b）所示，他们发现 WSe_2 和银纳米线之间的接触位置可以成为局部缺陷发射点，由于应变梯度，表现出了与上述 SPE 类似的情况。此外，该系统内的纳米级空间耦合允许 SPE 耦合发射到银纳米线，将其传输到两端［图 6-3（c)］。这项研究为在芯片上耦合和传输单光子发射提供了一种可行的方法，这对于量子信息处理和量子网络是至关重要的。

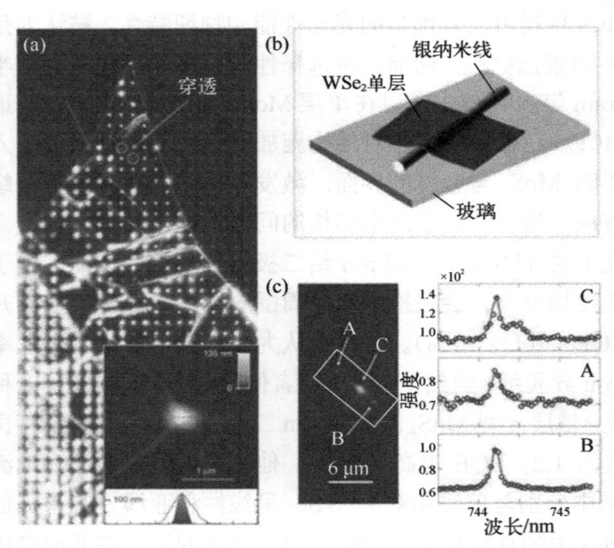

图 6-3 （a）控制 SPE 数量和位置的方法；（b）Ag 纳米线/WSe_2 单层器件的三维原理图；（c）Ag/WSe_2 材料不同位置（A，B，C）的光致发光图（方框内为银纳米线的位置）[2]

6.2.4 对于光催化的理论指导

深入了解过渡金属硫化物中激子的复合特性，可以更好地控制激子的发光，这对光电子应用和太阳能转换具有重要意义。Palummo 等人[17]利用第一性原理计算研究了低温（4 K）和室温（300 K）下不同 TMCs 的本征激子辐射寿命。单层 TMCs 在室温下的辐射寿命约为数百皮秒，在低温下的辐射寿命约为几皮秒，而双层和块体以及异质结样品的辐射寿命比单层样品更长。

上面提到的激子辐射寿命是理想的复合模型，没有考虑其他影响因素，如非辐射热过程。其实，在实际的激子复合中还有许多其他的过程。近来，时间分辨实验表明，过渡金属硫化物中的复合过程较慢，这归因于 0.1～1 ns 的辐射复合，而更快的过程源自缺陷捕获激子（1～10 ps）。此外，Wang 等人[18]使用泵-探针技术研究了单层 MoS_2 的瞬态吸收光谱，并提出了定量模型。首先，在激发样品后，热电子从价带跃迁到导带的更高能级，并且由于热电子的热化和弛豫（区域Ⅰ），观察到短上升时间（<500 fs）。然后，由于强库仑相互作用和强电子-空穴关联，被缺陷俘获的载流子的俄歇过程变得有效，从而主导了随后的复合，导致出现快速载流子捕获过程（区域Ⅱ，1～2 ps）和缓慢载流子捕获过程（区域Ⅲ，>100 ps，通过不敏感的功率依赖性实验证明），而不是如上所述的辐射复合过程。Sun 等人[2]使用超快泵-探针装置研究了具有不同激发功率密度的单层 MoS_2 的瞬态吸收光谱。他们发现，在低激发功率密度区域，衰减曲线可以用指数函数拟合，而在高激发功率密度区域，则会出现强烈的偏差。在高激发功率密度下得到的衰减曲线可用基于激子-激子湮灭过程的方程进行拟合。具体来说，这个过程可以用微分方程 $\frac{dN}{dt}=-k_A N^2$ 描述（其中，N 是激子数，k_A 是湮灭过程的速率常数）。解这个方程得到的拟合公式为 $\frac{1}{N(t)}=\frac{1}{N_0}+k_A t$，通过实验数据的拟合可以提取 k_A。这项研究表明，在低激发强度下，激子的复合过程主导了衰变通道；而在高激发强度下，由于产生了高密度的激子，具有高衰变率的激子-激子湮灭主导了衰变通道。当然 Wang 等人[19]观察到，通过使用非简并超快泵-探针技术，随着 MoS_2 层数的增加，激子寿命显著增加。单分子膜的激子寿命为几十皮秒，当层数增加到 10 时，激子寿命增加到 1 ns 以上。他们解释说，具有层状结构的 MoS_2 具有大量的表面缺陷状态，这导致其寿命较短。然而，对于块体，由于内部完美的晶格结构，平均缺陷密度降低。因此，缺陷态效应较小，可以观察到更长的激子寿命。

二次谐波产生（SHG）作为一种非侵入性全光技术，具有广泛的应用场景，从检测晶体结构到非线性光学器件。层状 MX_2（如 MoS_2、WS_2 和 WSe_2）材料显示出独特的倍频特性，如奇偶层依赖强度、偏振效应、边缘效应和激子共振效应。在二维材料中，二次谐波对晶体对称性非常敏感，并显示出与结构和层相关的特性。典型的 2H-MX_2 CVD 生长和机械剥离 MX_2 单层由于其反转对称性被破坏，显示出了强烈的非线性光学效应（二阶光学非线性 $\chi=10$）。相比之下，双层 2H-MX_2 中的反转对称性导致了倍频的消失。奇数层 MX_2 可以看作是上偶数层和下单分子膜的 SHG 信号叠加，随着层数的增加呈现出减小的趋势。因此，2H-MX_2 中的 SHG 在奇数层和偶数层中显示出减小的振荡趋势，在单层中显示出最大强度[20]。

随着层数的增加，不同层数的二次谐波强度也呈现出不同的趋势。与 2H 相相比，3R-MX_2 的倍频强度随着层数的增加而增大。Zhao 等人[21]通过化学蒸气传输技术制备了大块 3R-MoS_2，并通过机械剥离制备了层状材料。与 2H 相位中的镜像相邻层不同，2H 相位中的镜像相邻层保持反转对称，而 3R 相位中的相邻层具有相同的 S-Mo-S 单元，并沿面内方向移动，这使得原子相位匹配，并导致二次谐波（SH）的建设性干扰。因此，MoS_2 的 3R 堆叠（或 AA 堆叠）的倍频强度没有显示出减弱的振荡趋势，但随着层数的增加，倍频强度接近二次依赖性。

Lin 等人[22]观察到另一种由结构引起的异常 SHG 现象。通过使用 CVD，他们制备了金字塔状多层 WS_2，其中多层薄片堆叠为多个同心三角形薄片，尺寸逐渐减小。这种 2H 锁紧结构保留了底层边缘的有效 SHG，但随着高度的增加，顶层的 SHG 强度增加了 40 倍。他们发现，通过形成有效限制基波的回音廊模式（WGM）谐振器，这种金字塔状多层 WS_2 的倍频信号强度随不同激发波长周期性变化。此外，随着腔长（WS_2 边缘长度）的增加，两个谐振模式之间的间距减小。WGM 共振的这一典型特征证实了其特殊结构的形成。

MX_2 独特的激子特性也会影响倍频强度，即激子共振效应。一般来说，当泵浦激光的光子能量接近 MX_2 中激子跃迁能量的一半时，材料可以通过激子态产生二次谐波。由于激子态的寿命比虚态更长，这会导致二次谐波产生的共振增强。在 MoS_2 中观察到显著的增强，且增强的光谱位置与线性吸收光谱中的 C 共振非常匹配（单分子层约为 2.8 eV，且三层约为 2.7 eV）。其中，C 共振指的是吸收光谱中由于激子态跃迁引起的特定共振峰。

偏振分辨倍频测量也可用于确定晶体信息和层取向。由于 MX_2 单分子膜属于具有三重旋转对称性的 D_{3h} 点群，因此倍频强度可以表示为样品角度的函数。总体来说，SHG 强度 I_{SHG} 可以用公式表示为 $I_{SHG}(\Phi)=I_0\cos^2[3(\Phi-\Phi_0)]$，其中，$\Phi$ 是输入激光偏振与 MX_2 扶手椅方向之间的角度；Φ_0 是 MX_2 的初始晶体取向；I_0 是最大 SHG 强度。因此，偏振分辨倍频强度呈现六瓣图案。对于 CVD 生长的三角形 MX_2，锯齿方向沿边缘方向，扶手椅方向沿角平分线方向。对于未知的晶体取向 MX_2（例如，机械剥落样品），可通过比较 SHG 极化来确定扶手椅和之字形方向。此外，通过倍频偏振测量，可以研究层状 TMCs 的叠加行为。

Hsu 等人[23]研究了具有任意堆叠角度的人工堆叠 TMCs 双层膜的二次谐波响应，发现二次谐波响应取决于堆叠角度。首先，他们通过 SHG 偏振测定了两种 CVD 生长的单层 MoS_2 样品的晶体取向。然后，将这两片薄片转移形成双层，双层 MoS_2 保持六倍旋转对称性，但花瓣（二次谐波强度最大值）位于两片薄片之间。此外，还人工制备了具有任意堆积角的其他不同的 MoS_2 双层膜，通过改变叠加角度，可以观察到明显的二次谐波强度从建设性刚性到破坏性的变化。

当然，在光催化中，发光波长可调是重要的一环。通过合金化两种或两种以上材料来调节化学成分，也是一种调节层状过渡金属硫属化物带隙的简单而有效的策略，因为半导体材料的带隙值与其化学成分直接相关。

Chen 等人[24]制备了单晶可调阳离子成分合金材料，即 $Mo_{1-x}W_xS_2$ 具有块状结构，通过剥落可获得几层合金材料。此外，通过使用一步 CVD 方法，Li 等人[25]直接合成了层状可调阴离子组合物 $MoS_{2x}Se_{2(1-x)}$，通过调节 S 和 Se 粉末与 MoO_3 粉末的反应温度，制备出合金，可获得从 668 nm（纯 MoS_2）到 795 nm（纯 MoS_2）的可调谐波长。同时，Duan 等人[26]生长了一层 $WS_{2x}Se_{2-2x}$ 合金，并观察到随着组成因子的变化存在 p/n 型掺杂转变。电输运研究进一步表明，层状 TMCs 的载流子类型和 n 型到 p 型掺杂的可调谐性为电子应用开辟了新的方向。从 n 型掺杂到 p 型掺杂，层状半导体的多体效应随掺杂类型的不同而变化。在 n 型掺杂区，额外的电子倾向于形成负三极管，而在 p 型掺杂区，额外的空穴倾向于形成正三极管。更重要的是，在中性掺杂区，由于缺少额外电荷，应抑制三极管发射，并且使中性激子主导发射。这些不同掺杂类型的合金层状 TMCs 有利于正负三极管和中性激子的研究。

采用可切换源的蒸气生长方法分级合成了 WSe_{2x} 纳米片[27]，以 WS_2 为种子，改变 S 和 Se 粉末在不同生长时间的蒸气压，同时改变 Se、S/W 的生长方向，从而合成出这种成分梯度层状材料。这种合成的梯度 $MoS_{2(1-x)}Se_{2x}$ 纳米片在中心区域显示出纯 MoS_2 成分，并且从中心到边缘区域 Se/(S + Se)比例增加，此类成分梯度层状材料很难从合金块中剥离制的。此外，随着合成成分调谐，波长可以从 680 nm 到 255 nm 连续调谐，表明了该合金材料的 PL 来自带边发射。这种层状梯度材料在单个纳米结构中具有大范围可调谐带隙，对于多功能集成应用至关重要。此外，Wu 等人[28]证明该组合物在单个纳米片中可任意调节，从一个 2D 纳米结构的中心到边缘区域，该成分可以从 WS_2 逐渐调谐到 WSe_2，然后再调谐回来。光学性质和拉曼光谱的转变与成分调谐一致。该成分可以从 WS_2 到纳米结构中的 WSSe 合金进行急剧转变，形成具有可调谐带排列的 2D 横向异质结构。

类似地，层状 TMCs 的横向异质结对于新型电子和光电子器件具有重要意义。Duan 等人[29]首先报道了通过原位置换气相反应物，形成了具有尖锐边界的 $MoS_2/MoSe_2$ 和 WS_2/WSe_2 横向。值得注意的是，电输运研究表明 WS_2/WSe_2 异质结是一个横向 p-n 二极管和光电二极管结，可用于制造高电压增益互补逆变器。Li 等人[30]还通过层选原子取代制备了具有 TMCs 的横向异质结调制成分。首先通过 CVD 硫化 MoO_3 薄膜制备了堆叠的双层 MoS_2。随后，在堆叠的 MoS_2 中用硒原子取代 S 原子，硒原子来自硒粉的蒸发。由于单层的取代温度低于双层，因此硒原子在略高于单层取代温度但低于双层的温度下可选择性地取代单层中的 S 原子。这样，单层区域形成合金，双层区域保持单晶。通过控制取代时间可以调节合金区的成分，并且可以在异质结范围内调整带隙差值。最近，Li 等人[30]通过逆流方法完成了 2D TMCs 的不同横向异质结构的制备。他们开发了一种适用于 TMCs 生长的通用合成策略，采用这种逆流方法制备了 $WS_2/WSe_2/WS_2/WSe_2$ 超晶格和 $WS_2/MoS_2/WS_2$、$WS_2/WSe_2/MoS_2$、$WS_2/MoS_2/WSe_2$ 多异质结的新结构。

尽管单层 TMCs 是直接带隙半导体，但由于缺陷和衬底的非故意掺杂，典型的量子产率极低（0.1%）。在光子学和光电子学的应用中，许多人致力于改善 TMCs 的量子产率。Tongay 等人[31]报道，在真空中 450 ℃退火后，通过在不同气体环境（如 O_2 和 H_2O）中暴露剥落的 MoS_2，PL 最大可增强 100 倍。然而，发现增强的 PL 在泵出气体后会恢复到其初始强度，表明 PL 增强过程是可逆的。此外，仅在 n 型 MoS_2 中观察到 PL 增强。相反，对于 p 型 WSe_2，观察到 PL 猝灭，这意味着 PL 增强可能与 n 型掺杂诱导的空位有关。根据 DFT 计算，结果可以用两个过程来解释：①MoS_2 在退火后被解吸；②随后物理吸附的 O_2 和 H_2O 分子作为对 MoS_2 的 p 型掺杂。n 型 MoS_2 的多余电子可以被 O_2 和 H_2O 的正电荷耗尽，从而导致电中性。正因为如此，三极管更喜欢通过减少第二个电子而解离成激子，从而导致 PL 增强。此外，较少的平衡电子可以稳定激子和三极管，导致非辐射复合率降低。基于此，研究者获得了 100 倍的 PL 增强。

缺陷的位置很容易发生物理吸附诱导 p 型掺杂。然而，化学吸附可以提供更好的 p 型掺杂，增加稳定性和钝化缺陷。Nan 等人[32]还报道了 MoS_2 的物理吸附，在 350 ℃退火后导致了几倍的 PL 增强，并且由于物理吸附的结合能很小，可发生泵浦恢复。当退火温度从 350 ℃增加到 500 ℃时，他们观察到 82 倍的 PL 增强。更重要的是，在真空泵送后，增强效果得以保持。这是由于化学吸附，即 Mo-O 通过高温退火在缺陷位置实现了化学结合。在 500 ℃下对开裂的 MoS_2 进行退火后，开裂区域也出现了相同的永久 PL 增强。与制备的 MoS_2 相比，当温度从室温（287 K）降低到接近液氮温度（83 K）时，开裂区域显示出了固定的 PL 强度。在进行一系列温度变化的过程中，PL 强度不变，表明裂纹区域的非辐射复合受到了抑制。此外，他们还发现在裂纹中形成了氧界，激子倾向于在 Mo 周围局域，氧结合位具有较大的激子结合能，这抑制了非辐射复合，最终显著改善了荧光量子效率。

如上所述，TMCs 作为非辐射复合位点形成的缺陷是低量子产率的主要原因。化学改性是通过填充缺陷从而抑制非辐射复合来改善 TMCs 的量子产率的理想策略。Amani 等人[33]开发了一种使用有机超强酸、双（三氟甲磺酰）亚胺（TFSI）的化学处理技术，该技术表现出优异的性能，可将剥离 MoS_2 中的量子产率从小于 1% 提高到 95%以上。最近，他们将该方法应用于其他 TMCs，如 WS_2、WSe_2 和 $MoSe_2$，并对其效果进行了全面研究[34]。有趣的是，硫化物（WS_2，MoS_2）对 TFSI 处理敏感，并且它们的量子产率都得到了提高，这与先前的工作一致。相比之下，硒化物（WSe_2、$MoSe_2$）的量子产率在相同的化学处理后降低。STEM 研究表明，硫化物容易形成 S 空位，这有助于发生 TFSI 钝化反应。相比之下，对于硒化物，有许多杂质吸附在表面，它们不仅不能与 TFSI 反应，反而可能黏附在表面上，导致 TMCs

掺杂到更深处。

Amani 等人[35]还研究了用 TFSI 处理对 CVD 法制备的 MoS_2 的影响。与剥落的 MoS_2 相比，TFSI 处理未能改善直接在衬底上生长的 MoS_2 的量子产率。然而，在 MoS_2 从其原始衬底转移到另一衬底后，量子产率意外地得到改善，并显示出明显蓝移的 PL 峰。更重要的是，对转移的 MoS_2 进行 TFSI 处理后，量子产率显著改善，峰值约为 30%。在这一过程中，应变起着重要的作用，因为 CVD 生长的层状材料在生长过程中总是受到固有的双轴拉伸应变的影响。此外，硫前驱体温度也影响 MoS_2 最终的量子产率。他们解释说，S 前驱体的低生长温度引入了更多的 S 空位，随后的 TFSI 处理更容易钝化 S 空位，从而提升量子产率。在 200 ℃的前体温度下获得的最大量子产率为 30%。

以往关于化学处理对 TMCs 光致发光增强作用的研究主要集中在硫化物方面，关于硒化物材料化学处理的研究非常有限。Han 等人[36]报道了使用氢卤酸处理技术，CVD 生长的 $MoSe_2$ 的 PL 增强了 30 倍。

TMCs 的吸收效率通常很低（在 MoS_2 单层中为 5.6%），这不可避免地限制了其光电应用。大量研究证明，等离子体结构是传统纳米材料（如 GaN 和硅）通过等离子体效应增强光吸收和发射的常用策略。鉴于此，将 2D TMCs 与等离子体结构相结合有望改善 TMCs 的低吸收。由 TMCs 和等离子体结构组成的混合结构有两个优点。首先，TMCs 的层状结构有助于其自身与等离子体结构之间的接触，从而在层状材料与振荡电场之间提供有效的相互作用。其次，由于激子结合能较大，单层 TMCs 中的激子具有很强的激子振荡强度，而激子-等离子体子耦合强度与激子振荡强度的平方根成正比，从而导致 TMCs 和等离子体结构之间具有强耦合作用。这种强耦合效应通过改变等离子体共振来提高 TMCs 的低吸收和发射效率。Lee 等人[37]将银蝴蝶结结构耦合到分层 TMCs，以形成等离子体激元 2D 混合系统。金属蝴蝶结结构增强了激子-等离子体子耦合，并使 MoS_2 的发射和激发过程发生了很大的变化，包括超过 10 倍的 PL 增强、显著的吸收增强以及拉曼散射的明显增强。对于特定材料，需要具有一定尺寸和间距的金属结构来满足激发或发射共振。Butun 等人[38]制备了由单层 MoS_2 和银纳米盘组成的混合等离子体结构。他们研究了具有等离子体结构尺寸的 PL 的增强，并获得了直径为 130 nm 的最大增强。Wang 等人[39]报道了通过在单层 WSe_2 中使用金沟槽的等离子体纳米结构可改善吸收和 Purcell 因子，实现 20000 倍的 PL 增强（考虑到金属结构的大小）。等离子体结构不仅增强了 TMCs 的 PL，而且改变了 TMCs 的激子结合能。Li 等人[40]发现，MoS_2 激子结合能可以通过在单层 MoS_2 上沉积金纳米粒子，并利用这些粒子产生的等离子体激元激发来控制。热电子会导致 n 型掺杂，从而影响 MoS_2 的介电常数。因此，在吸收光谱和 PL 光谱中都观察到红移峰。这种红移可以解释为 MoS_2 中激子结合能的变化，它可以通过金粒子的密度以及激发波长和强度来调节。

然而，具有等离子体结构的 TMCs 的光致发光并不总是增强的。具有金纳米岛的单层 MoS_2 会发生 PL 猝灭，研究证实 PL 猝灭是由于 MoS_2 向金属的电荷转移而发生的，这也同样增加了 MoS_2 的衰变通道。事实上，等离子体的增强和猝灭是一种竞争关系，如果等离子体增强不够强，那么它将成为过渡金属硫化物的猝灭通道。

传统的半导体异质结已广泛应用于许多重要器件，如晶体管、发光二极管、激光器、光电探测器和太阳能电池。然而，对于传统半导体材料，异质结的形式受到晶格失配的限制。由于层间范德华力较弱以及层间共价键的存在，层状 TMCs 在构建理想的人工垂直异质结领域具有优势。层间共价键不仅提供了额外的结构稳定性和机械强度，还影响了材料的电子性质和化学活性，从而增强了其在电子器件和催化应用中的性能。

与机械堆叠方法相比，直接生长策略在尺寸控制、清洁界面和实际工业应用领域都表现出了独特的优势。Yang 等人[41]实现了 SnS_2/WSe_2 垂直双层 p-n 结的范德华外延生长，横向尺寸为毫米级，这是以往报道过的最大尺寸。基于大型垂直异质结，他们将三种设备集成到一个大型异质结薄片上。与原始 WSe_2 器件相比，由于异质结的存在，异质结器件的迁移率和光响应性能都有很大的提高。此外，平行-串联模式器件还表现出了 500 μs 的高光响应速率，这是由直接生长的垂直 p-n 结制成的最快的光电探测器。这种 CVD 生长的大规模垂直 p-n 结在下一代集成光电子应用领域具有巨大潜力。此外，范德华能隙中还存在一些相互作用过程，如电荷转移和能量转移。这些新特性带来了光致发光（PL）猝灭或增强以及界面光致发光（IE）。

理论预测表明，许多具有Ⅱ型带排列的 MX_2 垂直异质结具有高效的电子-空穴分离，有效应用于在光捕获和探测领域中。Hong 等人[42]首次在 MoS_2/WS_2 垂直异质结中观察到电子-空穴对分离。也就是说，通过仅使用泵-探针光谱设置选择性地激发 MoS_2，空穴可以从 MoS_2 层转移到 WS_2 层。分离的电子和空穴可以通过一个较窄的带隙重新组合，该带隙由 WS_2 的价带最大值（VBM）和 MoS_2 的导带最大值（CBM）形成。由于有效的电荷转移提供了额外的衰变通道，MoS_2 和 WS_2 的本征 PL 发射在异质结区域明显熄灭。

据报道，垂直异质结中电荷转移速率的层间耦合强度在很大程度上会受过渡金属硫化物中层堆叠的影响。Alexeev 等人[43]使用亮场光学显微镜的光致发光成像，研究了通过 CVD 法制备的 $MoSe_2/WS_2$ 垂直异质结中，不同堆叠扭曲角对耦合强度的影响。他们的研究展示了扭曲角如何影响 $MoSe_2$ 和 WS_2 层之间的光致发光行为和电子耦合强度，根据不同异质结记录的光致发光强度，确定了不同扭曲角度下的电荷转移速率。从小扭曲角度观察到较弱的 PL 发射，表明 PL 猝灭和电荷转移速率增加。从理论上研究了不同堆料的层间耦合强度和电荷转移速率。利用密度泛函理论

定量研究 MoS_2/WS_2 垂直异质结中不同堆积结构的电荷转移速率也是一个研究热点。偶极子跃迁矩阵元素可用于评估耦合强度，|−2〉和|−1〉分别代表 MoS_2 和 WS_2 在第一布里渊区 K 点处的状态，位置运算符 r/mathbf{r}r 是沿 MX_2 平面的垂直方向。研究得出结论，电荷转移率 $1/\tau$ 与 eM 成正比，而 eM 是不同叠加的函数。

上述研究表明，堆积与电荷转移速率有关。然而，一些用超快光学方法进行的实验发现，电荷转移速率随不同的叠加扭曲角变化不大。近期也有研究者通过研究 CVD 制备的 MoS_2/WS_2 垂直异质结，比较堆叠扭曲角，发现无论堆叠扭曲角为 0°、38°和 60°，WS_2 瞬态吸收光谱中 A-激子的上升时间都接近 90 fs。这意味着异质结中的电荷转移过程具有强大的堆叠独立性。结合 STEM 和密度泛函理论，他们认为始终存在非均匀层间拉伸/滑动，这为异质结区域的有效电荷转移提供了额外的通道。

另外有研究者报道了相似的结论。Zhu 等人[44]报道了 MoS_2/WSe_2 异质结中电荷转移过程的动量错配。他们还发现，上升时间总是小于 40 fs，并且与电荷转移过程中动量的变化无关。此外，载流子复合寿命也与不同叠加扭曲角下的动量失配无关。他们分别将界面电荷转移的规避动量错配归因于过剩电子能，并将随后的复合归因于缺陷介导的复合。Chen 等人[45]通过使用能量状态分辨超快可见/红外显微光谱进一步证实了 TMCs 异质结电荷转移过程的热电子性质。他们阐明了这些异质结结构中有效的光电流产生，电荷转移过程中存在明显的动量错配，且层内激子的结合能较大。

对于交错带（Ⅱ型）排列的 TMCs 异质结，在光激发和电荷转移后，电子和空穴位于两个不同的层上，由于存在残余的结合力，它们倾向于形成具有一定结合能的离子而不是自由载流子。Rivera 等人[46]首先在 $WSe_2/MoSe_2$ 垂直异质结中观察到间接激子的光致发光。由于 IE 的结合能很小（几十毫电子伏特），室温下间接激子的光致发光被大大抑制。然而，在低温（20 K）下，由于热效应降低，间接激子的光致发光可以显著增强。有趣的是，间接激子显示了 1.8 ns 的长辐射复合寿命，这比层内激子的寿命长一个数量级。这是因为间接激子在空间上的间接性质导致了光偶极矩的减小。功率的相关研究表明，间接激子的饱和阈值只有层内激子的 1/180 倍，这与间接带隙复合的行为是一致的。

TMCs 异质结中的电荷转移涉及不可避免的扭曲和晶格失配导致的动量失配；因此，随后形成的间接激子及其复合过程将遭受动量失配。有研究者通过时间分辨光致发光（TRPL）技术研究了 $MoSe_2/WSe_2$ 垂直异质结的电子复合寿命，在 $MoSe_2$ 的近 K 点（Σ 点）和 WSe_2 的 K 点之间，出现了有两种间接激子复合作为倒数空间中的准直接（间接）复合。准直接复合的寿命为数十纳秒，而间接过程为数百纳秒。此外，他们还得出结论，在低激发功率和低温下，窄禁带间接激子占主导地位，而在高功率和高温下，宽禁带准直接间接激子占主导地位。除了在 $MoSe_2/WSe_2$ 异质结中观察到的间接激子外，Baranowski 等人[47]还在 $MoS_2/MoSe_2/MoS_2$ 三层异质结中发现了间接激子。他们通过依赖于温度和激发功率的光致发光和三重态光致发光光谱证实了间接激子的层间性质。类似地，在这个系统中发现了准简并动量直接带隙和动量间接带隙。此外，在用圆偏振光激发异质结后，获得了长寿命的谷偏振间接激子。更有趣的是，间接激子发光表现出与激发光相反的光学螺旋度。这项研究表明，通过详细阐述 TMCs 的频带对准，控制间接激子的圆极化。

通常，纳米结构异质结中的能量转移是 FRET，其中给体通过给体和受体之间偶极子的库仑共振相互作用将激发能转移到受体。Prins 等人[48]报道了将 CdSe 量子点放置在层状 MoS_2 上后，形成 QD/MoS_2 界面，能够观察到光致发光的猝灭和寿命的缩短。他们将这些现象归因于 CdSe 量子点/MoS_2 异质结系统的 FRET，该系统为 CdSe 量子点提供了新的载流子衰减通道。他们计算了含和不含 MoS_2 的寿命比，该异质结系统中 FRET 效率的最大值大于 95%。Persano 等人[49]进一步研究了类似的 QD/MoS_2 异质结和 QD/石墨烯异质结，随着 MoS_2 层数的增加，体系的 FRET 效率降低；而随着石墨烯层数增加，体系 FRET 效率却增加。这可能是因为，对于 MoS_2，随着层数的增加，介电屏蔽更强，因此导致 FRET 效率单调下降，尽管存在额外的衰减成分；而对于石墨烯，随着层数的增加，介电屏蔽变弱，并且可以观察到 FRET 的效率增加。在具有 FRET 的异质结体系中，由于能量转移，受体通常具有增强的 PL 发射。理论上，层状给体/层状受体体系是 FRET 最有效的结构，因为给体和受体之间接触最紧密。随着给体层数的增加，受体的接收能量将增加，并且可以实现显著的 PL 增强。

6.3 纳米纤维过渡金属硫属化物

6.3.1 纳米纤维过渡金属硫属化物的合成

金属硫属化物-静电纺丝纳米纤维通常通过简单的两步法制备，包括金属硫属化物纳米粒子的合成和在合适溶剂中直接进行静电纺丝金属硫属化物/聚合物前体。通过调节聚合物-溶剂体系和金属硫属化物的尺寸或表面状态，可以优化所制备的电纺金属硫属化物-聚合物纳米纤维的形态。此外，通过该方法，金属硫化物与电纺纤维的内表面和外表面之间可以实现更紧密的界面接触。通常，在典型的聚合物-溶剂体系中，首先需要小尺寸、低浓度的金属硫化物，以确保得到稳定的胶体悬浮液，从而实现均匀分散。然后通过调整溶液的黏度、电场强度、湿度甚至温度，可以生成均匀的金属硫属化物-聚合物纳米纤维。例如，通过静电纺丝前体（由 PVP 和质量浓度为 1%的 CuS 水悬浮液组成）可以制备 PVP/CuS 杂化纳米纤维［图 6-4（a)]。TEM 图像显示，CuS 纳米颗粒以低密度均匀分布在 PVP 纳米纤维中［图 6-4（b）～（d)]。与 X 射线衍射（XRD）结果一致，CuS 纳米颗粒的平均尺寸约为 10 nm。所形成的 PVP/CuS 纳米纤维膜在其表面上带有正电荷，能够沉积在氟化基板的表面上，具有良好的热屏蔽潜力［图 6-4（e）］。同样，研究者还通过直接静电纺丝策略制备了 PVP/Ag_2S 杂化纳米纤维。首先，在 PVP 存在下，通过 $AgNO_3$ 和 CS_2 反应制备了 Ag_2S 纳米颗粒［图 6-4（f）］，然后采用直接静电纺丝工艺制备 PVP/Ag_2S 杂化纳米纤维［图 6-4（g）～（i）］。在本研究中，通过调整 PVP 和 Ag_2S 的重量比，可以很好地控制 PVP 基质中 Ag_2S 纳米颗粒的密度。实验结果表明高密度的 Ag_2S 纳米颗粒可以均匀地分散在 PVP 纳米纤维中，而不会发生明显的聚集。

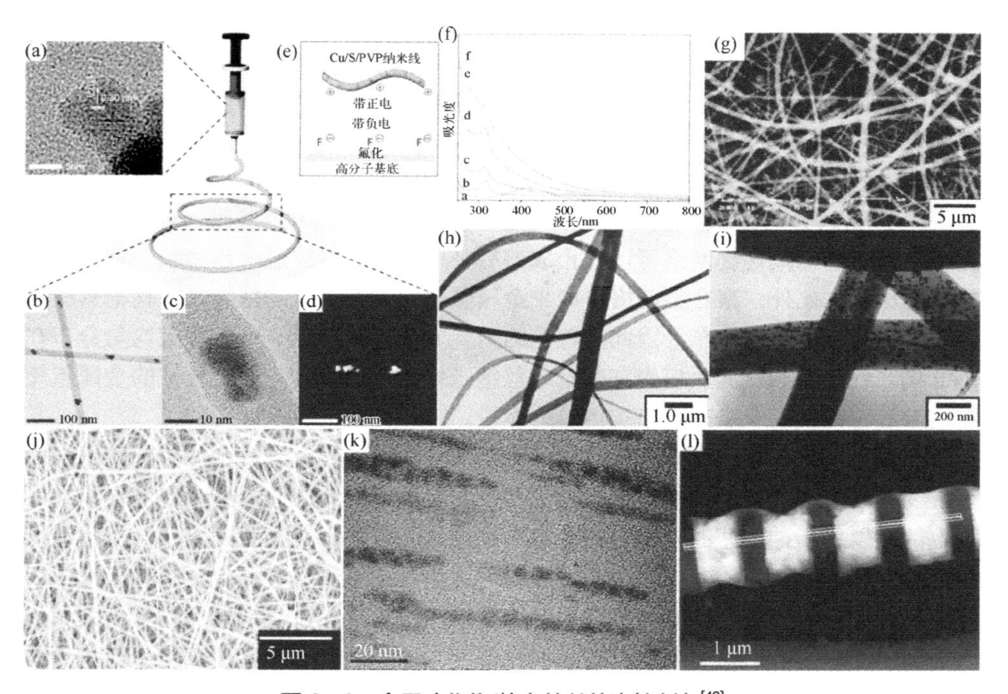

图 6-4　金属硫化物/静电纺丝的直接制备[49]

（a）静电纺丝法制备 PVP/CuS 杂化纳米纤维合成示意图和高分辨 TEM 图；（b）～（d）PVP/CuS 杂化纳米纤维的 TEM 图；（e）CuS/PVP 杂化纳米纤维表面电子示意图；（f）Ag_2S 颗粒的紫外-可见吸收光谱图；（g）～（i）静电纺丝制备 PVP/Ag_2S 杂化纳米纤维的 SEM 图；（j）CdS 纳米颗粒嵌入 PVAc 纳米纤维中的 SEM 图；（k）CdS 纳米颗粒嵌入 PVAc 纳米纤维中的 TEM 图；（l）沿高亮的剖面线测量图案轮廓

除 PVP-水和 PVP-乙醇系统外，其他几种聚合物-溶剂系统也可直接用于静电纺丝，生产金属硫化物/聚合物杂化纳米纤维，如聚丙烯腈（PAN）-*N,N*-二甲基甲酰胺（DMF）、聚醋酸乙烯酯（PVAc）-DMF，聚甲基丙烯酸甲酯（PMMA）-THF/DMF 和聚环氧乙烷（PEO）-氯仿/丙酮。金属硫化物可以很好地分散在这些体系中，形成稳定的悬浮液，直接用于静电纺丝，以生成金属硫化物/聚合物杂化纳米纤维。例如，可以在 PVAc-DMF 体系中分散 CdS 纳米颗粒。在静电纺丝过程后，CdS 纳米颗粒可以嵌入 PVAc 纳米纤维中［图 6-4（j）］。更有趣的是，CdS 纳米颗粒被组装成一维向列相结构，这可能是静电纺丝过程中高压拉伸的结果［图 6-4（k）］。通过将 CdS 量子线嵌入 PEO 纳米纤维中，可以观察到量子线沿 PEO 纳米纤维长轴方向排列，这也应归因于其在高压下的拉伸。通过静电纺丝和电子束光刻策略在单个 PMMA 纳米纤维上可形成周期性特征，从而使其应用于纳米结构发光器件领域［图 6-4(l)］。该方法为单个纳米系统提供了纳米加工技术，将应用扩展到了未来的电纳米器件。

金属硫化物/聚合物杂化纳米纤维可以直接通过静电纺丝制备。然而，当金属硫化物纳米粒子的浓度足够大时，它们通常很难分散在静电纺丝前体中，或者很容易聚集在聚合物纳米纤维中。有几种策略可以避免小尺寸金属硫化物纳米颗粒在静电纺丝聚合物纳米纤维中聚集。通常，PbS/PVP 纳米纤维的制备过程主要包括三个步骤。首先，将醋酸铅溶解在具有适当浓度 PVP 的乙醇-水溶剂中；然后，对前驱体进行静电纺丝以制备 PVP/醋酸铅杂化纳米纤维膜；最后，将膜在 H_2S 气氛下处理制备得到 PVP/PbS 杂化纳米纤维。在硫化过程后，可观察到黄色薄膜。对于典型的气固反应，紧凑的聚合物网络可以防止成核后金属硫化物颗粒进一步生长，从而得到小颗粒尺寸。此外，聚合物网络可减少金属硫化物纳米颗粒的聚集，有利于其在聚合物纳米纤维中均匀分布。因此，粒径约为 5 nm 的球形 PbS 纳米颗粒均匀分布在 PVP 纳米纤维中。气固反应为在静电纺丝纳米纤维中制备均匀、小尺寸的金属硫化物纳米颗粒提供了一条高效、多用途的途径。

通过电纺聚合物/金属盐杂化纳米纤维上的气固反应，得到的金属硫化物纳米粒子主要分布在聚合物纳米纤维中。为了在聚合物纳米纤维表面形成金属硫化物纳米颗粒，可以用一种简便的方法，在静电纺丝纳米纤维表面修饰金属离子，然后进行后处理。金属离子与改性电纺纤维官能团之间的强相互作用会导致电纺纳米纤维表面生长小尺寸金属硫化物纳米颗粒，可以在磺酸基功能化聚苯乙烯（PS）纳米纤维表面吸附 Cd^{2+}。在 H_2S 气氛中，CdS 纳米颗粒均匀地形成在聚苯乙烯纳米纤维的表面上。除了气固工艺外，湿化学法也可以用来制备金属硫化物/聚合物杂化纳米纤维。Zhou 等人[50]制备了一种可以吸附 Zn^{2+}的羧基 PVA 纳米纤维，该纤维可通过与 S^{2-} 反应制备 ZnS 纳米颗粒。由于 PVA 分子与 Zn^{2+}之间的强相互作用，所获得的 ZnS 纳米颗粒的尺寸仅为 5 nm 左右。由于纳米纤维载体诱导的 ZnS 纳米颗粒的量子效应，与块状 ZnS 纳米颗粒比，杂化纳米纤维发生蓝移。

通过后处理过程，金属硫化物纳米颗粒不仅可以与电纺聚合物纳米纤维杂交，还可以与碳和陶瓷纳米纤维杂交。近来，研究者通过静电纺丝和随后的碳化过程制备了一种 MnS@碳纳米纤维（CNF）。首先，通过静电纺丝将连续 $MnSO_4$/PAN 纳米纤维制备为独立膜；然后在 280 ℃的空气中加热初生膜，并在 600 ℃的氮气气氛下碳化，以产生 MnS/CNF。SEM 图像显示了直径约为 500 nm 的互联 MnS/CNF 纤维的 3D 网络。HRTEM 图像清楚地显示了尺寸小于 10 nm 的 MnS 纳米晶体的高结晶特性，其并入 CNF 中。此外，研究者经过单喷嘴静电纺丝和基于 PAN 和 PMMA 两种前体相分离的后续碳化工艺通过核壳结构 $MoS_2@Fe_xO_y@CNF$ 制备了 CNF 纳米纤维，并观察到了致密的 MoS_2 和氧化铁纳米颗粒包裹在 CNF 的多孔外壁中。这种独特的核-壳 $MoS_2@Fe_xO_y@CNF$ 纳米纤维是能量转换应用的良好候选材料。

水（溶剂）热反应也是在静电纺纳米纤维表面修饰金属硫化物的一种通用方法。例如，Shao 及其同事[51]通过水（溶剂）热反应在静电纺 TiO_2 纳米纤维上制备了 PbS 单立方纳米晶的 TiO_2/PbS 异质结构。SEM 和 HRTEM 图像显示，PbS 纳米立方的边缘长度约为 150～300 nm，可以在（111）面上控制晶体的优先生长方向。最近，Qu 及其同事[52]通过静电纺丝、煅烧和水热硫化工艺制备了嵌入 CNF 中的 $NiCo_2S_4$（$NiCo_2S_4/CNF$）。通过这种策略，$NiCo_2S_4$ 纳米颗粒均匀地封装在 CNF 中，形成独特的一维杂化纳米结构。这种结构不仅可以有效地减小 $NiCo_2S_4$ 纳米颗粒的体积膨胀，而且可以提高其结构稳定性，促进其在超级电容器中的应用。

6.3.2 独特的化学和物理性质

金属硫化物的化学和物理性质与其组成、尺寸和纳米结构有关。例如，通过操纵该组合物，CuS（$9.5\times10^4\ S\cdot m^{-1}$）比 Cu_2S（$8.3\times10^3\ S\cdot m^{-1}$）具有更高的导电性。据报道，CdS 纳米颗粒的发光强烈依赖于其尺寸。金属硫化物的纳米结构与其化学和物理性质之间的相关性已得到广泛研究。一方面，金属硫化物多晶型表现出了不同的性质。例如，具有 1T、1T′和 T_d 相的层状 MoS_2 和 WS_2 通常为金属，而具有 2H 相的层状 MoS_2 和 WS_2 则为半导体。另一方面，将电纺纳米纤维与金属硫化物集成，可以得到具有独特界面的分层 1D 结构，有助于改善其化学和物理性能，这是由成分和结构协同效应产生的。

金属硫化物的光吸收性能对其光催化和光电性能起着至关重要的作用，而光吸收性能与金属硫化物的带隙直接相关。由于硫的电负性低于氧，金属硫化物比相应的金属氧化物具有更窄的带隙。因此，大多数金属硫化物在太阳能光谱中会表现出宽光响应。例如，碳量子点的带隙约为 2.38 eV，被视为典型的可见光响应半导体。类似地，CuS 是一种 p 型半导体，具有约 2.2 eV 的窄带隙。由于具有额外的近红外吸收带，CuS 是一种良好的可见光响应材料。因此，将窄禁带金属硫化物修饰到静电纺半导体纳米纤维上可以降低可见光区域的反射率，从而提高其吸收能力。例如，与裸 TiO_2 纳米纤维相比，CuS/TiO_2 纳米纤维的吸收带在 600～800 nm 波长范围内的吸收被明显改善。金属硫化物的这种光学特性有利于产生更多的光生电子和空穴，用于光-化学转换应用。

金属硫化物纳米晶通常表现出窄的发射带和大的量子产率，并且其光致发光（PL）性能与它们的尺寸和组成显著相关。更有趣的是，通过一维聚合物基质中给体和受体的发射半导体纳米材料的空间限制对纳米结构进行修饰，能够促进激子相互作用，实现有效的能量转移。例如，研究者已经成功制备了嵌入电纺聚己内酯

（PCL）纳米纤维中的绿色和红色发光 CdSe/ZnS 量子点。时间分辨荧光光谱显示，在纳米纤维中引入受体发射红色量子点后，施主发射绿色量子点的寿命变短，这是 Förster 型非辐射能量转移的结果。当供体/受体重量比为 10 时，荧光共振能量转移（FRET）效率可达到 40%。发光的 CdSe/ZnS 量子点/PCL 纳米纤维可利用白光，具有良好的应用前景。聚合物基体的钝化和电子转移效应也会显著影响金属硫化物的发光性能。在添加 PANI 后，可以获得有效的电子-空穴分离，有助于 PEO/CdS 纳米纤维系统中光致发光的增强。

近年来，金属硫化物及其杂化物被制备成非线性光学（NLO）材料，以显示出优异的 NLO 响应。例如，通过静电纺丝和随后的水热反应制备了 MoS_2/TiO_2 杂化纳米纤维。该材料反向饱和吸收（RSA）增加，并显示出了光限幅（OL）效应。非线性吸收系数 β 约 23.314 $GW \cdot cm^{-1}$，在相同的泵浦功率下，它远高于裸 TiO_2 纳米纤维和原始 MoS_2 纳米片。此外，MoS_2/TiO_2 杂化纳米纤维的 OL 阈值为 22.3 $mJ \cdot cm^{-2}$，低于纯 TiO_2 纳米纤维和单个 MoS_2 纳米片。这一结果表明，通过 TiO_2 和 MoS_2 的杂交，可以实现增强的 NLO 特性。

近年来，光热转换材料以其独特的光-热转换性能引起了人们越来越多的关注，其在光催化和医疗领域显示出了广阔的应用前景。一些传统材料，包括金属、金属氧化物、金属硫化物、炭和导电聚合物，已被证明是高效的光热转换材料。最近，GO/Bi_2S_3 纳米颗粒通过静电纺丝法被制备成用于光热转换的 PVDF/TPU 复合纳米纤维。研究发现 GO/Bi_2S_3 PVDF/TPU 膜经 300 s 辐照后温度达到 327 ℃，远高于 PVDF、TPU、PVDF/TPU 和 GO-PVDF/TPU 膜。这一结果证实了 Bi_2S_3 纳米颗粒优异的太阳能收集能力，具有更好的光热转换性能。

大多数金属硫化物是半导体材料，据报道在某些情况下，包括 Co_9S_8 和 Ni_3S_2，它们还是良好的金属导体，这使它们成为能量转换和存储设备的电极材料。研究认为掺杂杂原子是一种有效提高金属硫化物导电性的策略。例如，与裸 ZnS 纳米线相比，5.16%的共掺杂 ZnS 纳米线具有更强的导电性，电导率几乎是 ZnS 材料的 15 倍。导电性的提高可归因于掺杂态的过量自由载流子。最近，人们还研究了掺杂金属硫化物来提高聚合物的导电性。例如，据报道，在静电纺丝非导电聚合物 PAN 纳米纤维中加入 CdS 纳米颗粒可以显著提高 PAN 的导电性，这归因于电场诱导的 PAN 和 CdS 之间的电荷转移。除了非导电聚合物外，导电聚合物的导电性也可以通过引入半导体金属硫化物而显著提高。例如，研究通过同轴静电纺丝技术制备了以聚（3,4-亚乙基二氧噻吩）-聚（苯乙烯磺酸盐）（PEDOT:PSS）/PbS 为芯、PVP 为壳的核壳纳米纤维。发现 PEDOT:PSS/PbS NPs/PVP 纳米纤维的导电性远高于 PEDOT:PSS/PVP 纳米纤维的导电性，这可能是由于引入了 PbS 纳米颗粒后空穴和电子迁移率增加所致。PEDOT:PSS/PbS NPs/PVP 纳米纤维导电性的增强可能与纳米粒子-聚合物之间的供体-受体机制以及 PbS NPs 之间的渗流传导途径有关。

压电式能量采集器是最流行的能量转换装置之一，可广泛应用于可穿戴电子设备。传统的压电材料包括 $PbTiO_3$、$BaTiO_3$、ZnO 和 GaN 等。近来，金属硫化物纳米材料如 MoS_2 和 ZnS 也被证明具有压电性能。此外，金属硫化物与 PVDF 的杂化也可以增强聚合物的压电性能。Mandal 及其同事[53]通过静电纺丝将 2D MoS_2 掺入静电纺丝 PVDF 纳米纤维中（记为“PNG”），PNG 对外部冲击表现出超灵敏度的反应，即使是非常轻的物体落在它上面。PNG 能够对不同高度（30 cm、25 cm 和 20 cm）落下的叶子分别产生 6.4 Pa、6.5 Pa 和 6.6 Pa 的响应［图 6-5（a）］。作者进一步用火柴棍（0.09 mg）来检查 PNG 的超灵敏度。在 0.65 Pa 的外压下，火柴棒在不同高度（30 cm、25 cm 和 20 cm）落在 PNG 上的输出响应分别是 0.61 Pa、0.63 Pa 和 0.65 Pa［图 6-5（b）］。2D MoS_2 和 PVDF 纳米纤维中的 β 相提高了杂化纳米纤维的结晶度，实现了高效的压电性能。此外，混合纳米纤维具有超快的电容充电能力，可在便携式电子设备中储存能量。除了 PVDF，金属硫化物还可以与其他静电纺纳米纤维杂交，以构建压电纳米发电机。例如，研究者制备了掺入取向 ZnS 纳米棒的 ZnS/PVA 杂化纳米纤维可用于压电领域。

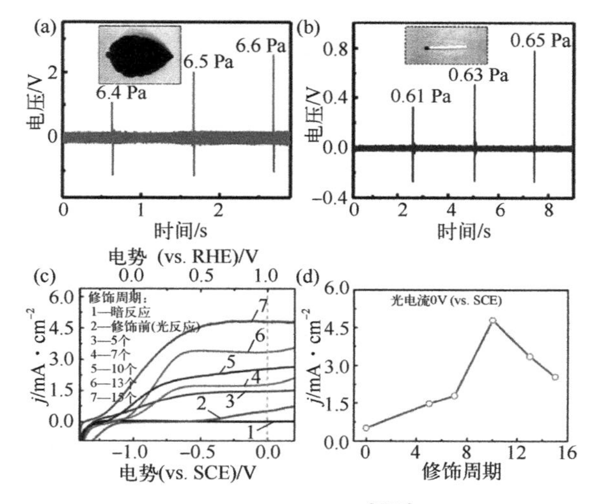

图 6-5　压电性能[50,53]

（a）树叶不同高度掉落到 PNG 表面产生的电压响应图；（b）火柴从不同高度掉落在 PNG 表面产生的电压响应图；（c）不同修饰循环下 $BaSnO_3$ NW-CdS QD 的线性扫描伏安曲线；（d）$BaSnO_3$ NW-CdS QD 的短路光电流密度随修饰循环次数的变化

金属硫化物材料是提高半导体材料光电化学性能最有效的敏化剂之一。例如，已通过浸涂法在静电纺 TiO_2 纳米纤维表面成功地修饰了 CdS 层。优化后的混合纳米纤维在 0.0 V（相对于 Ag/AgCl）下的光电转换效率为 3.2%，是相同电压下裸 TiO_2 纳米纤维的 20 倍以上。光电化学性能的提高源于界面接触处的能带排列和增强的内置电势，这降低了光电子-空穴复合。近来，还有研究者通过离子层吸附和反应策略制备了 CdS 修饰的静电纺 $BaSnO_3$ 纳米线，以获得更好的光电化学性能。非常有趣的是，研究者发现其光电化学性能显著依赖于 CdS 纳米颗粒的密度［图 6-5（c）］。通过 10 个修饰周期沉积 CdS 纳米颗粒，$BaSnO_3$/CdS 杂化纳米线的最大光电流密度约为 4.8 $mA \cdot cm^{-1}$（与 SCE 相比），是裸 $BaSnO_3$ 纳米线的 9.6 倍［图 6-5（d）］。

6.3.3 光领域的应用

二极管白光发光（LED）被认为是制备下一代固态光源最合适的技术。在过去二十年中，量子点发光器件（QLED）因其宽的颜色范围、高的显色指数和优异的解决方案处理性能而引起了广泛关注。为了减少量子点聚集引起的非辐射能量损失，制备量子点-聚合物杂化薄膜是制备高性能量子点电致发光器件的一种很有前途的策略。然而，聚合物的低导热系数通常导致散热困难，从而导致 PL 猝灭。因此，有必要提高用于 LED 应用的量子点-聚合物复合材料的热导率。据报道，通过静电纺丝使聚合物链排列可以使导热系数提高 20 倍。近来，研究者已经制备了电纺 CdSe/ZnS 量子点-PS 混合纳米纤维，并将其封装在了芯片板（CoB）LED 上。与传统的 QDs-PS 膜相比，CdSe/ZnS QD-PS 杂化纳米纤维膜的穿透板和板内热扩散率分别提高了约 55.4%和 481.3%。当驱动电流为 800 mA 时，混合纳米纤维 LED 的光通量和发光效率分别提高了 51.8%和 42.9%。最后，杂化纳米纤维的最高温度与传统的 QD-PS 膜相比降低了大约 2%。

肖特基二极管也由交叉 WS_2/PEDOT-PSS 器件制成，其中 WS_2 薄片通过化学气相沉积（CVD）方法合成，PEDOT-PSS 纳米带通过静电纺丝制备。电子从 WS_2 的导带转移到 PEDOT 的 LUMO 能级会导致能带弯曲，从而形成势垒以限制进一步的电流。根据电流-电压曲线，实现了非线性和不对称的二极管状行为，显示了 1.4 V 的开启电压和 12 的整流比。此外，制备的肖特基结的理想参数为 1.9，势垒高度为 0.58 eV。

众所周知，氧化铟锡（ITO）是最为商业化的透明导电电极，在光电子器件领域中有着广泛的应用。ITO 通常表现出机械柔性差的缺点，这限制了其在可拉伸电子器件中的潜在应用。因此，大量的高导电材料，如银和铜纳米线、碳纳米管和导电聚合物已经被开发出来以取代 ITO 材料。近年来，金属硫化物纳米材料也被用作高效导电电极。例如，通过静电纺丝和金属溅射以及溶剂热反应过程，在各种类型的柔性衬底上沉积了 CuS 光纤网络。该电极具有优异的机械和柔性性能以及化学稳定性，使其在柔性电子和传感器以及平板显示器中具有广阔的应用前景。

各向异性结构通常沿平行方向显示偏振发射，适用于照明或显示装置。为了实现胶体对象的对齐，静电纺丝是一种高效且通用的方法。例如，在静电纺丝过程中，金纳米棒可以很容易地沿着静电纺丝聚合物纳米纤维轴排列，获得偏振发射，研究者已经制备了 CdSe/CdS@SiO_2 纳米棒并将其并入了电纺 PVP 纳米纤维中，他们利用平行板收集器收集杂化纳米纤维，提供垂直于平行条纹的纳米纤维。制备的由杂化纳米纤维组成的面积为 1.5 cm^2 的柔性膜的极化率为 0.45。此外，通过在液晶盒中集成对准的杂化纳米纤维，可以构建电开关偏振发射器件。当偏振器与纳米纤维定向平行时，几乎看不到光。另一方面，当偏振器垂直于纳米纤维旋转时，可观察到强偏振发射，这时就可以获得 0.45 的偏振比。此状态可定义为“打开”位置。在 50 V 的电场下，LC 控制器不垂直于衬底，从而导致 CdSe 的偏振发射块/CdS@SiO_2 纳米棒由偏振器制成，我们把此状态定义为“关闭”位置。在这种情况下，偏振比为 0.43。总之，各向异性金属硫化物纳米结构与电纺纳米纤维的集成可实现偏振发射，可进一步构造为具有向列相液晶可调谐对准的电开关器件，以获得 90°以上的开关。

近年来，光电探测器因其在成像、传感和通信方面的应用前景引起了人们的极大兴趣。基于光电探测器的光谱响应可以覆盖紫外线、可见光甚至近红外光。一维纳米材料由于其独特的几何特性，为电荷传输提供了直接途径，因此是光电探测器的最佳候选材料。通过电铸、旋涂和后续交换工艺制备了 ZnO 纳米线阵列/PbS 量子点杂化材料。发现 ZnO/PbS 基光电探测器的响应度和探测率比 PbS 薄膜好得多，但在 UV 范围内略低于裸 ZnO 纳米线。然而，与上升时间为 42 s、衰减时间为 22 s 的 ZnO 纳米线相比，基于 ZnO/PbS 的光电探测器的响应和恢复速度更快，上升时间为 9 s，衰减时间为 2 s。此外，与基于裸 ZnO 纳米线的光电探测器相比，基于 ZnO/PbS 的光电探测器在可见光和近红外光区显示出更宽的响应区域，这归因于 PbS 量子点的光激发和电子转移到 ZnO 纳米线的高效电子-空穴分离能力。此外，基于 ZnO/PbS 的光电探测器显示出出色的灵活性和机械稳定性，在 200 次 180°弯曲循环后显示出几乎不变的光响应。这项研究促进了下一代柔性和高性能光电探测器的发展。

一方面，由于量子点具有优良的表面受激发光特性，基于对各种目标分子（如气体、阴离子和阳离子）的发光改善或猝灭，人们开发出了多种光学传感器。另一方面，一维纳米材料显示出了紧密光学约束的优势，它提供了更高的灵敏度和响应速度的光学传感。Tong 及其同事已经证明，CdSe/ZnS 量子点掺杂剂可以作为湿度检测的光学传感器并入 PS 静电纺纳米纤维中。PS-QD 混合纳米纤维的直径为数百纳米，量子点密度约为 $3\times10^3\ \mu m^{-3}$。它们表现出了优异的光致发光特性和高光稳定性，并且由于其依赖于相对湿度（RH）的光致发光特性而被用于湿度传感器中。当然，他们通过实验也发现传感机制与水分子钝化 CdSe/ZnS 量子点表面陷阱态的能力有关。湿度传感器显示了 1% RH 条件下的灵敏度并在 RH 从 19%到 54%交替循环时也显示出了出色的可逆性。此外，光学传感器还表现出小于 90 ms 的快速响应。带有荧光量子点的静电纺纳米纤维也被集成到气体传感器中，用于根据其消光变化的光信号检测挥发性有机化合物（VOCs）。例如，银纳米颗粒和 CdSe/CdS 量子点被嵌入电纺 PMMA 纳米纤维中，可以形成独立的光学传感材料。丁醇的检测限估计为 100 $mg\cdot L^{-1}$，响应时间小于 1 min[54]。

由于其可持续性和生态友好性，光催化已被广泛用于解决能源危机和环境问题。静电纺丝技术与金属硫化物集成后，由于静电纺丝聚合物纤维和碳纳米纤维具有的大表面积和高孔隙率的优势，它们已被证明是有效的催化剂载体。另一方面，静电纺丝和煅烧过程中产生的一些陶瓷纳米纤维也可以直接用作光催化剂。两种类型的光催化剂在染料光降解、重金属离子光还原、有机转化、氨硼烷水解、水分解和 CO_2 还原等方面都有广泛的应用。

CdS 具有合适的负导带边缘和理想的带隙能量（2.4 eV），被广泛用作有前途的可见光催化剂。当具有窄禁带的 CdS 在可见光照射下与半导体 TiO_2 相遇时，电子将从光激发 CdS 的导带（CB）转移到 TiO_2 的 CB，形成有效的电子-空穴分离，这在其他混合系统中也可观察到，然后在 TiO_2 的 CB 中获得高浓度的电子，并在 CdS 的价带（VB）中获得大量空穴。TiO_2 上积聚的电子可与溶液中的氧分子反应，生成·OH 和超氧阴离子自由基（$O_2^{-\cdot}$），能有效降解有机染料。为了进一步提高 CdS 基杂化材料的光催化性能，研究者提出在 CdS 结构中引入杂原子。在这种光催化剂中，更有效的电荷转移可以在连续的 CB 和 VB 中发生，从而提高光催化活性。例如，研究者通过分层 $Cd_{1-x}Zn_xS$ 制备了 Zn_xS/TiO_2 杂化纳米纤维，可用于可见光催化降解罗丹明 B（RhB）分子。与 CdS 相比，$Cd_{1-x}Zn_xS$ 的导带底部能级将会转移到更正的位置，导致 TiO_2 和 $Cd_{1-x}Zn_xS$ 之间的导带能隙增大。这种调整提高了光激发电子-空穴分离效率，并进一步提高了光催化性能。此外，TiO_2/CdS 纳米结构的种类严重影响其光催化性能。据报道，与结合球形 CdS 纳米粒子的 TiO_2 纳米管相比，用松果状 CdS 纳米粒子修饰的静电纺丝 TiO_2 纳米管具有优越的光催化活性，这可以归因于其独特的堆叠杂化纳米管结构带来的光和物质传输能力的提升以及载流子寿命的增长。

众所周知，红外光覆盖了 53%的太阳能；因此，利用上转换纳米颗粒制备光催化剂可以提高全光谱吸收，从而提高太阳能光催化效率。例如，据报道，$NaYF_4$:Yb 加入 Tm@$NaYF_4$/TiO_2/CdS 纳米纤维增强了其对近红外（NIR）区域的宽吸收，显示出比 $NaYF_4$:Yb 和 Tm@$NaYF_4$/TiO_2 及裸 CdS 纳米球更高的光催化活性。贵金属改性是另一种增强光激发载流子分离以提高光催化性能的多用途途径。例如，Pt 通常用作 CdS/TiO_2 杂化材料上的高效共催化剂，以提升光催化制氢的性能[55]。在光催化过程中，Pt 可以捕获 TiO_2 导带中的电子，该电子源自 CdS 导带的转移，并与水分子反应生成 H_2。同时，CdS 的价带中存在的空穴可以与牺牲剂 SO_3^{2-} 发生反应，和 S^{2-}形成 SO_4^{2-} 和 S_2^{2-}。因此，优化后的 CdS/TiO_2/Pt 杂化纳米棒具有优异的光催化活性，其产氢速率为 1063 $\mu mol \cdot h^{-1} \cdot g^{-1}$。

与上述异质结构光催化剂不同的是，电子可从一个窄禁带半导体的导带转移到另一个宽禁带半导体的导带。近来，Xu 等人[56]研究证明了 Z 方案光催化机理，其中电子和空穴分别迁移到光催化剂更负和更正的能级。通过将金属硫化物与静电纺丝纳米材料相结合，制备了几种用于光催化降解和制氢的 Z 型杂化纳米纤维。例如，研究者已制备了具有核-壳结构的直接 Z-TiO_2/NiS 杂化纳米纤维，作为产生 H_2 的光催化剂。其中，NiS 比 TiO_2 具有更高的费米能级，可在 TiO_2/NiS 界面处形成内部电场，之后，库仑斥力促使 TiO_2 导带中的电子和 NiS 价带中的空穴复合［图 6-6（d）～（f）］。原位 XPS 分析进一步证实了电荷载流子 Z 型路径的形成。发现 TiO_2/NiS 的 Ti 2p 和 O 1s 的结合能在紫外-可见光照射下呈现 0.4 eV 的正位移，而 Ni 2p 和 S 2p 的结合能在紫外-可见光照射下呈现了 0.5 eV 的负位移。该结果表明，从 TiO_2 的导带到 NiS 的电子转移效率很高，能够有效分离电子-空穴对，并提高光催化产氢活性。因此，优化的 TiO_2/NiS 杂化材料的产氢速率为 655 $\mu mol \cdot h^{-1} \cdot g^{-1}$，远高于裸 TiO_2 纳米纤维的。

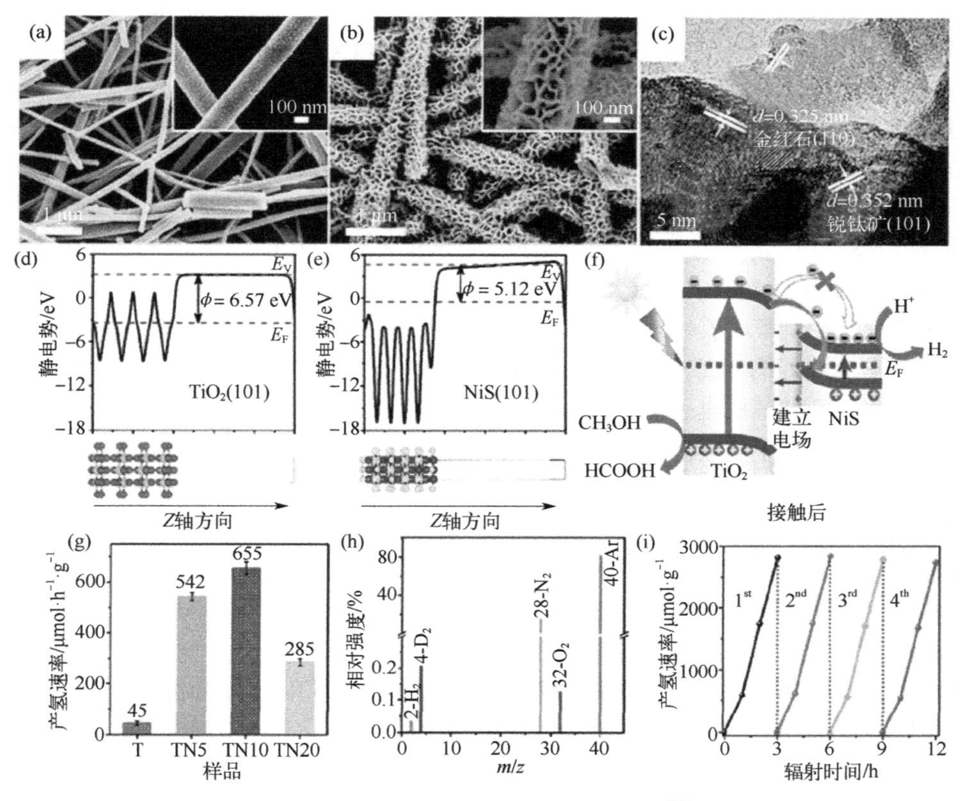

图 6-6　Z 方案催化机理及其催化性能[56]

（a）TiO_2 和（b）TN10（TiO_2 和 NiS 的比例为 10）的 SEM 图像，内插入图为对应放大图；（c）TN10 的高分辨透射电镜；（d）TiO_2 和（e）NiS 的（101）晶面计算静电势；（f）紫外-可见光照射下 TN10 的电荷转移和分离示意图；（g）对应样品生产 H_2 活性对比图；（h）用 GC-MS 光谱分析了在密封的 Pyrex 烧瓶中，经过 2 h 紫外-可见光照射后，TN10 光催化剂分解 D_2O 产生的气相物质；（i）TN10 的循环 H_2 生成曲线（反应体系每隔 3 h 用 N_2 吹泡 30 min，除去其中的 H_2）

染料敏化太阳能电池（DSSC）以光敏阳极、对电极（CE）和电解质的可逆氧化还原为基础，以其独特的性能、环境友好性和稳定性受到了广泛关注，材料需要具有高光吸收系数和良好的功率转换效率（PCE）。CNF 因其高导电传输能力和丰富的催化活性中心，通常可作为 DSSC 用硫化钴的载体。Co_9S_8 纳米颗粒/CNF 杂化材料已被开发为 DSSC 的高效低成本无铂对电极[57]。由于杂化材料的低电荷电阻、大表面积和改进的导电性，使用 Co_9S_8/CNFs 作为对电极构建的 DSSC 实现了 8.37%的 PCE，这与 Pt 对电极相当。因此，Co_9S_8/CNF 在 DSSC 中显示出巨大的潜力，可以替代传统的电极。研究者还通过静电纺丝和水热工艺制备了另一种 Co_3S_4/CNF，作为 DSSC 的对电极[58]。其 TEM 图像清楚显示，Co_3S_4 纳米颗粒均匀分布在 CNF 表面。制备的 Co_3S_4/CNF 在组装的 DSSC 中提供了 9.23%的优良 PCE，高于商用 Pt 对电极（8.38%）、裸 Co_3S_4 对电极（6.77%）和单个 CNF 对电极（6.04%）。入射单色光子-电流转换效率（IPCE）结果表明，含 Co_3S_4/ECs 对电极的 DSSC 的短路电流密度（j_{sc}）值高于其他对电极。电化学阻抗谱和 Tafel 极化测量证实 Co_3S_4/CNFs 中的表面电子与电解液中的 Co^{3+}离子之间存在界面电荷转移过程，从而使其具有优异的催化活性。为了进一步证明晶体结构中不同阳离子的氧化还原特性，二元金属硫化物也被用作 DSSC 中的对电极，表现出了更强的导电性和催化活性。在 DSSC 中将 $NiCo_2S_4$ 与 CNF 作为对电极进行集成，显示出较大的 PCE（9.0%）和稳定性，优于 Pt 对电极（7.48%）。近来，用形貌控制的 $NiCo_2S_4$ 纳米颗粒和纳米棒修饰的 CNF 已在 DSSC 中制备成了对电极，$NiCo_2S_4$ 纳米棒/CNF 对电极比 $NiCo_2S_4$ 纳米颗粒/CNF 对电极具有更好的 PCE，这归因于 $NiCo_2S_4$ 纳米棒/CNF 对电极具有大量暴露的电化学活性位点和快速的电子转移能力。

近年来，量子点敏化太阳能电池（QDSSC）因其量子限域效应的高效电荷分离能力以及尺寸可调的定制光谱特性而受到越来越多的关注。两种典型的量子点，包括粒径为 18 nm 的 CdS 和粒径为 8 nm 的 CdSe，已被用作静电纺 TiO_2 纳米纤维的敏化剂。量子点敏化的 TiO_2 纳米纤维电极可以被构建为具有多硫化物电解质的三明治型太阳能电池。结果表明，在 TiO_2 纳米纤维上以优化比例耦合 CdS 和 CdSe 量子点构建的 QDSSC 具有 2.69%效率的开路电压（0.64 V），这比单个量子点（QD）敏化 TiO_2 纳米纤维电极更好。量子点敏化电极的高性能可归因于耦合量子点的大界面面积、TiO_2 纤维优秀的电荷传输能力以及整个多孔网络优秀的电解液渗透性。

最近，研究者还构建了基于静电纺丝 TiO_2 纳米纤维和聚(3-己基噻吩)（P3HT）的混合太阳能电池（HSC）[58]。为了增加采光，Sb_2S_3 被用作敏化剂，以在可见光范围内实现明显的吸收。此外，利用 THF 蒸气预处理增强无机和有机组分之间的接触，这有利于更好的电荷传输。因此，基于静电纺丝 TiO_2 纳米纤维和 P3HT 集成的优化合成了 HSC，显示出 2.32%的 PCE，与缺少四氢呋喃蒸气预处理和缺少 Sb_2S_3 敏化剂相比，效率提高了 175%以上。

Cu_xS 纳米材料具有完美的光热性能，在聚合物基体中加入 Cu_xS 纳米颗粒后，可以实现对光热性能的调控。例如，Cu_2S 纳米颗粒可直接通过静电纺丝途径与生物聚合物纤维杂交，形成 Cu_2S-PLA/PCL 纳米纤维膜。在静电纺丝过程中，使用不锈钢网作为收集器，在不同区域产生具有不同纤维密度的图案化纳米纤维膜。现有的纳米纤维密度较低的疏松结构域有利于氧的运输，有利于细胞迁移和向内生长。制备的 Cu_2S-PLA/PCL 纳米纤维膜在近红外辐射下表现出了良好的光热性能，这是 Cu_2S 纳米颗粒空穴集体振荡的结果。含 30%（质量分数）Cu_2S 的纤维膜在干燥条件下 5 min 内表面温度从约 30 ℃升高至 61 ℃，而裸 PLA/PCL 纤维膜在相同环境下没有温度变化。随着 Cu_2S 含量的增加，杂化纤维膜的表面温度进一步升高，超过 65 ℃，膜部分被熔化。由于 Cu_2S-PLA/PCL 纳米纤维膜具有优异的光热性能，因此对皮肤肿瘤细胞具有很高的抗癌效率。以 B16-F10 细胞为靶细胞，在 808 nm 激光照射下，通过 Cu_2S-PLA/PCL 纳米纤维膜的热疗，细胞死亡率约为 93.7%。相比之下，大多数细胞在干净的 PLA/PCL 纳米纤维膜上可以存活。此外，制备的 Cu_2S-PLA/PCL 纳米纤维膜能够实现伤口愈合和皮肤组织再生。使用 Cu_2S-PLA/PCL 纳米纤维膜 6 h 后，相对伤口面积减少到了 5.1%，优于纯 PLA/PCL 膜（18.4%），这证明了 Cu_2S 成分的重要作用。体外研究表明，与纯 PLA/PCL 膜相比，该材料促进了内皮细胞的迁移，证实了 Cu_2S 纳米颗粒的引入可提高体外再生效率。Cu_2S 与电纺纳米纤维膜的结合为肿瘤治疗和组织再生领域提供了一个十分前景的发展方向。

6.4 总结与展望

首先，我们介绍了 2D TMCs 从基本原理到器件应用的突出和独特的发光特性。对电子性质和能带结构的理解是研究光学性质的基础。2D TMCs 具有较大的结合能，能够有异于其他材料的性能在显示激子和其他准粒子相关的光发射这一领域。谷自由度及其相关的偏振现象是单层 2D TMCs 的独特性质。从材料的角度来看，光发射等光学性质可以通过可控成分调谐的能带结构工程以及横向和垂直异质结构和超晶格的形成来调节；还可以通过外部刺激获得可调谐的光学特性，例如温度、应变、电场、磁场等。2D TMCs 的光发射可以通过等离子体效应和光子腔进一步增强或放大，从而导致许多新的光发射器件应用。

然而，未来的实际应用仍然存在挑战。2D TMCs 单晶、异质结构和超晶格的可靠大规模制备方法相当有限。2D TMCs 中的缺陷控制和工程设计，以获得坚固的单光子发射器或改善所制备材料的整体低量子效率，仍然具有挑战性。对于高空间分辨率的光学过程和载流子动力学的理解仍然需要探索。作为一个新兴的研究领域，2D TMCs 已经引起了科学家们的极大兴趣，人们正致力于应对这些挑战，以期挖掘

2D TMCs 器件和集成系统的潜力。

然后，在过去的这些年中，已经开展了大量的研究活动，以制备集成的金属硫属化物-电纺纳米纤维混合物，包括将金属硫属化物纳米材料直接封装到电纺纳米纤维中，以及通过合成后处理将电纺纳米纤维杂化。合成的杂化纳米纤维具有迷人的光学、电学、热学和力学性能，在电子和光电子器件、传感、催化、能量转换和存储、热屏蔽、吸附和分离以及生物医学技术等领域有着广泛的应用。考虑到金属硫属化物/静电纺丝纳米纤维的化学结构的复杂性以及协同效应，尽管已经开发了大量具有上述应用前景的金属硫属化物/静电纺丝纳米纤维杂化材料，但仍有一些挑战需要解决。

（1）功能材料的形貌和纳米结构对其性能有很大的影响。大多数先前报道的与金属硫属化物结合的电纺纳米纤维材料是固体纳米纤维，金属硫属化物要么嵌入基体，要么形成以金属硫属化物为壳的核壳结构。通过改变这些结构和形貌，可以显著优化材料的性能，使其在催化、传感和储能等领域具有更广泛的应用潜力。为了促进其广泛应用并提高其性能，应开发其他结构，如空心纳米管、纳米管中的纳米粒子、纳米管中的纳米纤维和多通道结构。这些具有额外空穴空间的纳米结构可以提供额外的电化学活性表面位置，但也有助于增强电子和质量传输。此外，内腔可作为屏障防止活性成分聚集，使这些纳米结构材料具有优越的循环性能，例如用于能量转换和储存。然而，利用静电纺丝技术在大范围内制备形貌可控、内外径可控的复杂纳米结构材料仍然是一个挑战。

（2）为了提高含金属硫属化物的静电纺纳米纤维在传感、催化、能量转换和储存方面的性能，需要对其电子结构和界面进行控制。通常，杂原子掺杂和空位工程是调节金属硫属化物和电纺纳米纤维电子结构的多种途径。为了调整接口属性，可以生成一些不同的体系结构，如核心-外壳、Janus 和层次结构。因此，通过电子结构的调制和界面工程，有望制备出适用于多种应用的高性能电纺纳米纤维-金属硫属化物杂化材料。

（3）报道的用于催化、能量转换和储存装置的金属硫属化物/电纺纳米纤维杂化材料大多仍以粉末形式存在。静电纺丝技术在生产自支撑膜材料方面表现出明显的优势，这在一些应用中是一个优势。在诸如煅烧过程和水热/溶剂热反应等后处理之后，希望保持膜的自支撑特性和灵活性。此外，电纺纳米材料可以组装成 3D 超结构。例如，与膜结构相比，3D 结构的空间效应提供了更高的活性中心浓度和更好的电解质传输。

（4）应开展理论研究以补充实验，从而深入解释杂化纳米纤维中不同组分之间的电子结构和界面效应。此外，先进的原位光谱表征策略，如拉曼光谱、XRD、X 射线光电子能谱（XPS）和 X 射线吸收光谱（XAS）应得到更广泛的应用。通过理论和实验研究的统一，可以更深入地了解金属硫属化物基杂化纳米纤维材料的结构、组成和性能之间的关系。这将使研究人员能够设计和合成性能显著改善的更高效的功能性杂化纳米纤维。

总之，功能性金属硫属化物纳米材料为光学领域提供了一条通用且可扩展的途径。过渡金属硫属化物材料的进展为学术研究提供了许多探索新现象的机会，其概念和技术在电子、光电子和电子技术方面具有巨大的发展潜力，特别是用于制造超小型、低功率晶体管，比传统的硅基场效应晶体管更高效。通过展示过渡金属硫属化物材料与柔性基板的兼容性，将其作为灵活的光电子设备成为可能。由于其原子层状结构、高比表面积和优异的电化学性能，这些材料被认为是高效光催化的候选材料。最后，本章节的主要目的是帮助研究人员更好地进入这一研究领域。

参考文献

[1] Kalantar-zadeh K, Ou J Z. Biosensors based on two-dimensional MoS_2. ACS Sensors, 2016, 1(1): 5-16.

[2] Liu K K, Zhang W, Lee Y H, et al. Growth of large-area and highly crystalline MoS_2 thin layers on insulating substrates. Nano Lett, 2012, 12(3): 1538-1544.

[3] Zhan Y, Liu Z, Najmaei S, et al. Large-area vapor-phase growth and characterization of MoS_2 atomic layers on a SiO_2 substrate. small, 2012, 8(7): 966-971.

[4] Sun D, Rao Y, Reider G A, et al. Observation of rapid exciton-exciton annihilation in monolayer molybdenum disulfide. Nano Lett, 2014, 14(10): 5625-5629.

[5] Elías A L, Perea-López N, Castro-Beltrán A, et al. Controlled synthesis and transfer of large-area WS_2 sheets: from single layer to few layers. ACS Nano, 2013, 7(6): 5235-5242.

[6] Kang K, Xie S, Huang L, et al. High-mobility three-atom-thick semiconducting films with wafer-scale homogeneity. Nature, 2015, 520(7549): 656-660.

[7] Eichfeld S M, Hossain L, Lin Y C, et al. Highly scalable, atomically thin WSe_2 grown via metal-organic chemical vapor deposition. ACS Nano, 2015, 9(2): 2080-2087.

[8] Lin Y C, Ghosh R K, Addou R, et al. Atomically thin resonant tunnel diodes built from synthetic van der Waals heterostructures. Nat Commun, 2015, 6(1): 1-6.

[9] Tan L K, Liu B, Teng J H, et al. Atomic layer deposition of a MoS_2 film. Nanoscale, 2014, 6(18): 10584-10588.

[10] Song J G, Park J, Lee W, et al. Layer-controlled, wafer-scale, and conformal synthesis of tungsten disulfide nanosheets using atomic layer deposition. ACS Nano, 2013, 7(12): 11333-11340.

[11] Jin Z, Shin S, Han S J, et al. Novel chemical route for atomic layer deposition of MoS_2 thin film on SiO_2/Si substrate. Nanoscale, 2014, 6(23): 14453-14458.

[12] Delabie A, Caymax M, Groven B, et al. Low temperature deposition of 2D WS_2 layers from WF_6 and H_2S precursors: impact of reducing agents. Chem Commun, 2015, 51(86): 15692-15695.

[13] Hussain S, Singh J, Vikraman D, et al. Large-area, continuous and high electrical performances of bilayer to few layers MoS_2 fabricated by RF sputtering via post-deposition annealing method. Scientific Reports, 2016, 6(1): 1-13.

[14] Sundaram R S, Engel M, Lombardo A, et al. Electroluminescence in single layer MoS_2. Nano Lett, 2013, 13(4): 1416-1421.

[15] Palacios-Berraquero C, Kara D M, Montblanch A R P, et al. Large-scale quantum-emitter arrays in atomically thin semiconductors. Nat Commun, 2017, 8(1): 1-6.

[16] Cai T, Dutta S, Aghaeimeibodi S, et al. Coupling emission from single localized defects in two-dimensional semiconductor to surface plasmon polaritons. Nano Lett, 2017, 17(11): 6564-6568.

[17] Palummo M, Bernardi M, Grossman J C. Exciton radiative lifetimes in two-dimensional transition metal dichalcogenides. Nano Lett, 2015, 15(5): 2794-2800.

[18] Wang H, Zhang C, Rana F. Ultrafast dynamics of defect-assisted electron-hole recombination in monolayer MoS_2. Nano Lett, 2015, 15(1): 339-345.

[19] Wang H, Zhang C, Rana F. Surface recombination limited lifetimes of photoexcited carriers in few-layer transition metal dichalcogenide MoS_2. Nano Lett, 2015, 15(12): 8204-8210.

[20] Wang G, Marie X, Gerber I, et al. Giant enhancement of the optical second-harmonic emission of WSe_2 monolayers by laser excitation at exciton resonances. Phys Rev Lett, 2015, 114(9): 097403.

[21] Shi J, Yu P, Liu F, et al. 3R MoS_2 with broken inversion symmetry: a promising ultrathin nonlinear optical device. Adv Mater, 2017, 29(30): 1701486.

[22] Zhao M, Ye Z, Suzuki R, et al. Atomically phase-matched second-harmonic generation in a 2D crystal. Light-Sci Appl, 2016, 5(8): e16131.

[23] Zeng H, Liu G B, Dai J, et al. Optical signature of symmetry variations and spin-valley coupling in atomically thin tungsten dichalcogenides. Scientific Reports, 2013, 3(1): 1-5.

[24] Chen Y, Xi J, Dumcenco D O, et al. Tunable band gap photoluminescence from atomically thin transition-metal dichalcogenide alloys. Acs Nano, 2013, 7(5): 4610-4616.

[25] Fan X, Jiang Y, Zhuang X, et al. Broken symmetry induced strong nonlinear optical effects in spiral WS_2 nanosheets. ACS nano, 2017, 11(5): 4892-4898.

[26] Duan X, Wang C, Fan Z, et al. Synthesis of $WS_{2x}Se_{2-2x}$ alloy nanosheets with composition-tunable electronic properties. Nano Lett, 2016, 16(1): 264-269.

[27] Zheng W, Jiang Y, Hu X, et al. Light emission properties of 2D transition metal dichalcogenides: fundamentals and applications. Adv Opt Mater, 2018, 6(21): 1800420.

[28] Wu X, Li H, Liu H, et al. Spatially composition-modulated two-dimensional $WS_{2x}Se_{2(1-x)}$ nanosheets. Nanoscale, 2017, 9(14): 4707-4712.

[29] Duan X, Wang C, Shaw J C, et al. Lateral epitaxial growth of two-dimensional layered semiconductor heterojunctions. Nat Nanotechnol, 2014, 9(12): 1024-1030.

[30] Li H, Wu X, Liu H, et al. Composition-modulated two-dimensional semiconductor lateral heterostructures via layer-selected atomic substitution. ACS nano, 2017, 11(1): 961-967.

[31] Tongay S, Zhou J, Ataca C, et al. Broad-range modulation of light emission in two-dimensional semiconductors by molecular physisorption gating. Nano Lett, 2013, 13(6): 2831-2836.

[32] Nan H, Wang Z, Wang W, et al. Strong photoluminescence enhancement of MoS_2 through defect engineering and oxygen bonding. ACS Nano, 2014, 8(6): 5738-5745.

[33] Amani M, Lien D H, Kiriya D, et al. Near-unity photoluminescence quantum yield in MoS_2. Science, 2015, 350(6264): 1065-1068.

[34] Amani M, Taheri P, Addou R, et al. Recombination kinetics and effects of superacid treatment in sulfur-and selenium-based transition metal dichalcogenides. Nano Lett, 2016, 16(4): 2786-2791.

[35] Amani M, Burke R A, Ji X, et al. High luminescence efficiency in MoS_2 grown by chemical vapor deposition. ACS Nano, 2016, 10(7): 6535-6541.

[36] Han H V, Lu A Y, Lu L S, et al. Photoluminescence enhancement and structure repairing of monolayer $MoSe_2$ by hydrohalic acid treatment. Acs Nano, 2016, 10(1): 1454-1461.

[37] Lee B, Park J, Han G H, et al. Fano resonance and spectrally modified photoluminescence enhancement in monolayer MoS_2 integrated with plasmonic nanoantenna array. Nano Lett, 2015, 15(5): 3646-3653.

[38] Butun S, Tongay S, Aydin K. Enhanced light emission from large-area monolayer MoS_2 using plasmonic nanodisc arrays. Nano Lett, 2015, 15(4): 2700-2704.

[39] Wang Z, Dong Z, Gu Y, et al. Giant photoluminescence enhancement in tungsten-diselenide-gold plasmonic hybrid structures. Nat Commun, 2016, 7(1): 1-8.

[40] Li Z, Xiao Y, Gong Y, et al. Active light control of the MoS_2 monolayer exciton binding energy. ACS Nano, 2015, 9(10): 10158-10164.

[41] Yang T, Zheng B, Wang Z, et al. Van der Waals epitaxial growth and optoelectronics of large-scale WSe_2/SnS_2 vertical bilayer p-n junctions. Nat Commun, 2017, 8(1): 1-9.

[42] Hong X, Kim J, Shi S F, et al. Ultrafast charge transfer in atomically thin MoS_2/WS_2

heterostructures. Nat Nanotechnol, 2014, 9(9): 682-686.
[43] Alexeev E M, Catanzaro A, Skrypka O V, et al. Imaging of interlayer coupling in van der Waals heterostructures using a bright-field optical microscope. Nano Lett, 2017, 17(9): 5342-5349.
[44] Zhu H, Wang J, Gong Z, et al. Interfacial charge transfer circumventing momentum mismatch at two-dimensional van der Waals heterojunctions. Nano Lett, 2017, 17(6): 3591-3598.
[45] Chen H, Wen X, Zhang J, et al. Ultrafast formation of interlayer hot excitons in atomically thin MoS_2/WS_2 heterostructures. Nat Commun, 2016, 7(1): 1-8.
[46] Rivera P, Schaibley J R, Jones A M, et al. Observation of long-lived interlayer excitons in monolayer $MoSe_2$-WSe_2 heterostructures. Nat Commun, 2015, 6(1): 1-6.
[47] Baranowski M, Surrente A, Klopotowski L, et al. Probing the interlayer exciton physics in a $MoS_2/MoSe_2/MoS_2$ van der Waals heterostructure. Nano Lett, 2017, 17(10): 6360-6365.
[48] Prins F, Goodman A J, Tisdale W A. Reduced dielectric screening and enhanced energy transfer in single-and few-layer MoS_2. Nano Lett, 2014, 14(11): 6087-6091.
[49] Persano L, Camposeo A, Di Benedetto F, et al. CdS-Polymer Nanocomposites and Light-Emitting Fibers by In Situ Electron-Beam Synthesis and Lithography. Adv Mater, 2012, 24(39): 5320-5326.
[50] Zhang Z, Li X, Gao C, et al. Synthesis of cadmium sulfide quantum dot-decorated barium stannate nanowires for photoelectrochemical water splitting. J Mater Chem, A, 2015, 3(24): 12769-12776.
[51] Su C, Shao C, Liu Y. Synthesis of heteroarchitectures of PbS nanostructures well-erected on electrospun TiO_2 nanofibers. J Colloid Interface Sci, 2010, 346(2): 324-329.
[52] Zhu W, Cheng Y, Wang C, et al. Transition metal sulfides meet electrospinning: versatile synthesis, distinct properties and prospective applications. Nanoscale, 2021, 13(20): 9112-9146.
[53] Maity K, Mahanty B, Sinha T K, et al. Two-Dimensional piezoelectric MoS_2-modulated nanogenerator and nanosensor made of poly (vinlydine Fluoride) nanofiber webs for self-powered electronics and robotics. Energy Technol, 2017, 5(2): 234-243.
[54] Wu M C, Lin C H, Lin T H, et al. Ultrasensitive detection of volatile organic compounds by a freestanding aligned Ag/CdSe-CdS/PMMA texture with double-side UV-Ozone treatment. ACS Appl Mater Interfaces, 2019, 11(37): 34454-34462.
[55] Yu Q, Xu J, Wang W, et al. Facile preparation and improved photocatalytic H_2-production of Pt-decorated CdS/TiO_2 nanorods. Mater Res Bull, 2014, 51: 40-43.
[56] Xu F, Zhang L, Cheng B, et al. Direct Z-scheme TiO_2/NiS core-shell hybrid nanofibers with enhanced photocatalytic H_2-production activity. ACS Sustain Chem Eng, 2018, 6(9): 12291-12298.
[57] Qiu J, He D, Zhao R, Sun B, Ji H, Zhang N, Li Y, Lu X and Wang C. Fabrication of highly dispersed ultrafine Co_9S_8 nanoparticles on carbon nanofibers as low-cost counter electrode for dye-sensitized solar cells. Colloid Interface Sci, 2018, 522: 95.
[58] Zhong J, Zhang X, Zheng Y, et al. High efficiency solar cells as fabricated by Sb_2S_3-modified TiO_2 nanofibrous networks. ACS Appl Mater Interfaces, 2013, 5(17): 8345-8350.

第7章

过渡金属硫属化物在电池领域的应用

电池的出现为人类的生产生活提供了大量的便利，其广泛用于航空航天和电子芯片以及其他的应用领域。各种各样的燃烧反应推动过去几个世纪的技术革命，但由此产生的二氧化碳排放引气全球气候的变化。为了社会的可持续发展，新型能源的开发迫在眉睫，而能源存储器件为能源的高效利用以及能源结构的调整提供了可能，比如使用电池存储风能或太阳能等可持续能源。电池通常被认为是电子设备中最重、最昂贵和最不环保的组件，其发展比电子其他领域的进展要慢。而电池中电极、电解质、隔膜、外壳等，对于整个电池的性能都有着至关重要的影响。电极是电池的核心部分，其中活性物质发生化学反应，为电池提供源源不断的电能。新型电极材料的研发有助于推动整个电池行业的发展。过渡金属硫属化物以其组成多样、结构可调、形貌可控等优势，在众多领域中，尤其是新型的电极材料中，有着广泛的应用。因此本章仅关注过渡金属硫属化物在电极材料中的应用。

通过能量转化的方式，简单地将电池从原理上分为两大类，一类是将化学能转化为电能的化学电池，一类是将太阳能转化为电能的太阳能电池。化学电池又可细分为一次电池、二次电池和燃料电池。一次电池又称原电池，由于电池反应本身不可逆或可逆反应很难进行，电池的活性物质无法恢复到最初状态，放电后不能再充电使用。二次电池，即可以循环充放电多次使用的一类电池，两极的活性物质可以在充电后恢复到初始状态。燃料电池，即将气体燃料源源不断地通向两极的活性材料，在两极处发生氧化还原反应使其连续地放电。而在这样的分类下，有些电池体系既会存在一次电池，也有二次电池的情况，比如金属-空气电池。本章着重介绍过渡金属硫属化物电极材料在离子电池、金属-空气电池、燃料电池和太阳能电池中的应用。

7.1 离子电池

7.1.1 离子电池的分类与工作原理

离子电池，即在充、放电过程中，金属阳离子在两极间嵌入和脱嵌，同时发生氧化还原反应的一类二次电池。离子电池也被称为“摇椅电池”。其按照金属阳离子的电荷数进行划分，主要可分为一价离子电池，如锂离子电池、钠离子电池和钾离子电池等；二价离子电池，如锌离子电池、镁离子电池和钙离子电池等；多价离子电池，如铝离子电池。当在电解质中同时存在插层的阳离子和阴离子时，则是一种新型的双离子电池。

离子电池的基本原理，即离子在嵌入和脱嵌两极时，发生相应的氧化还原反应，从而发生放电与充电过程。我们将以锂离子电池为例，正极为钴酸锂（$LiCoO_2$），负极为碳（C），简述离子电池充放电的基本原理。

正极反应:

$$LiCoO_2 \rightleftharpoons Li_{1-x}CoO_2 + xLi^+ + xe^-$$

负极反应:

$$nC + xLi^+ + xe^- \rightleftharpoons Li_xC_n$$

总反应:

$$LiCoO_2 + nC \rightleftharpoons Li_{1-x}CoO_2 + Li_xC_n$$

如图 7-1 所示，充电时，Li^+从正极脱嵌，经过电解质扩散进入负极，在负极得到电子，并与碳发生化学反应生成相应的化合物。放电时则刚好相反，Li^+从负极脱嵌，经过电解质扩散进入正极，在正极得到电子，发生化学反应生成相应的化合物，因此，负极处于贫锂态，正极处于富锂态。其工作电压与正负极材料、锂离子浓度有关。常见金属的标准电极电势和相应的离子半径见表 7-1。

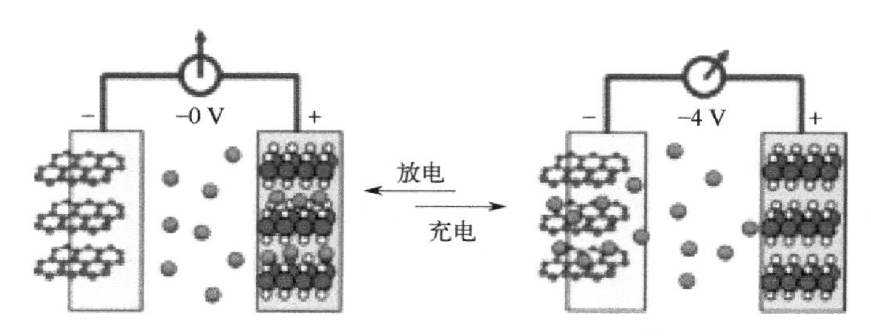

图 7-1　锂离子电池充放电示意图[1]

表 7-1　常见金属的标准电极电势和相应的离子半径比较[2]

元素	电极电势/V	离子半径/Å	水合离子半径/Å	元素	电极电势/V	离子半径/Å	水合离子半径/Å
Li	−3.040	0.76	3.40～3.82	Ca	−2.840	1.00	4.12～4.20
Na	−2.713	1.02	2.76～3.60	Zn	−0.763	0.75	4.04～4.30
K	−2.924	1.38	2.01～3.31	Al	−1.676	0.53	4.80
Mg	−2.356	0.72	3.00～4.70				

7.1.2 锂离子电池

锂离子电池具有高能量密度和高功率密度的特性，使其成为便携式电子设备、电动工具和混合动力设备的技术选择。如果锂离子电池电动汽车取代大部分汽油驱动的交通工具，将显著减少温室气体排放。锂离子电池的高能源效率也使其得到广泛应用，包括提高风能、太阳能、地热和其他可再生能源，从而有助于其更广泛的使用和建立能源可持续发展的经济。对于某些应用（如交通和电网）来说，锂离子电池目前的成本很高，因为锂离子电池的寿命短以及锂离子电池中使用的一些过渡金属。与此同时，锂离子电池与其他化学材料相比，具有其特有的优点。首先，锂的还原电位是所有元素中最低的，这使得锂基电池具有较高的电压。其次，锂是第三轻的元素，它的离子半径是所有单个带电离子中最小的。这些特点使锂基电池具有较高的重量、容量和功率密度。就绝对数量而言，地球上的锂元素量足以为全球的汽车提供动力。但锂离子电池价格不断上涨，未来可能是个问题，因为成本是阻碍其扩展到可再生能源应用的主要因素。然而，锂在阴极和电解液中的使用只占总成本的一部分。在这些部件中，加工成本和阴极中钴的成本是主要的影响因素。迄今为止，锂离子电池的大量研究都集中在电极材料方面。具有更高的倍率能力、更高的充电容量（对于阴极）和足够高电压的电极可以提高锂电池的能量和功率密度，使它们体积更小、更便宜。本小节着重介绍过渡金属硫属化物（TMCs）在锂离子电极材料中的应用。

层状硫属化物是一类可以被分子和离子嵌入层间的过渡金属硫属化物，如最早被用于研究插层性质的二硫化钽（TaS_2）。这些主客体插层反应改变了材料的物理性能，带来了一些新应用上的突破。在溶液中，碱金属插层会形成一些水合物，如 $K_x(H_2O)TaS_2$，这会极大地影响插层材料的稳定性。在所有的层状硫属化合物中，二硫化钛（TiS_2）是最有潜力的储能电极，其可逆性良好，可以循环使用近 1000 次，容量损失较小，每次循环损失小于 0.05%，且作为一种半金属，阴极中不需要添加额外的导电剂就可以正常工作。而且随着锂嵌入量的改变，二硫化钛会形成新的单相化合物 Li_xTiS_2（$0 \leqslant x \leqslant 1$）。这种不会发生主体材料相变的情况使得所有嵌入的锂都可以可逆地去除，克服了新相成核缓慢的反应动力学。二硫化钛的晶体结构是六方密排的硫晶格，钛离子在交替的硫平面之间填充八面体空隙，以 ABAB 的方式层层堆叠，如图 7-2 所示。对于非化学计量比的 $Ti_{1+y}S_2$ 或高温制备的 TiS_2，在空的范德华层中会出现一些钛。这些无序的钛离子阻止了大分子的插入，并将 TiS_2 片层粘连在一起，并且阻碍了一些离子（如 Li^+）的插入，

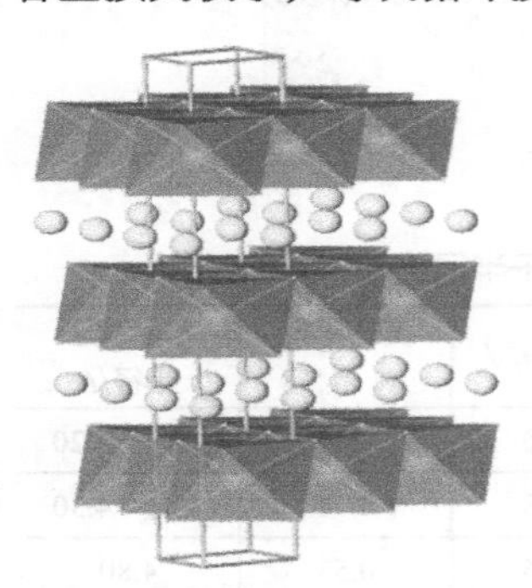

图 7-2 锂插层二硫化钛的晶体结构[3]

降低了它们的扩散系数。因此，高活性和稳定的插层材料应该具有有序的结构，这就要求材料需要在低于 600 ℃的温度下制备。

大多数硫属化物也具有相似的电化学活性，且锂嵌入母体材料后会形成稳定的单相结构。然而二硒化钒（VSe_2）是一个例外，其充放电后会出现新的物相。最初，VSe_2 与 Li_xVSe_2（$x \approx 0.25$）处于平衡状态，然后 Li_xVSe_2 与 $LiVSe_2$ 处于平衡状态，最后 $LiVSe_2$ 与 Li_2VSe_2 处于平衡状态。最初的两相行为可能与晶胞参数不匹配有关，由于ⅤB 族元素与硫或硒较易形成三角棱柱配位，但钒在 VSe_2 中却是八面体配位。二硒化钒也显示了在晶格中插入第二个锂的可行性。$LiVSe_2$ 与 Li_2VSe_2 的材料体系必须是两相的，因为在 $LiVSe_2$ 中锂处于八面体配位，而在 Li_2VSe_2 中锂必须移动到四面体配位，这两个位置不能同时被占据。在使用丁基锂时，这种双锂插层的情况可以通过电化学或化学方法来完成。由于充放电性能差，ⅥB 族层状二硫化物最初并不被认为是实用的正极材料。然而，在以辉钼矿形式存在的 MoS_2 中，如果钼的配位可以从三棱柱状转变为八面体，那么这样形成的 MoS_2 可以有效地用作正极材料。当在每个二硫化钼晶格中插入一个锂，使它转化为新的物相来完成配位的转变。这个材料之后也实现了商业化大规模使用。

虽然 Li/TiS_2 电池通常是在纯锂或在 LiAl 阳极上，它们也常常搭载在放电的 $LiTiS_2$ 阴极上，就像常见的 $LiCoO_2$ 电池中使用的那样。在这种情况下，电池必须首先通过脱嵌锂离子来充电。尽管 $LiVS_2$ 和 $LiCrS_2$ 被广泛报道，但由于相应的硫化物 VS_2 和 CrS_2 在通常的合成温度下不稳定，因此很容易被合成。也有研究表明，这些化合物可以在室温下由脱嵌锂形成，这也为亚稳态化合物的合成和稳定相的化学转化开辟了一条新的途径。通过在化合物 $CuTi_2S_4$ 中除去铜，可以形成亚稳相尖晶石结构的 TiS_2，其中硫离子呈立方紧密堆积，这种立方结构也可以可逆地插入锂，虽然扩散系数不像层状结构那样高[3]。

除了过渡金属硫属化物，一些多硫属过渡金属化合物也会有类似的电化学行为，如三硒化铌（$NbSe_3$），其会与 3 个锂离子可逆地反应生成单相化合物 Li_3NbSe_3。其他过渡金属三硫化物也很容易与锂反应，但不是以这种可逆的方式。因此，在 TiS_3 中，聚硫基团（S—S）首先与两个锂反应，在两相反应中破坏 S—S 键从而形成 Li_2TiS_3，然后 Ti^{4+}被还原为 Ti^{3+}。这个反应中只有第二步是可逆的，不像 Li_3NbSe_3 那样，三个锂离子都是可逆的插入和脱嵌。多硫过渡金属化合物的反应速率或电导率很低，限制了其进一步应用。将它们与高导电性材料（如 TiS_2 或 VSe_2）混合，可以在一定程度上改善其充放电性能。

然而，硫基阴极相对于 Li/Li^+的电位低，电导率低，中间反应产物（多硫化物）在电解液中会溶解，（纯硫的情况下）汽化温度很低，这会导致真空干燥电极时硫的损失。硫还会发生 80%左右的体积变化，这可能会破坏标准碳复合电极的电接触。为了减轻溶蚀和体积膨胀的影响，可以将硫封装在一个内部有多余空隙的中空结构中，一般使用渗透或化学沉淀法将硫封装在碳材料或者二氧化钛中。当在薄电极的半电池中测试时，这些复合材料的循环寿命有时会提高近1000个循环。为了避免膨胀的负面影响，防止硫在干燥过程中蒸发且形成无锂阳极的全电池，电极也被制成Li_2S的形式。Li_2S不像S那样容易渗透到宿主体内，因为它具有很好的熔点。然而，由于Li_2S在很多溶剂中有着很高的溶解度（如乙醇），所以可以形成各种各样的Li_2S基纳米复合材料，例如，将Li_2S纳米颗粒嵌入导电碳材料内。完全锂化的Li_2S不会发生额外的体积膨胀，因此电极内部不会出现额外的孔洞。事实上，400次充放电循环后，经碳包覆后的Li_2S的形貌并不会发生明显的变化。近年来，硒和碲因其比硫具有更高的导电性、高理论容量（完全锂化状态下分别为1630 $mA\cdot h\cdot cm^{-3}$和1280 $mA\cdot h\cdot cm^{-3}$）、更高的活性物质利用率和更高的倍率性能而被广泛关注。与硫类似，硒基阴极也存在多聚硒化物溶解的问题，导致容量损失快，循环性能差，库仑效率低。单质硒和碲的体积变化也很大。幸运的是，硒和碲也与硫相似，因为它们的熔点很低，这两种材料也可以被封装在各种多孔碳基体中，分散或包裹在导电网络中来提高它们的性能。然而，碲的价格昂贵，且硒和碲的丰度较小，很难用于大规模生产。

在锂金属上形成的枝晶往往会导致正极和负极之间的短路，所以选择合适的负极材料是提高锂离子电池能量和功率密度要面临的重要问题。下一代锂电池常见的活性负极材料如图7-3所示。铁、钼、锡、锑、镍、钴和钨因其具有较高的储锂能力和结构上的优势，引起了人们的广泛关注。过渡金属硫化物与锂的反应机制是通过转化反应还原成金属，生成硫锂化合物。例如，固相反应制备的物相可控的硫化钴（CoS_x）多面体，其中CoS_2和CoS是最有前途的复合材料，具有良好的循环性能，比容量分别为929 $mA\cdot h\cdot g^{-1}$和835 $mA\cdot h\cdot g^{-1}$。Paolella等人利用硫和硫代硫酸盐、十八胺、铁盐和3-甲基邻苯二酚制备了Fe_3S_4纳米板。其中，3-甲基邻苯二酚作为物相控制剂和生长调节剂。充放电曲线表明，Fe_3S_4电极具有良好的可逆锂化/脱锂过程[4]。同样地，碳或石墨烯导电网络与过渡金属硫化物的复合材料也被报道可以用作锂离子电池的负极材料。例如，采用表面活性剂辅助溶液法制备了超薄碳

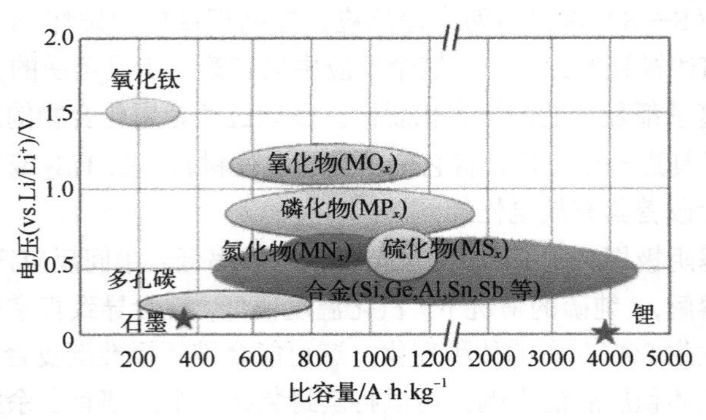

图7-3 锂离子电池负极材料的理论容量[6]

涂层的硫化亚铁（C@FeS）纳米片。其中，碳涂层用于避免硫化锂（Li_xS）的溶解，从而进入锂离子电池内部的有机电解质。由碳涂层提供的二维 C@FeS 纳米结构表现出优异的锂离子电池性能，在 0.01 V 到 3.0 V（相对于 Li/Li^+）窗口内，以 0.16 C 充放电 100 次后容量仍有 615 mA·h·g^{-1}。即使在 10 C 的充放电倍率下，也能保持 235 mA·h·g^{-1} 的容量[5]。石墨烯包裹的 CoS 纳米颗粒也有类似的电化学行为[8]。

然而，过渡金属硫属化物中复合过量的碳也有一些固有的缺点，如降低总比容量（由于碳的理论容量低），形成锂枝晶，最重要的是，碳复合的过程使得整个电极体系复杂性变高。近年来，人们研究了几种生物聚合物或合成聚合物作为硅基锂电池电极的新型黏结剂。Dhrubajyoti 等人首次报道了三元 $NiCo_2S_4$ 纳米棒作为锂离子电池阳极的电化学性能，并介绍了一种由羧甲基纤维素和聚丙烯酰胺组成的新型化学交联黏结剂，以此用于制备电极。该电极不仅具有优异的比容量，而且具有出色的倍率和循环稳定性，在 100 次充放电循环中几乎没有衰减[6]。

7.1.3 钠离子电池

基于钠的广泛可用性和低成本，钠基电池具有满足大规模电网储能需求的潜力。钠离子电池由于钠资源的储量丰富、成本低廉，再加上其优异的性能，被认为是锂离子电池很好的替代品，有望成为下一代能源存储设备。值得指出的是，钠离子电池可以采用铝作为阳极的电子集流体，而锂离子电池只能用铜，因为锂与铝在相对较低的电位下会发生反应，形成二元合金。此外，钠比锂有较低的还原电位（钠为–2.71 V，锂为–3.04 V）和较低的质量比容量（钠为 1165 mA·h·g^{-1}，锂为 3829 mA·h·g^{-1}）。因此，基于金属钠阳极的器件相比锂金属阳极具有较低的能量密度和工作电压。由于钠离子电池是一项新兴技术，人们对新的电极材料和相应的氧化还原机理的认知还相对欠缺。而其中最大的技术障碍是缺乏高性能的电极和电解质材料，且这些材料要具备易合成、安全、无毒、持久和低成本等条件。本小节只介绍一些硫基或硒基材料用于钠离子电池。基于过渡金属硫属化物电极材料的钠离子电池的电荷存储机理通常是电化学转换反应控制的。过渡金属硫属化物的硫或硒进入电解液并与钠离子反应，最终分别生成二硫化钠或硒化物，具体机理将在之后讨论。

对于钠离子电池来说，正极材料的电势基本要比金属钠高 2 V 左右，否则应该被定义为负极。钠电池可以通过增加阴极工作电压或降低阳极工作电压来增加电极容量，或者制备高密度活性物质的电极来提高能量密度。正极材料在钠离子可逆的扩散过程中，体积变化应该尽量小，这对于长时间的循环稳定性很重要。而钠离子电池随着钠离子含量变化带来的电极体积变化的规律也和锂离子电池中类似。无论是在八面体配位还是六棱柱配位环境中，钠离子都倾向于六配位，而四面体配位的钠离子几乎不会在无机材料中出现。这种配位环境的要求极大地限制了可用的正极材料的种类。具有八面体空位的多阴离子网络和具有二维结构的层状氧化物材料是两类主要的阴极材料。通过热力学计算，钠离子相对于锂离子插入相同结构的电位会降低 0.18～0.57 V。钠离子的尺寸和质量都比锂离子大，所以在结构相似的电极材料中，钠离子的扩散速度要比锂离子慢，这意味着钠离子电池的功率密度会被极大地限制。且正极材料由于发生钠离子插入与脱嵌，其宿主阳离子需发生相应的价态变化，常见的氧化还原电对包括：$Ni^{2+}/Ni^{3+}/Ni^{4+}$、$MN_2^{+}/Mn^{3+}/Mn^{4+}$、Co^{3+}/Co^{4+}、V^{3+}/V^{4+}、Cu^{2+}/Cu^{3+}、Cr^{3+}/Cr^{4+}和 Ti^{3+}/Ti^{4+}等[7]。

层状过渡金属硫化物具有较大的层间距，可以作为钠离子的宿主材料。TiS_2 由于其良好的电导率，比 $LiCoO_2$ 具有更高的能量密度和更快的循环速率，被认为是潜在的钠离子电池正极材料。Ti^{3+}/Ti^{4+}电对的电极电势要比钠低 1.8～2.0 V，比相应的 $LiTiS_2$ 体系低 0.3 V 左右。在 TiS_2 正极充放电的过程中，主要出现 $Na_{0.5}TiS_2$ 和 $NaTiS_2$ 的新物相。从其晶体结构上来看，在 c 轴方向的长度会从 17.1 Å 增加到 20.94 Å，当变为 $NaTiS_2$ 时，又会减小到 20.58 Å。这也与其晶胞中的八面体数量有关。这种可逆的结构改变也为 TiS_2 充放电过程中的稳定性提供了理论基础。除了 TiS_2 以外，其他用于常温非水系钠离子电池的过渡金属硫化物通常具有较低的电势，常被用作负极材料[7]。

确定合适的负极是成功开发钠离子电池的关键问题，也是最不适合与锂离子电池体系类比的领域。与金属锂负极相比，金属钠器件的比容量更低（1166 mA·h·g^{-1}），标准还原电位更高，理论能量密度更低。金属钠与有机电解质溶剂的高反应性和沉积过程中形成钠枝晶的问题更加严重，且钠的低熔点（98 ℃）在设计用于在环境温度下的设备中存在重大的安全隐患。因此，迫切需要寻找电压窗合适、可逆容量高、结构稳定的负极材料。钠离子电池的负极材料目前主要可分为五大类：碳基材料、合金材料、基于转化反应的金属氧化物和硫化物、具有插入机理的钛基复合材料和有机复合材料。不同负极材料的比容量和电压如图 7-4 所示。当然越来越多的新型负极材料也逐渐被研究者开发和利用[8]。

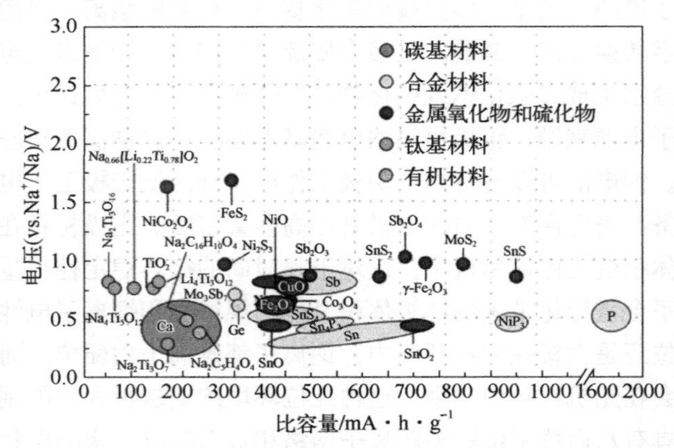

图 7-4　钠离子电池负极材料的平均电压（放电）与容量图[8]

过渡金属硫化物也是被广泛研究的钠离子电池负极材料。一般来说，过渡金属硫化物负极材料在钠离子嵌入时，会经历两个过程。首先，钠离子插入硫化物形成一个中间产物（Na_xMS_a），然后 Na_xMS_a 通过化学转化反应分解为硫化钠和相应的金属（M）。然而，第二步的转化反应通常会导致电极材料的体积膨胀和钠离子嵌入与脱出迟缓的动力学。可采用过渡金属硫化物与碳材料复合或者控制截止电压等方法能够解决这个问题。一般来说，过渡金属硫化物负极材料可以分为层状金属二硫化物和非层状过渡金属硫化物。

层状过渡金属二硫化物（MoS_2、SnS_2、WS_2 和 TiS_2）的结构是由一层金属原子夹在两层硫原子之间组成。金属硫键主要是强的共价键，而层与层之间的相互作用以弱的范德华力为主。一个典型的硫化物在钠离子插层与转化的化学反应方程式如下:

$$MS_2 + xNa^+ + xe^- \longrightarrow Na_xMS_2$$

$$Na_xMS_2 + (4-x)Na^+ + (4-x)e^- \longrightarrow M + 2Na_2S$$

二硫化钼（MoS_2）是一种典型的层状材料，作为钠离子电池的负极材料已经得到了广泛的研究。Park 等人首次探索了块体 MoS_2 的储钠性能，第一次放电比容量为 188 $mA\cdot h\cdot g^{-1}$，然而经 100 次充放电后比容量仅有 89 $mA\cdot h\cdot g^{-1}$[9]。一种提高比容量的方法是制备少量甚至单层的 MoS_2，这可以减小 Na^+插层带来的应变并且降低钠离子扩散势垒。另一种就是构筑 MoS_2 与碳的复合材料，以此来促进电化学动力学并且缓解电极体积的变化。以 MoS_2 与石墨烯复合材料为例，将少量 MoS_2 分散在石墨烯基体中，25 $mA\cdot g^{-1}$ 的电流循环 20 圈后其比容量仍有 230 $mA\cdot h\cdot g^{-1}$[10]。MoS_2 与石墨烯之间的异质界面会增强 MoS_2 的导电性，从而提升其比容量。Maier 等人通过将单层超小二硫化钼纳米板嵌入碳纳米线，进一步提高了电极的可逆容量。其容量以 0.1 $A\cdot g^{-1}$ 和 10 $A\cdot g^{-1}$ 的电流循环 100 圈后比容量仍有 854 $mA\cdot h\cdot g^{-1}$ 和 253 $mA\cdot h\cdot g^{-1}$。超小的反应区域可以实现几乎无扩散和无成核的“转换”反应，从而使其具有优良的储钠能力[11]。此外，将截止电压控制在 0.4～3 V 范围内，可以大大提高 MoS_2 的循环稳定性，在这个过程中只发生可逆的插层反应[8]。

借助于一些先进的电镜技术，钠离子插入的反应机理近年来也得以被深入研究。在放电时，钠离子首先插入到 MoS_2 的一个夹层中，直到这个层间插入满后，再插入到其他空层中；同时，硫离子平面沿着层间原子平面滑动，使得 MoS_2 发生相变。当 Na_xMoS_2 分子式中的 Na^+超过 1.5 时，Na_xMoS_2 会分解为 Na_xS 和 Mo 金属，且此时的结构演化是不可逆的。此外，也有研究通过一种平面微型电池来研究 MoS_2 在循环过程中的形貌变化。在 0.4 V 时，在 MoS_2 电极上观察到永久性的结构变化，而在 1.5 V 左右钠离子插入之前会形成平均厚度为 20.4 nm ± 10.9 nm 的固体电解质界面膜[12]。当然，还有很多过渡金属硫化物可以作为钠离子电池的负极材料，比如 SnS_2、SnS、WS_2 和 TiS_2。其中，SnS_2 与石墨烯的复合材料以 200 $mA\cdot g^{-1}$ 的电流循环后比容量为 650 $mA\cdot h\cdot g^{-1}$，且在 300 次循环充放电后仍能保留 94%的比容量[13]。

除了层状金属二硫化物，非层状过渡金属硫化物近年来也被开发用于钠离子电池负极材料，如 FeS_2、Ni_3S_2 等[8]。以 FeS_2 负极为例，钠离子插入时也会发生插层及转化反应，如下所示：

$$FeS_2 + xNa^+ + xe^- \longrightarrow Na_xFeS_2$$

$$Na_xFeS_2 + (4-x)Na^+ + (4-x)e^- \longrightarrow Fe + 2Na_2S$$

长期以来，由于 FeS_2 的体积变化较大（主要是由转化反应产生的）和没有合适的电解液，FeS_2 的循环性稳定性较差。Hu 等人通过将截止电压控制在 0.8 V，并使用 $NaSO_3CF_3$ 二甘醇二甲醚作为电解质，可以避免 FeS_2 发生不可逆的转化反应。因此，以电流密度 1 $A \cdot g^{-1}$ 循环 20000 次后，仍能保留 90%的容量，且在电流密度为 20 $A \cdot g^{-1}$ 有 170 $mA \cdot h \cdot g^{-1}$ 的比容量[8]。

7.1.4 其他离子电池

无论从环境成本还是经济成本来看，锂离子电池无法长时间满足市场的需求。这种情况促使研究者越来越多地从单价态（K 和 Na）或多价态（Mg、Ca、Zn 和 Al）阳离子的替代电池中寻找机会。除了上一节介绍的钠离子电池之外，钾离子电池和一些多价金属离子（Mg^{2+}、Ca^{2+}、Zn^{2+}和 Al^{3+}）电池由于其金属在地壳中的含量丰富，而被越来越多的研究者开发用作锂离子电池的替代品。近年来，双离子电池不同于传统的金属离子电池依赖于金属离子在阴极和阳极之间的流动，其在充放电过程中，阴离子和阳离子可以同时在电解液中转移，并且具有环境友好、成本低、安全性好、工作电压高、能量密度高等优点。典型的双离子电池由聚合物膜和电解质隔开的阴极和阳极组成。显然，双离子电池与传统的摇椅电池具有相同的器件结构，但在电极材料（尤其是正极材料）、工作机理和载流子类型等方面存在许多差异。负离子插层的高电位可使双离子电池的工作电压（一般在 4.5 V 以上）很高，从而具有较高的能量密度。锂基双离子电池的工作机理如图 7-5 所示[14]。在充电过程中，电解液中的 Li^+离子插入到负极材料（如石墨）中，而阴离子（如 PF_6^-）同时插入正极材料（例如石墨）。在放电过程中，Li^+与 PF_6^- 再扩散回电解液中。因为其他离子电池的原理和锂/钠离子电池的原理基本相似，对于电极材料的要求也很相似，所以本小节仅介绍过渡金属硫化物在钾离子电池、铝离子电池和双离子电池中的一些应用。

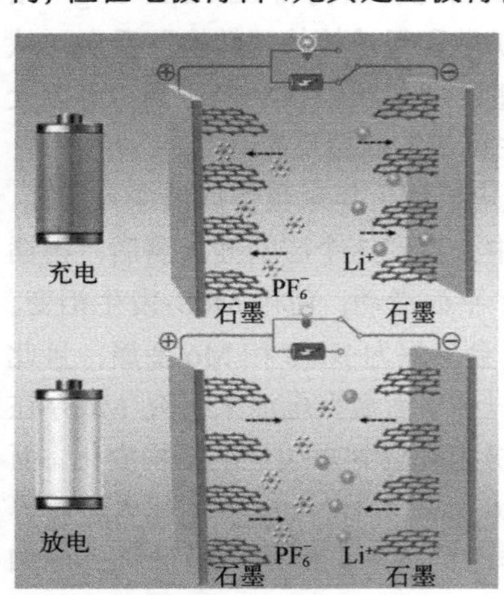

图 7-5 双离子电池的机理（石墨作为正负极材料）[14]

由于钾离子较大的离子半径，往往会导致电极材料的粉碎，循环稳定性较差。利用过渡金属硫化物纳米结构和碳材料的复合材料往往能解决这个问题。CoS、ReS_2、VS_2 和 Sb_2S_3 都是常见的电极材料。石墨烯与 CoS 的复合材料量子点被用作钾离子电池的负极材料。通过优化石墨烯的含量，该复合材料（CoS@G25）能够在循环 100 次后保留 71.5%的容量和更高的速率性能，在电流密度为 500 $mA\cdot g^{-1}$ 和 4000 $mA\cdot g^{-1}$ 时可逆容量分别为 434.5 $mA\cdot h\cdot g^{-1}$ 和 232.3 $mA\cdot h\cdot g^{-1}$ [15]。ReS_2 纳米片与碳纳米纤维（N-CNFs）的复合材料，在电流密度 50 $mA\cdot g^{-1}$ 时比容量为 350 $mA\cdot h\cdot g^{-1}$，循环 100 次后仍有 253 $mA\cdot h\cdot g^{-1}$ [16]。组装起来的 VS_2 纳米片，在电流密度为 100 $mA\cdot g^{-1}$ 时比容量为 380 $mA\cdot h\cdot g^{-1}$，具有良好的倍率性能（在 2 $A\cdot g^{-1}$ 时为 100 $mA\cdot h\cdot g^{-1}$）和 100 圈性能不衰减的循环稳定性[17]。将 Sb_2S_3 纳米粒子与硫、氮共掺杂的石墨烯进行复合并作为钾离子电池的负极材料，在电流密度为 20 $mA\cdot g^{-1}$ 时比容量为 548 $mA\cdot h\cdot g^{-1}$，在 1000 $mA\cdot g^{-1}$ 时比容量为 340 $mA\cdot h\cdot g^{-1}$，100 次循环的循环稳定性为 89.4%，这种优异的性能与复合材料的高比表面积、高导电性有关[18]。

过渡金属硫化物电极材料在铝离子电池中也有应用。Mo_6S_8 粉末在早期的研究中，即使在 50 ℃下比容量也只有 80 $mA\cdot h\cdot g^{-1}$。电化学机理研究表明，Mo_6S_8 在铝离子插入后会形成 $Al_3Mo_6S_8$ 型结构，由于铝离子之间的强排斥作用，铝离子在 Mo_6S_8 晶胞内外都会占据[19]。FeS_2 纳米颗粒在温度 55 ℃、电流密度 8.94 $mA\cdot g^{-1}$ 时，初始放电容量约为 600 $mA\cdot h\cdot g^{-1}$。在放电后形成了低结晶度的 FeS 和非晶的 Al_2S_3[20]。采用固相反应制备的 TiS_2 粉末，即使在 50 ℃的高温、电流密度 5 $mA\cdot g^{-1}$ 时比容量也小于 70 $mA\cdot h\cdot g^{-1}$ [21]。以上所提到的在铝离子电池中的过渡金属硫化物的例子都是基于性能不理想的粉体，而构筑过渡金属硫化物的纳米结构和与碳材料的复合被认为是提高铝离子电池性能的重要策略。将 Ni_3S_2 纳米结构原位生长在泡沫镍上，作为无黏结剂的铝离子电池正极材料，电压范围在 0～1.0 V。实验和理论研究表明，在放电过程中，Al^{3+}会经过两步插入到 Ni_3S_2 的孔道内，使电极材料的结晶度降低。水热法制备的六方 NiS 纳米带在 150 $mA\cdot g^{-1}$ 时的比容量为 111.7 $mA\cdot h\cdot g^{-1}$，在 300 $mA\cdot g^{-1}$ 电流密度下比容量为 83 $mA\cdot h\cdot g^{-1}$，100 次循环后容量也没有衰减。六方 NiS 也是基于转化的反应机理，放电后形成 Ni_3S_2 和 Al_2S_3[22]。在 Co_3S_4 微球中，Al^{3+}嵌入的过程中电极也会发生非晶化，并伴随着 Co^{3+}向 Co^{2+}的价态变化，电流密度为 250 $mA\cdot g^{-1}$ 时，Co_3S_4 微球的比容量维持在 80 $mA\cdot h\cdot g^{-1}$ [23]。通过水热反应制备的 VS_4 与石墨烯的复合材料在电流密度 100 $mA\cdot g^{-1}$ 时具有 460.9 $mA\cdot h\cdot g^{-1}$ 的初始放电容量，放电后可以观察到 V^{5+}和 V^{4+}之间的价态变化以及低结晶度 VS_4 的形成[24]。

前面讲到，双离子电池充电时，电解液中的锂离子或钠离子插入负极材料中，阴离子（如 PF_6^- ）同时插入正极材料中。MoS_2 与碳的复合材料可以作为双离子电池的负极插入钠离子，石墨作为正极插入 PF_6^- 离子。该电池在电流密度 2 $A\cdot g^{-1}$ 时的可逆容量为 45 $mA\cdot h\cdot g^{-1}$，且在 500 次循环后仍有 40 $mA\cdot h\cdot g^{-1}$ 的比容量[25]。Tang 等

人报道 MoS_2 与碳纳米管的杂化材料作为负极，石墨为正极材料，用作钠双离子电池。MoS_2 与碳纳米管的杂化材料具有 0.98 nm 的较大的（002）层间距和碳纳米管的分级结构，这使钠双离子电池有 1.0～4.0 V 的电势窗口，且在 2C❶时有 $65mA \cdot h \cdot g^{-1}$ 的比容量，循环 200 次后仍能保持 85%的容量[26]。$MoSe_2$ 作为与 MoS_2 类似结构的材料，也被证明是一种高效的锂双离子电池负极材料。一种 $MoSe_2$ 与氮掺杂的石墨复合材料，在 200 $mA \cdot g^{-1}$ 电流密度下循环 150 次后可逆放电容量为 86 $mA \cdot h \cdot g^{-1}$，且在 2000 $mA \cdot g^{-1}$ 大电流下有 76 $mA \cdot h \cdot g^{-1}$ 的比容量[27]。对于 $MoSe_2$ 负极材料，较大的夹层有利于锂离子的插层与脱层，Se 的金属性质可以提高 $MoSe_2$ 的电导率，从而使电化学反应中的电子转移更快。与 MoS_2 相比，WS_2 具有更高的电子迁移率，且具有更强的抗氧化和化学稳定性。高压剥离的方法合成厚度 1.5 nm，横向尺寸 400 nm 的 WS_2 纳米片，其锂双离子电池的放电容量在 0.1 $A \cdot g^{-1}$ 下达到 83 $mA \cdot h \cdot g^{-1}$。对于 WS_2，进一步的去锂化过程会导致金属 W 和元素 S 共存，这不仅提高了电极的导电性，而且保证了较高的比容量[28]。近年来，二硒化钛（$TiSe_2$）也被证明是一种很有前景的双离子电池负极材料。特别是其具有较大的层间距和优越的金属行为，这些都有利于实现快速的离子扩散。DFT 计算表明，钠离子的输运路径从一个八面体经过一个四面体，再到达另一个八面体位置，与 TiS_2、Na_2MnO_3 和 TiO_2 相比，$TiSe_2$ 中钠离子的扩散能垒很低（0.50 eV）。$TiSe_2$-石墨的钠双离子电池在 0.1 $mA \cdot g^{-1}$ 下也能表现出 81.8 $mA \cdot h \cdot g^{-1}$ 的可逆容量，且 200 次循环后仍能保持 83.52%的容量，表明这种电极具有大规模稳态储能的潜力[29]。

7.2 金属-空气电池

7.2.1 金属-空气电池的分类与工作原理

金属-空气电池是一种以金属氧化和氧气还原为动力的电化学电池，其理论能量密度具有很大的优势，约为商用锂离子电池的 3～30 倍。按照金属种类的不同可以将其进行分类，如常见的锂-空气电池、钠-空气电池、钾-空气电池和锌-空气电池等。可充电金属-空气电池的电极反应因金属电极和电解质种类的不同而不同。通常，金属-空气电池与水溶液的电极反应形式如下：

金属电极：

$$M \rightleftharpoons M^{n+} + ne^-$$

空气电极：

$$O_2 + 2H_2O + 4e^- \rightleftharpoons 4OH^-$$

❶ 2C 是指电池在 2 h 内完全充满或放电的速率。

式中，M为金属（Zn、Al、Mg、Fe等）；n为金属离子电荷数。放电过程中，金属电极上溶解下来的金属离子可能进一步与碱性电解质中的OH^-反应。在空气电极上，氧和水在放电和充电过程中发生转换，这一过程被广泛研究为氧还原反应（ORR，放电）和析氧反应（OER，充电），并实际应用于在燃料电池和水分解中。对于锂-空气电池、钠-空气电池和钾-空气电池来说，当使用质子电解质时，在空气电极端氧气会与金属离子反应，生成一些过氧或超氧化物。此时电极反应如下：

金属电极：

$$\mathrm{M} \rightleftharpoons \mathrm{M}^{+} + \mathrm{e}^{-}$$

空气电极：

$$x\mathrm{M}^{+} + \mathrm{O}_2 + x\mathrm{e}^{-} \rightleftharpoons \mathrm{M}_x\mathrm{O}_2(x=1,2)$$

式中，氧分子首先被还原成超氧离子$O_2^{-\bullet}$，然后与金属离子结合。然而，根据软硬酸碱理论，离子半径较小的Li^+是硬酸，很难与$O_2^{-\bullet}$结合。因此，锂-空气电池的主要放电产物不是化学计量比的Li_2O_2。而对于钠-空气电池和钾-空气电池来说，Na^+和K^+离子半径增大，与$O_2^{-\bullet}$的结合变得更稳定，超氧化物在放电产物中的比例也相应增加。放电过程中产生的过氧化物和超氧化物沉积在空气电极上，充电时分解为金属离子和氧气。此外，由于锂、钠和钾对空气中的水和二氧化碳敏感，带有这些阳极的金属-空气电池通常需要在纯氧中才能正常工作，因此也被称为锂氧气、钠氧气和钾氧气电池。

金属-空气电池通常由四个主要部分组成：空气电极、金属电极、电解液和隔膜。对于大多数金属-空气电池，空气电极反应物氧气是从周围空气中获得的，而不是封装在电池中。因此，空气电极通常仅由一个降低电极过电位的电催化剂层和一个气体扩散层组成，气体扩散层主要增强氧气在环境空气和催化剂表面之间的扩散。通常研究的金属电极包括锌、锂、铝、镁和钠。对于在水溶液中不稳定的高活性金属，如Li、Na和K，通常需要非水非质子电解质；而对于相对不活跃的金属，如Zn、Al、Mg和Fe，碱性水溶液电解质被广泛应用。隔膜是金属-空气电池中的一种可选部件，用于分离两种不同的电解质，阻碍电极之间的一些质量输送过程，防止金属树枝状晶引起的短路。然而，金属空气电池仍然面临着大规模工业应用的问题。为了实现金属-空气电池的实际应用，需要考虑各部件的材料设计和调节。

可充电金属-空气电池的性能评价可分为放电性能和可充电性两个方面。放电性能包括极化性能和容量。极化性能提供了在特定的放电电压下可以达到多少电流密度的信息，也反映了金属-空气电池可以提供的峰值功率。金属-空气电池的极化性能取决于空气电极和金属电极反应的过电位和反应速率。氧气在空气电极上的还原在动力学上是缓慢的，被认为是决速步。因此，空气电极上需要高效的电催化剂来降低氧还原过电位，从而达到提高反应速率的目的。除反应动力学外，传质也是影响反应速率的关键因素。需要合理地设计材料来降低传质阻力，包括在空气电极上使用气体扩散层，调节电极的孔隙结构，防止绝缘产品或副产物沉积在电极上。

由于空气电极的反应物氧气是从周围空气中获得的，并且几乎是无限大的，因此金属-空气电池的理论容量取决于作为金属电极封装在电池中的金属量。然而，也有一些因素限制了金属-空气电池的实际容量。对于含水金属-空气电池，在放电过程中，金属电极被绝缘金属氧化物膜覆盖时，金属电极会发生钝化，导致放电过程的终止。非水系金属-空气电池容量退化的另一个原因是空气电极中金属过氧化物或超氧化物的储存量有限。为了最大限度地减少金属-空气电池的容量损失，一些材料设计的策略都在发展中，如对金属电极的修饰、在电解液中引入添加剂以及空气电极电催化剂的孔隙结构设计。

描述金属-空气电池可充电性的典型参数包括往返效率、库仑效率和循环寿命。循环效率由放电过程中释放的能量与充电过程中所需能量的比值决定，代表金属-空气电池的能量利用效率。它的特征通常是将放电电压除以在恒定电流密度下获得的充电电压。往返效率取决于放电和充电反应的过电位。它要求空气电极电催化剂在氧和水/过氧化物/超氧化物之间的转化具有双功能。同时还应考虑放电和充电过程中的质量传输问题。需要注意的是，在非水金属-空气电池的充电过程中，空气电极上过氧化物和超氧化物的分解需要反应物和电催化剂的固-固接触。为了降低固体与固体接触不足引起的过电位，需要调节空气电极结构和在电解液中添加氧化还原介质。库仑效率是指在一个完全的充放电循环中，充电容量与放电容量之比，表示一个循环后的容量损失。电池的库仑效率必须高于 99.98%，才能保持在 1000 次循环后，容量保留初始容量的 80%。然而，金属-空气电池往往存在金属电极的不可逆消耗和寄生反应，导致其库仑效率较低。目前研究的金属-空气电池的低库仑效率极大地限制了它们作为真正可充电电池在移动电子产品和电动汽车上的应用。金属-空气电池的循环寿命依赖于较高的库仑效率以及上述参数的稳定性。较长的循环寿命要求电池中所有组件的结构和组成稳定。金属-空气电池中常见的一些问题，如金属电极的枝晶和形状的变化、电催化剂的失活和电解质的分解等，都可能导致循环寿命的缩短[30]。

7.2.2 金属-空气电池电极材料的设计

本节主要介绍空气电极中电极材料的设计，不涉及金属电极。金属-空气电池电极上的氧电催化剂对实现高功率密度和高往返效率起着关键作用。正如前面提到的，含水和非含水金属-空气电池有不同的空气电极反应。因此，本节将分别介绍这两种金属-空气电池的电催化剂。

水系金属-空气电池需要高效的氧还原（ORR）和析氧（OER）双功能电催化剂，以此来降低放电和充电过程中的过电位。开发 ORR/OER 双功能电催化剂的主要困难在于 ORR 和 OER 对电催化剂的要求不同。ORR 和 OER 是多步反应，涉及各种含氧物质在电催化剂表面的吸附。通过对 ORR 和 OER 机理的分析发现，含氧物质在电催化剂上获得最佳 ORR 或 OER 活性所需的吸附能通常是不同的。近年来，人们通过对各种催化材料的合理结构和成分调控，致力于开发高性能的 ORR/OER 双功能电催化剂。目前报道的 ORR 和 OER 双功能电催化材料主要分为碳基材料和过渡金属基材料两大类。这些催化材料实现高本性的常见调控策略如图 7-6 所示。对于具有高本征活性的电催化剂来说，快速气体、电解质和电子传递也被用来实现高的表观活性。金属-空气电池的电催化剂具有较高的本征活性和良好的微结构，可降低放电和充电过电位，实现高功率密度和高往返效率。对于其他类型的水溶液金属-空气电池，如铝空气电池和镁空气电池，空气电极反应与锌空气电池相同。因此，这些水系金属空气电池具有相同的电催化剂设计原理。

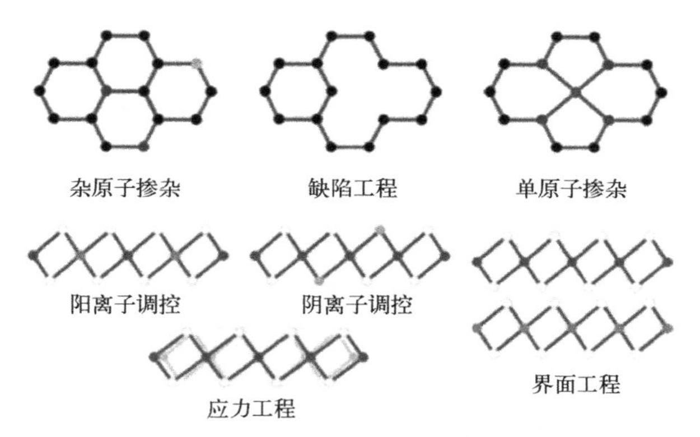

图 7-6　水系金属-空气电池中的电催化剂的设计策略[30]

非水系金属-空气电池的空气电极反应与水系金属-空气电池的空气电极反应不同。因此，非水系金属-空气电池的空气电极电催化剂的材料设计需要采用不同的策略来促进空气电极反应。以锂-空气电池为例，Li_2O_2 的形成和分解的双电子反应比水溶液中的四电子 ORR 和 OER 反应步骤少。然而，O_2 与 Li_2O_2 的转化反应由于中间产物复杂，副反应多，反应速率仍然缓慢。此外，Li_2O_2 的有限存储量以及 Li_2O_2 的特性也会影响其容量和再充放电性能。空气电极反应存在的问题可以通过空气电极电催化剂和电解质材料的设计来规避。钠-空气电池和钾-空气电池的空气电极反应与锂-空气电池的空气电极反应并不完全相同，因为有不同的放电产物，如 Na_2O_2 和 NaO_2。由于 Na^+和 K^+比 Li^+能更有效地稳定超氧化物离子，钠-空气电池和钾-空气电池的 ORR 过电位更低。然而，钠-空气电池和钾-空气电池的材料设计仍然需要调节放电产物的生长和分解机制，从而获得更好的放电容量和库仑效率[30]。

7.2.3　过渡金属硫属化物阴极材料

如 7.2.2 节所述，金属-空气电池中空气电极发生的反应在相同电解质下机理类似，所以本节以锌-空气电池为例，介绍过渡金属硫化物作为空气电极相关的应用。

过渡金属硫属化物因其可控制的电子结构、高的本征活性和优良的长期稳定性而被广泛用于金属空气电池阴极催化剂。但由于其反应性差、电导率低、电子和空穴的复合速率快等，限制了其 ORR 和 OER 性能。在过去的几十年里，人们对过渡金属硫属化物进行了广泛的探索，通过构筑纳米结构的策略，结合导电衬底和调节电子结构等来提高其作为可充电锌-空气电池的潜在氧电催化剂的催化性能。将目前常见的过渡金属硫属化物电极材料分为三类：纯过渡金属硫属化物（MX，M 为过渡金属，X 为硫属元素）；过渡金属硫属化物与碳复合材料（MX/C）；其他过渡金属硫属复合材料（M/C@MX，M/MX-C）。

纯过渡金属硫属化物通过构筑合理的纳米结构，调整催化剂电子结构，增加催化活性位点的数量等策略可以显著地提高其催化性能。Zhang 等人通过水热法成功合成了 $NiCo_2S_4$ 空心微球，其 ORR 与 OER 之间的电位差为 0.69 V，表现出优异的电催化性能[31]。Wang 等人制备了单相$(Ni, Co)S_2$纳米片，由于 Ni 和 Co 的协同作用，其 OER 和 ORR 性质增强。通过计算$(Ni, Co)S_2$的 DOS 和费米能级的电子占据态，证实了 Ni 和 Co 的协同效应使$(Ni, Co)S_2$表现出金属的性质。相比之下，CoS_2表现出金属特性，而 NiS_2表现出半导体特性。因此，该电极组装后的锌-空气电池在 $2\ mA\cdot cm^{-2}$时，电压区间为 0.45 V，比容量为 $842\ mA\cdot h\cdot g^{-1}$ [32]。过渡金属硫属化物与杂原子掺杂的碳材料相结合，可以加速电子转移，增强结构的稳定性，增加催化剂与氧气的接触面积，是提高电催化剂性能的有效方法。特别是将氮、磷、硫掺杂到石墨烯、氧化石墨烯、纳米管、纳米纤维等碳材料中，会导致不同的表面电子结构，引入更多的缺陷和有利于氧反应的活性位点。Chen 等人报道了通过 $NiCo_2O_4$ 和石墨烯的硫化过程，构建了海胆状 $NiCo_2S_4$ 微球与硫掺杂石墨烯纳米片的复合材料（S-GNS/$NiCo_2S_4$）。在 S-GNS/$NiCo_2S_4$ 的电子态分析中，Ni 和 Co 分别为二价和三价，S 的 2p 轨道主要形成金属-硫（M—S）键和 C—S—C 键。这表明 S-GNS/$NiCo_2S_4$ 的活性位点具有多样性。S-GNS/$NiCo_2S_4$ 催化剂表现出优异的催化活性，ORR 的半波电位为 0.88 V，OER 在 $10\ mA\cdot cm^{-2}$ 处的过电势为 1.56 V，其作为可充电锌-空气电极的阴极时，功率密度为 $216.3\ mW\cdot cm^{-2}$，电压间隙为 0.8 V，并表现出 100 h 的稳定性[33]。Han 等人通过水解金属前驱体和溶剂热结晶法，在氮掺杂碳纳米管上均匀地生长了共价杂化的 $NiCo_2S_4$ 纳米材料（$NiCo_2S_4$/N-CNT）。在合成过程中，通过控制金属与氨的配位作用，可以很容易地调整 $NiCo_2S_4$ 尖晶石的尺寸。添加氮掺杂碳纳米管后，由于氮掺杂碳纳米管上氮和氧的高负电性导致金属电子云的迁移，使 $NiCo_2S_4$/N-CNT 中 Ni 的 2p 和 Co 的 2p 峰向结合能较高的方向移动。$NiCo_2S_4$ 与 N-CNT 的杂化促进了电催化活性的增强。因此，基于活性位点电子转移路径的构建、硫化物的尺寸变化以及 $NiCo_2S_4$ 与 N-CNT 的相互作用，$NiCo_2S_4$/N-CNT 催化剂对 ORR 和 OER 的催化活性有所提高。实际可充电锌-空气电极中，使用该电极可获得 0.63 V 的电压间隙、67.2%的能量效率和 150 次的长循环寿命[34]。

由于很难在 ORR 和 OER 之间取得平衡，纯过渡金属硫属化物通常展现出单一的电化学活性。为了解决这一问题，利用金属有机骨架（MOF）可以合成多种结构可控的催化剂。例如，Mu 等人报道了通过在 ZIF-8 衍生的 N/C 骨架上吸附 Mo 和 S 源，退火后得到一种 Mo-N/C@MoS_2 电催化剂，该催化剂具有优异的双功能氧催化活性和稳定性。其中，Mo-N/C@MoS_2 与 N/C 之间由于狄拉克锥的缓慢下移而表现出快速的电子转移，而 MoS_2 表现出半导体特性。因此，Mo-N/C@MoS_2 电催化剂具有快速的电化学动力学，其组装的锌-空气电池的功率密度为 196.4 $mW \cdot cm^{-2}$，库仑效率为 63.9%，在 25 $mA \cdot cm^{-2}$ 电流密度下可以保持 48 h 的循环稳定性[35]。Liu 等人通过不同溶剂合成 Co 基 MOF 并进行后续的碳化，合成了 Co 和 Co_xS_y 负载 S 和 N 共掺杂的多孔碳纤维（Co/Co_xS_y@S, N-CF）。由于其吡啶 N 和石墨 N 组分的升高，其电催化活性也得到了相应的提高。Co—S 键和 C—S—C 的存在也证实了 Co_9S_8/Co_3S_4 和 S 掺杂碳的成功合成。此外，Co^{2+}和 Co^{3+}的比例还决定了 Co_9S_8/Co_3S_4 的形成，这也是主要的活性位点。实验结果表明，复合材料的 ORR 和 OER 性能都得到了有效的提升，且优于 S、N 共掺杂的碳纤维[36]。无金属元素的 MOF 前驱体在合成过程中可以有效地原位修饰过渡金属硫属化物催化活性中心的电子态。过渡金属硫属化物化学性能的改善也证实了 MOF 材料的优越性。因此，基于上述结果，过渡金属硫属化物与 MOF 的复合是一种成功的合成双功能氧催化剂并构建锌-空气电极阴极的方法。

7.3 燃料电池

7.3.1 燃料电池的分类与工作原理

燃料电池是将燃料中的化学能直接转化为电能的电化学装置，具有高效率和低排放等优势。由于避免了大多数传统发电方法中典型的产生热量和机械功的中间步骤，燃料电池不受热机（如卡诺效率）的热力学限制。此外，由于避免了燃烧，燃料电池产生的电力污染最小。然而，与电池不同的是，燃料电池中的还原剂和氧化剂必须不断补充，才能连续运行。燃料电池是根据电解液和燃料的选择来分类的，这反过来又决定了电极反应和在电解液中携带电流的离子类型。如果按照燃料是否直接获得，可把燃料电池分为直接型、间接型和再生型燃料电池。最常用的分类方法还是根据电解质的性质，燃料电池可以分为碱性燃料电池（AFC）、磷酸燃料电池、熔融碳酸盐燃料电池、固体氧化物燃料电池和质子交换膜燃料电池。

以一个典型的氢氧燃料电池为例，如图 7-7 所示，燃料是连续供给阳极（负极），氧化剂（氧气）被连续地输送到阴极（正极）。电化学反应发生在电极上，通过电解液产生电流，同时驱动互补电流对负载做功。

在酸性介质中，

阴极反应：

$$O_2 + 4H^+ \longrightarrow 2H_2O$$

阳极反应：

$$H_2 \longrightarrow 2H^+ + 2e^-$$

总反应：

$$2H_2 + O_2 \longrightarrow 2H_2O$$

在碱性介质中，

阴极反应：

$$O_2 + 2H_2O + 4e^- \longrightarrow 4OH^-$$

阳极反应：

$$H_2 + 2OH^- \longrightarrow 2H_2O + 2e^-$$

总反应：

$$2H_2 + O_2 \longrightarrow 2H_2O$$

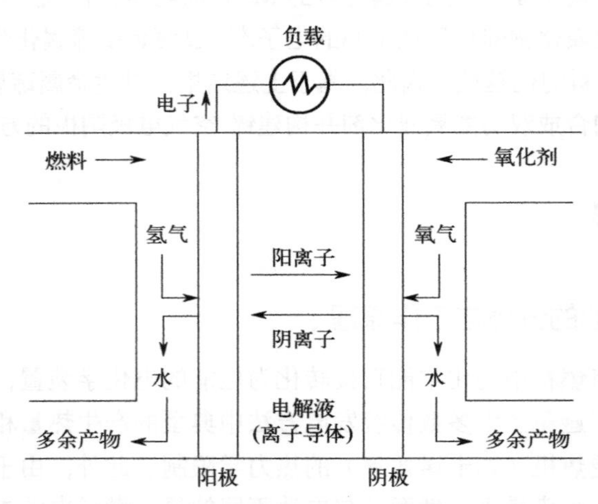

图 7-7 燃料电池工作原理示意图

根据燃料电池的类型和燃料的种类，电极反应也会有所不同。下面将分别简单介绍碱性燃料电池、磷酸燃料电池、熔融碳酸盐燃料电池、固体氧化物燃料电池和质子交换膜燃料电池的相关的优势和缺点。

碱性燃料电池在高温（大约 250 ℃）下使用质量分数为 85%的 KOH 作为电解质，在低温时（<120 ℃）使用质量分数为 35%～50%的 KOH 作为电解质。电解液被存储在基质（通常是石棉）中，可以使用多种电催化剂（镍、银、金属氧化物、尖晶石和贵金属）。燃料供应仅限于除氢以外的非反应性成分。CO 是一种毒物，CO_2 会与 KOH 反应生成 K_2CO_3，从而改变电解液。即使是空气中少量的二氧化碳也必须被认为是碱性电池的潜在毒物。一般来说，氢被认为是碱性燃料电池的首选燃料，

尽管一些直接碳燃料电池使用不同的碱性电解质。碱性燃料电池是最早被开发的现代燃料电池之一，最早的应用是为阿波罗飞船提供机载电力。碱性燃料电池在空间应用方面取得了相当大的成功，但其在陆地上的应用因其对二氧化碳的敏感性而受到挑战。碱性燃料电池的优点是：有很多潜在的氧气还原电催化剂可以加速氧气的还原动力学，这使得氢气和氧气作为燃料时其性能优于其他燃料电池。碱性燃料电池的缺点是：电解液对二氧化碳的敏感性要求使用高纯度的氢气作为燃料。因此，常常需要一个高效的 CO 和 CO_2 去除系统。此外，如果使用环境空气作为氧化剂，必须除去空气中的二氧化碳。虽然这在技术上并不具有挑战性，但它会对系统的大小和成本产生重大影响。

磷酸燃料电池使用 100%的磷酸作为电解质，通常在 150～220 ℃运行。在较低的温度下，磷酸是一种不良的离子导体，且阳极上的 Pt 电催化剂会吸附 CO 而中毒，影响磷酸燃料电池的使用。与其他普通酸相比，浓磷酸的稳定性较高。此外，使用浓酸（100%）时电解液中的水分压会降到最低，因此电池内的水管理并不困难。最常用来存储电解质酸的基质是碳化硅，阳极和阴极中最常使用的电催化剂是 Pt。磷酸燃料电池的优点是：其对 CO 的敏感度低，磷酸燃料电池可以耐受约 1%的 CO 作为稀释剂，且操作温度低。工作温度低也为热管理提供了相当大的设计灵活性。磷酸燃料电池的系统效率可以达到 37%～42%（基于天然气燃料的压力）。此外，来自磷酸燃料电池的废热可以很容易地用于大多数商业和工业热电联产应用中，并将在技术上允许使用底部循环。磷酸燃料电池的缺点是：阴极侧氧气还原的速率比碱性燃料电池慢，需要使用铂作为催化剂，且需要大量的燃料处理，包括通常的水气转换反应堆来实现良好的性能。

熔融碳酸盐燃料电池使用的电解质通常是碱碳酸盐的混合物，它被保留在 $LiAlO_2$ 陶瓷基体中。其通常在 600～700 ℃的温度下工作，碱性碳酸盐形成高导电性的熔盐，碳酸盐离子提供离子导电。在如此高的工作温度下，镍（阳极）和镍氧化物（阴极）足以促进反应，不需要贵金属作为催化剂，且许多常见的烃类化合物都可以作为燃料。熔融碳酸盐燃料电池开发的重点是在一些大型平台和远海长时间的应用。熔融碳酸盐燃料电池的优点是：不需要贵金属作为电极催化材料，镍金属电极为其提供足够的催化活性；此外，高温余热允许使用底部循环，进一步提高其效率到 50%～60%。熔融碳酸盐燃料电池的缺点是：使用腐蚀性很强的流动电解质，需要使用镍和不锈钢作为电池硬件；高温会导致材料问题，影响机械稳定性和堆料寿命；此外，阴极需要一个 CO_2 源（通常从阳极废气中回收），以此来形成碳酸盐离子，这需要额外的防喷器组件；在实际工作电压下，高接触电阻和阴极电阻将功率密度限制在 100～200 $mW \cdot cm^{-2}$ 左右。

固体氧化物燃料电池的电解质是一种固体的、无孔的金属氧化物，通常是 Y_2O_3-ZrO_2。工作温度在 600～1000 ℃，氧离子发生离子传导。通常，阳极为 Co-ZrO_2

或 Ni-ZrO_2 陶瓷，阴极为 Sr 掺杂的 $LaMnO_3$。固体氧化物燃料电池的优点是：由于电解液是固态的，电池可以铸造成各种形状，且固体陶瓷减轻了电池中的腐蚀问题；该固体电解质还允许对三相界面进行设计，避免电解质在电极中的迁移；电池的动力学是相对快的，阴极不需要 CO_2。固体氧化物燃料电池的缺点是：高温下，材料的热膨胀系数不同，导致电池间密封困难；较高的操作温度严重制约了其对材料的选择，并导致制造工艺困难。

质子交换膜燃料电池（PEMFC）的电解质是一种离子交换膜（氟磺酸聚合物或其他类似聚合物），它是一种优良的质子导体。质子交换膜燃料电池中唯一的液体是水，因此腐蚀问题是最小的。通常，带有铂电催化剂的碳电极用于阳极和阴极，并与碳或金属互连。质子交换膜燃料电池的优点是：具有固体电解质，提供优良的抗气体交叉；质子交换膜燃料电池的低工作温度使其能够快速启动，并且腐蚀问题很小，因此无论是在堆栈结构中还是在防喷器中，都不需要使用其他类型燃料电池所需的特殊材料；一些实验结果表明，质子交换膜燃料电池能够承受超过 2 $W \cdot cm^{-2}$ 的大电流密度；质子交换膜燃料电池特别适用于纯氢作为燃料的情况。质子交换膜燃料电池的缺点是：低的工作温度使其热管理困难，特别是在非常高的电流密度下，且难以使用废热热电联产或在底部循环；此外，质子交换膜燃料电池对痕量污染物（包括 CO、硫和氨）的中毒非常敏感。

对于不同燃料电池来说，阴极催化剂对于氧还原反应（ORR）是制约电池性能的关键。ORR 是一个包含多电子转移的过程。在酸性介质中，反应方程式如下：

$$O_2 + 4H^+ + 4e^- \longrightarrow 2H_2O \text{（四电子过程）}$$

$$O_2 + 2H^+ + 2e^- \longrightarrow H_2O \text{（两电子过程）}$$

$$H_2O_2 + 2H^+ + 2e^- \longrightarrow 2H_2O$$

在碱性介质中，反应方程式如下：

$$O_2 + 2H_2O + 4e^- \longrightarrow 4OH^- \text{（四电子过程）}$$

$$O_2 + H_2O + 2e^- \longrightarrow HO_2^- + OH^- \text{（两电子过程）}$$

$$H_2O + HO_2^- + 2e^- \longrightarrow 3OH^-$$

膜电极组件的功率密度测定被认为是分析 ORR 催化剂的实用性和工业可能性的方法。然而，通过膜电极组件方案对 ORR 催化剂进行综合分析需要花费大量的精力来制备优良的膜电极。因此，考虑采用半电池电化学测量技术来研究其电化学性能。它包含一个旋转圆盘电极（RDE）和旋转环盘电极（RRDE）。这种方法允许圆盘电极以大约 1600 $r \cdot min^{-1}$ 的转速高速旋转。通过稳定限流，使传质更加方便。催化材料的光滑薄膜屏蔽了玻碳电极表面，而在旋转状态下支持层状流动，降低了 Nafion 层的传质阻力。因此，为了通过极化曲线准确评价 ORR 动力学，需要在其表面沉积超薄均匀的催化薄膜。本节仅介绍过渡金属硫属化物作为阴极催化剂在不同燃料电池中的应用。

7.3.2 过渡金属硫属化物在质子交换膜燃料电池中的应用

目前，对于新型非贵金属催化剂的探索非常活跃，研究结果表明，其对氧还原具有显著的催化活性。虽然其催化活性还没有达到Pt催化剂的水平，但它将接近这个水平。过渡金属硫属化物和热解大环化合物是质子交换膜燃料电池氧还原中研究最广泛的两种非贵金属催化剂。目前已发现可作为燃料电池氧还原电催化剂的过渡金属硫属化物有：Chevrel（谢弗雷尔）相化合物（如$Mo_4Ru_2Se_8$），非晶化合物（如$Ru_xMo_ySe_z$、Ru_xS_y）和其他过渡金属（如Fe、Co、Ni、W等）硫属化物。

Chevrel相化合物具有重复晶格的簇结构，晶格中心包含一个金属离子簇，周围环绕着几个非金属离子[37]。例如，在二元化合物$M^1_6X_8$中（M^1是高价过渡金属，如Mo；X是硫属元素，如S、Se和Te），每个晶格包含一个八面体金属簇，六个金属离子被八个硫离子配位。也有三元化合物，如$Mo_6M^2_xX_8$（M^2是插层的客体金属离子）和赝二元化合物，如$Mo_6M^3_xX_8$（M^3是在八面体中取代Mo的外来金属离子）。$Mo_6M^3_xX_8$化合物由于在正电位下脱嵌母体离子，所以其电化学性能不稳定。广泛的研究集中在混合过渡金属簇合物（$Mo_6M^3_xX_8$）。当M^3为Ru时，该化合物表现出最佳的活性。Alonso等人观察到$Mo_6M^3_xX_8$可以通过四电子途径催化O_2直接还原到H_2O。这种显著的活性归因于八面体混合金属团簇的存在。这些簇可以作为电子传输的媒介将电极上得到的电子转移到表面吸附的O_2分子上。在还原过程中，团簇会发生体积变化。当团簇失去四个电子时，金属-金属键变弱，团簇体积增大了约15%。与铁或钴卟啉和酞菁等金属大环配合物相比，$Mo_4Ru_2Se_8$被认为是质子交换膜燃料电池反应最佳的非铂氧还原催化剂之一。在燃料电池运行的正常电压范围内，$Mo_4Ru_2Se_8$的性质仅比铂催化剂差30%～40%。Chevrel相化合物对氧还原表现出明显的电催化活性，其活性可能受团簇中外来金属离子含量的影响，所以Chevrel相可能并不是氧电还原的主要活性位点。Alonso等人提出并验证了一种新的低温化学沉淀法，该方法是将金属羰基与相应的铜混合在二甲苯或1,2-二氯苯等有机溶剂中。他们仔细探究了$Mo_xRu_ySO_z$ / $Mo_xRu_ySeO_z$和Ru_xS_y / Ru_xSe_y体系并揭示了所形成的化合物具有多晶和非晶结构，而不是Chevrel结构[38]。用这种低温化学沉淀法合成的催化剂在酸性介质中对氧还原表现出优异的电催化活性。

非贵金属基硫属化物可以在温和的条件下生成较小的颗粒，尺寸分布窄。Baresel等人首先研究了各种过渡金属硫化物的ORR活性，指出Co-S和Co-NiS体系在酸性介质中具有一定的催化活性。后来，在2 mol·L^{-1} H_2SO_4中各种尖晶石结构的过渡金属硫化物也被用于研究ORR活性[39]。结果表明，尖晶石结构的过渡金属硫化物的活性与所金属类型直接相关，且活性顺序为Co > Ni > Fe。因而之后大部分研究工作都集中于钴基硫化物的可控合成。常见的热力学稳定的钴基硫化物有：CoS_2、Co_3S_4

和 Co_9S_8。在酸性介质中，立方相（黄铁矿）的ORR活性明显高于正交相。Alonso等人通过三种不同的回流方法制备了碳复合的 Co_3S_4 和 $CoSe_2$（分别为 Co_3S_4/C 和 $CoSe_2/C$）。在 0.5 $mol \cdot L^{-1}$ H_2SO_4 中，无表面活性剂法合成的 Co_3S_4/C 具有良好的催化活性，起始电位在 0.66～0.68 V（相对于可逆氢电极）之间，远高于在表面活性剂存在下制备的 Co_3S_4/C（起始电位为 0.3 V）。合成过程中使用的表面活性剂阻断了 Co_3S_4 的活性位点，导致ORR活性差。且这些钴基硫化物长期暴露于空气中不稳定，会逐渐变成 $CoSO_4$。用类似方法合成的 $CoSe_2/C$ 纳米复合材料在 0.5 $mol \cdot L^{-1}$ H_2SO_4 中的起始电位为 0.72 V，通过对 $CoSe_2/C$ 进行结构的微调，起始电位可进一步优化为 0.81 V。然而，$CoSe_2/C$ 的最大工作电位必须低于 0.87 V，以避免ORR活性的降低[40]。

薄膜过渡金属硫化物的一个优点是它们的表面积可以很容易地定义，因此活度可以合理地与测量的电流密度相关，并可以与Pt/C标准进行直接比较。Zhu等人采用磁控溅射法制备了三种 CoS_2、NiS_2 和 $(Co, Ni)S_2$ 的薄膜，并对其作为ORR催化剂进行了研究。电化学测试结果表明，三种薄膜均具有显著的ORR催化活性，其中 $(Co, Ni)S_2$ 薄膜在开路电压（0.89 V，相对于RHE）和电流密度方面表现最佳[41]。Campbell等人将钴基硫化物扩展到铁基硫化物，并制备了 FeS_2 和 $(Fe, Co)S_2$ 薄膜。与块体 FeS_2 相比，FeS_2 薄膜在酸性电解质中表现出较高的ORR活性，这可能与表面硫含量不同有关。有趣的是，$(Fe, Co)S_2$ 薄膜的起跳电位略高，$(Fe, Co)S_2$ 为 0.8 V，FeS_2 为 0.78 V，且催化电流密度优于 FeS_2 薄膜。这项工作表明了引入过渡金属物种来增强ORR性能的可能性，尽管改进的内在机制尚不清楚。不同电解质对材料的酸性ORR活性影响也很大，$(Co, Ni)S_2$ 薄膜在 0.1 $mol \cdot L^{-1}$ $HClO_4$ 中的起始电位（0.89 V，相对于RHE）和电流密度均比在 H_2SO_4 中有所提升[42]。

还有一些新型的过渡金属硫化物被开发并用于质子交换膜燃料电池中。Zhang等人以二甲苯为溶剂，在回流条件下，用化学沉淀法制备了W-Co-Se电极材料。在酸性条件下，该材料的起始电位为 0.755 V（相对于RHE），这可能与硒修饰W-Co的电子结构有关。此外，该材料的电化学稳定性在 0.05～0.8 V之间，这也是Se的贡献，在酸性介质中提高了W和Co在高电位下的稳定性[41]。Xiao等人报道了面包状FeS与N和S双掺杂的介孔石墨化碳在碱性和酸性介质中作为优异的ORR电催化剂[43]。Cao等人报道了多孔氮掺杂碳（N-C）包埋的硫化钴复合材料，其具有良好的ORR性能，与商用Pt/C的ORR性能相当，OER性能比 RuO_2/C 高，且具有长时间的稳定性[44]。Li等人合成了氮掺杂碳负载的新型杂化材料WC/FeS/FePt作为ORR电催化剂，在 0.9 V（相对于RHE）下显示了 317 $mA \cdot mg^{-1}$ Pt的质量活性，比Pt/C电催化剂（125 $mA \cdot mg^{-1}$ Pt）高 2.5 倍。此外，WC/FeS/FePt/NC在酸性电解液中的耐久性也有所提高[45]。Wang等人制备了独特的空心纳米杂化结构，该结构由负载在碳基体上的分散良好的电催化剂纳米颗粒组成。该 Co_9S_8 和氮掺杂空心碳球展现出了优异的 ORR 活性[46]。

7.3.3 过渡金属硫属化物在碱性燃料电池中的应用

使用非贵金属作为合适的催化剂,在碱性介质中氧还原的过电位可以显著降低,因此碱性燃料电池近年来受到了广泛的关注。过渡金属硫属化合物被认为是潜在的碱性燃料电池阴极催化剂。Wang 等人合成了硫化钴/石墨烯复合材料，并证明与目前最先进的 Pt/C 催化剂相比，它在碱性介质中是一种高效、耐用的电催化剂。为了进一步提高硫化钴/石墨烯复合材料的活性，在该复合材料中掺杂 Ni，并研究了掺杂对于 ORR 的协同作用[47]。

Arunchander 等人将硫化钴（Co_9S_8）沉积在石墨烯载体上，并在碱性介质中获得了优异的 ORR 催化活性。起始电位为−0.01 V（相对于 Ag/AgCl），有 5000 次的循环稳定性。在实际的碱性燃料电池测试中，峰值功率密度为 31 $mW \cdot cm^{-2}$ [48]。

在碱性 ORR 反应中，MoS_2 基催化剂的催化活性是由于在片的边缘暴露了大量的不饱和 S 位点，当然也有报道其性能与材料的尺寸也有关。而暴露的 Mo 位点也被证实可以作为催化的活性位点来吸附氧气分子并有利于后续催化产物的脱附。Zhao 等人[49]研究了氮掺杂石墨烯负载的多层 MoS_2 在碱性介质中作为高效的 ORR 催化剂，由于杂原子与 MoS_2 片之间存在协同效应，ORR 性能得到了改善。Du 等人制备了嵌在三维多孔氮掺杂石墨烯上的 MoS_2 纳米点,并系统地研究了其 ORR 性能,结果表明在碱性介质中，杂化催化剂具有良好的四电子选择性[50]。Zhou 等人合成了分级超薄 MoS_2/还原石墨烯氧化物复合材料（MoS_2/rGO）作为高效的 ORR 催化剂,起始电位约为 0.8 V（vs. RHE），极限电流密度约为 2.7 $mA \cdot cm^{-2}$。MoS_2 超薄片的高表面积提供了更好的电极-电解质相互作用，从而增强了 ORR 性能[51]。Huang 等人[52]将氧引入超薄 MoS_2（o-MoS_2）薄片中，并研究了其 ORR 活性。与原始 MoS_2 片相比，o-MoS_2 催化剂的起始电位和半波电位分别出现了 180 mV 和 160 mV 的正移。ORR 活性的增强是由于 O 的掺杂减小了母体的带隙，使其导电性变好。

Wu 等人通过固相反应制备了碳负载的 $Co_{1.67}Te_2$ 复合材料，并研究了其在碱性介质中的 ORR 性能（0.1 $mol \cdot L^{-1}$ KOH，pH = 13），起始电位为 0.18 V，过氧化物产率低（约 5%）。多个 Te—Te 键的聚合物网络有利于氧的吸附和解离，因此更有利于四电子转移途径[53]。

使用贵金属与过渡金属硫属化物复合也是一种常见的改性策略。用 Pt 纳米颗粒修饰后，得到的 Pt/$CoSe_2$ 纳米带复合材料比原始纯硫化物的 ORR 性能更好。改性后 Pt/$CoSe_2$ 的起始电位发生了 0.3 V 的正移，与商用 Pt/C 催化剂的起始电位基本一致。更重要的是，所构建的材料比商用 Pt/C 表现出更好的甲醇耐受性，而 Pt/C 催化剂在体系中存在甲醇时 ORR 活性显著降低,即使甲醇的浓度很低(0.05 $mol \cdot L^{-1}$)。Pt/$CoSe_2$ 的 ORR 起始电位和电流密度在不同浓度的甲醇存在时几乎没有变化，甚至在高浓度（5 mol·L^{-1}）时也没有变化[41]。这种复合策略也为其他燃料电池电极材料的设计提供了可借鉴意义。然而，上述发现仅仅局限于半反应模式下的 ORR 性质。膜电极组装过程中催化剂与电极的相容性以及建立三相接触是提高燃料电池功率输出的重要环节。因此，如何将在三电极体系测试下 ORR 性能优异的过渡金属硫属化物组装为实际性能优异的碱性燃料电池仍有很长的路要走。

7.4 太阳能电池

7.4.1 太阳能电池的分类与工作原理

太阳能在可再生能源中占有非常重要的地位，与常规能源和核能相比，太阳能具有广泛性、清洁性和永久性等优势。太阳能电池是利用光生伏特效应，将太阳能转化成电能的一种光电器件。太阳能电池材料是构成太阳能电池的基础。根据太阳能电池材料的不同，可以将太阳能电池分为四大类：硅基太阳能电池、以ⅢA-ⅤA族化合物（如 GaAs）和ⅡB-ⅥA 族化合物（如 CdTe）为主的合成半导体太阳能电池、染料敏化太阳能电池和有机太阳能电池。

硅基太阳能电池又可分为单晶硅太阳能电池、多晶硅薄膜太阳能电池、非晶硅太阳能电池和硅基叠层薄膜太阳能电池。单晶硅太阳能电池转换效率最高，但成本高，工艺繁琐。多晶硅薄膜太阳能电池转换效率较高，寿命长，制备工艺简单。非晶硅太阳能电池的成本低，但因为材料自身无法吸收长波段的太阳辐射，因此转换效率较低。硅基叠层薄膜太阳能电池可以利用器件结构来调整多晶硅和非晶硅的装配模式，优化转换效率并且降低成本，在未来有很大的发展空间。

合成半导体太阳能电池具有较高的转换效率，被视为硅基太阳能电池的替代品。CdTe 太阳能电池是一种低成本、高效率的太阳能电池。0.845 cm^2 的单片与 4878 cm^2 的模块 CdTe 太阳能电池转换效率分别为 16.7%和 10.9%。铜铟镓硒（CIGS）太阳能电池也有望成为低成本、高效率的太阳能电池，且具有不衰退、弱光性能好等优势，但是由于材料金属原料资源的紧缺，限制了之后的发展。

有机太阳能电池和染料敏化太阳能电池有望成为低成本的太阳能电池。然而，小面积染料敏化太阳能电池和有机太阳能电池的电流效率分别为 11.5%和 8.3%，要使这些电池在商业上得到广泛的应用，必须使这些电池的电流效率达到 15%以上。因此，进一步发展染料敏化太阳能电池和有机太阳能电池的科学技术是非常重要的。

太阳能电池的基本原理即光生伏特效应[54]。当一束单色光照射到半导体上时，入射光的一部分被半导体吸收。若只考虑半导体的本征吸收，则当光子的能量足够大，可以使半导体价带区域的电子被激发，越过禁带跃迁到空的导带上，在价带中留下一个空穴，形成电子-空穴对。因此，半导体要发生本征吸收，光子能量必须大

于或等于晶带宽度 E_g，即

$$\frac{hc}{\lambda}=h\nu \geqslant E_g$$

式中，h 为普朗克常量；ν 为光的频率。光子的吸收既满足能量守恒，也满足动量守恒。

光伏发电技术是一种很有前途的可再生能源技术，因为它可以解决环境问题和有限的能源来源。为了实现太阳能光伏的广泛应用，为人类文明的进一步发展做出贡献，进一步发展光伏科学技术是非常重要的[55]。也就是说，必须进一步提高转换效率和可靠性，降低太阳能电池和组件的成本。三十多年前，O'Regan 和 Grätzel 报道了一种具有里程碑意义的低成本太阳能电池，它可以将 7%的太阳能转化为电能，转换效率高达 22%，该工作开创了钙钛矿氧化物作为太阳能电池应用的先河。他们的基本理念是从光合作用中借鉴来的，光合作用是一种叶绿素分子吸收阳光并将其转化为化学能的过程。在当时提出的染料敏化太阳能电池（DSC）中，光被沉积在二氧化钛（TiO_2）纳米颗粒表面的钌基染料分子吸收，如图 7-8（a）所示。在染料和纳米粒子的界面上，有一个被激发的电子和一个相应的空穴产生；电子被 TiO_2 纳米粒子传导到阳极上，然后转移到对电极（阴极）上；最后，经过液体电解质（一种液体溶剂和离子的混合物）构成一个闭合电路，使电子与空穴重新结合，并返回到染料中。电子通过外电路时产生电能。

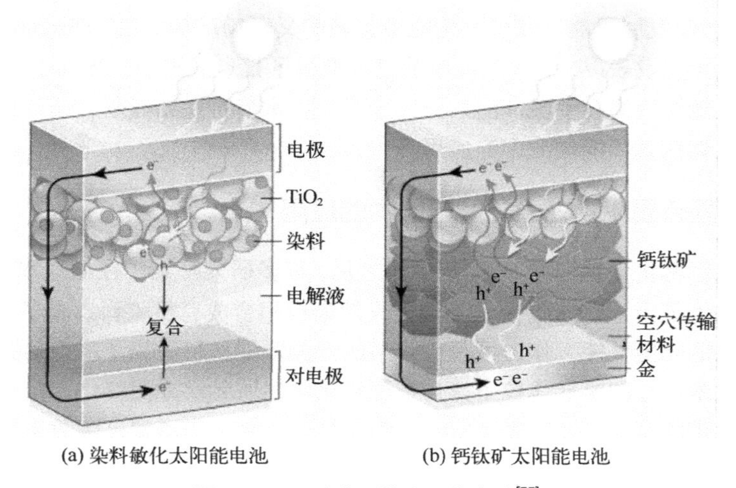

(a) 染料敏化太阳能电池　　(b) 钙钛矿太阳能电池

图 7-8　两种典型的太阳能电池[55]

与以往的太阳能电池相比，DSC 的新奇之处在于 TiO_2 纳米粒子为染料分子提供了极大的表面积。研究者使用了一层 10 μm 厚的纳米颗粒薄膜，平均直径约为 15 nm。由于薄膜的多孔结构，其比表面积大至其几何面积 780 倍，类似于叶绿体中发生光合作用的电子传递反应的类囊体膜堆。在O'Regan和Grätzel的结果发表后，DSCs 性能的初步改善是通过使用单核而不是三核钌基染料分子，这将转换效率从大约 7%提高到 11%以上。分子工程与叶绿素结构相似的“给体-发色体-受体”染料进一步使转换效率提高到 13%。下一步是将液体电解质替换为固态的空穴传输材料，以创建固态 DSC。固态 DSC 有利于提高太阳能电池的稳定性，并避免了与液体泄漏有关的问题；然而，固态 DSC 的效率仅有液态 DSC 的 50%，因为空穴传输材料不能像液态电解质那样均匀地渗透到 TiO_2 薄膜中。

在过去的十几年中，固态 DSC 的结构已经被用于太阳能电池，它使用的不是染料，而是钙钛矿化合物，这种化合物具有通用的分子式 ABX_3，其中 A 和 B 是两个不同的带正电荷的离子，X 是一个带负电荷的离子。钙钛矿太阳能电池（PSC），如图 7-8（b）所示，由于钙钛矿优异的光吸收特性，已经在光伏产业中产生了“海啸效应”。Tsutomu 等人通过使用液体电解质的 PSC 开始了钙钛矿太阳能电池的研究热潮，随后又向固态 PSC 过渡[56]。研究表明，铅卤钙钛矿（如 $CH_3NH_3PbI_3$）不仅可以作为吸光材料，而且还可以作为电荷传输材料。

目前使用的 PSC 结构有几种，但报道的最高转换效率（超过 22%）是基于钙钛矿作为光吸收半导体、TiO_2 作为电子受体、聚三芳胺聚合物作为空穴传输材料的结构。PSCs 有望达到更高的效率 25%，有取代化石燃料的潜力，而并评为 2016 年十大新兴技术之一。然而 PSCs 也存在很多缺点，如材料在过度热和光暴露下的稳定性差，以及由于铅的存在而产生毒性。通过结合材料科学、化学和设备技术的创新，PSCs 的进一步发展可能导致可再生能源领域的又一场革命。自 O'Regan 和 Grätzel 的里程碑式论文发表以来，太阳能电池已经取得了长足的进步，PSCs 作为一种获取真正可再生能源的潜在手段，前景一片光明[55]。本节将介绍镉基、铜基和锌基过渡金属硫属化物在太阳能电池中的应用。

7.4.2 镉基硫属化物在太阳能电池中的应用

在无机钌基化合物作为 DSC 的染料之后，许多研究都集中在低成本、高效率染料的开发和表征上。这些包括但不限于天然染料和合成有机染料。量子点（QDs）由于其优良的光电性能，作为可替代染料的一类新型材料受到了广泛的关注。量子点是一种纳米尺寸的半导体粒子，其物理和化学性质随尺寸而变化。量子点的显著特点包括禁带能可调，发射光谱窄，光稳定性好，激发光谱宽，吸收系数高，能产生多个激子。镉基硫属化物（CdX，X = S、Se 或 Te）量子点在 DSC 的研究中越来越受到重视[57]。CdX 量子点的广泛研究活动主要是由于其独特的性质，如易于制造，可通过尺寸控制带隙能量，以及上述可能发生的多重激子等。CdX 能有效地吸收光子，是因为它们的带隙大于 1.3 eV（CdS、CdSe 和 CdTe 的带隙分别为 2.25 eV、1.73 eV 和 1.49 eV）。当出现光生电子和空穴时，硫化物很容易在电极-电解质界面发生以下

反应:

$$S^{2-} + 2h^+ \longrightarrow S$$

$$S + S_{x-1}^{2-} \longrightarrow S_x^{2-} \quad (x = 2 \sim 5)$$

$$S_x^{2-} + 2e^- \longrightarrow S_{x-1}^{2-} + S^{2-}$$

虽然会发生上述的氧化还原反应,但镉基硫属化物还是比其他硫化物量子点(如PbS)腐蚀的慢。Hossain 等人利用化学浴沉积的方法制造 CdSe 量子点，并利用它们获得了 1.56%的效率[58]。在他们的工作中，观察到的电池性能的改善主要归因于量子点的尺寸和它们覆盖在光电极上表面积的增加。此外，二氧化钛的纳米管形式可以负载更多的量子点，电池性能更好。

制备两种或两种以上不同尺寸的量子点可以使短路电流和填充因子都发生显著提高。使用两种不同尺寸的 CdSe 量子点与使用单一尺寸量子点的太阳能电池相比，性能得到了改善。Chen 等人在 DSC 中使用了两种不同尺寸的 CdSe 量子点（2.5 nm 和 3.5 nm）效率为 1.26%，而单一尺寸量子点电池的效率低于 1%。这种效率提升可能是由于更广泛的光吸收范围和更长的电子寿命[59]。此外，还可以推断，两种或两种以上尺寸的 CdSe 量子点可以使界面上的载流子复合最小化。

另一种提高 DSC 性能的方法是将几个纳米颗粒偶联形成核壳结构。将两种类型的纳米粒子耦合成核壳结构或多壳结构可以显著提高光量子点的光电化学性能。这在 Sung 等人的工作中得到了证实，他们使用 CdS_xSe_{1-x} 作为具有核/壳结构的量子点来制备 DSC。在 CdS/CdSSe/CdSe 多壳层结构中，随着 Se 含量的增加，所制备的 DSC 的光电流密度增大[60]。在另一个例子中，Li 等人报道的 CdSe/CdS 核壳纳米晶体要比单纯 CdSe 纳米晶体的性能要好。CdSe/CdS 核壳结构的光致发光量子产率有所提高。在 CdTe/CdS 和 CdS/CdSe 核壳太阳能电池结构中，也能观察到短路电流密度的改善[61]。

半导体材料的选择、芯层尺寸和壳层厚度也会影响材料的性能。Dworak 等人报道，通过飞秒吸收光谱的观察，界面电子转移反应的速率取决于 CdS 壳层厚度，厚度越小，传输效率越好[62]。

性能优化还应考虑量子点的排列和表面状态，这取决于量子点的制造工艺和表面处理。适当的后处理对太阳能电池性能的改善也起着重要的作用。Tena 等人将 ZnO/CdSe 核壳纳米线经过 350 ℃的退火处理后,CdSe 的结构会发生了相应的变化。热处理后 CdSe 量子点的尺寸变大，外部量子效率增加，这可能是促进了 CdSe 的载流子注入[63]。Yu 等人也报道了量子点退火对 DSC 性能的影响。TiO_2/CdSe/CdS/ZnS 阳极在 400 ℃下退火后，效率为 4.21%，而不经退火处理效率仅为 3.20%[64]。

除了利用不同的表面形态外，杂化材料作为电子导体也受到研究者的青睐。Liu 等人研究发现，由于 CdSe 和 TiO_2 之间增强的界面耦合，CdSe/TiO_2 的杂化介孔具有更好的光电化学性能。将 CdSe 量子点与 TiO_2 纳米颗粒混合后组装成胶体球，通过乳化自组装形成 CdSe/ TiO_2 杂化介孔结构，然后经煅烧去除表面配体。这导致二者之间有强的作用力[65]。掺杂是另一种制造杂化材料的方法。Zhu 等人报道的采用锌掺杂纳米 TiO_2 薄膜的 CdS 敏化的太阳能电池中，获得了超过 2%的光伏效率。与仅添加 TiO_2 层的 CdS 太阳能电池相比，效率提高了 24%，这主要是由于光生载流子复合的减少[66]。

在 DSC 中，碘/三碘基液体电解质通常用作氧化还原介质。然而，碘基电解液在镉基硫属化合物中的应用效果并不理想，效率通常在 1%以下。这是因为碘化物基电解质本身对镉基硫属化合物量子点具有腐蚀性，特别是对 CdTe。为了解决这一问题,应采用钝化涂层来改善光阳极的表面形貌或使用其他非腐蚀性类型的电解质。近年来，钴基电解液在 DSC 中的应用取得了很大的进展。Lee 等人报道的基于钴氧化还原偶联的 DSC 的效率高达 4.76%。这使得钴氧化还原对成为迄今为止 DSC 最优的氧化还原介质。对于镉基硫属化物量子点太阳能电池，常用的电解质是多硫化物。但并不是所有的敏化剂都能从聚硫电解质的使用中获益。然而，多硫电解质的存在对于金属硫属基太阳能电池的稳定性至关重要[67]。Bang 等人发现，硫离子只能够消除 CdSe 量子点体系中的光生空穴,而不能清除 CdTe 量子点体系中的光生空穴。然而，硫离子缓慢地清除 CdSe 产生光生空穴，会阻碍总效率。因此，在 TiO_2 基体中聚集的电子容易在光电阳极和电解液的界面处发生重组,从而限制光电流的效率。随着氧化对的存在（即在电解液中加入 S 或 Se），反向电子转移速率进一步提高。因此，通过表面改性来控制反向电子转移是一种较好的方法[68]。

不同的对电极对于镉基硫属化合物量子点太阳能电池的性能影响也很大。一般情况下，大多数采用的是镀铂透明导体层。铂对电极已被用于 50%以上的镉基硫属化物量子点太阳能电池。然而，还有其他材料在用作对电极时，量子点太阳能电池表现出更好的性能。常见对电极的替代材料包括碳、金、Cu_2S 和还原氧化石墨烯。通常，Cu_2S 对电极是由铜片与浓盐酸反应，然后浸在聚硫水溶液中。在以 Cu_2S 为对电极的镉基硫属化合物量子点太阳能电池中，Hossain 等人获得了 5.21% 的最高效率[69]。以 Au 为对电极的镉基硫属化合物量子点太阳能电池比以 Pt 为对电极表现出更好的性能。Lee 等人报道的使用 Au 作为对电极的 DSC 的最高效率为 4.22%[70]。

7.4.3 铜基硫属化物在太阳能电池中的应用

相比于含有镉或铅等有毒元素的过渡金属硫化物，同样具有类似光学特性且毒性小的铜基硫属化物半导体纳米晶体引起了科学界的兴趣。自 20 世纪 80 年代以来，由黄铜矿演化而来的三元半导体已得到广泛的开发，商业上可用的太阳能电池也已经存在。在过去的几十年里，基于多晶碲化镉（CdTe）、硒化铜铟（CIS）和铜铟镓硒（CIGS）的薄膜太阳能电池一直热度不减。CIGS 和 CdTe 太阳能电池的转换效率在组件生产中超过 11%，在实验室中为 20%，但由于 In、Ga 和 Te 的缺乏以及 Cd 和 Se 的毒性所带来的环境问题，其局限性是显而易见的。为了解决这些问题，有必要寻找无毒、元素丰富的吸光材料。四元化合物，如 Cu_2ZnSnS_4（CZTS）和 $Cu_2ZnSnSe_4$（CZTSe），由于其直接带隙为 1.4～1.6 eV，吸收系数大（＞10^4 cm^{-1}），理论极限功率转换效率为 32.2%，被认为是最有前途的“下一代”光伏材料之一。同时，与 CIGS 中 In 和 Ga 元素相比，它们的组成元素 Zn 和 Sn 无毒且储量丰富[71]。因此，以开发无污染的太阳能电池为目标，CZTS 被认为是下一代薄膜太阳能电池吸收剂的潜在候选材料。除了四元铜基硫属化物半导体，关于ⅠB-ⅢA-ⅥA 纳米晶体的胶体合成的报道也越来越多。然而，如何控制这些材料的尺寸、形状、组成和光学性质仍然是一个难题。本节简要介绍铜基硫属化物的改性方法及其在全无机太阳能电池、有机-无机杂化太阳能电池、纳米晶体敏化太阳能电池中的应用。

铜基硫属化物的改性方法包括调整前体的反应性、形貌控制、晶体结构调控、组分调控等。三元ⅠB-ⅢA-ⅥA 半导体纳米晶体的合成需要一个铜源和两种不同的阳离子（例如 Cu^+和 In^{3+}）之间的反应。设计这些粒子的合成过程的挑战来自这两种阳离子具有不同的化学性质：铜是软路易斯酸，铟和镓是硬路易斯酸，硒和硫是软路易斯碱。因此，这两种硫属化物都优先与铜发生反应，从而形成铜的硫属化物。为了避免这种情况，必须使用适当的配体来调整阳离子的反应活性。在胶体合成常用的配体中，硫醇或磷化氢是软的路易斯碱，而胺或羧酸是硬的路易斯碱。因此，仅用一种有机稳定剂很难控制阳离子的反应性，需要使用一种以上的稳定剂来精确控制两种阳离子的活性，例如，铜与硫醇结合，羧酸与铟结合。克服与铜和铟的不同反应性有关的问题的另一种可能性是使用含有两种金属的单分子前体，并在反应过程中同时释放它们。在某些反应中，如果在加入铜前驱体之前将铟和硫源混合在一起，则会对纳米粒子的化学计量学和相纯度产生有利的影响。这样，在与铜反应之前就可以形成 In—S 键。硫或硒与铜的反应速度快于与铟或镓的反应速度，这往往导致在反应开始时形成硫化铜或富铜的 $CuInS_2$ 纳米晶体。在生长后期，由于溶液中铜的消耗，纳米颗粒中的元素比例会向更高的铟含量转变。因此，控制胶体合成粒子的大小和组成并非总是相互独立的。要获得接近理想的 1∶1∶2 原子比的化学计量，需要对所有前体的活性进行精确控制。Li 等人[71]在以十二硫醇为溶剂和硫源的反应中可以实现近乎理想的化学计量比。过量的阴离子前体阻止了铜间隙的形成，这似乎是导致生长过程中化学计量学变化的原因。对于形貌控制、晶体结构调控和组分调控，本节将不再赘述。

下面简要介绍铜基硫属化物在不同类型太阳能电池中的应用。

（1）在全无机太阳能电池中的应用

$Cu(In,Ga)Se_2$ 太阳能电池的效率可以达到 20%，这是现阶段薄膜太阳能电池的最高纪录。然而，高的生产成本（投资和电力消耗）阻碍了它们的广泛使用，因此，需要开发更经济的生产方法。半导体纳米晶体的胶体溶液可作为墨水，被认为是一种可以避免耗电的真空和高温工艺，并降低投资成本的可能选择之一。正如Guo等人所证明的那样，具有大结晶区域的 $Cu(In,Ga)Se_2$ 薄膜可以通过烧结沉积的胶体纳米晶体获得[72]。对 $Cu(In,Ga)Se_2$ 纳米粒子进行热处理后，在AM1.5光照条件下，器件的功率转换效率达到3.2%。由于有机配体在烧结过程中被去除，薄膜中存在一些空隙。当使用 $Cu(In,Ga)S_2$ 粒子在硒气氛中加热形成薄膜时，硫与硒的交换增加了无机物质的体积，弥补了有机配体的损失。因此，得到了形貌较好的薄膜，具有较高的功率转换效率（4.76%）[73]。

然而，用于从纳米颗粒中获得多晶膜的烧结步骤也是耗电的，因此，不需要烧结的活性层是有发展潜力的。在未热处理的情况下，PbS纳米晶体覆盖无机配体的效率最高为6%；采用油胺封盖 $CuInSe_2$ 纳米晶生产的器件功换效率在3%以下。然而，莫特-肖特基（Mott-Schottky）测试结果表明，这些器件的活性区域仅为50 nm，说明只有一小部分入射光被较厚的活性区域吸收，有效地转化为电能。如果能提高 $CuInSe_2$ 薄膜中光生载流子的萃取率，这些器件的效率将会得到提高。无机配体覆盖的 $CuInSe_2$ 纳米晶体具有较低的功率转换效率，当以金属硫-肼配合物作为封端剂时，效率可达1.7%。然而，由于需要使用肼作为溶剂，这类纳米晶体无法在工业上得到应用。无肼配体，如 S^{2-}，也适合作为 $CuInSe_2$ 纳米晶体的封盖剂，但使用它们作为活性层的器件的效率要低得多[74]。

（2）在有机-无机杂化太阳能电池中的应用

由导电聚合物组成的太阳能电池与薄膜太阳能电池相比具有两个优点：首先是成本低，因为它们可以直接对溶液进行后处理，比如印刷在柔性衬底上；其次，在单结低带隙聚合物电池中，效率可以达到8.4%。有机聚合物的一个缺点是它们较低的稳定性以及相对较低的电子迁移率。此外，大多数半导体聚合物的带隙范围"有限"，只能利用一小部分的太阳光谱。半导体纳米晶体的吸收能达到近红外光谱范围，且无机半导体中电子的迁移率比聚合物高得多。因此，将半导体聚合物与无机纳米材料相结合是克服有机材料局限性的一种较好的方法。尽管有机-无机体异质结太阳能电池在理论上具有优势，但与纯有机器件相比，这类器件的效率并没有得到提高。混合太阳能电池存在纳米粒子表面钝化不足、无机粒子表面的陷阱态和聚集有关的问题，这些问题会恶化活性层的形貌。使用PbS、PbSe或CdSe与导电聚合物共混体系的效率可达到5%，且颗粒的形貌和表面性质都得到了优化。$CuInS_2$ 或 $CuInSe_2$ 与导电聚合物，如聚己基噻吩（P3HT）、聚[2-甲氧基-5-(2-乙基己氧基)-1,4-苯基乙烯基]（MEH-PPV）或聚[3-(乙基-4-丁酸)噻吩]（P3EBT）的共混物表现出光伏响应。然而，这些共混物的太阳能电池的功率转换效率通常远低于1%[71]。

（3）在纳米晶体敏化太阳能电池中的应用

纳米晶体具有更高的吸收系数，在光照下比传统染料分子更稳定。TiO_2 和 $CuInS_2$

纳米粒子能级的相对位置允许电荷分离，二者的组合显示出光催化活性，也可以应用于纳米晶体敏化太阳能电池。用 ZnSe 涂覆 $CuInS_2$ 颗粒并附着在 Cu_2S 缓冲层覆盖的 TiO_2 上，转化效率达到 2.52%。$CuInS_2$ 与 Se 的合金化进一步扩大了 $CuInS_2$ 在近红外光谱区域的吸收，而 Cd(S,Se)薄壳的形成减少了载流子表面复合概率，增加了器件的稳定性，由此产生的量子点敏化太阳能电池显示出高达 4.2%的功率转换效率[75]。

7.4.4 锌基硫化物在太阳能电池中的应用

ZnS 与传统的半导体材料如二氧化钛（TiO_2）、硫化镉（CdS）、氧化锌（ZnO）等具有相似的性质，因此受到了广泛的关注。但在不同类型的太阳能电池中，ZnS 纳米结构的应用不尽相同。本节简要介绍 ZnS 纳米结构在染料敏化太阳能电池和铜铟镓硒（CIGS）薄膜太阳能电池中的应用。

ZnS 纳米结构可以作为 DSSC 的光阳极，但 ZnS 基太阳能电池的电池效率无法与其他太阳能电池相比。与 ZnS 的光阳极不同，用还原氧化石墨烯（rGO）负载的 ZnS 复合材料已成为低成本替代铂对电极的候选材料。另外，ZnS 包封的 CdSe 纳米晶体具有很强的光致发光特性，为太阳能电池的应用提供了可能性。此外，随着 ZnS 与其他金属硫化物或氧化物的复合结构显示出可观的电池效率，基于 ZnS/金属硫化物（氧化物）纳米复合或多层结构的太阳能电池研究越来越多。结果表明，采用复合 ZnS/ZnO 方法可以提高染料敏化 ZnO 太阳能电池的效率。其中 ZnS 可能为电子在导电玻璃/硫化锌/氧化锌/染料结构中传递提供第二种途径。然而，由于很难提升染料的比表面积，导致电池效率相对较低。一种解决方法是制备基于 ZnO/ZnS 的核壳纳米线结构的敏化太阳能电池，其性能有了很大的提高。结果表明，ZnO 纳米线上的 ZnS 层通过减小缺陷位置抑制了阳极/电解质界面载流子的复合，缺陷位置取决于 ZnO 纳米线上 ZnS 涂层的形貌[76]。

虽然 ZnO/ZnS 的异质结构为染料吸附提供了表面积优势，但传统染料仍然很少被吸附在这样的表面上，从而导致低的光捕获能力和太阳能电池性能。为了提高电池效率，在量子点敏化的 TiO_2 太阳能电池上镀上 ZnS 涂层，光电流显著增加，这可以解释为 ZnS 钝化层的出现减缓了载流子的复合概率。特别是多层或复合的量子点敏化剂，例如 CdSe 或 CdS 与 ZnS 钝化层复合后短路电流增加，半导体-电解质界面的耐腐蚀稳定性增强。利用密度泛函理论对 ZnO/ZnS 纳米线的电子结构进行研究，结果表明：ZnO/ZnS 纳米线的空间电荷分离主要由 ZnS 壳层的价带最大值和 ZnO 核层的导带最小值的强局域化引起，这导致了载流子复合率的降低[77]。因此，ZnS 纳米结构可以作为钝化层来防止多层染料敏化太阳能电池和异质结构核壳量子点敏化太阳能电池中的载流子复合。

ZnS 纳米结构在铜铟镓硒（CIGS）薄膜太阳能电池中也有应用。ZnS 作为一种替代的缓冲层可以取代具有相似电子和物理性能的有毒的 CdS。ZnS 缓冲层可以通过化学浴沉积、分子束沉积、金属有机化学气相沉积等方法制备。采用化学浴沉积的 ZnS 缓冲层，通过调控 O/S 原子比，可使 ZnS/CIGS 界面的导带偏移减小，载流子在体相内的复合概率降低，转换效率可达 18.1%。此外，ZnS-In_2S_2 的复合缓冲层也被用于 CIGS 薄膜太阳能电池，其开路电压和填充系数均有显著提高。通过研究这些成分的形貌，并与太阳能电池参数进行关联，表明缓冲层中引入 Zn^{2+} 离子是电池效率提高的原因之一。通过采用不同的沉积方法构筑 ZnS 缓冲层，CIGS 薄膜太阳电池的功率转换效率都得到了明显提高[78]。

参考文献

[1] Winter M, Barnett B, Xu K. Before Li ion batteries. Chem Rev, 2018, 118(23): 11433-11456.

[2] Song M, Tan H, Chao D, et al. Recent advances in Zn-ion batteries. Adv Funct Mater, 2018, 28(41): 1802564.

[3] Whittingham M S. Lithium batteries and cathode materials. Chem Rev, 2004, 104(10): 4271-4302.

[4] Paolella A, George C, Povia M, et al. Charge transport and electrochemical properties of colloidal greigite (Fe_3S_4) nanoplatelets. Chem Mater, 2011, 23(16): 3762-3768.

[5] Xu C, Zeng Y, Rui X, et al. Controlled soft-template synthesis of ultrathin C@FeS nanosheets with high-Li-storage performance. ACS nano, 2012, 6(6): 4713-4721.

[6] Goriparti S, Miele E, De Angelis F, et al. Review on recent progress of nanostructured anode materials for Li-ion batteries. J Power Sources, 2014, 257: 421-443.

[7] Slater M D, Kim D, Lee E, et al. Sodium-ion batteries. Adv Funct Mater, 2013, 23(8): 947-958.

[8] Kang H, Liu Y, Cao K, et al. Update on anode materials for Na-ion batteries. J Mater Chem A, 2015, 3(35): 17899-17913.

[9] Park J, Kim J S, Park J W, et al. Discharge mechanism of MoS_2 for sodium ion battery: Electrochemical measurements and characterization. Electrochim Acta, 2013, 92: 427-432.

[10] David L, Bhandavat R, Singh G. MoS_2/graphene composite paper for sodium-ion battery electrodes. ACS nano, 2014, 8(2): 1759-1770.

[11] Zhu C, Mu X, van Aken P A, et al. Single-layered ultrasmall nanoplates of MoS_2 embedded in carbon nanofibers with excellent electrochemical performance for lithium and sodium storage. Angew chem, 2014, 126(8): 2184-2188.

[12] Wang X, Shen X, Wang Z, et al. Atomic-scale clarification of structural transition of MoS_2 upon sodium intercalation. ACS Nano, 2014, 8(11): 11394-11400.

[13] Liu Y, Kang H, Jiao L, et al. Exfoliated-SnS_2 restacked on graphene as a high-capacity, high-rate, and long-cycle life anode for sodium ion batteries. Nanoscale, 2015, 7(4): 1325-1332.

[14] Wang H, Wang Y, Wu Q, et al. Recent developments in electrode materials for dual-ion batteries: Potential alternatives to conventional batteries. Mater Today, 2021: S1369702121003953.

[15] Gao H, Zhou T, Zheng Y, et al. CoS quantum dot nanoclusters for high-energy potassium-ion batteries. Adv Funct Mater, 2017, 27(43): 1702634.

[16] Mao M, Cui C, Wu M, et al. Flexible ReS_2 nanosheets/N-doped carbon nanofibers-based paper as a universal anode for alkali (Li, Na, K) ion battery. Nano Energy, 2018, 45: 346-352.

[17] Lakshmi V, Chen Y, Mikhaylov A A, et al. Nanocrystalline SnS_2 coated onto reduced graphene oxide: demonstrating the feasibility of a non-graphitic anode with sulfide chemistry for potassium-ion batteries. Chem Commun, 2017, 53(59): 8272-8275.

[18] Lu Y, Chen J. Robust self-supported anode by integrating Sb_2S_3 nanoparticles with S, N-codoped graphene to enhance K-storage performance. Sci China Chem, 2017, 60(12): 1533-1539.

[19] Geng L, Scheifers J P, Zhang J, et al. Crystal structure transformation in chevrel phase Mo_6S_8 induced by aluminum intercalation. Chem Mater, 2018, 30(23): 8420-8425.

[20] Mori T, Orikasa Y, Nakanishi K, et al. Discharge/charge reaction mechanisms of FeS_2 cathode

material for aluminum rechargeable batteries at 55°C. J Power Sources, 2016, 313: 9-14.
[21] Geng L, Scheifers J P, Fu C, et al. Titanium sulfides as intercalation-type cathode materials for rechargeable aluminum batteries. ACS Appl Mater Interfaces, 2017, 9(25): 21251-21257.
[22] Yu Z, Kang Z, Hu Z, et al. Hexagonal NiS nanobelts as advanced cathode materials for rechargeable Al-ion batteries. Chem Commun, 2016, 52(68): 10427-10430.
[23] Hu X, Sun X, Yoo S J, et al. Nitrogen-rich hierarchically porous carbon as a high-rate anode material with ultra-stable cyclability and high capacity for capacitive sodium-ion batteries. Nano energy, 2019, 56: 828-839.
[24] Zhang X, Wang S, Tu J, et al. Flower-like vanadium suflide/reduced graphene oxide composite: an energy storage material for aluminum-ion batteries. Chem Sus Chem, 2018, 11(4): 709-715.
[25] Li Z, Yang L, Xu G, et al. Hierarchical MoS_2@N-doped carbon hollow spheres with enhanced performance in sodium dual-ion batteries. Chem Electro Chem, 2019, 6(3): 661-667.
[26] Liang Y, Lai W H, Miao Z, et al. Nanocomposite materials for the sodium-ion battery: a review. Small, 2018, 14(5): 1702514.
[27] Zheng C, Wu J, Li Y, et al. High-performance lithium-ion-based dual-ion batteries enabled by few-layer $MoSe_2$/nitrogen-doped carbon. ACS Sustain Chem Eng, 2020, 8(14): 5514-5523.
[28] Wang H, Wang Y, Wu Q, et al. Recent developments in electrode materials for dual-ion batteries: Potential alternatives to conventional batteries. Mater Today, 2021: S1369702121003953.
[29] Bellani S, Wang F, Longoni G, et al. WS_2-graphite dual-ion batteries. Nano Lett, 2018, 18(11): 7155-7164.
[30] Wang H-F, Xu Q. Materials design for rechargeable metal-air batteries. Matter, 2019, 1(3): 565-595.
[31] Wang M, Lai Y, Fang J, et al. Hydrangea-like $NiCo_2S_4$ hollow microspheres as an advanced bifunctional electrocatalyst for aqueous metal/air batteries. Catal Sci Technol, 2016, 6(2): 434-437.
[32] Zhang J, Bai X, Wang T, et al. Bimetallic nickel cobalt sulfide as efficient electrocatalyst for Zn-air battery and water splitting. Nano-micro Lett, 2019, 11(1): 2.
[33] Liu W, Zhang J, Bai Z, et al. Controllable urchin-like $NiCo_2S_4$ microsphere synergized with sulfur-doped graphene as bifunctional catalyst for superior rechargeable Zn-air battery. Adv Funct Mater, 2018, 28(11): 1706675.
[34] Han X, Wu X, Zhong C, et al. $NiCo_2S_4$ nanocrystals anchored on nitrogen-doped carbon nanotubes as a highly efficient bifunctional electrocatalyst for rechargeable zinc-air batteries. Nano Energy, 2017, 31: 541-550.
[35] Amiinu I S, Pu Z, Liu X, et al. Multifunctional Mo-N/C@MoS_2 electrocatalysts for HER, OER, ORR, and Zn-air batteries. Adv Funct Mater, 2017, 27(44): 1702300.
[36] Kim K, Lopez K J, Sun H J, et al. Electrochemical performance of bifunctional Co/graphitic carbon catalysts prepared from metal-organic frameworks for oxygen reduction and evolution reactions in alkaline solution. J Appl Electrochem, 2018, 48(11): 1231-1241.
[37] Zhang L, Zhang J, Wilkinson D P, et al. Progress in preparation of non-noble electrocatalysts for PEM fuel cell reactions. J Power Sources, 2006, 156(2): 171-182.
[38] Vante N A, Tributsch H. Energy conversion catalysis using semiconducting transition metal cluster compounds. Nature, 1986, 323(6087): 431-432.
[39] Xu C, Zeng Y, Rui X, et al. Controlled soft-template synthesis of ultrathin C@ FeS nanosheets with high-Li-storage performance. ACS Nano, 2012, 6(6): 4713-4721.
[40] Feng Y, He T, Alonso-Vante N. In situ free-surfactant synthesis and ORR-electrochemistry of carbon-supported Co_3S_4 and $CoSe_2$ nanoparticles. Chem Mater, 2008, 20(1): 26-28.
[41] Gao M-R, Xu Y-F, Jiang J, et al. Nanostructured metal chalcogenides: synthesis, modification, and applications in energy conversion and storage devices. Chem Soc Rev, 2013, 42(7): 2986.
[42] Zhu L, Susac D, Teo M, et al. Investigation of CoS_2-based thin films as model catalysts for the oxygen reduction reaction. J Catal, 2008, 258(1): 235-242.
[43] Xiao J, Xia Y, Hu C, et al. Raisin bread-like iron sulfides/nitrogen and sulfur dual-doped

mesoporous graphitic carbon spheres: a promising electrocatalyst for the oxygen reduction reaction in alkaline and acidic media. J Mater Chem A, 2017, 5(22): 11114-11123.
[44] Cao X, Zheng X, Tian J, et al. Cobalt sulfide embedded in porous nitrogen-doped carbon as a bifunctional electrocatalyst for oxygen reduction and evolution reactions. Electrochim Acta, 2016, 191: 776-783.
[45] Li Z, Li B, Liu Z, et al. A tungsten carbide/iron sulfide/FePt nanocomposite supported on nitrogen-doped carbon as an efficient electrocatalyst for oxygen reduction reaction. RSC Adv, 2015, 5(128): 106245-106251.
[46] Wang J, Li L, Chen X, et al. Monodisperse cobalt sulfides embedded within nitrogen-doped carbon nanoflakes: an efficient and stable electrocatalyst for the oxygen reduction reaction. J Mater Chem A, 2016, 4(29): 11342-11350.
[47] Wang H, Liang Y, Li Y, et al. $Co_{1-x}S$-graphene hybrid: a high-performance metal chalcogenide electrocatalyst for oxygen reduction. Angew Chem, 2011, 123(46): 11161-11164.
[48] Arunchander A, Peera S G, Giridhar V V, et al. Synthesis of cobalt sulfide-graphene as an efficient oxygen reduction catalyst in alkaline medium and its application in anion exchange membrane fuel cells. J Electrochem Soc, 2016, 164(2): F71.
[49] Zhao K, Gu W, Zhao L, et al. MoS_2/Nitrogen-doped graphene as efficient electrocatalyst for oxygen reduction reaction. Electrochimica Acta, 2015, 169: 142-149.
[50] Du C, Huang H, Feng X, et al. Confining MoS_2 nanodots in 3D porous nitrogen-doped graphene with amendable ORR performance. J Mater Chem A, 2015, 3(14): 7616-7622.
[51] Zhou J, Xiao H, Zhou B, et al. Hierarchical MoS_2-rGO nanosheets with high MoS_2 loading with enhanced electro-catalytic performance. Appl Surface Sci, 2015, 358: 152-158.
[52] Huang H, Feng X, Du C, et al. Incorporated oxygen in MoS_2 ultrathin nanosheets for efficient ORR catalysis. J Mater Chem A, 2015, 3(31): 16050-16056.
[53] Wu G, Cui G, Li D, et al. Carbon-supported $Co_{1.67}Te_2$ nanoparticles as electrocatalysts for oxygen reduction reaction in alkaline electrolyte. J Mater Chem, 2009, 19(36): 6581-6589.
[54] Fonash S J. Solar cell device physics. New York: Academic Press, 1981.
[55] Nazeeruddin M K. Twenty-five years of low-cost solar cells: In retrospect. Nature, 2016, 538(7626): 463-464.
[56] Lee M M, Teuscher J, Miyasaka T, et al. Efficient hybrid solar cells based on meso-superstructured organometal halide perovskites. Science, 2012, 338(6107): 643-647.
[57] Jun H K, Careem M A, Arof A K. Quantum dot-sensitized solar cells-perspective and recent developments: a review of Cd chalcogenide quantum dots as sensitizers. Renewable and Sustainable Energy Reviews, 2013, 22: 148-167.
[58] Hossain M F, Biswas S, Zhang Z H, et al. Bubble-like CdSe nanoclusters sensitized TiO_2 nanotube arrays for improvement in solar cell. J Photochem. Photobiol A: Chemistry, 2011, 217(1): 68-75.
[59] Chen J, Lei W, Deng W Q. Reduced charge recombination in a co-sensitized quantum dot solar cell with two different sizes of CdSe quantum dot. Nanoscale, 2011, 3(2): 674-677.
[60] Sung T K, Kang J H, Jang D M, et al. CdSSe layer-sensitized TiO_2 nanowire arrays as efficient photoelectrodes. J Mater Chem, 2011, 21(12): 4553-4561.
[61] Li J J, Wang Y A, Guo W, et al. Large-scale synthesis of nearly monodisperse CdSe/CdS core/shell nanocrystals using air-stable reagents via successive ion layer adsorption and reaction. J Am Chem Soc, 2003, 125(41): 12567-12575.
[62] Dworak L, Matylitsky V V, Breus V V, et al. Ultrafast charge separation at the CdSe/CdS core/shell quantum dot/methylviologen interface: implications for nanocrystal solar cells. J Phys Chem C, 2011, 115(10): 3949-3955.
[63] Tena-Zaera R, Katty A, Bastide S, et al. Annealing effects on the physical properties of electrodeposited ZnO/CdSe Core−Shell nanowire arrays. Chemistry of Materials, 2007, 19(7): 1626-1632.
[64] Yu X Y, Lei B X, Kuang D B, et al. High performance and reduced charge recombination of

CdSe/CdS quantum dot-sensitized solar cells. J Mater Chem, 2012, 22(24): 12058-12063.
[65] Liu L, Hensel J, Fitzmorris R C, et al. Preparation and photoelectrochemical properties of CdSe/TiO_2 hybrid mesoporous structures. J Phys Chem Lett, 2010, 1(1): 155-160.
[66] Zhu G, Cheng Z, Lv T, et al. Zn-doped nanocrystalline TiO_2 films for CdS quantum dot sensitized solar cells. Nanoscale, 2010, 2(7): 1229-1232.
[67] Lee H J, Chang D W, Park S M, et al. CdSe quantum dot (QD) and molecular dye hybrid sensitizers for TiO_2 mesoporous solar cells: working together with a common hole carrier of cobalt complexes. Chem Commun, 2010, 46(46): 8788-8790.
[68] Bang J H, Kamat P V. Quantum dot sensitized solar cells. A tale of two semiconductor nanocrystals: CdSe and CdTe. ACS Nano, 2009, 3(6): 1467-1476.
[69] Hossain M A, Jennings J R, Shen C, et al. CdSe-sensitized mesoscopic TiO_2 solar cells exhibiting> 5% efficiency: redundancy of CdS buffer layer. J Mater Chem, 2012, 22(32): 16235-16242.
[70] Lee Y L, Lo Y S. Highly efficient quantum-dot-sensitized solar cell based on co-sensitization of CdS/CdSe. Adv Funct Mater, 2009, 19(4): 604-609.
[71] Tiwari A, Boukherroub R, Sharon M. Solar cell nanotechnology. Wiley, 2013.
[72] Guo Q, Kim S J, Kar M, et al. Development of $CuInSe_2$ nanocrystal and nanoring inks for low-cost solar cells. Nano Lett, 2008, 8(9): 2982-2987.
[73] Guo Q, Ford G M, Hillhouse H W, et al. Sulfide nanocrystal inks for dense Cu $(In_{1-x}Ga_x)(S_{1-y}Se_y)_2$ absorber films and their photovoltaic performance. Nano Lett, 2009, 9(8): 3060-3065.
[74] Stolle C J, Panthani M G, Harvey T B, et al. Comparison of the photovoltaic response of oleylamine and inorganic ligand-capped $CuInSe_2$ nanocrystals. ACS Appl Mater Interfaces, 2012, 4(5): 2757-2761.
[75] Kamat P V. Quantum dot solar cells. The next big thing in photovoltaics. J Phys Chem Lett, 2013, 4(6): 908-918.
[76] Chung J, Myoung J, Oh J, et al. Synthesis of a ZnS shell on the ZnO nanowire and its effect on the nanowire-based dye-sensitized solar cells. J Phys Chem C, 2010, 114(49): 21360-21365.
[77] Saha S, Sarkar S, Pal S, et al. Tuning the energy levels of ZnO/ZnS core/shell nanowires to design an efficient nanowire-based dye-sensitized solar cell. J Phys Chem C, 2013, 117(31): 15890-15900.
[78] Ummartyotin S, Infahsaeng Y. A comprehensive review on ZnS: From synthesis to an approach on solar cell. Renew Sust Energ Rev, 2016, 55: 17-24.

第 8 章

过渡金属硫属化物的其他应用

8.1 过渡金属硫属化物在柔性电子器件中的应用

8.1.1 概述

近年来，为满足对下一代电子设备的更大需求，可移植、轻便、便携、灵活和大规模的集成电子吸引了越来越多的工业界和学术界的兴趣。有机电子学和可伸缩无机电子学是柔性电子学的两个主要分支。随着有机半导体材料的导电性和柔性性能的提升，柔性有机电子已成为技术的支柱。与有机电子器件相比，可伸缩和柔性的无机电子器件是通过机械设计在柔性基板上制造的，具有可伸缩性和柔性的优点，可以在不降低性能的情况下实现极大的变形[1]。

柔性电子是一个跨学科交叉、集成化的研究领域，是通过印刷等制造方法将无机、有机材料电子器件制作在柔性衬底上的一类技术的统称，它可以促进后摩尔器件集成的颠覆性技术形成，打破传统硅基电子的局限。与传统的硅基刚性电子相比，柔性电子由于其灵活、柔软的特点，其优势主要体现在器件配置新颖、低成本和低功耗等方面，能在一定程度上满足不同环境下的应用需求，例如，柔性电子可以适应非共面工作环境，如牢固地附着在人体上，这是传统刚性电子设备无法实现的。

柔性电子器件在曲率半径小、重复变形量大的弯曲条件下具有良好的稳定性和耐久性，是一种被迫切需要的新型功能材料[2]。此外，由于具有潜在而广泛的应用前景，机械柔性/可伸缩电子技术的发展引起了人们的极大兴趣，其在便携、轻简、满足日常需求等方面的应用逐渐增多，在过去的十年里，人们已经发现了制造柔性电子系统的途径，这些柔性电子系统可以弯曲、扭曲、折叠、拉伸和包裹在任意曲面上，而特性不会发生显著变化。与传统半导体器件相比，柔性电子器件不具有刚性、脆性、平面性等特点，可用于新的应用，如用于诊断和治疗的器件、可穿戴器件、柔性显示器件、植入式器件等。近年来，由于柔性电子的优异性能，在产业界和学术界引起了越来越多的关注，包括柔性太阳能电池、发光二极管、激光、光电探测器、数字成像系统、场效应晶体管（FET）阵列、瞬态电路和表皮器件[1]。

柔性电子学起源于有机电子学，由于有机半导体可与柔性衬底和导电聚合物兼容，因此人们一直在努力用有机半导体取代硅来获得柔性电子器件。第一个有机半导体材料、有机电致场效应晶体管和有机电致发光二极管分别于 1977 年、1986 年和 1987 年问世。随后，为了满足大规模集成电路的高性能要求，合成了许多 p 型和 n 型导电有机材料，如并苯和聚苯乙烯（PPV）。2004 年，普林斯顿大学著名微电子学家 Forrest 综述了有机电子的地位和发展，提出了概念设计和概念制造方法，其推动了有机柔性电子的快速发展。随着有机半导体技术的稳步发展，在过去的五年中，人们试图开发由有机场效应晶体管（OFET）和官能团组成的集成系统，以生产独立的系统。

与有机电子器件相比，可伸缩柔性的无机电子器件是利用无机电子元件在柔性衬底上通过机械设计制成的，最早由 Rogers 等人在 2006 年报道。超薄半导体纳米带被转移到预拉伸的聚二甲基硅氧烷（PDMS）上，以获得具有极高水平的拉伸性、压缩性和弯曲性的屈曲电子学。2006 年以来，“波浪形”结构构型设计、转移印刷策略等推动了大型柔性无机电子技术的发展，受到越来越多的关注。由于其可拉伸性、柔韧性和半导体特性，近年来人们组装了各种类型的柔性无机电子器件。为了使这些集成器件具有更广泛的应用和更多样化的工作形式，研究者对这些集成器件进行了逐步优化[1]。

在柔性电子器件材料的研究进展方面，包括柔性衬底、可伸缩金属互连和低温工艺（<100 ℃）的开发，推动了可弯曲和保形薄膜晶体管（TFT）的重大进展。尽管基于非晶硅（a-Si）、低温多晶硅（LTPS）、有机半导体和氧化物半导体的传统 TFT 具有许多功能，但这些材料的易脆性和低迁移率限制了它们在柔性/可伸缩电子电路中的应用。因此，TFT 基器件的可靠性能需要一种新型的半导体材料，既能提供机械稳定性，又能提供高迁移率。

最近，二维（2D）层状半导体（一系列过渡金属二硫属化物，TMDCs）的公式为 MX_2（M = Mo、W；X = S、Se 和 Te）已被证明具有潜力克服传统 TFT 的缺点[3]，其中原子层状二维材料，特别是过渡金属二硫属化物，由于其直接可调节的带隙以及优异的电学、光学、机械和热性能，引起了人们对超薄二维柔性电子器件和光电器件的极大兴趣。

二维过渡金属硫化物已被证明具有许多独特、通用和前所未有的物理性质，如新颖的电子和光子性质以及奇特的电子相变性质（超导性和电荷密度波），使得这些材料具有多种功能，有望成为下一代超薄电子器件的材料。它们的能带可调、高迁移率、高光敏性和高透明度使其在具有透明特性的光电应用中具有高性能。许多新型超薄二维晶体近年来也渐渐被探索，如金属有机骨架（MOF）、共价有机骨架（COF）、聚合物、金属、黑磷（BP）、硅烯和二维过渡金属碳化物（MXene）等，大大丰富了超薄二维纳米材料家族。

为什么超薄二维纳米材料很重要？它们有何特性，使其不同于其他类型的纳米材料，如零维（0D）纳米粒子、一维（1D）纳米线和三维（3D）网络或它们的本体对应材料？一般来说，超薄二维纳米材料与不同维度的同类材料相比，有几个独有的特征：首先，没有层间相互作用的超薄二维纳米材料，特别是单层纳米片的二维电子约束，使其具有比其他纳米材料更强的电子性能，成为基础凝聚态研究和电子器件应用的候选材料。其次，原子厚度提供了它们最大的机械灵活性和光学透明度，使它们有希望制造高度柔性和透明的电子/光电器件。最后，大的横向尺寸和超薄的厚度赋予它们超高的比表面积，使它们在表面活性应用方面非常有利。研究最多的是超薄二维过渡金属硫化物纳米片，一个典型的例子是 MoS_2，当 MoS_2 的厚度从块状减薄到单层时，可以将约 1.3 eV 的间接带隙转化为约 1.8 eV 的直接带隙[4-5]。更重要的是，这些二维纳米材料在电子/光电子催化、能量存储和转换、生物医学、传感器等多种应用领域前景广阔。

超薄二维纳米材料的另一个吸引人的特点是其电子结构对外部刺激高度敏感，如化学修饰、外部电场、机械变形、掺杂以及其他分子或材料的吸附，使人们能够在高度可控的水平上以所期望的方式调整其电子特性。在其非凡性能的驱动下，大量的合成方法如机械裂解、液体剥离、离子插层剥离、阴离子交换剥离、化学气相沉积（CVD）、湿化学合成[6]等，已被开发用于制备这些超薄二维纳米材料。一种典型的“自下而上”的合成方法是湿化学合成法，目前广泛应用的纳米材料湿化学合成方法包括模板法、溶剂热法、纳米晶体自组装法和软胶体法。

8.1.2 基本原理

目前已有大量综述对二维过渡金属硫化物的物理化学性质进行了总结，这里我们主要介绍二维过渡金属硫化物的电气和力学性能，并提出了几个要点，这是柔性电子应用的特殊要求。

二维过渡金属硫化物电子结构的多样性使得材料的电学性能具有通用性，可以产生半导体、金属、绝缘、超导等广泛的性能，从而可以作为电极和通道材料以及晶体管的介质层发挥作用。这些特性使其成为柔性电子应用的理想材料。为了生产高性能的柔性电子器件，材料的性能应在弯曲和拉伸下保持稳定。波段结构可以通过过渡金属硫化物的大小和厚度进行调节。最近的研究表明，当厚度降至单层时，MoS_2 和 WS_2 的能带结构可以从块体材料中 1.3 eV 的间接带隙调到 1.8 eV 的直接带隙[4-5]。这样具有全面覆盖和可调带隙的二维过渡金属硫化物可以用来构建原子尺度的“乐高积木”，为设计具有独特性能的新材料和纳米器件奠定基础。除了传统的 0D-2D、1D-2D 和 2D-2D 异质结构外，还可以设计具有层次结构和多个组件的复杂混合维异质结构，以最大限度地发挥单个材料的优势。

由于存在量子尺寸效应和量子限制效应，它们的价带和导带边缘以及氧化电位会发生改变。从理论计算和实验研究来看，这种效应在大多数二维过渡金属硫化物材料中都得到了证实。过渡金属硫化物的带隙和杨氏模量总结如表 8-1 所示。

表 8-1　过渡金属硫化物的带隙和杨氏模量数据比较[2]

物质	带隙数值/eV			杨氏模量/GPa
	块体	理论计算（ML）	实验研究（ML）	
MoS_2	1.3	1.9	1.82	246 ± 35（3～11 层）
WS_2	1.4	2.1	1.99	236 ± 65（5～10 层）
HfS_2	2	1.27	1.3	136.82（单层）
ZrS_2	1.7	1.10	2.01	57.22（块体）
SnS_2	2.18	1.6	2.27	91.95（块体）
ReS_2	1.47	1.43	1.61	140（单层）

过渡金属硫属化物的性质由电子结构决定，电子结构取决于独特的自旋和能谷。最近的研究证明了 2H-MX_2（M = Mo、W；X = S、Se 和 Te）中电子带的自旋-能谷耦合，这是由于结构的反转对称性破缺。通过第一性原理计算预测了单层过渡金属硫化物的自旋轨道诱导自旋分裂。单层过渡金属硫化物直接半导体的价带最大值（VBM）和导带最小值（CBM）出现在布里渊区的 K 点[7]，而价带最大值出现在 Γ 点，导带最小值出现在约 0.55 Γ-K。已有预测单层 MoS_2 中 K 点附近带间跃迁的能谷依赖光学选择规则，金属轨道的自旋-轨道相互作用进一步导致自旋和能谷自由度的强耦合，使得具有不同能谷指数和自旋指数组合的载流子的选择性光激发成为可能。

过渡金属硫化物中的线缺陷和晶界会影响电子输运性能。例如，过渡金属硫化物单层和双层边界处的强自旋-轨道相互作用，使进入边界的上自旋和下自旋电子折射并向相反方向平行。这种自旋相关的折射现象为自旋分离器提供了潜在的应用前景，该分离器可用于分离上自旋和下自旋电子。单层过渡金属硫化物的内在自旋能谷耦合特性使其有望成为新型柔性自旋电子器件，而无须使用传统磁性材料。

杨氏模量、弹性和抗弯刚度是评价柔性电子材料力学性能的重要参数。我们通常采用原子力显微镜（AFM）探针来研究过渡金属硫化物的力学性能，材料悬浮在有图案的衬底上，利用 AFM 针尖对悬浮的二维材料施加微小的力，同时测量其变形。二维材料力学性能的传统测量方法如图 8-1 所示[8]。杨氏模量可以通过二维材料的力与变形之间的定量关系来计

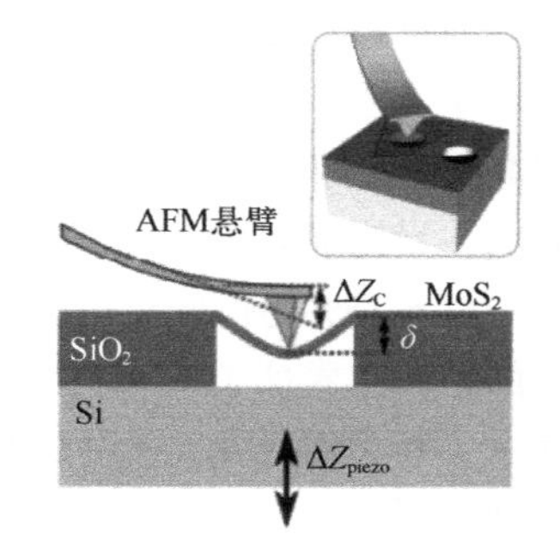

图 8-1　自由悬浮的二硫化钼纳米片上的纳米弯曲试验示意图[8]

算。单层 MoS_2 的刚度和杨氏模量分别为（180 ± 60）$N \cdot m^{-1}$ 和（270 ± 100）GPa，其杨氏模量值与 MoS_2 块体和 MoS_2 纳米管接近，与钢相当，但比碳纳米管和石墨烯低，只有其 75%左右。另一项研究揭示了悬浮的几层二硫化钼的高弹性性能，5 层二硫化钼的杨氏模量为（0.33 ± 0.07）TPa，接近氧化石墨烯的杨氏模量。

Liu 等人报道了化学气相沉积法生长的二硫化钼的杨氏模量与剥离样品的相似，其高弹性模量约为 170 $N \cdot m^{-1}$，通过类似的 AFM 测量，研究了 WS_2、Bi_2Te_3 等其他二维过渡金属硫属化物的力学性能及其异质结构[9]。此外，二维材料在破裂前可以保持 10%以上的变形。同时，典型的散装半导体的断裂值（break value）通常小于 1%。目前的研究成果只是整个 2D TMCs 系列的冰山一角，还迫切需要深入了解整个 2D TMCs 的力学性能。这些固有的非凡的机械性能使 2D TMCs 灵活的电子应用具有吸引力。

对于应用的灵活性方面，原子厚度是 2D TMCs 的一个天然优势。除了材料的固有特性外，几何优化结构设计是在柔性和可拉伸装置应用中提高材料性能的有效途径。理论模拟和实验研究证明了柔性和可拉伸装置的结构工程。导电薄膜和起皱表面的网状结构可以使材料在弯曲或拉伸时具有稳定的电输出。在 90%透射率下，金属纳米槽和纳米晶片电阻大约为 2 $\Omega \cdot sq^{-1}$，在大约 160%的应变下，片电阻变化较小。已有报道石墨烯剪纸结构可以维持 240%的拉伸，剪纸结构可应用于其他 2D TMCs，具有新颖的力学和电学性能。弯曲刚度是评价柔性装置材料在弯曲过程中性能的一个重要参数。低抗弯刚度表示材料容易弯曲。因此，柔性电子应用要求材料具有尽可能低的抗弯刚度。抗弯刚度（D）的估计方法如下[9]：

$$D = \frac{Eh^3}{12(1-\nu^2)} \tag{8-1}$$

式中，E 为弹性模量；h 和 ν 分别表示材料的厚度和泊松比。注意，D 与厚度（h）的三次方成比例，因此，原子薄单层 2D TMCs 是柔性和弯曲器件应用的最佳候选器件之一，因为其最薄的厚度导致其最低的弯曲刚度。

力学行为如何影响 2D TMCs 的电学性能是一个重要的问题，答案应该是灵活的电子应用。最近的研究表明，应变工程可以改变二维材料的光电特性。例如，2D TMCs 的带隙在经过 2.5%的局部应变后减少到 90 meV。基于 DFT 的第一原理计算表明，当施加大约 2%的拉伸应变时，MoS_2 单层具有直接到间接的带隙跃迁，当施加 10%～15%的拉伸双轴应变时，半导体向金属跃迁[10]。作者通过光致发光光谱和绘图系统地表征了 CVD 生长的 MoS_2，并在单晶单层 MoS_2 和应变诱导带隙工程中显示了非均匀应变。采用三维有限元法分析了聚合物基板向 MoS_2 传递的有效应变。此外，还演示了应变集中如何在三角形 MoS_2 单层晶体中传播，并提出了基底的杨氏模量作为应变损失的主要机制。在柔性电子应用中，由应变引起的各种特性有利有弊。其独特的柔韧性和应变诱导特性为应变电子器件和新型柔性机械传感器提供了新的途径。然而，拉伸和弯曲作用下二维过渡金属硫化物的敏感电学特性导致功能失效，性能上输出杂乱的电信号，这给它们作为柔性电子元件（如柔性晶体管和电容器）的电极材料和通道材料的应用带来了弊端。

二维过渡金属硫属化物的压电性为超薄机电耦合设备（如柔性机械传感器和制动器）打开了大门。由于单层过渡金属硫化物中心对称结构的破坏，许多二维过渡金属硫化物已被预测和演示了平面内压电（d_{11} 和 d_{22}）和垂直压电（d_{33}）[10-11]。在柔性衬底上可观察到单层和奇数层 MoS_2 具有强的压电性，但在双分子层和偶数 MoS_2 层中没有发现。单层 MoS_2 的机械电能转换效率大约为 5.08%，表明二维压电材料在柔性动力纳米器件中的潜力。能带图解释了在单层器件中观察到的由于应变激发极化引起的肖特基势垒高度变化而产生的压电行为。ϕ_d 和 ϕ_s 分别代表疏水点和源点的肖特基障壁高度。E_p 表示压电极化电荷对肖特基势垒高度的影响，如图 8-2 所示[11]。独立式单层 MoS_2 中的压电性已被观察到，建立了压电系数为 2.9×10^{-10} $C\cdot m^{-1}$。利用 MoS_2 的独立结构进行压电测量，可以避免掺杂、寄生电荷或界面等衬底效应。

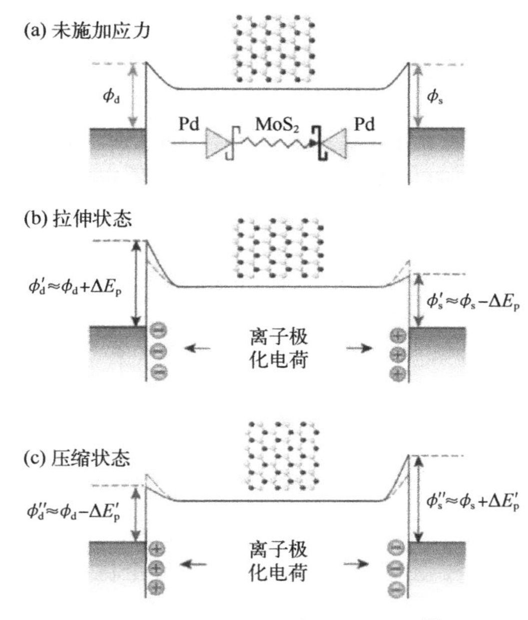

图 8-2 单层器件中的压电行为[11]

由于 MoS_2 具有压电性，已证明在不同的外部应变下，压电电荷极化可以调节 MoS_2 的电导率，MoS_2 与电极界面的阻挡层高度随压缩应变的增加而增加，随拉伸应变的增加而降低。观察结果表明，单层过渡金属硫化物在应变门控压电器件中具有很好的应用前景。近年来，人们对二维材料压电性的关注从平面内转向了平面外，压电力显微镜已经证明了 CdS 薄膜中的垂直压电性。当 CdS 薄膜厚度为 2～3 nm

（3～5 个空间晶格）时，其垂直压电系数高达约 33 pm·V^{-1}，是块状 CdS 的 3 倍。

二维材料的平面内和平面外压电性对 2D TMCs 柔性传感器和微机电器件的设计具有重要意义。压电中的机电相互作用是瞬时的，没有迟滞，这使得检测外力的响应时间很短。因此，这些材料可以用于柔性机械传感器，如检测微小压力和高频振动。

8.1.3 过渡金属硫属化物在柔性晶体管中的应用

晶体管是电路的一个重要组成部分，特别是对于现代大规模集成电路，它作为放大器、逆变器、整流器、电气控制开关、信号调制器和振荡器。最常见的晶体管是场效应晶体管（FET）和双极结晶体管（BJT）。

场效应晶体管是一种三端器件，它通过栅极电压引起的电场控制从源极到漏极的电荷流。如图 8-3（a）和（b）所示，顶栅和底栅结构是 FET 的主要构型。该场效应晶体管器件由沟道半导体、金属源极和漏极电极、沟道半导体和栅极之间的介质层以及支撑衬底组成。由于半导体的不同，场效应管中的载流子是电子或空穴，这就分别产生了 n 型和 p 型场效应管。载流子通过通道半导体从源极到漏极，通过栅极电压容易控制，最终使源极漏极电流分别处于 ON 和 OFF 状态。二维材料具有多种电气特性，如半导体、金属、绝缘体等，这使得它们在场效应晶体管的应用中具有许多优势。许多过渡金属硫化物显示出半导体特性，带隙范围从 0.9 eV 到 2.27 eV。因此，2D TMCs 器件在 FET 器件的制备中具有广阔的应用前景。

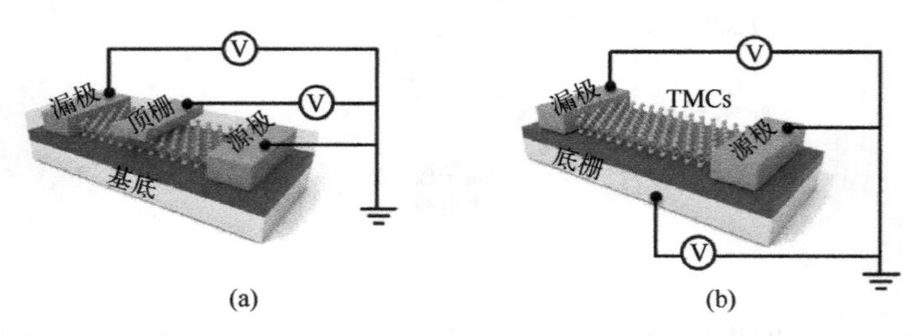

图 8-3　场效应晶体管结构示意图：顶栅结构（a）和底栅结构（b）[2]

BJT 在结构和工作原理上不同于 FET，它涉及电子和空穴两种载流子，而不是 FET 中的单一类型载流子。如图 8-4 所示，BJT 由两个具有 PNP 和 NPN 结构的 p-n 结组成，电荷流取决于 p-n 结界面载流子的扩散和漂移运动[12]。在 NPN 型 BJT 的工作中，基极和发射极之间的结处于正偏置状态，同时，在基极和集电极之间的另一个结是反向偏置的。射极结 n 区的电子浓度高于 p 区的电子浓度，同时有些电子会扩散到 p 区。同样，p 区域的一些空穴也会扩散到 n 区域。因此，在射极结上会形成耗尽层，产生本征电场，从而阻碍上述扩散过程的进一步发生，达到动态平衡。

当一个正偏压作用于基极-发射极结时，载流子扩散运动和耗尽层内的本征电场之间的上述动态平衡将被打破，而本征电场将向基极区注入热激发电子。这就是基偏置如何控制从发射极到集电极的电荷流。通常，BJT 要求基片的厚度要比电子的扩散长度小得多，以避免载流子在到达集电极接点之前重新组合。二维薄原子半导体，如单层过渡金属硫化物，由于其天然薄的特性，为 BJT 的基材提供了新的机会。近年来，基于 MoS_2 和 WSe_2 的 BJT 器件在室温下具有大约 0.95 的高电流增益[12]。这一性能可与传统复杂的分子束外延（MBE）层结构的 BJT 器件相媲美。

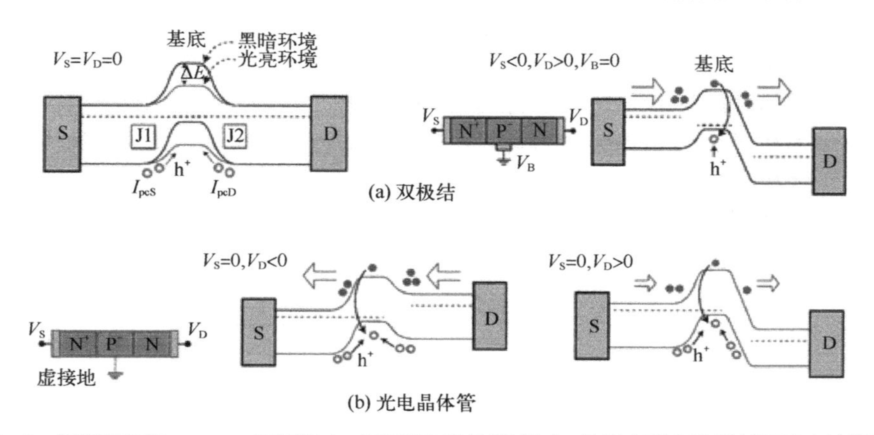

图 8-4　能带结构的 n-p-n 双极结（a）和光电晶体管（b），分别实现电流增益和光电流增益[12]

作为一种改进的 BJT，异质结双极晶体管（HBT）已被开发出具有高达几百 GHz 的超高频工作能力[13]。Lin 等人报道了由单层 WSe_2 和 MoS_2 组成 WSe_2/MoS_2 节点的横向异质结构器件[13]，如图 8-5 所示。基于二维异质结材料的 HBT 表现出良好的性能，电流增益可达 3。虽然其电流增益和电流密度等性能对于实际应用来说还不够高，但原子薄横向 HBT 器件为未来缩小器件提供了新的视角。转移技术可用于任意组装二维材料，用于器件制造。然而，接头界面的接触问题仍然存在[14]。近年来，通过 CVD 法合成了多种具有横向和纵向结构的高质量 2D TMCs 异质结，包括 MoS_2/WS_2、$MoS_2/MoSe_2$、MoS_2/WSe_2、$MoSe_2/WSe_2$、$MoSe_2/WS_2$ 和 WS_2/WSe_2。在这些异质结构二维材料中，CVD 法生长的 MoS_2/WSe_2 虽然有较大的晶格失配，但却显示出锋利的原子界面，这将有利于电子结的应用，减少耗尽区。

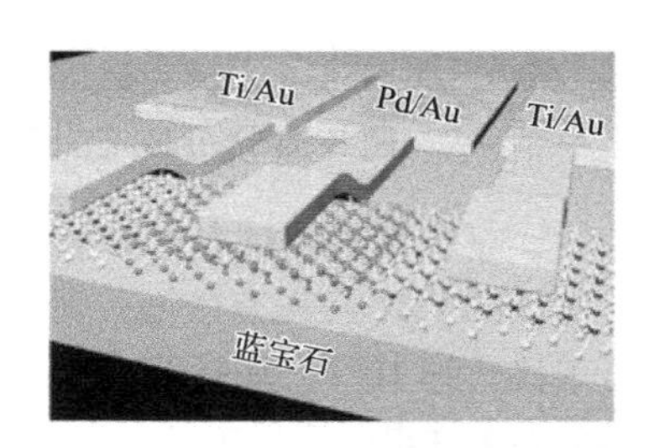

图 8-5　二维准异质结双极晶体管的原理图[13]

离子液体（IL）门控晶体管利用离子液体作为门电介质，诱导电容的形成，实现半导体中的门控效应。离子液体中含有可分离的阳离子和阴离子，当施加外部偏压时，这些阳离子和阴离子可以积累在样品表面并产生一个电双层（EDL）[图 8-6（a）][15]。EDL 导致离子液体和半导体界面的高电容，导致晶体管具有较低的栅极电压，高开关比约为 10^7，载流子密度高达约 10^{15} cm^{-2}。通常，离子液体薄膜比 FET 器件中的无机介质层（如 HfO_2、SiO_2 和 Al_2O_3）更软。因此，离子液体门控晶体管的结构是理想的柔性和可伸缩的电子应用。基于少层 MoS_2，Pu 等人[15]利用离子凝胶作为弹性介电层，开发了柔性和可伸缩的晶体管。该柔性器件具有 12.5 $m^2 \cdot V^{-1} \cdot s^{-1}$ 的高机动性，开关比为 10^5，在 0.75 mm 的弯曲半径下性能稳定。

双电层晶体管（EDLT）的器件结构和传递曲线如图 8-5 和图 8-6（b）所示[15]。该可拉伸装置在 5%的机械应变下表现出稳定的性能，其迁移率达到 1.4 $cm^2 \cdot V^{-1} \cdot s^{-1}$，高通断比为 10^4，低阈值电压约为 1 V。结合二维过渡金属硫属化物，需要开发新的离子液体和离子凝胶用于柔性和可拉伸的电子应用，这需要聚合物介电层在拉伸或弯曲下具有较高的机械和电气稳定性。此外，实际应用需要集成离子液体门控晶体管，这比固体晶体管如 FET 和互补金属氧化物半导体器件更困难。因此，迫切需要基于离子液体门控的柔性集成电路，如离子液体门控晶体管阵列等新的集成和独家制造技术。

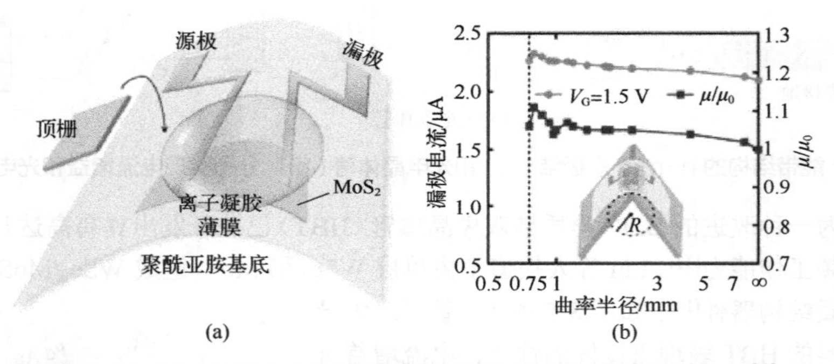

图 8-6　MoS_2 EDLT 的原理图光学图像（a）和传输特性（b）[15]

二维硫化物材料大多是半导体，具有高透明度的不可见区域。由二维硫化物材料制成的 FET 可以有效地关闭，并显示出高载流子迁移率（＞ 200 $m^2 \cdot V^{-1} \cdot s^{-1}$）和开关比（约 10^8）。单层二硫化钼具有较强的力学性能，如可维持 11%的伸长率，使其成为柔性电子应用中最具吸引力的半导体。二硫化钼柔性晶体管是利用离子凝胶介质层开发的，具有很高的柔性[15]。通过 Al_2O_3 和 HfO_2 的高 K 介电层，Chang 等人[15]展示了柔性和可弯曲的 MoS_2 薄膜晶体管（TFT），并大幅提高了其性能，其载流子迁移率高达 30 $m^2 \cdot V^{-1} \cdot s^{-1}$，通断比为 10^7。该器件在 1 mm 弯曲半径下表现出强大的电气性能，可与石墨烯基柔性晶体管相媲美。

Salvatore 等人[14]报道了柔性和可转移的少层 MoS_2 薄膜晶体管，可以转移到任意的衬底上，他们采用聚乙烯醇（PVA）和聚甲基丙烯酸甲酯（PMMA）作为牺牲层，机械地将 MoS_2 从大块晶体剥离到牺牲层上，并用光刻工艺制备柔性器件。在牺牲层溶解后，该器件可以独立转移到任何需要的基板上。该柔性器件在聚酰亚胺（PI）衬底上的迁移率为 19 $m^2 \cdot V^{-1} \cdot s^{-1}$，电流通断比为 10^6，低栅漏电流为 0.3 $pA \cdot \mu m^{-1}$，亚阈值波动为大约 250 $mV \cdot dec^{-1}$。

也有报道在聚对苯二甲酸乙二醇酯（PET）衬底上用 CVD 方法生长的单层 MoS_2 柔性 FET，其制备过程可以用标准半导体技术实现。然而，这种方法制备的材料的性能并不好，单层 MoS_2 的性能与少层材料相比并没有得到提高。最近的研究已经证明，由于界面效应，柔性衬底与二维半导体之间的相互作用对柔性器件的性能至关重要。通过按需喷墨打印技术制造具有全有机组件的柔性透明 MoS_2 光电晶体管阵列，使用聚合物辅助转移方法将 CVD 合成的单层 MoS_2 通道层转移到柔性透明基板上。采用具有成本效益的喷墨打印技术，无须掩模或辅助层，将高度透明的有机电极和介电层直接沉积在 MoS_2 通道层上。通过集成超薄的 MoS_2 和机械耐受的有机层，印刷的透明光电晶体管在重复弯曲循环测试下表现出良好的稳定性。通过精心优化的印刷工艺，制造的全印刷光电晶体管表现出与先前报道的通过传统光刻工艺在刚性 SiO_2/Si 基板上制造的具有无机成分的光电晶体管相当的光特性，包括光响应性和外部量子效率（EQE）[16]。

热处理是提高柔性器件性能的一种有效方法。Kown 等人开发了一种新的方法来提高柔性衬底上少层 MoS_2 FET 的性能，并且不造成热损伤。该方法采用超短脉冲激光退火，通过降低 MoS_2-金属结的肖特基势垒来增强 Ti/Au 接触，其迁移率从 $24.84\ m^2 \cdot V^{-1} \cdot s^{-1}$ 显著提高到 $44.84\ m^2 \cdot V^{-1} \cdot s^{-1}$，增益增加 6 倍，阈下摆动减少[17]。

新材料的介电层和栅极工程是提高柔性晶体管性能的又一重要途径。已有研究者通过 h-BN 介质层和石墨烯栅极证明了柔性和透明的 MoS_2 FET，他们发现高质量的 h-BN 介质层使器件具有低工作栅极电压和高载流子迁移率。h-BN 介质层单层 MoS_2 的器件迁移率比 SiO_2 介质层的器件迁移率高一个数量级。低工作门电压可以降低柔性器件的功耗，延长可穿戴电子应用的工作时间。Song 等人在 PI 衬底上采用激光焊接银纳米线网络作为栅极电极，采用少层 MoS_2 作为通道半导体，制备了柔性 MoS_2 TFT，如图 8-7 所示[3]，在柔性 MoS_2 晶体管上实现了最高的载流子迁移率 $141\ m^2 \cdot V^{-1} \cdot s^{-1}$。

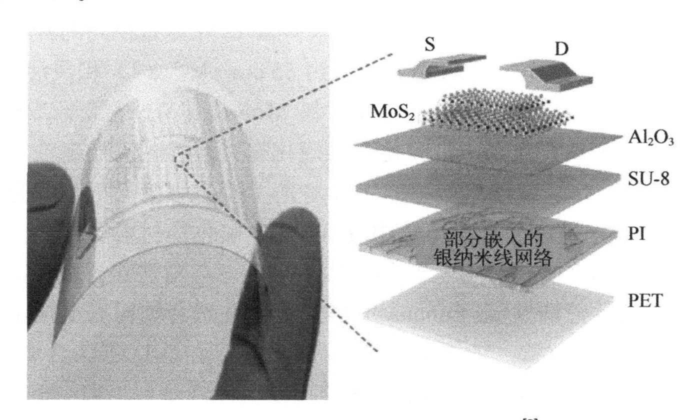

图 8-7　弯曲柔性 MoS_2 TFT 阵列[3]

二硫化钨（WS_2）与 MoS_2、$MoSe_2$ 等二维过渡金属硫属化物相比，具有更小的带隙、更高的载流子迁移率、更强的光发射以及化学稳定性。科学研究表明，基于石墨烯/WS_2 异质结构的柔性垂直 FET 具有高通断比（大约 10^6）和更大的通态电流，WS_2 被用作两个石墨烯层之间的屏障材料，允许在隧穿电流和热离子电流之间切换[18]。最近，Gong 等人报道了在大约 5 μm PI 衬底上用 CVD 法生长单层 WS_2 的通道半导体制作的超薄柔性薄膜晶体管[19]。经过曲率半径 2 mm、弯曲次数 5 万次的疲劳弯曲试验，器件通电电流变化不大；载流子迁移率仍在 2～10 $m^2 \cdot V^{-1} \cdot s^{-1}$ 之间，开关比保持在大约 10^6。

为了改善电接触并消除半导体与电极之间界面的负面影响，有人提出使用多层石墨烯作为 WS_2 FET 的柔性电极。与传统金属相比，多层石墨烯具有高导电性和低态密度。它的费米能级可以很容易地被外部电位调节，并降低载流子从多层石墨烯电极注入 WS_2 的障碍。因此，他们实现了 WS_2 柔性 FET，其载流子迁移率高达 50 $m^2 \cdot V^{-1} \cdot s^{-1}$，是传统金属电极的 10 倍。

除了传统晶体管需要通过栅极电压产生的电场对半导体进行门控外，光电晶体管是一种由外部光进行门控的新型晶体管。高性能光电晶体管要求半导体对光具有强的灵敏度和窄的带隙。研究人员已经证明，一些二维过渡金属硫化物的电特性在光照下非常敏感[16]。因此，二维过渡金属硫化物在柔性光电晶体管应用中是一个引人注目的候选半导体。最近，Kim 等人[16]通过喷墨打印技术实现了柔性、透明的大面积 MoS_2 光电晶体管。该器件由 CVD 生长的单层 MoS_2 通道半导体、聚(4-乙烯基苯酚)（PVP）和聚苯乙烯磺酸盐（PEDT：PSS）电极组成。该解决方案的介质层和电极材料与可打印电子制造技术兼容，从而可实现低成本和大规模的设备制造。

有报道采用一种外延方法，在整个蓝宝石晶圆上均匀生长 4 英寸（10.16 cm）单层 MoS_2 晶圆材料，畴宽平均大于 100 μm。此外，这种 4 英寸晶圆尺寸的 MoS_2 单层被用于在柔性基片上构建透明的 MoS_2 基晶体管和逻辑电路。场效应晶体管具有较高的器件密度（1518 个$\cdot cm^{-2}$）和产率（97%），并具有较高的开/关比（10^{10}）、电流密度（大约 35 $\mu A \cdot \mu m^{-1}$）、机动性（大约 55 $cm^2 \cdot V^{-1} \cdot s^{-1}$）和灵活性。

与二维硫化物材料相比，二维硒化物材料 $MoSe_2$ 和 WSe_2 属于二维过渡金属硫属化物家族的另一个重要类别，具有比二维硫化物材料优越的光电性能。例如，少层 WSe_2 比 WS_2 和 MoS_2 表现出更强的光致发光（PL）强度和更高的光转换效率。2D $MoSe_2$ 和 WSe_2 已被证明在晶体管中具有比 2D 硫化物材料更高的性能。例如，载流子迁移率可达 200 $m^2 \cdot V^{-1} \cdot s^{-1}$，开关比大于 10^7。与刚性硅衬底相比，柔性聚合物衬底将会降低晶体管的性能。Funahashi 等人首次在聚合物衬底上演示了离子凝胶门控柔性单层 WSe_2 晶体管。如图 8-8（a）所示，采用 CVD 方法合成单层 WSe_2，并将其转移到柔性 PEN 衬底上进行器件制作[18]。该器件表现出典型的双极行为，电子迁移率约为 0.37 $m^2 \cdot V^{-1} \cdot s^{-1}$，空穴迁移率约为 5.0 $m^2 \cdot V^{-1} \cdot s^{-1}$。由于塑料基板上电子和空穴的陷阱状态，该值比刚性基板上单层 WSe_2 晶体管的值低两个数量级。Rhyee 等人[20]证明，增加 $MoSe_2$ 的结晶度可以产生高迁移率的晶体管，迁移率可高达 121 $m^2 \cdot V^{-1} \cdot s^{-1}$ 左右。

如图 8-8（b）所示，该器件在曲率半径为 5 mm 的弯曲下显示出稳定的电输出和机械柔性[20]。尽管二维硒化物柔性器件的性能不如二维硫化物，但其新颖的光学性质提供了特殊的应用。例如，强光致发光特性和灵敏的光检测使得二维硒化物材料有希望用于柔性光电晶体管、柔性发光二极管（LED）器件和柔性光电探测器。但是，二维硒化物对大气敏感，在大气中容易氧化，这降低了器件性能，限制了其实际应用。因此，二维硒化物材料的制造完全需要新封装技术。

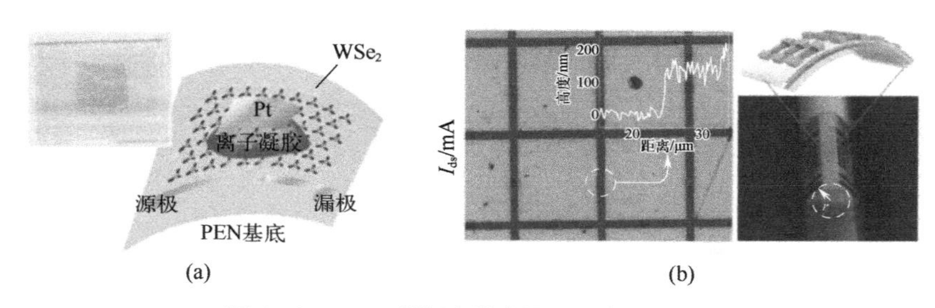

图 8-8　PEN 基板上的大面积双电层晶体管

（a）在薄 PEN 衬底上的单层 WSe_2 薄膜照片和 WSe_2 EDLT 的示意图[18]；（b）在柔性 PI/PET 衬底上制备的 $MoSe_2$ 晶体管阵列和 $MoSe_2$ 晶体管的光学图像[20]

晶体管是许多类型的电子逻辑器件的基本单元，如逆变器、存储器和振荡器。理想的完整柔性电子电路要求每个组成单元都具有柔性或可拉伸性。柔性逆变器是一种由晶体管衍生的器件，通常由一个 n 沟道晶体管和一个 p 沟道晶体管串联组成。二维过渡金属硫化物系列包括 n 型半导体和 p 型半导体，在晶体管应用中表现出高性能，如大的开关比和小的亚阈值摆动。晶体管的通断比和阈值下摆幅对逆变器的电压增益和关态电压功耗等性能有很大的影响。小的关态电压产生低功耗。

Chung 等人选择二维 MoS_2 薄膜作为 n 型通道半导体来制备柔性混合互补逆变器，如图 8-9 所示，其中 p 型通道材料是聚(四辛基六噻吩-替代-二辛基比噻唑)的聚合物半导体（PHTBTz-C8）[21]。他们证明了柔性混合逆变器的高性能和低功耗是由低于 1 nA 的泄漏电流、较大的电压增益 35 和高噪声裕度造成的。Das 等人展示了 MoS_2 n 型通道晶体管和 Si 纳米膜 p 型通道晶体管的全无机柔性混合逆变器，该逆变器实现了高性能、最大电压增益为 16、亚纳米瓦的低功耗[22]。

对于纯少层 MoS_2 通道半导体，可通过将 MoS_2 晶体管集成到柔性 PI 衬底上，制造出柔性逻辑逆变器和柔性射频放大器。小通道长（116 nm）MoS_2 晶体管在 1000 次弯曲试验中表现出最高的电流密度为 48 $\mu A \cdot \mu m^{-1}$，性能完好。从 MoS_2 基柔性放大器中获得了 2 ns 的传输延迟。柔性 MoS_2 射频放大器的性能可与传统硅基器件相媲美，表明二维过渡金属硫化物在柔性电子电路中的广泛应用。最近，通过 CVD 生长的单层 MoS_2 n 型晶体管和单层 WSe_2 p 型晶体管证明了第一个完全基于 2D TMCs 的柔性逆变器，该柔性器件具有 30 的高电压增益和数十皮瓦的低功耗。柔性逆变器的动态性能表明，其开关速度可达 1 kHz。

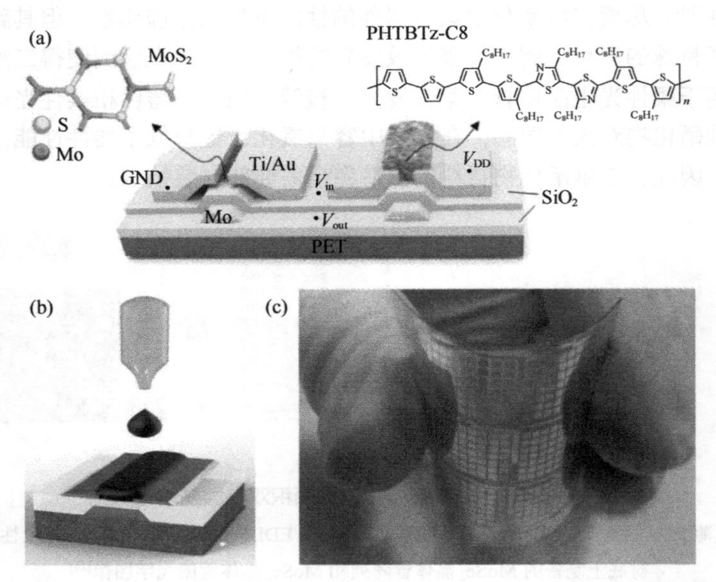

图 8-9 （a）采用 MoS_2（n 型）和 PHTBTz-C8（p 型）通道的混合互补逆变器的结构示意图。插图为 MoS_2 和 PHTBTz-C8 的化学结构示意图；（b）PHTBTz-C8 PMOS 喷墨打印方案；（c）柔性混合逆变器在 PET 薄膜上[21]

8.1.4 过渡金属硫属化物在柔性传感器中的应用

柔性传感电子器件是人机交互和可穿戴电子系统的重要组成部分，可用于可穿戴健康监测系统，通过监测与健康相关的生理信号，对疾病进行预诊断。柔性压力应变传感器能够记录与身体状况相关的手腕脉搏、血压、心率和身体动作。柔性生物传感器和电化学传感器可以测量人体的 pH 值和葡萄糖浓度。这些价值在医疗服务和临床实践中至关重要，如筛查糖尿病、心脑血管疾病。大量的二维过渡金属硫化物为柔性传感器件的制造和优化提供了广泛的选择机会。

由于二维过渡金属硫属化物具有较大的比表面积和体积比，在其表面吸附气体分子时表现出敏感的电性能，有望成为柔性气体传感器，用于环境监测和食品安全领域的便携式和可穿戴式监测仪。这类应用要求定量检测有毒气体如 NO_2、NO、CO、NH_3 和挥发性有机化合物（VOCs），具有高灵敏度和低功耗。传统的气敏材料是无机金属氧化物半导体[23]。然而，传统材料在检测目标气体时，由于表面氧离子

（如 O^{2-}、O^-和 O_2^-）在传感反应过程中至关重要，而这些离子是在大约 300 ℃的温度下产生的，因此需要在相对较高的温度下操作，并且传统材料合成的加热器会导致高功耗，这限制了它们在可穿戴和便携式电子系统中的应用，迫切需要室温操作的气体传感器。

许多二维材料在早期开发阶段就应用于气体传感。虽然石墨烯是具有零带隙能量的金属，但许多过渡金属二硫化物是具有可调谐带隙能量的半导体，具体取决于厚度。在这方面，过渡金属二硫化物本质上比石墨烯更适合化学电阻气体传感应用。最近的研究表明，二维过渡金属硫化物（包括 MoS_2、WS_2、SnS_2和 TaS_2）在室温下检测各种分析物（包括 NO、NO_2、O_2、NH_3和 VOCs）具有很高的灵敏度[23]。在三种硫属元素中，硫是最有利的，因为它是其中最丰富的地球元素，并且大多数 MS_2（过渡金属二硫化物）化合物在空气中比 MSe_2和 MTe_2毒性更小且更稳定。

二硫化钼由于其合成过程简单，在空气中具有稳定的化学结构，是气敏过渡金属硫化物研究中最受关注的物质之一。该传感机制基于目标分子与过渡金属硫化物表面之间的电荷转移，可以通过原位光致发光和扫描开尔文探针力显微镜进行研究。柔性衬底中二维过渡金属硫化物的气敏特性与刚性 SiO_2/Si 衬底中的气敏特性不同，这是因为半导体与衬底之间的相互作用会导致传感材料的表面吸附能[24]。

化学电阻由于其简单的结构和低功耗而成为基于二维过渡金属硫属化物的柔性传感器的主导因素。此外，也有研究报道了二硫化钼与氧化石墨烯电极结合的柔性 TFT 阵列气体传感器，该传感器对 NO_2检测灵敏度高，经过 5000 次机械弯曲测试，灵敏度稳定，性能不下降。通过将过渡金属硫化物与贵金属纳米颗粒（如 Pt 和 Pd）功能化，可以提高过渡金属硫化物的传感性能，在纳米颗粒和传感材料表面之间建立敏感的肖特基屏障。Pt 功能化 MoS_2基柔性传感器的灵敏度提高了 3 倍以上。采用 Pd 功能化 WS_2在聚酰亚胺衬底上制备了一种高性能柔性 H_2传感器，在室温下表现出机械耐久性和高灵敏度[24]。

降低传感半导体与电极之间的肖特基势垒高度是提高气体传感器灵敏度的另一条重要途径，如采用金属 $NbSe_2$作为电极，WSe_2作为传感材料，制备一种柔性、可穿戴的气体传感器，在 $NbSe_2$和 WSe_2之间存在一种 $Nb_xW_{1-x}Se_2$过渡合金，这种过渡合金可以降低界面的障壁高度，使电荷能够通过界面传输。因此，该器件对 NO_2和 NH_3的敏感性高于 Au 电极降解器件。化学和机械的耐久性使这种灵活的设备适合于可穿戴电子应用。其主要缺点是响应缓慢，可达约 1 min，可通过稍微提高操作温度来加速。

最近，Zhang 等人[25]报道了一种高选择性和柔性的气体传感器，该传感器基于通过液相剥离法制造剥落的 WSe_2纳米薄片，用于痕量探测在室温（25 ℃）紫外线激活下，NO_2浓度为 8 μg·L^{-1}的超低检测下限。结果表明，紫外光可以大大提高对

NO_2 等氧化性气体的传感性能，而对还原性气体没有影响。此外，即使在弯曲半径为 1 mm 的弯曲度中也能很好地保持增强的传感响应，这表明气体传感器具有极好的灵活性。这种灵活的 WSe_2 纳米片传感器的出色性能为可穿戴设备的应用提供了良好的前景。

石墨烯和二维过渡金属硫属化物等二维材料是光电探测器中重要的通道材料。最近的研究表明，二维过渡金属硫属化物光电探测器具有宽光谱检测、低暗电流、高响应性和响应时间短，因为材料具有强的光吸收和可调谐的电学特性。据报道，在 50 V 的背栅电压(V_g)下，单层 MoS_2 光电探测器能够达到增强的光响应率 7.5×10^{-3} $A\cdot W^{-1}$。此外，通过调整过渡金属硫属化物晶体的层数，已在ⅥB 族过渡金属硫属化物（MoS_2、$MoSe_2$、WS_2 和 WSe_2）中发现了间接到直接带隙跃迁、带隙能量的增加、态电子密度中的 Van Hove 奇点和谷极化等光学特性，这些特性是实现高效、先进光电器件的必要条件。然而，二维家族中其他成员的光电子特性仍处于探索的早期阶段，可以期待在光探测性能以及光谱范围的多样性方面有新的发现。

关于柔性光电检测器目前还有新的发现：在柔性 PET 衬底上展示了一种多层 InSe 光电探测器，该探测器从可见光到近红外区域（450～785 nm）具有宽带光探测能力，在 633 nm 处的高光响应度可达 3.9 $A\cdot W^{-1}$。这些性能优于最近报道的其他二维晶体光电探测器（石墨烯、MoS_2、GaS 和 GaSe）。

Kim 等人[26]展示了通过 AP-PECVD（大气压等离子体增强 CVD）方法在低加工温度（< 200 ℃）下开发超柔性 2D-MoS_2/Si 异质结基光电探测器。二维范德华材料在柔性超薄硅（u-Si）衬底上的简便有效沉积技术有助于在近红外（$\lambda = 850$ nm）照明下实现良好的光敏器件性能，响应度为 10.07 $mA\cdot W^{-1}$ 和比探测率 4.53×10^{10} Jones。所制造的 2D-MoS_2/Si 光电探测器即使在涉及缠绕在小棒上的苛刻弯曲配置下也表现出出色的柔韧性、可滚动性和耐用性（$r = 3$ mm）。优异的机械稳定性归因于 2D-MoS_2 和 Si 之间的灵活范德华结界面。因此，通过 AP-PECVD 方法生产的柔性 2D-MoS_2 /Si 光电探测器在多功能异质结光电器件应用中具有相当大的潜力。

二维范德华异质结构是一层二维材料垂直生长在另一层之上，或横向生长在一起的结构。不同带隙和载流子类型的过渡金属硫化物层状半导体可以叠加在一起用于 p-n 结，其中可以包含任意多个具有不同互补光吸收光谱的光活性层。最近的研究表明，p-n 结光电探测器具有良好的开/关电流比（10^3～10^4）和近红外高探测率，如 $MoTe_2/MoS_2$、WSe_2/MoS_2 和 WSe_2/SnS_2[27]。也可以通过热还原硫化工艺合成的少层 MoS_2/WS_2 垂直异质结阵列展示了柔性光电探测器，异质结界面上的内置电场可以分离光生载流子，这可以用于无源漏偏置的自供电光电探测器。已有报道基于 n 型 $MoSe_2$ 薄膜的柔性 p-n 结光电探测器，该薄膜被氨基端聚苯乙烯和 p 型聚合物修饰，该装置具有响应时间快（100 ms）、探测率高（2.34×10^{14}）、机械柔性好、弯曲曲率为 7.2 mm、1000 次弯曲后性能稳定等特点。

石墨烯具有高迁移率、高透明性、二维材料的光活性以及石墨烯与二维材料界面的超快电荷转移等特点，在柔性光电探测器中具有巨大的应用潜力。石墨烯/碘化铅（PbI_2）/石墨烯夹层结构在 PET 衬底上用于高性能柔性光电探测器。该器件的超快电荷转移和极低的暗电流使其具有高响应率（$45\ A\cdot W^{-1}\cdot cm^{-2}$）和短响应时间（35 μs 上升和 20 μs 衰减）。通过一层一层的干转移方法，可制得 $MoTe_2$/石墨烯/SnS_2 的夹芯柔性光电探测器，其中石墨烯作为中间层形成 p-石墨烯-n 结。垂直内置电场使光电探测器应用于高效的宽带光吸收、激子解离和载流子转移，在紫外-可见-近红外光谱中表现出极高的响应率（$2600\ A\cdot W^{-1}$）和比探测率可达 10^{13} Jones。除了二维过渡金属硫化物，石墨烯异质结构与拓扑结晶绝缘体（如 SnTe、Bi_2Te_3、Sb_2Te_3 和 $Bi_2Se_xTe_{3-x}$）的叠加也是柔性光电探测器的有前途的材料。

机械传感器是一种将应变、拉伸、压力、振动等外部机械信息进行传递的装置。二维过渡金属硫化物的柔性机械传感器基于材料的压阻效应和压电效应设计，具有高灵敏度和短响应时间的高性能。双分子层 MoS_2 应变传感器具有 230 的高应变因子，比石墨烯和碳纳米管应变传感器高两个数量级，但比 ZnO、$ZnSnO_3$ 和 InAs 小。单层过渡金属硫属化物，包括 WS_2、WSe_2、$MoSe_2$、ReS_2、BH 和 $PtSe_2$ 具有压阻特性，基于 MoS_2 的大面积、皮肤附着式主动矩阵触觉传感器在宽传感范围（1～120 kPa）、灵敏度值（$\Delta R/R_0$: $0.011\ kPa^{-1}$）和响应时间（180 ms）方面表现优异。在 PI 衬底上制作的基于 ReS_2 的柔性压阻器件，该器件的相对电阻随不同方向应变而变化，并且在 28 次弯曲循环中具有相当大的重复性。高性能应变传感器的测量因子高达 237，由 PDMS 衬底上的 2D α-In_2Se_3 验证。二维材料的微模式可以用于制造具有高空间分辨率矩阵配置的柔性压力传感器和应变传感器，然而，可控合成大尺寸（厘米尺度）、高结晶度和良好再现性的过渡金属硫属化物的挑战限制了其在大面积和高集成柔性传感器阵列中的应用。

8.1.5 小结

这一节综述了近年来基于 2D TMCs 的柔性电子器件的研究进展，包括 2D TMCs 的电学和力学性能及其在一些典型柔性电子器件中的应用。这些器件包括柔性晶体管、柔性晶体管衍生的柔性电子和柔性传感电子、柔性气体传感器、柔性光电探测器和柔性机械传感器。具体讨论了 2D TMCs 的力学和电学性能如何影响和提高柔性电子器件性能。尽管目前的研究已经展示出一些典型的 2D TMCs 柔性电子器件的高性能，但挑战与机遇并存，仍需要科研工作者进一步探索和研究，这也使得该领域具有广阔的前景。

基于 2D TMCs 的柔性电子技术面临的挑战是多方面的，需要在材料合成、器件制造和集成技术等方面进行改进。由于高质量二维材料的合成是大规模集成柔性电子电路的基础和关键，因此，具有可控缺陷和层数的晶圆级和大晶粒尺寸（厘米级）2D TMCs 的合成策略至关重要。新颖的二维材料，如横向和纵向异质结和单层过渡金属硫化合物合金，具有独特的电气和机械性能，使柔性器件具有高性能和多功能的特性。目前，光刻和印刷被用于柔性器件的制造，印刷技术是一种低成本、大规模制造柔性电子器件的方法，但其线分辨率和对准精度通常大于 20 μm，这是实现高集成柔性器件的一个障碍，因为通过印刷技术很难达到亚微米级的尺度。在柔性基板上进行亚微尺度和纳米尺度 2D TMCs 的微制造和加工仍然是一个重点和难点。

另一个挑战是如何增强材料和衬底的相互作用。增强材料与基板之间的附着力，可使所构建的柔性器件具有更高的可靠性和耐久性；此外，稳定耐用的柔性器件需要 2D TMCs 具有较强的力学性能。对于柔性电子器件，2D TMCs 的冲击韧性、疲劳强度和断裂韧性有待进一步研究。这是 2D TMCs 实际应用的早期道路。基于 2D TMCs 的柔性电子器件在无柔性和可穿戴设备上的应用在不久的将来是可以实现的。

8.2 过渡金属二硫属化物在生物医学中的应用

8.2.1 概述

随着纳米技术的飞速发展，新兴的过渡金属二硫属化物（transition-metal dichalcogenides，TMDCs）由于其独特的结构和性质，已成为医疗应用中最有前景的无机纳米材料之一。TMDCs 作为一种类石墨烯二维纳米材料，具有众多优异的化学和物理性质，如光学性质、电子能带结构、拉曼散射、发光和导体/半导体行为等。因此，这类材料成为众多领域（如析氢反应、能量储存、晶体管、光电子学、传感器、催化等）研究的热点。此外，由于其较低的细胞毒性，巨大的比表面积和独特的结构与性质，TMDCs 作为生物材料在生物医学领域得到了广泛的研究，如多模式生物成像、药物输送、肿瘤治疗和生物传感器等。然而，与常规材料不同，生物医用材料的特殊用途要求这类材料在具有独特物理化学性质的同时，还要具有优良的生物相容性以及在生物介质中良好的分散性。

块状 TMDCs 层内的原子间相互作用本质上是共价键，并且层与层之间由弱范德华力维系在一起。这些特征使它们可以很容易地薄化成几层，一层只有三个原子，从而表现出真正的 2D 特性[28]。TMDCs 表面没有悬垂的化学键，这使得它们在液体和空气中保持高度稳定，有助于它们掺入生物系统中。由于其二维结构，TMDCs 表现出非常大的比表面积，使它们易于功能化，并与生物医学材料相互作用，增强其生物相容性，以及负载各种治疗剂。除了其独特的结构外，TMDCs 还具有硫属原子和过渡金属原子的组合，表现出不同的化学和物理特性，如光学性质、电子能带结构、拉曼散射、发光和半导体行为。例如，基于其电子能带结构，MoS_2、WS_2

和 TiS_2 等 TMDCs 在近红外（NIR）区域具有较强的光学吸收，并显示出较高的光热转换效率，这使它们成为理想的光声（PA）成像造影剂以及癌症治疗诊断学中的光热疗法（PTT）剂。此外，一些含有高原子数元素的 TMDC，如钨，由于其具有衰减 X 射线的能力，在计算机断层扫描（CT）成像和放射治疗（RT）增强方面也具有潜力。迄今为止，TMDCs 已经显示出良好的深部组织和活体动物成像（PA/CT 成像）的能力，具有高空间分辨率，以及可以成为释放具有较低激光功率密度的热生成治疗剂。此外，通过减小粒径，TMDCs 的电子带隙和光致发光将相应增加，从而使它们能够应用于光学细胞观察以及生物传感器等方面。例如，离子插层 MoS_2 可以基于其光致发光的特性而用于细胞活力研究。另外，TMDCs 还可以与其他功能材料结合形成纳米复合材料，这种方法可以优化其性能，甚至可以展示出有利于实际应用的新特性。例如，氧化铁与 TMDCs 的组合可以展示出 TMDCs 在药物负载、较高 NIR 和 X 射线吸光度以及氧化铁的磁性靶向能力方面的优势，可以在癌症治疗中进行多模式成像和联合治疗。

凭借如此独特和有利的化学和物理特性,科研人员已经对其进行了广泛的研究，以探索它们在生物医学领域的应用。2D TMDCs 纳米片（NSs）作为新型的类石墨烯无机物，是 TMDCs 方面最早开发和研究最广泛的纳米结构。此外，受 2D TMDCs 纳米结构的惊人发现和巨大成功的启发，TMDCs 其他的基本结构及其对应的性质也引起了研究人员的兴趣，如 0D 结构、3D 结构，甚至 TMDCs 纳米复合材料，也得到了发展。随着 TMDCs 被引入生物医学应用，治疗诊断学的种类已经大大拓宽。然而，TMDCs 本质上是不溶于水的，这极大地限制了它们在生物系统中的应用[29]。通常，疏水的 TMDCs 向亲水材料的转化可以通过适当的以溶液为基础的合成途径来完成，以降低其疏水性，或通过适当的表面改性，在其表面引入额外的生物相容性分子基，从而使它们具有水溶性。

8.2.2 生物医学应用的过渡金属二硫属化物设计原则

TMDCs 通常是二维的，它们是由单层过渡金属原子六边形层和两层硫原子组成的三明治结构。不同过渡金属原子与硫属原子组合，形成大约 40 种已知的过渡金属二硫属化物。由于其独特的光致发光、光学吸收和直接带隙，具有不同的化学/物理性质的 TMDCs 被广泛应用于生物医学领域。与其他 2D 纳米材料相比，TMDCs 具有薄、柔韧性好、坚固的特点，并表现出更高的结构刚性[30]。以上特性使 TMDCs 适用于生物医学应用。考虑到生物系统条件，理想的用于生物医学的 TMDC 应具有以下特点：

（1）低毒性

毒性是将纳米颗粒应用于生物系统时首先关注的因素。据报道，TMDCs 表现出比许多其他纳米结构（如石墨烯或 Au）更低的细胞毒性，这使得它们在生物领域具有更高的潜在价值。然而，在 TMDCs 纳米材料中，仍有一些元素不适合应用于生物材料领域。例如，碲因具有毒性且是非必需元素而不适合生物医学应用。因此，在设计用于生物医学用途的 TMDCs 时，应降低毒性以避免体内不良反应。

（2）分散性好，生理稳定性高，生物相容性好

生物相容性指材料在机体的特定部位引起恰当的反应。根据国际标准化组织（International Standards Organization，ISO）会议的解释，生物相容性是指生命体组织对非活性材料产生反应的一种性能，一般是指材料与宿主之间的相容性。生物材料植入人体后，对特定的生物组织环境产生影响和作用，生物组织对生物材料也会产生影响和作用，两者的循环作用一直持续，直到达到平衡或者植入物被去除。生物相容性是生物材料研究中始终贯穿的主题。对于生物医学应用，TMDCs 纳米材料进入人体，直接与组织和细胞接触。因此，水溶性、可分散性和相对生物系统稳定性是其生物分布和医疗功能的基础。此外，为了减少或避免局部或全身毒性效应，生物相容性是 TMDCs 在生物医学应用中优化其治疗诊断性能的另一个关键因素。

（3）相对较小或超小的平均粒径（最好小于 100 nm）

在一定尺寸下，由于肿瘤血管的解剖结构改变，纳米颗粒可以很容易地从血池外渗到肿瘤组织中，并且由于淋巴引流不良而被保留，这使得其能够在肿瘤组织附近实现好的渗透性和保留效果，因此，与正常组织相比，可将大量的治疗诊断药物输送到肿瘤。此外，当核心直径减小到超小范围时，可以实现肾脏排泄，这可以进一步降低纳米颗粒的毒性。因此，小尺寸的 TMDCs 可以增加其体内生物分布从而得到有效的治疗诊断结果，这是生物学应用的迫切需要。

因此，在过去数十年中，为了满足上述生物应用的要求，人们一直致力于生产合适的 TMDCs，这通常可以通过两种方式实现：直接合成策略和附加功能化方法。可以使用多种技术来合成不同的 TMDCs 纳米结构，例如“自上而下”的方法（插层和剥离）或“自下而上”的策略（水热或溶剂热法）。然而，为了获得用于生物医学应用的水溶性 TMDCs，合成过程通常在机械力或加入稳定剂/表面活性剂的协同下在溶液中进行。

8.2.3 过渡金属二硫属化物的表面功能化

通常，合成方法的选择取决于 TMDCs 将实现的特定功能。此外，在选择适当的合成策略时，还应考虑成本、环境友好性、放大生产、层数、厚度和尺寸以及 TMDCs 的维数等因素。表面改性是制造用于生物医药应用的另一种基本途径。各种改性材料，如聚合物、蛋白质或小的有机分子，通过物理吸附或化学结合使 TMDCs 具有水溶性。一般来说，表面修饰不仅可以使 TMDCs 具有水溶性，还可以拓宽它们的生物医学应用场景，例如多模式成像，药物/基因递送（负载能力）和癌症治疗诊断学中的协同治疗。一些半导体聚合物可以帮助 TMDCs 在 PA 成像中放大光声信号；

无机介孔二氧化硅为大规模药物负载提供了一个简单的平台；携带光敏剂的功能化TMDCs 可以实现光动力-光热协同治疗。除了赋予 TMDCs 高生物相容性和治疗诊断试剂的负载能力外，功能化过程还可以使它们具有更好的生物学性能，例如改善细胞摄取和生物分布，或延长血液循环时间，以提高诊断和治疗输出的效率。

大多数通过传统方法合成的 TMDCs 不具有生物相容性，或者不能在生理环境中保持稳定，这阻碍了它们未来在生物领域的应用。因此，表面功能化是制造用于各种生物医学场景的 TMDCs 的关键步骤。此外，为了使 TMDCs 具有亲水性，表面改性还可以对其生物学性能产生很大的影响，例如改善细胞摄取和生物分布以及延长血液中的循环时间，以及在复杂生物介质（例如，血浆或细胞结合受体）中的稳定性能。由于它们的比表面积较大，TMDCs 易于与其他功能组分集成，以丰富其特性，可用于各种生物医学应用，例如药物递送、协同治疗、多模式成像或高灵敏度生物传感[31]。如此大的表面积也有利于其与靶向位点的相互作用达到最大，从而提高诊断灵敏度和治疗效率。

一般来说，功能性有机或无机成分可以通过疏水相互作用、静电吸引和范德华力等物理手段吸附到 TMDCs 的表面。相比之下，TMDCs 的化学修饰通过在有机功能材料和 TMDCs 表面之间形成紧密的化学键实现，这些化学键相对较强，可以使改性的 TMDCs 在复杂的生理环境中保持稳定。在过去几年中，各种有机/无机分子，如聚合物或二氧化硅等（如图 8-10），已被用于通过物理吸附或化学附着使 TMDCs 表面功能化，以改变物理和化学性质。TMDC 功能化的基本原则是使其具有生物相容性、低毒性，甚至能够赋予 TMDC 纳米材料生物活性。

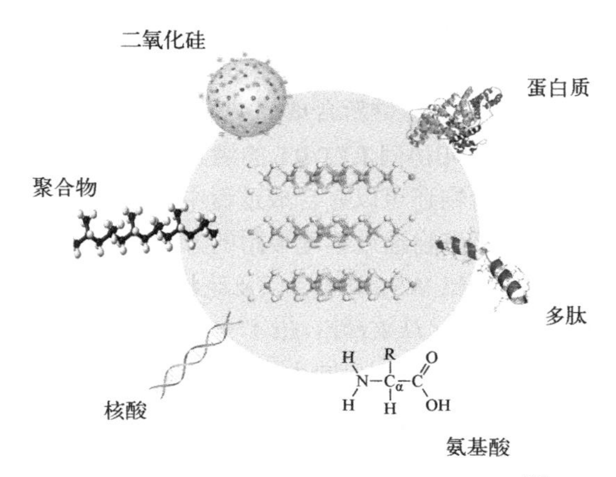

图 8-10 将 TMDCs 表面功能化的方法[32]

（1）聚合物

生物相容性聚合物是使用最广泛的功能材料，它们可以通过化学功能化或物理吸附对 TMDCs 表面进行改性。通常，以化学方式，TMDCs 的功能化是通过功能材料中硫原子在硫空位上的配体共轭或通过官能团与表面硫（或其他 TMDCs 中的 Se 或 Te）之间的共价二硫键/配位相互作用来实现的[33]。据报道，在剧烈的插层剥离过程中，一些硫原子可能从 TMDCs 纳米片的表面丢失，留下与端硫分子结合的缺陷。因此，科研人员测试了硫封端的 PEG 基聚合物，特别是硫辛酸封端的聚乙二醇（LA-PEG），以修饰不同的 TMDCs，如 MoS_2 纳米片、WS_2 纳米片、WS_2 量子点和花状 MoS_2，以及 MoS_2-氧化铁纳米复合材料。他们发现，这些 LA-PEG 修饰的 TMDCs 材料在生理环境中都表现出理想的相容性，并具有其他出色的生物医学应用，例如多模式成像和用于癌症治疗的协同疗法。除 PEG 外，其他聚合物如聚丙烯酸（PAA）、聚乙烯亚胺（PEI）、及与 PEG 的组合 PAA-PEG 或 PEI-PEG，或聚苯胺（PANI），以及第 5 代聚酰胺胺树枝状聚合物-硫辛酸（G5-LA）也广泛用于 TMDCs 的功能化过程中。例如，与 LA-PEG 功能化相似，Kim 等人[34]报道了通过二硫键的有效聚合物共轭，其中 MoS_2 用 LA 修饰的 PEI 以及硫化 PEG 聚合物（MoS_2-PEI-PEG）进行修饰。这种 MoS_2-PEI-PEG 纳米复合材料被证明具有高度的生物稳定性，并且在细胞中表现出低毒性，这为将基因材料递送到细胞中提供了一个时空可控的有效平台。此外，Kong 等人[35]提出了 G5-LA 通过二硫键修饰的 MoS_2，并显示出良好的胶体稳定性，优异的光热转换效率和光热稳定性。进一步研究表明，这些 G5-LA-MoS_2 纳米片能够根据表面的树枝状聚合物胺将 Bcl-2 siRNA 递送到癌细胞中，因为具有正表面电位的树枝状聚合物胺可以通过静电相互作用递送带负电荷的 siRNA。通过这种方式合成的 G5-LA-MoS_2 纳米片可能是使癌症基因沉默和 PTT 组合的潜在纳米平台。除了 TMDCs 的二硫键功能化外，Wang 等人还报道了 PANI 修饰的 MoS_2 QD 纳米混合物。这些 MoS_2@PANI 纳米颗粒被 COOH 基团封端，COOH 基团可以通过稳定的酰胺键与 PEG-NH_2 偶联，形成可溶性和稳定的 MoS_2@PANI 纳米混合物[36]。进一步的体内和体外研究表明，这种新合成的纳米混合物可能具有在抗癌研究中同时实现双模式成像（PA/CT）和协同 PTT/RT 的潜力。

除了化学偶联之外，聚合物还可以在合成过程中通过物理吸附对 TMDC 进行改性。例如，PEG 或 PEG 基共聚物通过物理吸附的方法应用于改变各种 TMDC 纳米结构，如 MoS_2、TiS_2、ReS_2 和 WS_2 纳米片以及花状 MoS_2[34]。附着在 TMDC 上的两亲性聚合物［如 PEG 接枝聚（马来酸酐-alt-1-十八烯），C18PMH-PEG］的外部亲水部分促进了其水分散和有利于进一步的生物应用。据报道，经物理吸附 PEG 修饰的 TMDCs 在生理溶液中表现出高稳定性，没有明显的体外毒性，并且已经被进一步验证可用作多生物成像和协同癌症治疗剂。2014 年，Zhao 及其同事[37]在剥离过程中通过静电吸引，成功地用壳聚糖（一种天然存在的线型阳离子多糖）修饰了 MoS_2。将功能化的生物相容性壳聚糖-MoS_2 纳米片进一步负载阿霉素（DOX），阿霉素可在近红外激光照射诱导的光热效应下可控释放，实现化疗与 PTT 联合治疗癌症。此外，Shi 及其同事[38]报道了另一种药物递送植入物，通过将疏水性聚乳酸-共-

乙醇酸（PLGA）与 NMP 溶液中的 MoS_2 均质化以形成多功能油醇，用于有效的 NIR 引发的协同肿瘤热疗。含有 PLGA 的植入物被证明具有多种刺激响应药物释放、高体内血液/组织相容性和增强协同肿瘤治疗效果，这为有效的局部肿瘤治疗提供了极具前景的临床转化潜力。2016 年，Wang 及其同事[39]报道了非离子三嵌段共聚物 F127 辅助合成和同时功能化的超小型 $MoSe_2$ 纳米点。这些 F127 修饰的 $MoSe_2$ 纳米点表现出良好的胶体稳定性、生物相容性以及光热稳定性，其可以在 NIR 激光照射下有效地杀死低浓度的 HeLa 细胞。此外，在水热法中，Gu 及其同事[40]展示了 PVP 功能化的超小型 MoS_2 纳米颗粒，其制备的 PVP-MoS_2 被证明能够检测 H_2O_2 以及血清葡萄糖水平，显示出用作医学诊断工具的潜力。

（2）生物分子

蛋白质、多肽或核酸等生物分子也广泛用于 TMDCs 的功能化，因为它们具有内在的生物相容性，可以使 TMDCs 显示出与细胞系统中存在的正常生物分子相似的特性和功能[41]。与聚合物类似，生物分子也可以通过化学或物理方式改性 TMDCs。

蛋白质是由氨基酸残基形成的生物分子，通常含有亲水性和疏水性片段，这使得它们有可能成为通过物理吸附将 TMDCs 功能化为两亲性的改性剂[42]。据报道，在 TMDCs 合成过程中，牛血清白蛋白（BSA）同时作为稳定剂和功能剂，可以产生具有良好生物相容性和不同水分散性的 TMDC 纳米结构。Yong 等人[43]开发了 BSA 包覆的 WS_2 薄片作为药物载体，以负载大量的光敏剂亚甲基蓝，用于癌细胞的光热和光动力联合治疗。因此，通过合适的功能材料修饰 TMDCs，不仅可以增强 TMDCs 在生理系统中的相容性和稳定性，还可以利用 TMDCs 的独特性质作为协同治疗剂的直接来源。除 BSA 外，其他蛋白质相关材料，如血红素分子或再生丝素蛋白（RSF）也能够使 TMDCs 在水溶液中具有高分散性。例如，Chen 课题组[44]报道称，只需将 MoS_2 分散体系添加到 RSF 水溶液中即可获得丝蛋白包覆的 MoS_2 薄片。制备的 RSF/MoS_2 化合物进一步显示出比 MoS_2 更小的细胞毒性，以及对烧蚀 HeLa 细胞的高光热能力，有望在未来的癌症治疗中用作光热剂。

多肽也是通过氨基酸残基的组装形成的，但序列比蛋白质短得多。它们在 TMDCs 上的修饰主要通过硫醇化学或化学吸附来实现。例如，据报道，谷胱甘肽（GSH）通过硫醇化学功能化 MoS_2 纳米点。事实证明，与其他含硫醇的分子（如 PEG 和半胱氨酸）相比，GSH 是最适合修饰 MoS_2 纳米点以实现合成超小流体动力学尺寸和在生理溶液中具有高稳定性的分子。此外，Peng 等人[45]报道了一种基于 LA-PEG-MoS_2 的具有 pH 响应性电荷转换肽 LA-K11（DMA）修饰的多功能纳米系统。使用这种带电荷的可转换肽，带正电荷的光敏剂甲苯胺蓝 O（TBO）可以在不同的 pH 条件下轻松负载在 MoS_2 上或从 MoS_2 上释放。在肿瘤区域的酸性条件下，当带负电荷的 LA-K11（DMA）肽转化为带正电荷的肽时，带正电荷的 TBO 和 MoS_2 之间的结合力降低，从而导致 TBO 被释放，产生荧光和光诱导的活性氧（ROS），

以及 MoS_2 的光诱导热疗。在正常条件下，由于 TBO 在带负电荷的 LA-K11（DMA）肽上被强烈吸收，MoS_2 显著降低了 TBO 的这种荧光和 ROS 生成。因此，所制备的多功能纳米系统可与光诱导水热疗法和 ROS 生成协同实现特异性强、高效的抗肿瘤作用。

氨基酸或核酸等有机小分子也可用于修饰 TMDC，从而适用于生物医学应用场景。由于物理尺寸小，与聚合物或其他大生物分子相比，有机小分子更容易被细胞摄取。2014 年，Jeng 及其同事[46]报道了使用巯基乙酸（TGA）作为有效的双功能配体同时进行 MoS_2 的溶液剥离和功能化。在一个典型的实验中，TGA 不仅可以剥离块状 MoS_2，并通过硫醇化学与羧酸端基修饰 MoS_2 的表面，以改善单层 MoS_2 在水中的分散性，还可以合成具有持续荧光发射的水溶性 MoS_2 量子点，这可以用作细胞生物标志物和其他一些生物医学应用。2017 年，Satheeshkumar 等人[47]提出了一种氨基酸诱导的同时剥离和 MoS_2 的原位共价功能化的溶液处理方法。他们发现氨基酸的 N 端结合（NH_2）比 C 端结合（羧酸）更有利于形成剥离后的 MoS_2 上的硫缺陷。通过这种简单的无毒方法使功能化的 MoS_2 薄片表现出优异的生物相容性，并且可以用于 TMDC 其他 MX_2 型化合物的剥离和功能化。

Leong 及其同事[48]设计了一种药物递送系统，该系统使用带有硫醇封端基团的 DNA 寡核苷酸，通过与 MoS_2 表面上的硫原子缺陷空位结合来功能化 MoS_2 纳米片。基于 DNA 的适配体作为连接子进一步引入系统，以刺激 MoS_2 NS 的逐层自组装，这是由于 DNA-寡核苷酸对的互补杂交，从而形成多层 MoS_2 NS。这种方法制备的 MoS_2 上层结构可以保持很高的惰性，并且由于 MoS_2 NS 的“屏蔽”功能而对细胞内具有破坏性的 DNA 酶具有抵抗力。然而，在 ATP 分子浓度高的癌细胞中，由于 ATP 分子与连接适配子的结合更强，这些多层上层结构可以自主分解。因此，利用 DNA 特异性和 MoS_2 的 2D 平面的综合作用，这种新合成的纳米系统可以在癌细胞中实现靶向刺激响应药物递送。

（3）二氧化硅

二氧化硅等无机材料在将 TMDCs 纳米结构功能化以适用于生物应用的过程中可以作为有机改性剂的替代品。介孔二氧化硅提供了一个简单的平台，将各种客体分子（如药物）容纳到它们的孔中，因而被广泛用于 TMDCs 的功能化[49]。Lee 等人报道了一种通过二氧化硅涂层实现功能化的方法，它为疏水性单层 MoS_2 提供了生物相容性[50]。首先通过在水性条件下将二氧化硅前体与十六烷基三甲基溴化铵（CTAB）溶胶-凝胶缩合，实现在化学剥离的 MoS_2 表面上形成二氧化硅层这一目的。随后，引入胺基团进行进一步的 PEG 化和 DOX 负载。结果表明，这种覆盖着多孔二氧化硅和 PEG 的具有胶体稳定性的单层 MoS_2，可能在光热响应药物递送系统领域具有应用价值。另外，Su 等人[51]证明了在改性过程中由 CTAB 辅助的三明治状生物相容性 MoS_2/介孔有机硅（MoS_2/MOS）纳米片的合成。这些 MoS_2/MOS 纳米片具有一系列有序的介孔、较高的比表面积和大孔体积，因而表现出高光热转化能力和可控的药物释放特性，这些优点使其可以用于癌症治疗。

8.2.4 过渡金属二硫属化物在生物成像中的应用

成像是一种生物造影技术，其中与 2D TMDCs 有关的成像方式主要包括光声成像（PA）、计算机断层扫描成像（CT）、核磁共振成像（MR）和正电子发射断层扫描成像（PET）等。

（1）PA 和 CT 成像

光声成像（PA）是一种新兴的非侵入式的生物成像方式，具有极高的空间分辨率和良好的成像对比度，已逐步应用于肿瘤成像诊断基础研究。PA 成像主要依赖于光声信号转换，而光声信号转换能力主要取决于造影剂的选择。近年来，随着无机纳米材料在生物医学成像领域的研究逐渐深入，越来越多的二维无机纳米材料也应用于光声成像造影剂，尤其是新型类石墨烯二维纳米材料，其优异的近红外吸收率类似于石墨烯，光热转换效率高，生物相容性良好，而且部分材料还具备带隙可调特性以及良好的生物降解性，因此有望成为肿瘤光声成像理想的造影剂。PA 成像是利用吸收光能的生色团在吸收光能后导致局部温度升高，从而引起局部压力升高，并由换能器向外传播，经过重建记录后的信号能够映射原始的光能在组织内部的沉积。PA 成像结合了光学和声学特征，克服了单独的光学和荧光成像模态容易受生物介质影响导致信号丢失或散射的缺陷，从而实现了 PA 成像的高分辨率深层组织成像。但要达到上述成像要求，必须在治疗过程中使用高近红外光（NIR）吸收率的外源性造影剂，2D TMDCs 很好地满足了这一点。Qian 等人[52]将聚乙二醇（PEG）修饰在 TiS_2 表面，从而获得在生理溶液中稳定性高、体外毒性小的 TiS_2-PEG，而且显示出高 NIR 吸收率和高光声成像对比度。光声成像证明 TiS_2-PEG 经静脉注射后在小鼠体内显示出高肿瘤摄取和保留，并且在 NIR 激光照射后能够完全根除小鼠肿瘤。

2D TMDCs 是一种新型的具有特殊能带结构的层状纳米材料，能够形成不同的晶体类型，包括三棱柱（2H）、八面体（1T）和二聚化体（1T′），最常见的是前两种配位。二维过渡金属硫属化物在近红外区具有独特的可见光致发光和较高的吸收性能，该性能赋予了其出色的光声信号转换能力，因此二维过渡金属硫化物可用作光声成像造影剂。常见的作为光声成像造影剂的二维过渡金属硫属化物包括 MoS_2、WS_2 和 $MoSe_2$。

MoS_2 由 Mo 原子的六边形层夹在两层 S 原子之间构成，表现出独特的可见光致发光特性以及高近红外光吸收率，这使其可以作为造影剂用于光声成像。采用一锅法控制合成表面聚乙烯吡咯烷酮（PVP）修饰 MoS_2 纳米片，使该 MoS_2 复合纳米片具有强近红外光吸收率以及良好的生物相容性：在 808 nm 近红外区激光照射下，鞘内注射和静脉注射了该纳米片的人结肠癌细胞 HT29 移植瘤小鼠肿瘤部位的光声信号强度显著增强，说明该 MoS_2 纳米片具备成为肿瘤光声成像造影剂的可能性。将 MoS_2 与透明质酸（hyaluronic acid，HA）偶联用于体内生物成像。他们以接种了大肠癌细胞 HCT116 的 BALB/c 裸鼠为模型来测试 MoS_2 偶联物的荧光成像和光声成像能力，发现该纳米材料具有出色的瘤内增强渗透性和滞留效应，瘤内的荧光强度和光声信号强度都显著增强，并且该材料在原发肿瘤中的含量高于肝和肾，这可能是由于 HA 受体介导的内吞作用促进了 MoS_2 向肿瘤细胞的转运。这些结果表明该 MoS_2 偶联物作为荧光/光声双峰造影剂用于体内成像的应用潜力。MoS_2 不仅能在外周肿瘤中进行光声成像，也可以用于脑胶质瘤。研究人员将吲哚菁绿（ICG）共轭到 MoS_2 纳米片上，形成一种 MoS_2 杂化体。该杂化物具有优良的光声成像灵敏度，使用 MoS_2 杂化体作为原位神经胶质瘤的体内光声成像的造影剂，可以清楚地显示小鼠头皮下 3.5 mm 的肿瘤块。

WS_2 具有与 MoS_2 相似的结构和理化性能，因此也可以应用于光声成像。研究人员开发了一种掺杂了顺磁性钆（Gd）的肝癌光声成像特异性靶向 WS_2-Gd 纳米片，通过 PEG 对其进行表面修饰以及和肝癌细胞特异性肿瘤标志物 GPC_3（glypican-3）的靶向肽偶联，得到了在生理溶液中稳定性高、体内无明显毒性的 WS_2-Gd^{3+}-PEG-肽复合纳米片。WS_2-Gd^{3+}-PEG-肽复合纳米片具有优异的光声成像性能，同时具备磁共振成像（magnetic resonance imaging，MRI）性能，该研究以肝癌细胞 $HepG_2$ 荷瘤小鼠为模型，评估该复合纳米材料的活体光声成像性能和 MRI 对比度。结果发现静脉注射材料 24 h 后的光声成像和 MRI 都表现出优异的成像效果：MRI 用于确定肿瘤的宏观轮廓，而光声成像可以进一步提供 WS_2 复合纳米材料的高空间分辨率和分布情况。

除 MoS_2 和 WS_2 外，$MoSe_2$ 在近红外也表现出较强的吸收性。通过将胺化 ICG 共价连接到超声剥离得到的单层 $MoSe_2$ 纳米片上，制备出一种新的光声成像纳米杂化单层材料。该 $MoSe_2$ 纳米片与 ICG 具有协同作用，与单层 $MoSe_2$ 纳米片和游离 ICG 相比，$MoSe_2$ 偶联物在 830 nm 波长的光声强度显著增强。体内实验证明，$MoSe_2$ 偶联物具有优异的体内光声成像性能：对 4T1 荷瘤小鼠进行静脉注射后 24 h，肿瘤部位光声信号与注射前相比增强约 7 倍。也有研究人员通过简单的液相法制备了 Gd^{3+} 掺杂的 $MoSe_2$-Gd^{3+}-PEG 纳米片。该复合纳米片在 $HepG_2$ 荷瘤小鼠肿瘤部位可以有效积累，显示了出色的光声成像效果。

2D TMDCs 因其出色的光声信号转换能力，成为肿瘤光声成像造影剂，但是由于这类材料固有的 π-π 共价键很稳定，不容易发生降解，体内排泄速度慢，长时间累积可能产生肝肾毒性。对材料表面进行化学修饰能够在一定程度上改善纳米材料长期存在于体内的毒性问题，如用 Gd 和牛血清白蛋白（BSA）对 MoS_2 进行表面修饰得到 MoS_2-Gd-BSA 复合纳米材料，发现注射了该复合纳米材料的小鼠 18 天内没有出现体重下降现象；而且，相对于其他器官（心、肺、肾），MoS_2-Gd-BSA 主要滞留在肝脏和脾脏中，而这两个器官是主要清除体内异物的，且在 7 天后有所下降，表明随着时间的推移，MoS_2-Gd-BSA 逐渐被清除。除此之外，7 天后对小鼠各器官进行切片染色，未发现组织病变。以上所有结果表明，表面修饰了 Gd-BSA 的 MoS_2 在体内无明显毒性。其他 2D TMDCs 如 WS_2 和 $MoSe_2$，被 PEG 等化学基团修饰后在小鼠体内也无明显毒性。因此，如何针对这类材料进行设计从而加快其体内代谢，是未来研究需要重视的一个问题。

CT 成像是利用 X 射线辐射来进行扫描，X 射线通过人体后会发生信号衰减，其经过计算机反投影法可重建出器官的三维影像，从而能够提供肿瘤部位的高分辨率解剖图像。对 2D TMDCs 而言，所含高原子序数元素使其具有很强的 X 射线衰减能力，且其 X 射线衰减能力随所含元素原子序数的增加而增加，相应的 CT 成像效果也越好。研究人员成功将 PEG 改性的 TaS_2 应用于 CT 成像，其成像效果与碘对比剂相当。此外，高原子序数的 W 和 Mo 等具有极强的 X 射线衰减能力，在相同的 W 和碘浓度下，W 显示出比传统碘造影剂更高的亮强度。

（2）MR 和 PET 成像

MR 成像主要利用磁共振现象从人体中获得电磁信号，并重建出人体信息。MR 成像可以在无放射性和无创条件下提供高分辨率和良好软组织对比度的肿瘤图像，从而得到肿瘤的宏观轮廓。但是在识别相关异常的相应低表观磁共振成像过程中，经常存在健康组织和患病组织之间对比度不足的问题。因此，造影剂已被应用于克服上述限制，其中 Gd^{3+}是目前应用较多的 MR 造影剂。2D TMDCs 的 MR 成像主要通过在其表面负载顺磁性金属或金属离子，如 Fe^{3+}、Co^{3+}、Ni^{2+}、Mn^{2+}和 Gd^{3+}等。Yang 等[53]在 WS_2 表面负载氧化铁纳米粒子，并用介孔二氧化硅壳和 PEG 进行包覆和修饰，其具有的超强顺磁性使其具有 MR 成像功能。除了负载一种顺磁性纳米粒子外，在壳聚糖和二甲双胍上负载 Mn 掺杂的 Fe_3O_4@MoS_2 纳米花，顺磁性 Mn 和 Fe_3O_4 组成的双金属核也可作为 MR 成像试剂，成功用于肿瘤诊断。除表面负载的方法，也有研究人员将 VS_2 先后用脂质和 PEG 进行修饰，并首次证明了其体内 MR 成像功能。

PET 成像是一种非入侵性分子成像技术，通过放射性标记示踪剂的吸收来提供有关肿瘤的信息，能为肿瘤治疗提供深层组织图像，并对全身图像进行定量分析。此外，还可以根据治疗后示踪剂摄取的变化来对早期反应进行评估并预测治疗效果，从而将无反应者和反应者区分开来，这与传统的依据肿瘤大小和负担变化评估治疗效果相比更有效。Cheng 等人[54]通过 WS_2 纳米片的简单溶剂热处理，制备了具有均匀超小尺寸但不同氧化水平的 WS_2/WO_x 纳米点。在经 PEG 修饰后，WS_2/WO_x-PEG 在无须螯合剂的情况下通过简单混合就可以被 ^{89}Zr 标记，在全身给药条件下实现了肿瘤的体内 PET 成像。即使在无螯合剂情况下 ^{89}Zr 仍具有较高的标记产率和稳定性，

而且 WS_2 高的氧化程度促进了无螯合标记。

8.2.5 过渡金属二硫属化物在光热治疗中的应用

热疗是将身体的局部或者全部加热到超过正常体温水平，并借此来实现治疗目的一种疗法。它通过控制温度这一决定生物体活性最普遍且重要的因素来影响细胞乃至整个器官的状态。光热治疗（photothermaltherapy）指的是利用激光与物质颗粒相互作用而产生热量来进行治疗的一种新型热疗手段，相比传统的热疗，它具有精确度高、穿透性好、加热效率高、副作用小等优点。

面对日益增长的癌症风险，人类迫切需要发展新型有效的肿瘤治疗技术。激光光热治疗正是一种集众多优点于一身的治疗手段，而光热治疗剂则是实现高效光热治疗的必要条件。传统的光热治疗剂如贵金属、有机分子和碳基材料等尚存在很多缺陷，如成本高昂、光稳定性差等，因此我们有必要开发新型的光热治疗剂来满足医学领域的应用。

纳米材料是否适合作为光热治疗剂，主要是要看其是否满足光热治疗剂的四个基本条件，即宽而强的吸收、好的溶解性、表面的可修饰性和低的本征毒性。TMDCs材料由于其天然的宽吸收，且随层状构造而变化的能带结构决定了其吸收的可控性，使得它们作为吸光材料具有得天独厚的优势。而通过化学手段获得的 TMDCs 材料表面通常具有丰富的官能团，这同时解决了可修饰性和溶解性的问题。此外，TMDCs类材料已经被许多研究证明具有好的生物相容性，其中二硫化钼和二硫化钨所表现出的细胞毒性甚至低于石墨烯类材料。由此可见 TMDCs 类材料在光热治疗领域具有非常广阔的前景，而近年来不断开展的研究工作也证实了这一点。

（1）二硫化钼纳米片

二维的二硫化钼纳米片是最早应用于光热治疗领域的 TMDCs 材料之一。化学剥离的二硫化钼纳米片可用于光热治疗剂。这种纳米片在低浓度下就具有极高的近红外吸收（约 78 倍于同浓度氧化石墨烯），在 800 nm 处的质量吸收系数能达到 $292\ L\cdot g\cdot cm^{-1}$，远高于金纳米棒（$139\ L\cdot g\cdot cm^{-1}$）。同时，这种纳米片能在水中实现良好的分散，并且易于净化（水流透析即可），其蛋白质负载能力与氧化石墨烯不相上下。

基于前面的研究，研究人员进一步将这种化学剥离的二硫化钼纳米片发展成了一种多功能的药物载体。首先通过硫醇反应在二硫化钼纳米片连上叶酸聚乙二醇，这样能提高材料的生理稳定性和生物相容性；然后在纳米片表面负载阿霉素、乙基羟基喜树碱等化疗药物，通过热量与药物的双重作用同时实现光热治疗与化疗。在另一项研究中，科研人员们利用二硫化钼纳米片高的比表面积，在聚乙二醇化的二硫化钼纳米片表面物理吸附上光动力学治疗剂（二氢卟吩），实现了在近红外激光诱导下的光热-光动力学同步治疗。

（2）二硫化钼纳米花

除了化学剥离的二硫化钼纳米片外，通过温和的水热或溶剂热法合成的二硫化钼纳米花也被应用在光热治疗领域。通过控制反应物中钼源的种类（硫代钼酸铵与七钼酸铵）和反应温度等条件合成了粒径从 50 nm 到 300 nm 可控的花状二硫化钼纳米颗粒，经试验证实其中粒径为 80 nm 的颗粒光热效果最佳。通过使用聚乙二醇作为溶剂，反应可以直接得到聚乙二醇化的产物，免去了进一步表面修饰。

基于这种合成途径，使用四硫代钼酸铵作为原料合成了花状二硫化钼颗粒，然后利用颗粒表面的官能基团在颗粒上修饰了 BSA。这种 BSA 功能化的二硫化钼纳米颗粒具有更好的生理学稳定性、血液相容性和细胞毒性，同时它的光热性能并没有受到大的影响。通过在这种颗粒上负载化疗药物（阿霉素等），可以实现 pH 响应和近红外激光响应的化疗-光热同步治疗。

（3）二硫化钨纳米片

与二硫化钼相比，二硫化钨由于其中所含的钨原子比钼原子具有更大的原子量，使得二硫化钨在医疗影像学上更具潜力。利用锂插层的方法得到了单层的二硫化钨纳米片，其在近红外波段同样表现出强吸收。在表面修饰上 PEG 后的二硫化钨纳米片表现出优异的肿瘤光热治疗效果。同时它还可以用于计算机断层扫描（CT）与光声断层分析（PAT）双模式成像；Li 等人利用范德华力作用，在二硫化钨纳米片上吸附了 β-淀粉样肽，并将其应用于阿尔茨海默病的治疗；溶剂法剥离的二硫化钨纳米片作为一种新型的光敏剂载体，并将负载了亚甲基蓝的二硫化钨纳米片用于光动力-光热协同的肿瘤治疗。

（4）基于过渡金属二硫属化物的复合材料

虽然 TMDCs 材料性能出众，但在某些方面仍然有其天生的缺陷，比如磁性，因为诸如二硫化钼或二硫化钨等材料往往表现的是抗磁性，这极大地限制了它们在以磁性为基础的成像技术方面的应用。为了解决这个问题，研究者们开发了一系列基于 TMDCs 的复合材料。通过两步水热反应法得到二硫化钼与四氧化三铁的复合材料。由于四氧化三铁的超顺磁性，使得这种复合材料可以用于肿瘤的磁共振（MR）与光声（PA）双模成像，同时还可以进行磁诱导定位的高效光热治疗。先通过溶胶法合成了规整的二羟基丁二酸修饰的氧化铁纳米颗粒，然后用其与化学剥离的二硫化钼纳米片反应得到二硫化钼与氧化铁的复合材料。实验证明这种二维的复合材料是一种良好的载体，可以实现同位素（^{64}Cu）标记成像等多种模式同步成像。

以磁性金属（铁、钴、镍锰、钆）的盐酸盐与六氯化钨为原料，通过水热反应得到了不同磁性金属掺杂的二硫化钨纳米片。由于这种途径得到的二硫化钨纳米片可以负载不同种类的金属颗粒，使研究者们可以根据实际治疗的需要选择特定金属，从而实现光声、磁共振和断层扫描三种模式协成像，还可以同时实现针对肿瘤的光热治疗和放疗。

包括二硫化钼和二硫化钨在内的过渡金属二硫化物是一类非常有潜力的光热治疗剂，但是这类材料在光热治疗领域的研究在近几年刚刚起步，还存在诸多问题，主要可以归纳为两个方面：一方面是光热转化效率偏低，且合成复杂；另一方面是纳米材料的尺寸普遍偏大，在医学应用中存在代谢困难的问题。

8.2.6 过渡金属二硫属化物在生物传感器中的应用

生物传感器是通过将生物成分（生物活性材料）和物理化学检测器（信号转换器）相结合，将生物反映的信息转化成可定量识别的信号，从而实现分析物检测的一种方法。

近年来，基于 MoS_2 纳米片的生物传感器得到快速发展，这主要源于 MoS_2 纳米片自身的固有优势，如优异的机械性能（强度为钢的 30 倍）、卓越的生物相容性、良好的电化学催化剂活性、易修饰、高效荧光猝灭能力、超快饱和吸收以及大的比表面积，特别是大的比表面体积使 MoS_2 纳米片具有极强的感知能力。当 MoS_2 纳米片接触到目标分析物时，由于发生了物理和化学相互作用，例如吸收、电荷转移、掺杂、插层、介电常数变化和晶格振动，会引起光学、电子或磁性等方面的信号发生变化。因此 MoS_2 纳米片在构建具有超高灵敏度和选择性的传感器方面具有很好的应用前景。

科研人员首次基于 MoS_2 纳米片高效的荧光猝灭能力以及对单链 DNA（ssDNA）和双链 DNA（dsDNA）不同的亲和性，构建了用于 DNA 检测的生物传感器。研究发现 MoS_2 纳米片可以吸附 ssDNA 并高效猝灭标记在 ssDNA 染料的荧光，但当反应体系中存在靶向 ssDNA 时，它会与溶液中的 ssDNA 结合形成 dsDNA，而 dsDNA 与 MoS_2 纳米片的亲和力较低，易于从 MoS 纳米片表面解吸附，这将导致荧光染料与猝灭剂 MoS_2 纳米片间距离变大，从而阻碍荧光共振能量转移作用的发生，使得荧光恢复，最终通过检测荧光信号的变化来实现 ssDNA 的检测。

基于 MoS_2 纳米片可吸附荧光染料罗丹明 B 异硫氰酸盐（RhoBS）这一现象，研究人员开发了生物传感平台并实现了对溶液和细菌细胞中银离子的检测。在这个设计中 RhoBS 荧光可全部被 MoS_2 纳米片猝灭，当溶液中有银离子存在时，会被 MoS_2 纳米片迅速还原成银纳米粒子，而吸附在 MoS_2 纳米片表面上的 RhoBS 会被生成的银纳米粒子取代，导致其荧光恢复，通过监测荧光信号的变化实现银离子的高灵敏检测。这一无毒的传感平台还可用于大肠杆菌细胞中银离子的检测。

另外研究发现，MoS_2 纳米片拥有自身固有的类过氧化酶活性，可以在 H_2O 存在下催化氧化 3,3′,5,5′-四甲基联苯胺（TMB）生成蓝色的氧化产物，再偶联葡萄糖氧化酶氧化葡萄糖生成葡萄糖酸和 H_2O，这种基于 MoS_2 纳米片和葡萄糖氧化酶的比色传感器可实现对葡萄糖的灵敏检测。Wang 课题组基于 MoS_2 纳米片构建了一个 2D "peptidosheet"，用于临床样本中肝癌细胞和胆管癌组织的荧光分析。2D “peptidosheet”是由荧光基团（四甲基罗丹明）标记的 4N1K 肽（序列：KRFYVVMWKK）结合到 PEG 包覆的 MoS_2 纳米片上而形成的，四甲基罗丹明的荧光被 MoS_2 纳米片猝灭；当遇到过表达 CD47 的肿瘤细胞时，荧光标记肽会从 MoS 纳米片表面释放出来并与 CD47 结合，使细胞和组织切片荧光恢复。与传统免疫染色法相比，利用荧光靶向的多肽对 MoS_2 纳米片进行功能化这一策略将大大促进 CD47 的检测，使得 CD47 检测技术具有更好的光稳定性和更低的成本。

MoS_2 纳米片除用于构建荧光和比色传感器外，还能够用来构建电化学传感器。通过液相超声剥离的方法合成了具有较高电化学活性的 MoS_2 纳米片，利用其对 ssDNA 和 dsDNA 的不同亲和力，设计了一种免标记的超灵敏 DNA 电化学传感器，检出限低至 0.019 $fmol \cdot L^{-1}$，线性检测范围为 0.1 $nmol \cdot L^{-1}$～0.1 $fmol \cdot L^{-1}$。

尽管这些进展令人兴奋，但目前的合成和功能化方法仍然存在许多局限性。首先，TMDCs 的大小、形状、形态和厚度通常会影响它们的有效性能，如它们的穿透能力或治疗效果。然而，通过溶液剥离合成的大多数 TMDCs 层在厚度上不一致，并且化学或电化学插层方法产生的 TMDCs 的横向尺寸通常不容易控制。此外，通过湿化学合成策略可以合成受控和理想的结构参数，但其需要严格的反应条件，如高温/高压和惰性气体气氛，仍然极大地限制了它们的实际应用。因此，建立标准化的绿色的和易于执行的策略来精准控制合成均匀的 TMDCs 仍然是将其更好地应用于生物医学的挑战。

其次，找到合适的和无毒功能化 TMDCs 的方法仍然至关重要，特别是对其生物相容性，在生物体系中的分布和毒性以及治疗诊断性能方面起着重要作用。然而，通过硫醇化学或物理吸附对 TMDCs 进行官能团修饰的方法仍存在缺陷，因为它们很容易受到不同的 pH 值，温度或 GSH 是否存在的影响。这使得其在复杂的生理环境中表现出较差的稳定性，迫切需要找到有效的替代策略用以修饰 TMDCs，从而使它们不易受到复杂的生物环境的影响。此外，考虑到合成和功能化的多个僵化步骤，也迫切需要找到有效的策略，以实际的方式同时制备和修饰成生物相容性材料，用于生物医学应用。

最后，随着 TMDCs 应用于生物医学领域，生物安全成了纳米材料在生物应用中的另一个关键因素。一旦 TMDCs 的生物医学治疗诊断应用得以实现，这些材料应从生物系统中彻底消除，而不会造成任何有害影响。这一点对将这种治疗诊断材料投入临床应用至关重要。研究基于 TMDC 的纳米材料的生物安全可以为更好的 TMDCs 合成和功能化提供进一步的指导。因此，今后的研究还需关注生物医学应用中生物友好型 TMDCs 合成的全面生物安全评价。

总之，尽管合成和功能化方法存在一些需要克服的挑战，但基于 TMDCs 的纳米材料仍被认为是各种生物医学应用有前途的工具。除了 TMDCs 之外，其他 2D 纳米材料，如黑磷，在过去十年中也越来越受到关注。作为一种 2D 纳米材料，黑磷还表现出较大的表面积，可以承受大量的功能化负载[55]。此外，它还具有较大的NIR吸收系数、高光热转换效率和低细胞毒性，可用于PTT癌症治疗。这种2D纳米材料已被证明可以通过溶液剥离获得良好的生物相容性。同样，上述合成和功能化方法也可以应用于其他生物医学用途的2D纳米材料。因此，仍然需要广泛的研究工作来开发更安全，更有效的合成和修饰方法，以充分利用TMDCs在生物医学领域的独特优势特性。

参考文献

[1] Cai S, Han Z, Wang F, et al. Review on flexible photonics/electronics integrated devices and fabrication strategy. Sci China Information Sci, 2018, 61 (6): 1-27.

[2] Zheng L, Wang X, Jiang H, et al. Recent progress of flexible electronics by 2D transition metal dichalcogenides. Nano Res, 2021: 1-20.

[3] Song W G, Kwon H J, Park J, et al. High-performance flexible multilayer MoS_2 transistors on solution-based polyimide substrates. Adv Funct Mater, 2016, 26 (15): 2426-2434.

[4] Splendiani A, Sun L, Zhang Y, et al. Emerging photoluminescence in monolayer MoS_2. Nano Lett, 2010, 10 (4): 1271-1275.

[5] Mak K F, Lee C, Hone J, et al. Atomically thin MoS_2: a new direct-gap semiconductor. Phys Rev Lett, 2010, 105 (13): 136805.

[6] Zhang H, Ultrathin two-dimensional nanomaterials. ACS Nano, 2015, 9 (10): 9451-9469.

[7] Zhu Z Y, Cheng Y C, Schwingenschlögl U. Giant spin-orbit-induced spin splitting in two-dimensional transition-metal dichalcogenide semiconductors. Phys Rev B, 2011, 84 (15): 153402.

[8] Castellanos-Gomez A, Poot M, Steele G A, et al. Elastic properties of freely suspended MoS_2 nanosheets. Adv Mater, 2012, 24 (6): 772-775.

[9] Akinwande D, Brennan C J, Bunch J S, et al. A review on mechanics and mechanical properties of 2D materials-Graphene and beyond. Extreme Mech Lett, 2017, 13: 42-77.

[10] Roldan R, Castellanos-Gomez A, Cappelluti E, et al. Strain engineering in semiconducting two-dimensional crystals. J Phys Condens Matter, 2015, 27 (31): 313201.

[11] Wu W, Wang L, Li Y, et al. Piezoelectricity of single-atomic-layer MoS_2 for energy conversion and piezotronics. Nature, 2014, 514 (7523): 470-474.

[12] Agnihotri P, Dhakras P, Lee J U. Bipolar junction transistors in two-dimensional WSe_2 with large current and photocurrent gains. Nano Lett, 2016, 16 (7): 4355-4360.

[13] Lin C Y, Zhu X, Tsai S H, et al. Atomic-monolayer two-dimensional lateral quasi-heterojunction bipolar transistors with resonant tunneling phenomenon. ACS Nano, 2017, 11 (11): 11015-11023.

[14] Salvatore G A, Münzenrieder N, Barraud C, et al. Fabrication and transfer of flexible few-layers MoS_2 thin film transistors to any arbitrary substrate. ACS Nano, 2013, 7 (10): 8809-8815.

[15] Pu J, Yomogida Y, Liu K K, et al. Highly flexible MoS_2 thin-film transistors with ion gel dielectrics. Nano Lett, 2012, 12 (8): 4013-4017.

[16] Kim T Y, Ha J, Cho K, et al. Transparent large-area MoS_2 phototransistors with inkjet-printed components on flexible platforms. ACS Nano, 2017, 11 (10): 10273-10280.

[17] Kwon H, Choi W, Lee D, et al. Selective and localized laser annealing effect for high-performance flexible multilayer MoS_2 thin-film transistors. Nano Res, 2014, 7 (8): 1137-1145.

[18] Funahashi K, Pu J, Li M Y, et al. Large-area WSe_2 electric double layer transistors on a plastic substrate. Jpn J Appl Phys, 2015, 54 (6S1): 06FF06.

[19] Gong Y, Carozo V, Li H, et al. High flex cycle testing of CVD monolayer WS_2 TFTs on thin flexible polyimide. 2D Materials, 2016, 3 (2): 021008.

[20] Rhyee J S, Kwon J, Dak P, et al. High-mobility transistors based on large-area and highly crystalline CVD-grown $MoSe_2$ films on insulating substrates. Adv Mater, 2016, 28 (12):

2316-2321.

[21] Chung J W, Ko Y H, Hong Y K, et al. Flexible nano-hybrid inverter based on inkjet-printed organic and 2D multilayer MoS_2 thin film transistor. Org Electron, 2014, 15 (11): 3038-3042.

[22] Das T, Chen X, Jang H, et al. Highly flexible hybrid CMOS inverter based on Si nanomembrane and molybdenum disulfide. Small, 2016, 12 (41): 5720-5727.

[23] Kim T, Kim Y, Park S, et al. Two-dimensional transition metal disulfides for chemoresistive gas sensing: perspective and challenges. Chemosensors, 2017, 5 (2): 15.

[24] Kuru C, Choi D, Kargar A, et al. High-performance flexible hydrogen sensor made of WS_2 nanosheet-Pd nanoparticle composite film. Nanotechnology, 2016, 27 (19): 195501.

[25] Yang C, Xie J, Lou C, et al. Flexible NO_2 sensors based on WSe_2 nanosheets with bifunctional selectivity and superior sensitivity under UV activation. Sensors and Actuators B: Chemical, 2021, 333: 129571.

[26] Choi J M, Jang H Y, Kim A R, et al. Ultra-flexible and rollable 2D-MoS_2/Si heterojunction-based near-infrared photodetector via direct synthesis. Nanoscale, 2021, 13 (2): 672-680.

[27] Zheng B, Li D, Zhu C, et al. Dual-channel type tunable field-effect transistors based on vertical bilayer $WS_{2(1-x)}Se_{2x}/SnS_2$ heterostructures. InfoMat, 2020, 2 (4): 752-760.

[28] Li Z, Wong S L. Functionalization of 2D transition metal dichalcogenides for biomedical applications. Mat Sci Eng C-Mater, 2017, 70: 1095-1106.

[29] Paredes J I, Villar-Rodil S. Biomolecule-assisted exfoliation and dispersion of graphene and other two-dimensional materials: a review of recent progress and applications. Nanoscale, 2016, 8 (34): 15389-15413.

[30] Chimene D, Alge D L, Gaharwar A K. Two-dimensional nanomaterials for biomedical applications: emerging trends and future prospects. Adv Mater, 2015, 27 (45): 7261-7284.

[31] Zhang W, Shi S, Wang Y, et al. Versatile molybdenum disulfide based antibacterial composites for in vitro enhanced sterilization and in vivo focal infection therapy. Nanoscale, 2016, 8 (22): 11642-11648.

[32] Zhu S, Gong L, Xie J, et al. Design, synthesis, and surface modification of materials based on transition-metal dichalcogenides for biomedical applications. Small Methods, 2017, 1 (12): 1700220.

[33] Paredes J I, Munuera J M, Villar-Rodil S, et al. Impact of covalent functionalization on the aqueous processability, catalytic activity, and biocompatibility of chemically exfoliated MoS_2 nanosheets. ACS Appl Mater Interfaces, 2016, 8 (41): 27974-27986.

[34] Kim J, Kim H, Kim W J. Single-layered MoS_2-PEI-PEG nanocomposite-mediated gene delivery controlled by photo and redox stimuli. Small, 2016, 12: 1184.

[35] Kong L, Xing L, Zhou B, et al. Dendrimer-modified MoS_2 nanoflakes as a platform for combinational gene silencing and photothermal therapy of tumors. ACS Appl Mater Interfaces, 2017, 9: 15995.

[36] Wang J, Tan X, Pang X, et al. MoS_2 quantum dot@polyaniline inorganic-organic nanohybrids for in vivo dual-modal imaging guided synergistic photothermal/radiation therapy. ACS Appl Mater Interfaces, 2016, 8: 24331.

[37] Yin W, Yan L, Yu J, et al. High-throughput synthesis of single-layer MoS_2 nanosheets as a near-infrared photothermal-triggered drug delivery for effective cancer therapy. ACS Nano, 2014, 8: 6922.

[38] Wang S, Chen Y, Li X, et al. Injectable 2D MoS_2-integrated drug delivering implant for highly efficient NIR-triggered synergistic tumor hyperthermia. Adv Mater, 2015, 27: 7117.

[39] Yuwen L, Zhou J, Zhang Y, et al. Aqueous phase preparation of ultrasmall $MoSe_2$ nanodots for efficient photothermal therapy of cancer cells. Nanoscale 2016, 8: 2720.

[40] Yu J, Ma X Y, Yin W Y, et al. Synthesis of PVP-functionalized ultra-small MoS_2 nanoparticles with intrinsic peroxidase-like activity for H_2O_2 and glucose detection. RSC Adv, 2016, 6: 81174.

[41] Yin W, Yu J, Lv F, et al. Functionalized nano-MoS_2 with peroxidase catalytic and near-infrared

photothermal activities for safe and synergetic wound antibacterial applications. Acs Nano, 2016, 10 (12): 11000-11011.

[42] Veerapandian M, Yun K. Functionalization of biomolecules on nanoparticles: specialized for antibacterial applications. Appl Microbiol Biotechnol, 2011, 90 (5): 1655-1667.

[43] Yong Y, Zhou L, Gu Z, et al. WS_2 nanosheet as a new photosensitizer carrier for combined photodynamic and photothermal therapy of cancer cells. Nanoscale, 2014, 6: 10394.

[44] Li Z, Yang Y, Yao J, et al. A facile fabrication of silk/MoS_2 hybrids for Photothermal therapy. Mater Sci Eng C, 2017, 79: 123.

[45] Peng M Y, Zheng D W, Wang S B, et al. Multifunctional nanosystem for synergistic tumor therapy delivered by two-dimensional MoS_2. ACS Appl Mater, Interfaces 2017, 9: 13965.

[46] Chen L, Feng Y, Zhou X, et al. One-pot synthesis of MoS_2 nanoflakes with desirable degradability for photothermal cancer therapy. ACS Appl Mater, Interfaces 2017, 9: 17347.

[47] Anbazhagan R, Wang H, Tsai H, et al. Highly concentrated MoS_2 nanosheets in water achieved by thioglycolic acid as stabilizer and used as biomarkers. RSC Adv, 2014, 4: 42936.

[48] Li B L, Setyawati M I, Chen L, et al. Directing Assembly and disassembly of 2D MoS_2 nanosheets with DNA for drug delivery. ACS Appl Mater Interfaces 2017, 9: 15286.

[49] Mout R, Moyano D F, Rana S, et al. Surface functionalization of nanoparticles for nanomedicine. Chem Soc Rev, 2012, 41 (7): 2539-2544.

[50] Lee J, Kim J, Kim W J. Photothermally controllable cytosolic drug delivery based on core-shell MoS_2-porous silica nanoplates. Chem Mater, 2016, 28, 6417.

[51] Su X, Wang J, Zhang J, et al. Synthesis of sandwich-like molybdenum sulfide/mesoporous organosilica nanosheets for photo-thermal conversion and stimuli-responsive drug release. J. Colloid Interface Sci. 2017, 496: 261.

[52] Lhor M, Bernier S C, Horchani H, et al. Comparison between the behavior of different hydrophobic peptides allowing membrane anchoring of proteins. Adv Colloid Interface Sci, 2014, 207: 223-239.

[53] Yang G, Gong H, Liu T, et al. Two-dimensional magnetic WS_2@Fe_3O_4 nanocomposite with mesoporous silica coating for drug delivery and imaging-guided therapy of cancer. Biomaterials, 2015, 60: 62-71.

[54] Cheng L, Kamkaew A, Shen S, et al. Facile preparation of multifunctional WS_2/WO_x nanodots for chelator-free Zr-89-labeling and in vivo PET imaging. Small, 2016, 12 (41): 5750-5758.

[55] Tao W, Zhu X, Yu X, et al. Black phosphorus nanosheets as a robust delivery platform for cancer theranostics. Adv Mater, 2017, 29 (1): 1603276.